U0592577

作者简介

李炳华

教授级高级工程师，悉地国际（CCDI）设计顾问有限公司副总裁、电气总工，国家注册电气工程师（供配电），高级照明设计师，当代中国杰出工程师、中国建筑学会资深会员，北京建筑大学客座教授，研究生导师。

住房和城乡建筑部建筑电气标准化技术委员会副秘书长；中国建筑学会建筑电气分会副理事长及其电气节能专业委员会主任；中国建筑节能协会建筑电气与智能化专业委员会副理事长；中国照明学会（CIES）常务理事及其室内照明委员会副主任，编辑工作委员会副主任；全国建筑电气设计技术协作及情报交流网常务理事；全国工程建设标准设计专家委员会专家；全国建筑物电气装置标准化委员会专家。

主编、参编《民用建筑电气设计规范》、《体育建筑电气设计规范》、《常用风机控制电路图》等数十项规范、标准、标准图；获国家、行业、省部级奖项十多项；获三项国家专利；出版《体育照明设计手册》、《现代体育场馆照明设计指南》、《建筑电气节能技术及设计指南》等专著；代表作品有国家体育场"鸟巢"、深圳大运会游泳馆、大梅沙·万科中心、北京科技会展中心数码大厦、电力部国家电网调度控制中心、北京现代城 4 号楼等。

王玉卿

教授级高级工程师，国家注册电气工程师，中国建筑设计研究院 BIM 设计研究中心副主任、副总工程师，中国建筑学会建筑电气分会理事及其节能专业委员会副主任、中国照明学会北京分会理事、中国建筑业协会智能建筑专业委员会专家、商务部对外援助工程咨询专家、多个专业杂志编委、多个政府部门咨询专家等。

在变配电系统设计、建筑电气 BIM 设计技术、建筑电气节能、供电可靠性研究、体育场馆照明设计、立面景观照明设计、智能控制等多个方面有深入研究，并取得一定成果。曾经获得北京市委市政府 2008 年颁发"北京奥运工程优秀建设者"。

马名东

　　教授级高级工程师，中国建筑设计研究院智能工程中心副主任。曾设计完成国家体育场、2008 奥运会开闭幕式场地工程、控制与推进系统控制综合楼、新海航大厦、中国光大银行 F3 大厦室内装修工程、大同机场新航站楼、山西肿瘤医院放疗医技综合楼等多个项目。作为项目经理完成东方文华国际艺术中心写字楼、中国建设银行北京生产基地、北京市委办公用房、奥体金融中心项目、信合大厦建筑智能化系统建设项目、阳光保险集团通州后援中心智能化项目等多个大型项目。

　　参与编写《35～6/0.4kV 配变电系统短路电流计算实用手册》，发表《民用建筑中电缆的选择》、《大气吸收系数的研究与应用》、《高效能建筑应用技术概述》、《智能家居控制系统在别墅项目中的应用》等多篇学术论文。

李战赠

　　高级工程师，中国建筑设计研究院第五机电设计研究室副主任，中国建筑学会建筑电气分会节能专业委员会委员、副秘书长，北京照明学会青年工作委员会委员。

　　曾设计完成国家体育场、北京 2008 年奥运会拳击训练馆、新闻出版总署办公业务楼智能化、鄂尔多斯市体育中心、北京奥运博物馆、解放军第八十八医院、保定市关汉卿大剧院和博物馆、新青海大厦等工程。

　　参与编写《现代体育场馆照明指南》、《35～6/0.4kV 短路电流计算实用手册》、《建筑电气常用数据》、《智能建筑设备自动化系统》、《建筑电气节能技术及设计指南》等，发表《医疗建筑电气设计》、《体育照明装置的光度规定和照度测量指南》等多篇学术论文。

杨成山

　　总装备部工程设计研究总院高级工程师，北京照明学会设计专业委员会委员，主要从事航天发射场的电力设计及保障工作。

　　2007 年 3 月参加 2008 年北京奥运会技术制作工作，任北京奥运会开闭幕式运营中心供电工作室主任，负责开闭幕式电力建设和电力运行保障工作，2009 年参加了 60 周年国庆电力保障工作。

作者简介

李炳华

　　教授级高级工程师，悉地国际（CCDI）设计顾问有限公司副总裁、电气总工，国家注册电气工程师（供配电），高级照明设计师，当代中国杰出工程师、中国建筑学会资深会员，北京建筑大学客座教授，研究生导师。

　　住房和城乡建筑部建筑电气标准化技术委员会副秘书长；中国建筑学会建筑电气分会副理事长及其电气节能专业委员会主任；中国建筑节能协会建筑电气与智能化专业委员会副理事长；中国照明学会（CIES）常务理事及其室内照明委员会副主任，编辑工作委员会副主任；全国建筑电气设计技术协作及情报交流网常务理事；全国工程建设标准设计专家委员会专家；全国建筑物电气装置标准化委员会专家。

　　主编、参编《民用建筑电气设计规范》、《体育建筑电气设计规范》、《常用风机控制电路图》等数十项规范、标准、标准图；获国家、行业、省部级奖项十多项；获三项国家专利；出版《体育照明设计手册》、《现代体育场馆照明设计指南》、《建筑电气节能技术及设计指南》等专著；代表作品有国家体育场"鸟巢"、深圳大运会游泳馆、大梅沙·万科中心、北京科技会展中心数码大厦、电力部国家电网调度控制中心、北京现代城4号楼等。

王玉卿

　　教授级高级工程师，国家注册电气工程师，中国建筑设计研究院BIM设计研究中心副主任、副总工程师，中国建筑学会建筑电气分会理事及其节能专业委员会副主任、中国照明学会北京分会理事、中国建筑业协会智能建筑专业委员会专家、商务部对外援助工程咨询专家、多个专业杂志编委、多个政府部门咨询专家等。

　　在变配电系统设计、建筑电气BIM设计技术、建筑电气节能、供电可靠性研究、体育场馆照明设计、立面景观照明设计、智能控制等多个方面有深入研究，并取得一定成果。曾经获得北京市委市政府2008年颁发"北京奥运工程优秀建设者"。

马名东

　　教授级高级工程师，中国建筑设计研究院智能工程中心副主任。曾设计完成国家体育场、2008 奥运会开闭幕式场地工程、控制与推进系统控制综合楼、新海航大厦、中国光大银行 F3 大厦室内装修工程、大同机场新航站楼、山西肿瘤医院放疗医技综合楼等多个项目。作为项目经理完成东方文华国际艺术中心写字楼、中国建设银行北京生产基地、北京市委办公用房、奥体金融中心项目、信合大厦建筑智能化系统建设项目、阳光保险集团通州后援中心智能化项目等多个大型项目。

　　参与编写《35～6/0.4kV 配变电系统短路电流计算实用手册》，发表《民用建筑中电缆的选择》、《大气吸收系数的研究与应用》、《高效能建筑应用技术概述》、《智能家居控制系统在别墅项目中的应用》等多篇学术论文。

李战赠

　　高级工程师，中国建筑设计研究院第五机电设计研究室副主任，中国建筑学会建筑电气分会节能专业委员会委员、副秘书长，北京照明学会青年工作委员会委员。

　　曾设计完成国家体育场、北京 2008 年奥运会拳击训练馆、新闻出版总署办公业务楼智能化、鄂尔多斯市体育中心、北京奥运博物馆、解放军第八十八医院、保定市关汉卿大剧院和博物馆、新青海大厦等工程。

　　参与编写《现代体育场馆照明指南》、《35～6/0.4kV 短路电流计算实用手册》、《建筑电气常用数据》、《智能建筑设备自动化系统》、《建筑电气节能技术及设计指南》等，发表《医疗建筑电气设计》、《体育照明装置的光度规定和照度测量指南》等多篇学术论文。

杨成山

　　总装备部工程设计研究总院高级工程师，北京照明学会设计专业委员会委员，主要从事航天发射场的电力设计及保障工作。

　　2007 年 3 月参加 2008 年北京奥运会技术制作工作，任北京奥运会开闭幕式运营中心供电工作室主任，负责开闭幕式电力建设和电力运行保障工作，2009 年参加了 60 周年国庆电力保障工作。

国家体育场电气关键技术的研究与应用

Research and application of key electrical technologies
for National Stadium of Beijing

主　　编：李炳华

副 主 编：王玉卿　马名东　李战赠　杨成山

参编人员（以姓氏笔画为序）：

万华林　马名东　王大江　王玉卿　王志敏　王　烈

王振声　朱景明　任建平　刘　娜　江　峰　杨成山

杨庆伟　杨　波　李兴林　李战赠　李炳华　李　鹏

汪嘉懿　宋　伟　宋镇江　吴生庭　张巧玲　张宏伟

林　琛　徐学民　郭利群　郭　涛　董　青

中国电力出版社
CHINA ELECTRIC POWER PRESS

内 容 提 要

本书是一部国家体育场电气设计与研究的工程总结，是以奥运"三大理念"为设计原则，体现新"三边"特点，即边设计、边研究、边应用。本书共提供了30项关键技术，是作者多年的研究心得。这些技术引领着建筑电气行业的进步，许多技术已经在行业中推广应用。内容包括供配电系统关键技术、继电保护及电气测量、低压配电系统设计、场地照明系统的优化设计、绿色照明技术的研究与应用、立面照明艺术与照明技术的研究与应用、绿色奥运电气技术、太阳能光伏发电系统的应用、开闭幕式临时供配电系统、国家体育场电力系统的运营、试验研究、调研报告等。

本书内容较丰富、全面，研究方法新颖、科学合理，科研成果实用、先进。编写时力求深入浅出，简明扼要，层次分明，通俗易懂，并配有大量的图形、表格、照片，具有较高的理论水平和很强的实用价值，是建筑电气设计、科研、检测、工程管理、教学人员必备的工具书和参考资料，也可作为高等院校教学参考书。

图书在版编目（CIP）数据

国家体育场电气关键技术的研究与应用／李炳华主编. —北京：中国电力出版社，2014.4
ISBN 978 – 7 – 5123 – 5367 – 1

Ⅰ. ①国…　Ⅱ. ①李…　Ⅲ. ①体育场 – 电工技术 – 研究 – 中国　Ⅳ. ①TM

中国版本图书馆 CIP 数据核字（2013）第 310520 号

中国电力出版社出版发行

北京市东城区北京站西街 19 号　100005　http：//www.cepp.sgcc.com.cn
责任编辑：周 娟　杨淑玲　责任印制：郭华清　责任校对：常燕昆　正文设计：赵姗姗
北京盛通印刷股份有限公司印刷·各地新华书店经售
2014 年 4 月第 1 版·第 1 次印刷
787mm×1092mm　1/16·28.5 印张·660 千字
定价：168.00 元

敬告读者
本书封底贴有防伪标签，刮开涂层可查询真伪
本书如有印装质量问题，我社发行部负责退换
版权专有　翻印必究

编 辑 委 员 会

策　　划　李炳华

主　　编　李炳华

副 主 编　王玉卿　马名东　李战赠　杨成山

参编人员　（以姓氏笔画为序）

　　　　　万华林　马名东　王大江　王玉卿　王志敏　王　烈

　　　　　王振声　朱景明　任建平　刘　娜　江　峰　杨成山

　　　　　杨庆伟　杨　波　李兴林　李战赠　李炳华　李　鹏

　　　　　汪嘉懿　宋　伟　宋镇江　吴生庭　张巧玲　张宏伟

　　　　　林　琛　徐学民　郭利群　郭　涛　董　青

审查专家　李兴林　李道本　陈崇光　宋镇江

序言一

国家体育场电气关键
技术的研究与应用

Research and application of key electrical technologies
for National Stadium of Beijing

第 29 届奥运会 2008 年在北京成功举行，其规模和组织协调水平都令人叹为观止。美轮美奂的各种体育场馆，尤其是会场内外火树银花、流光溢彩的照明工程给人以目不暇接的感觉。作为一名老电气工程师，我深为国内同行们所取得的骄人成就感到振奋，他们已登上了前人未达到的高峰。当我得知是中国建筑设计研究院李炳华、王玉卿总工带领一批中青年工程技术人员花数年岁月呕心沥血完成了这项宏伟工程时就更加感到敬佩。

整个奥运场馆的最大电力负荷近 90MVA，不仅负荷大，而且其重要性和复杂性，以及技术要求的严格程度都达到空前的水平。从事这项工程的电气工程师面临着严峻的挑战，他们到国外进行了广泛调研，通过精心设计、精心选材、严格施工和质量控制，终于交出了一份完美的答卷，北京奥运会的成功举行就充分证明了这一点。奥运会之后我国又成功地举办了广州亚运会等大型体育赛事，相信北京奥运会场馆的建设经验已成为全国同行共同的财富。

当我看到李炳华先生主编的这本书稿时，感到非常欣喜，因为它不仅反映了李炳华带领的团队为北京奥运会场馆所付出的心血，同时也反映了国内建筑设计院电气工程取得的成就。本书内容丰富全面，不仅涉及电气系统设计的方方面面，而且包括环保、节能、新能源应用及体育场馆功能等方面的内容。因此，它不仅是一本关于奥运工程的总结，也是一本电气工程师的良好参考书。

近年来我国电气工程领域有很大的进步和发展，出现了不少新型电力电子器件和照明设备，相信今后在控制系统的信息化和智能化等方面将有更大的突破。所以我盼望年轻的同行不断前行，大胆创新，在实现中华民族伟大复兴的事业中再创佳绩。

中国工程院院士、上海交通大学教授 饶芳权

2014 年 1 月 3 日

序言二

国家体育场电气关键
技术的研究与应用

Research and application of key electrical technologies
for National Stadium of Beijing

　　北京第 29 届奥运会的胜利举办距今已过了 5 个年头，当年那一场场高科技的体育视听盛宴仍历历在目，中国体育健儿所取得的辉煌成绩极大地激发了国人的爱国情怀并永载史册。

　　中国建筑设计研究院有幸承担了这届奥运会主体育场——"鸟巢"的工程设计任务，李炳华等电气工程师们秉承北京奥运"三大理念"——科技奥运、绿色奥运、人文奥运，精心设计，勇于创新，高质量如期完成了所承担的电气设计任务。其设计成果得到充分认证，并受到各方面的好评和认同。

　　他们勤于思考，刻苦钻研，通过大量实验研究，首次推出并应用了一批先进、绿色的电气关键技术。解决了一系列重大技术难题，为保证奥运会的胜利举办做出了重要贡献，从而使我国在特大型、高等级体育建筑电气工程设计技术方面步入了世界先进行列。

　　国家体育场重大工程设计实践谱写了体育建筑电气工程技术进步的历史，从中总结出理论，理论又指导实践，本书对于国家体育场电气关键技术的总结，必将对以后的体育建筑和其他类型建筑的电气设计起到参考和借鉴作用。

　　春华秋实，今天我们欣喜地看到这些奥运会重大工程的亲历者们收获了绿色电气设计理论上的硕果，本书的问世堪称我国体育建筑电气工程设计技术的开山之作，必将在电气工程界产生重要而深远的影响。作为作者的同事，我十分高兴，感动之余，欣然作序，谢谢他们为我院、为国家所做出的贡献！

中国建筑节能协会建筑电气与智能化专业委员会理事长
全国智能建筑情报网理事长
中国建筑设计研究院（集团）副院长
张　军
2013 年 12 月 12 日

前　言

国家体育场电气关键
技术的研究与应用

Research and application of key electrical technologies
for National Stadium of Beijing

　　第29届夏季奥林匹克运动会，令国人欣喜若狂，终圆百年奥运梦想。回想起2008年北京之夏，本书的作者们真是心潮澎湃、百感交集！笔者于2003年4月接受国家体育场的电气设计任务，深知这是一项特殊任务、特殊使命和特殊挑战，因为当时我国从没有奥运场馆设计、实施的经验，在该领域与世界先进水平有很大的差距，必须脚踏实地地学习、研究、调研，吸取他人的长处，规避他人的教训，这样才能完成国家体育场的电气设计工作。在工程建设过程中，我们逐渐形成了"三边"的工作方式，即一边研究、一边设计、一边应用。我们在世界范围内调研了数十座大型体育场馆，雅典奥运场馆留下我们的足迹，2004年欧洲杯体育场馆有我们的身影，我们还参观、调研了部分2006年足球世界杯体育场。同时我们还开展了数十项科学研究，有些研究成果得到了国际同行的认可，并在国际学术会议上交流。项目组的同仁们不仅参观世界各地体育场馆，还多次与场馆的设计人员、运营管理人员进行交流，从中吸取经验和教训，将这些宝贵的经验应用到国家体育场的设计中。不仅如此，设计后的施工配合、产品招标、电气系统的安装与调试等都与他们辛勤的劳动密不可分。这个群体非常年轻，当年平均年龄只有三十多岁，他们通过学习和实战缩短了中国在体育建筑电气领域与世界先进水平的差距，同时培养了一批人才，他们现在已经成为各单位的技术骨干，是该领域不可多得的领军人物。今天，国家体育场已经运行五年，电气各系统经受最严酷的考验，表明国家体育场电气设计和关键技术研究成果及系统设计的科学性和有效性，可以将这些成果奉献给读者，希望对读者有所帮助、有所启发。书中有些实验数据和研究成果是首次公开，希望同行们在此基础上继续研究、少走弯路，为我国体育建筑的电气设计多做贡献！

　　本书由时任国家体育场电气专业负责人李炳华总工策划，并与另一位电气专业负责人王玉卿总工，主要设计人马名东、李战赠、王烈、郭利群等联合编写。他们是国家体育场建筑电气设计的骨干，经历了许多个不眠之夜，经常加班加点，付出了智慧和汗水。顾问总工程师王振声不顾年事已高，从2003年开始一直参与本项目的设计、研究和实验等工作。参加本书编写的还有中国建筑设计研究院的设计人员、总装备部工程设计研究院的设计人员、业主代表、厂家代表等。总装备部工程设计研究院的同仁们主要承担开闭幕式的工程设计，为奥运会成功举办做出重大贡献。

全书共分6篇13章，作者们按各自设计分工进行编写。李炳华负责全书统稿工作，使得本书具有较强的整体性。因本书结合工程应用，书中所用电气图形符号和文字代号采用的是2008年之前的标准。特别感谢中国工程院院士、上海交通大学饶芳权教授欣然为本书作序，还要感谢中国建筑设计研究院（集团）张军副院长在百忙中为本书写序。李兴林、李道本、陈崇光、宋镇江等老专家不顾年事已高，承担起本书的校审工作，在此表示衷心的感谢。本书在编写过程中，得到了国家体育场有限公司、北京市电力公司、ABB公司、施耐德公司、Philips公司、GE公司、宝胜电缆、MUSCO照明等单位的大力支持，在此一并表示诚挚的谢意。

本书的文字、学术观点是作者对于国家体育场电气设计经验的积累和总结，照片为作者所拍摄（标注者除外），根据中华人民共和国有关著作权的规定，受法律保护。欢迎读者在其论文、著作中引用，请标明出处，并及时通知作者及中国电力出版社。更详细的情况，可以直接与作者或中国电力出版社联系。

本书专业性和针对性较强，有些学术观点是作者首次提出的，是否可以应用在其他类型建筑，需要读者认真分析和判断。同时不足之处也在所难免，本书提出这些学术观点，其目的是抛砖引玉，以此引起同行的重视。由于作者水平有限，加之时间紧张，不妥之处敬请读者批评并提出宝贵意见。

联系电话：010-84266086，E-mail：li. binghua@ ccdi. com. cn

2013 年 8 月于北京

目 录

国家体育场电气关键
技术的研究与应用

Research and application of key electrical technologies
for National Stadium of Beijing

综述篇

国家体育场电气关键技术一览表 ∎

序号	编 号	名 称	关键技术内容简述	章节号
1	关键技术 2-1	体育建筑关键负荷的分析研究	对体育建筑中特有的关键用电负荷进行研究、分类，为这类负荷的供配电系统提供基础性研究	2.1.2
2	关键技术 2-2	符合 N-2 原则的供配电系统	电力系统的 N 个元件中的任意两个独立元件（发电机、输电线路、变压器等）发生故障而被切除后，不造成因其他线路过负荷跳闸而导致用户停电，不破坏系统的稳定性，不出现电压崩溃等事故	2.3.1
3	关键技术 2-3	高压环形分段单母线系统	每个相邻电源间设有联络断路器，最后一个电源再与第一个电源间设有联络断路器，以此形成环形的高压供配电系统	2.3.2
4	关键技术 2-4	应急母线与备用母线分离技术	低压供配电系统中，设立独立的应急母线段和备用母线段，将应急供配电系统与备用供配电系统分离，形成两个相对独立的低压供配电系统	2.3.3
5	关键技术 2-5	临时系统与永久系统分离技术	将体育建筑中为建筑物内固定的用电设备提供电力保障的供配电系统与为某比赛或活动设置的临时性用电设备提供电力保障的供配电系统分开的技术	2.3.4
6	关键技术 3-1	并路倒闸技术	将电力系统中电气设备由一种状态转变为另一种状态的过程，状态有运行、备用、检修等	3.2.1
7	关键技术 3-2	合环技术	将电力系统中的发电厂、变电站间的输电线路从辐射运行转换为环式运行或形成环式连接技术	3.2.2
8	关键技术 3-3	备用电源自动投入技术（BZT）	两回线及以上的多回供电线路，在备用进线处安装自动投入装置来提高可靠性。备用进线自动投入装置简称备自投。本工程四路电源进线，1 号和 3 号主站各两路进线同时工作，互为备用。备用电源自动投入技术，对其要求：① 保证在工作电源断开后才投入备用电源；② 工作电源的电压消失时，自动投入装置应延时动作	3.2.3
9	关键技术 3-4	分层分布式智能监控系统	各配变电所采用具有独立工作能力的配变电所智能监控系统，并由上层网络将各配变电所的子系统互联形成整个体育场监控系统	3.4.1
10	关键技术 3-5	微机综合继电保护与智能监控系统数据共享技术	将微机综合继电保护（也叫数字型继电保护）与智能监控系统数据共享的技术	3.4.1

序号	编 号	名 称	关键技术内容简述	章节号
11	关键技术 4－1	基于 50% TV 应急照明的配电技术	TV 应急照明约占总场地照明指标的一半，以此为目标的供配电系统技术	4.2.1
12	关键技术 4－2	线路整体的防火理念	从线路的始端到线路的末端对线路采取整体防火设置，包括线缆防火、桥架防火、桥架支架或吊杆等的防火	4.3.1
13	关键技术 4－3	电缆桥架的防火技术	采取适宜的防火措施使得电缆桥架达到目标耐火极限的技术	4.3.1
14	关键技术 4－4	电缆的防水技术	对各种电缆的防水性能进行研究便于在体育建筑中更科学合理地选用电缆	4.4
15	关键技术 5－1	国家体育场场地照明标准的研究	综合国际奥委会、国际足联、国际田联、我国相关标准等，得出国家体育场场地照明的设计标准值	5.1.1
16	关键技术 5－2	大气吸收系数的研究	通过研究大气对场地照明的吸收、散射、反射等特性，找出大气对场地照明的影响因素，以便更准确地计算场地照明	5.2.1
17	关键技术 5－3	场地照明专用电源装置切换时间的研究	场地照明在电源转换过程中确保金属卤化物灯（简称"金卤灯"）不熄灭的时间特性研究	5.3.1
18	关键技术 5－4	场地照明专用电源装置的研究	一种为金卤灯场地照明系统提供电源保障的专用电源装置	5.4
19	关键技术 5－5	智能照明控制系统在场地照明中的应用技术	场地照明中，用智能照明控制系统代替手工继电器控制的应用技术	5.5
20	关键技术 5－6	大功率金卤灯热辐射的研究	对大功率金卤灯发热进行研究，得出灯具长时间工作时其周围温度场的分布	5.6
21	关键技术 6－1	照明节能综合设计技术	采用高光效的光源、高效率的灯具、低功耗的附件以及合理地采用天然光、照明控制等技术，并将上述技术和产品有效地组合以达到我国标准所规定的 LPD 目标值和其他照明标准要求的照明设计	6.5.2
22	关键技术 7－1	可视化的照明效果	通过模拟试验直观地得出照明效果的方法	7.4.1
23	关键技术 7－2	立面照明评价方法	借助评价问卷考虑立面照明效果中多项已知的影响人心理感受的因素，确定各个评价项目偏离满意状态的程度，进而通过评分系统计算出各个项目评分以及效果评价指数，用以指示立面照明效果存在的问题以及总的立面照明视觉环境质量水平	7.7.2
24	关键技术 8－1	体育场馆谐波特征的研究	对体育建筑中主要谐波源进行研究，得出主要谐波源的谐波特征	8.1

续表

序号	编　号	名　　称	关键技术内容简述	章节号
25	关键技术8－2	体育场馆谐波治理方法	针对体育场馆的谐波源进行针对性的谐波治理方法	8.1.6
26	关键技术8－3	变压器效率最大值的研究	针对"鸟巢"所采用的SC（B）10系列变压器，研究变压器的最佳负荷率	8.2.1
27	关键技术8－4	天然光导光技术	将天然光导入室内进行照明的技术	8.3
28	关键技术9－1	日照分析技术	应用计算机仿真技术模拟分析建筑物对光伏系统的遮挡，从而获得准确的日照时数	9.2
29	关键技术9－2	BIPV技术	将太阳能光伏矩阵作为建筑材料，从而对整个建筑进行整体设计所形成的光伏电站，这种将光伏技术与建筑有机结合的技术叫BIPV技术	9.2
30	关键技术9－3	平均日照时间	在欧洲委员会101号标准条件下，某处1年中获得的总的可照时数除以365天，单位为h	9.3.2

术　语	内　容
N－2 原则的供配电系统	电力系统的 N 个元件中的任意两个独立元件（发电机、输电线路、变压器等）发生故障而被切除后，应不造成因其他线路过负荷跳闸而导致用户停电，不破坏系统的稳定性，不出现电压崩溃等事故
TV 应急照明	因正常照明的电源失效，为确保比赛活动和电视转播继续进行而启用的照明
备用电源	当正常电源断电时，由于非安全原因用来维持电气装置或其某些部分所需的电源
备用母线段	接有备用电源，且为备用负荷配电的母线
备自投	即备用电源自动投入装置的简称
并路倒闸	指多路电源向用户供电短时间并联的现象
单位照度功率密度	单位照度、单位面积上的照明安装功率（包括光源、镇流器或变压器），单位为 $W/(lx \cdot m^2)$
倒闸	将电力系统中电气设备由一种状态转变为另一种状态的过程，电气设备的状态通常有运行、备用（包括冷备用和热备用）、检修三种状态
倒闸操作	倒闸操作是将电力系统中电气设备由一种状态转变为另一种状态的操作。倒闸操作不属于设计范畴，它通常通过操作隔离开关、断路器以及挂、拆接地线来实现，必须执行操作票制和工作监护制。倒闸操作必须根据值班调度员或电气负责人的命令，受令人复诵无误后执行
分层分布式智能监控系统	各配变电所采用具有独立工作能力的配变电所智能监控系统，并由上层网络将各配变电所的子系统互联形成整个体育场监控系统
分段单母线环形结构	每个相邻电源间设有联络断路器，最后一个电源再与第一个电源间设有联络断路器，以此形成环形的高压供配电系统
关键负荷	体育工艺负荷、转播负荷、开闭幕式负荷、通信负荷、安防负荷等的总称
合环	将电力系统中的发电厂、变电站间的输电线路从辐射运行转换为环式运行或形成环式连接
合环保护	合环运行时，环路电流（简称"环流"）越小越好，理论上满足同期条件环流为 0。但事实上环流总是存在的，当环流达到一定值时，应解环运行，为此所设置的保护叫合环保护
解环	将环状运行的电网解列为非环状运行
立面照明评价方法	借助评价问卷考虑立面照明效果中多项已知的影响人心理感受的因素，确定各个评价项目偏离满意状态的程度，进而通过评分系统计算出各个项目评分以及效果评价指数，用以指示立面照明效果存在的问题以及总的立面照明视觉环境质量水平
临时柴油电站	以柴油作为能源，且临时安装在建筑物内或建筑物外的，供建筑物内重要负荷使用的发电站，活动完成后该电站将被拆除
临时电源	体育建筑中为开/闭幕式、重要赛事、文艺演出、群众集会等临时性或短期活动供电的电源。临时电源独立于体育建筑中的正常电源
临时供配电系统	体育建筑中为某次比赛或活动设置的临时性用电设备提供电力保障的供配电系统。通常在重大比赛或活动之前安装临时用电设备和临时供配电系统，活动结束后拆除

续表

术　　语	内　　　　容
母联	变电所内的单母线分段间的联络，通常指两个电源间的分段开关
太阳能电站	利用太阳能光伏组件将光能转化为电能的装置
体育工艺负荷	体育建筑中满足竞赛、训练的用电负荷，通常有场地照明系统、场地扩声系统、体育竞赛计时记分及现场成绩处理系统、信息显示系统等
同期合环	指通过自动化设备或仪表检测同期后自动或手动进行的合环操作
线路整体防火	从线路的始端到线路的末端对线路采取整体防火措施以达到耐火的要求，包括线缆防火、桥架防火、桥架支架或吊杆等附件防火
应急电源	用作应急供电系统组成部分的电源
应急母线段	接有应急电源，且为应急负荷配电的母线
永久柴油电站	以柴油作为能源，且固定安装在建筑物内供建筑物内重要负荷使用的应急或备用或主用的发电站
永久供配电系统	体育建筑中为建筑物内固定的用电设备提供电力保障的供配电系统
永久配变电所	以市电作为电源，可结合永久电站提供的电源，以此设计的永久安装在建筑物内的供配电系统
站联	变电站之间的联络
照明节能设计	采用高光效的光源、高效率的灯具、低功耗的附件以及合理地采用天然光、照明控制等技术，并将上述技术和产品有效地组合以达到我国标准所规定的 LPD 目标值和其他照明标准要求的照明设计

代号	内　　容
AOB	雅典奥运广播机构，AOB 是 Athens Olympic Broadcasting 的缩写，是由雅典奥组委和奥林匹克广播服务公司 OBS 共同组建的一家合作经营性质、从事雅典奥运会电视转播业务的企业
BIPV	建筑光伏一体化技术，即将太阳能光伏矩阵作为建筑材料，从而对整个建筑进行整体设计所形成的光伏电站
BOB	即 Beijing Olympic Broadcasting 的缩写，是由北京奥组委和奥林匹克广播服务公司 OBS 共同组建的一家中外合作经营性质、从事奥运会电视转播业务的企业
CIE	国际照明委员会
E_h	水平照度，单位：lx
EPS	应急电源系统
ETFE	乙烯 – 四氟乙烯共聚物。由 ETFE 生料直接制成的膜材，其具有优良的抗冲击性能、电性能、热稳定性和耐化学腐蚀性，且机械强度高，加工性能好
Ev	垂直照度，单位：lx
FCS	现场总线控制系统，由 PLC 发展而来，英文全称为 Fieldbus Control System。与其相对应的是集散型控制系统 DCS——Distributed Control System
FIFA	国际足球联合会，简称国际足联，FIFA 是法文 Fédération Internationale de Football Association 的缩写
FOP	FOP 为 Field of Play 的缩写，即比赛场地
GR	眩光指数，也叫眩光值，即用于度量室外体育场或室内体育馆和其他室外场地照明装置对人眼引起不舒适感的主观反应的心理物理量
HBES	Home and Building Electronic Systems 的缩写，一种功能分散，并通过公共通信过程连接的多应用总线系统
HDTV	高清电视转播的简称
IAAF	国际田径联合会，简称国际田联，英文全称 International Association of Athletics Federations，是一个国际性的田径运动的管理组织
IBC	国际广播电视中心
ISO	国际标准化组织，International Organization for Standardization 的简称，是世界上最大的国际标准化组织
KNX/EIB	是 ISO/IEC 14543 国际标准，属于 FCS 现场总线

代号	内　　容
LPD	照明功率密度，Lighting Power Density 的缩写，指建筑的房间或场所，单位面积的照明安装功率（含镇流器、变压器的功耗），单位为 W/m^2
LPS	天然光导光系统，Light Pipe System 的缩写
NBC	美国全国广播公司
OBS	奥林匹克广播服务公司，是国际奥委会所属的一家转播公司
PCC	公共连接点，Point of Common Coupling 的缩写，指的是电力系统中一个以上用户负荷连接处
PSFL	场地照明专用电源装置（Power Supply of Field Lighting）
PTFE	PTFE 膜材是在超细玻璃纤维织物上涂以聚四氟乙烯树脂而成的材料
R_a	显色指数，即以被测光源下物体颜色和参照标准光源下物体颜色的相符合程度来表示
SOBO	悉尼奥运广播机构，是 Sydney Olympic Broadcasting Organization 的缩写，是由悉尼奥组委和奥林匹克广播服务公司 OBS 共同组建的一家合作经营、从事悉尼奥运会电视转播业务的企业
T_k	相关色温，即当光源的色品点不在黑体轨迹上时，光源的色品与某一温度下黑体的色品最接近时，该黑体的热力学温度为此光源的相关色温
TV	电视转播的简称
U1	照度均匀度，规定表面上的最小照度与最大照度之比
U2	照度均匀度，规定表面上的最小照度与平均照度之比
ZSI	区域联锁选择性保护

1

国家体育场综述

1.1 北京奥运会简介

北京奥林匹克运动会（简称"奥运会"）已经完美谢幕了！中国兑现了申奥时的承诺，世界给中国一次机会，中国还给世界一次惊喜。

——北京奥运会开幕式无与伦比，精彩绝伦，让世界惊艳！

——奥运火炬第一次登上了世界最高峰珠穆朗玛峰；传递距离达 137 万 km；参加接力的火炬手多达 21 780 人，刷新奥运会纪录；传递时间 130 天，为历届奥运会之最。在世界范围内传播奥运会的理念，弘扬奥林匹克精神。

——参赛国家、参数人数超过历届奥运会，共有 205 个奥林匹克成员国和地区约 17 000 名运动员参加本次盛会。

——中国首次获得金牌总数第一，获得金牌 51 枚，银牌 21 枚，铜牌 28 枚，表明我国体育事业蓬勃发展。

——共打破 38 项世界纪录，85 项奥运会纪录，体育运动成绩显著。

——共计 10 万名志愿者活跃在赛场内外，充分体现人文奥运精髓。

——奥运场馆建设硕果累累，技术先进、理念超前、质量优良、快速高效、场馆整体水平达到世界先进水平，国家体育场"鸟巢"、国家游泳中心"水立方"等场馆在世界建筑史具有划时代意义，数十项专利技术及众多国际大奖表明它们已经跃居世界顶级场馆。

2008 年第 29 届奥运会共设置了 41 个运动项目，在北京、上海、香港等 7 个城市 37 个场馆进行比赛，决出 302 块金牌。第 29 届奥运会运动项目设置情况详见表 1 - 1，完善的场馆设施为运动员创造佳绩提供了良好的条件。

表 1 - 1　　　　　　　　　　第 29 届奥运会运动项目一览表

运动项目名称		金牌数/块	比 赛 场 馆
田径		47	国家体育场
赛艇		14	奥林匹克水上公园
羽毛球		5	北京工业大学体育馆
棒球		1	五棵松棒球场
篮球		2	五棵松篮球馆
拳击		11	工人体育馆
皮划艇	静水	12	奥林匹克水上公园
	激流	4	奥林匹克水上公园
自行车	场地	10	老山自行车馆
	公路	4	城区公里自行车赛场
	山地	2	老山自行车场
	小轮车	2	老山小轮车场

运动项目名称		金牌数/块	比 赛 场 馆
马术	障碍	2	香港奥运赛马场
	舞步	2	香港奥运赛马场
	三项赛	2	香港奥运赛马场
击剑		10	国际会议中心击剑馆
足球		2	国家体育场、奥体中心体育场、工人体育场、上海八万人体育场、沈阳奥林匹克体育场、天津奥林匹克体育场、秦皇岛奥林匹克体育场
体操	竞技体操	14	国家体育馆
	蹦床	2	国家体育馆
	艺术体操	2	北京工业大学体育馆
举重		15	北京航空航天大学体育馆
手球		2	奥体中心体育场
曲棍球		2	奥林匹克森林公园曲棍球场
柔道		14	北京科技大学体育馆
摔跤	古典式	7	北京农业大学体育馆
	自由式	11	北京农业大学体育馆
游泳	游泳	34	国家游泳中心
	花样游泳	2	国家游泳中心
	跳水	8	国家游泳中心
	水球	2	奥体中心英东游泳馆
现代五项		2	奥体中心体育馆、奥体中心游泳馆、国家会议中心击剑馆
垒球		1	丰台垒球场
跆拳道		8	北京科技大学体育馆
网球		4	奥林匹克森林公园网球中心
乒乓球		4	北京大学体育馆
射击		15	北京射击馆
射箭		4	奥林匹克森林公园射箭场
铁人三项		2	北京铁人三项赛场
帆船		11	青岛国际帆船中心
排球	排球	2	首都体育馆、北京理工大学体育馆
	沙滩排球	2	朝阳公园沙滩排球场
总计		302	

1.2　北京奥运会场馆分布

　　2008 年在中国举办的奥运会共计 37 个比赛场馆，其中 31 个在北京，占 83%。北京的奥运会场馆主要分布在奥林匹克公园内的中心区，中心区内有著名的"鸟巢"、"水立方"等 14 个比赛场馆以及奥运村、媒体村、新闻中心、国际广播电视中心（IBC）等。另有 3 个分区，分别为西部社区、大学区和北部风景旅游区。西部社区包括五棵松体育中心区、老山自行车中心等；大学区有 6 个场馆，分布在 6 所大学里，占 16%，有效地促进了高校开展体育运动；奥林匹克水上公园属于北部风景旅游区，奥运会期间作为水上运动比赛场地，平时供市民体育休闲、健身娱乐。上海市、天津市、香港地区、沈阳市、青岛市、秦皇岛市各 1 个，如图 1-1～图 1-3 所示。新建场馆 17 个，占 46%；改建场馆 12 个，占 32%；临时场馆 8 个，占 22%。2008 年北京奥运会场馆汇总见表 1-2。

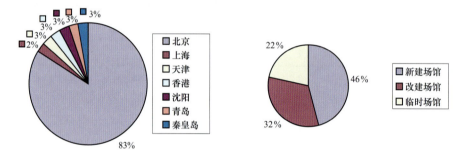

图 1-1　2008 奥运会场馆分布比例图

图 1-2　全国奥运会场馆分布图

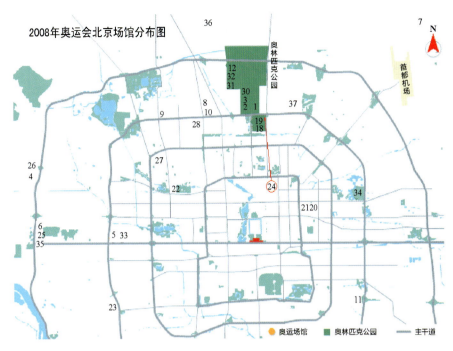

图 1 - 3　北京市奥运会场馆分布图

表 1 - 2　　　　　　　　　　　　　**2008 年北京奥运会场馆一览表**

编号		场馆名称	比赛项目	概　　　况
1	新建场馆	国家体育场	田径、足球决赛、开闭幕式	建筑面积 25.8 万 m^2，80 000 个固定座位，11 000 个临时座位
2		国家游泳中心	游泳、跳水、花样游泳	建筑面积约 8 万 m^2，6000 个固定座位，11 000 个临时座位
3		国家体育馆	竞技体操、蹦床、手球	总建筑面积 80 890 m^2，18 000 个固定座位，2000 个临时座位
4		北京射击馆	射击	建筑面积 45 645 m^2，2300 个固定座位，6700 个临时座位
5		五棵松体育馆	篮球	建筑面积 63 000 m^2，14 000 个固定座位，4000 个临时座位
6		老山自行车馆	场地自行车	建筑面积 32 920 m^2，3000 个固定座位，3000 个临时座位
7		奥林匹克水上公园	赛艇、皮划艇（静水、激流回旋）	1200 个固定座位，15 800 个临时座位
8		中国农业大学体育馆	摔跤	建筑面积 23 950 m^2，6000 个固定座位，2500 个临时座位
9		北京大学体育馆	乒乓球	建筑面积 26 900 m^2，6000 个固定座位，2000 个临时座位

编号	场馆名称	比赛项目	概　　况
10	北京科技大学体育馆	柔道、跆拳道	建筑面积 24 662m², 4000 个固定座位, 4000 个临时座位
11	北京工业大学体育馆	羽毛球、艺术体操	主体结构形式为钢筋混凝土框架结构, 屋盖为空间张弦索撑网壳结构, 建筑面积 22 269.28m², 5800 个固定座位, 1700 个临时座位
12	奥林匹克森林公园网球场	网球	占地面积 16.68hm², 总建筑面积 26 514m², 共设置 10 片比赛场地, 其中心赛场作为决赛场地, 可容纳观众 1 万人
13	天津奥林匹克体育场	足球、小组赛	60 000 个座位
14	沈阳奥林匹克体育场	足球、小组赛	60 000 个座位
15	秦皇岛奥林匹克体育场	足球、小组赛	30 000 个座位
16	青岛国际帆船中心	帆船	
17	香港奥运赛马场	马术	
18	奥体中心体育场	足球、现代五项（跑步和马术）	建筑面积 37 052m², 38 000 个固定座位, 20 000 个临时座位
19	奥体中心体育馆	手球	建筑面积 47 410m², 5000 个固定座位, 2000 个临时座位
20	工人体育场	足球	建筑面积 44 800m², 64 000 个座位
21	工人体育馆	拳击	总建筑面积 40 200m², 12 000 个固定座位, 1000 个临时座位
22	首都体育馆	排球	建筑面积 54 707m², 18 000 个固定座位
23	丰台垒球场	垒球	建筑面积 15 570m², 主场固定座位和临时座位各 5000 个
24	英东游泳馆	水球、现代五项（游泳）	建筑面积 44 635m², 6000 个固定座位
25	老山自行车场	山地自行车	建筑面积 8725m², 2000 个临时座位
26	北京射击场飞碟靶场	飞碟射击	建筑面积 6170m², 1000 个固定座位, 4000 个临时座位
27	北京理工大学体育馆	排球	建筑面积 21 900m², 5000 个固定座位
28	北京航空航天大学体育馆	举重	建筑面积 21 000m², 3400 个固定座位, 2600 个临时座位
29	上海体育场	足球、小组赛	80 000 个座位
30	国家会议中心击剑馆	击剑预决赛、现代五项（击剑和射击）	建筑面积 56 000m², 5900 个座位
31	奥林匹克森林公园曲棍球场	曲棍球	建筑面积 15 539m², 17 000 个座位
32	奥林匹克森林公园射箭场	射箭	建筑面积 8609m², 5000 个座位

新建场馆（10-12）　改建场馆（18-29）　临时场馆（30-32）

编号		场馆名称	比赛项目	概　　况
33	临时场馆	五棵松棒球场	棒球	建筑面积 14 360m², 15 000 个座位
34		北京朝阳公园沙滩排球场	沙滩排球	
35		老山小轮车赛场	小轮车	建筑面积 3650m², 4000 个座位
36		北京铁人三项赛场	铁人三项	10 000 个座位
37		城区公路自行车赛场	公路自行车	

1.3　国家体育场大事记

从 2002 年国家体育场面向全球征集规划方案，到 2008 年 9 月 17 日残奥会结束为止，经过六年多的设计和建设，经历了千辛万苦，国家体育场设计团队深感责任重大，在各方的帮助和协助下，团结奋战，攻克了道道难关，解决了一个又一个关键技术。表 1－3 记录了国家体育场建设过程中的重要事件和主要时间节点。

表 1－3　　　　　　　　国家体育场建设过程中的重要事件和主要时间节点

主要时间节点	重　要　事　件
2002. 3. 31	国家体育场面向全球公开征集规划设计方案
2002. 10	举行国家体育场建筑概念设计方案国际竞赛
2003. 3. 19 ~ 25	专家评审委员会投票，"鸟巢"方案以绝对优势胜出
2003. 4	作者被确定为"鸟巢"电气总负责人，走上了漫长而又充满挑战的奥运创新之路，以后其他同事陆续加入到设计团队中
2003. 6	完成初步电气设计构想，并在中国建筑设计院内进行第一次讨论，为"鸟巢"的电气设计打下了良好的基础
2003. 7 ~ 8	项目组有关同志前往青岛做试验，研究 EPS 作为体育照明金卤灯的应急电源，以解决在电源转化时，EPS 投入工作，保证金卤灯在电源转化过程中不熄灭，为以后的 PSEL 技术打下基础
2003. 11	完成深化方案设计，基本确定"鸟巢"采用 4 路 10kV 电源进线
2003. 12. 24	各项准备工作就绪，举行了开工奠基仪式
2004. 2	国家体育场百根基础桩完成，"鸟巢"工程开始实质性结构建设
2004. 3	完成第一次初步设计，"鸟巢"电气及照明设计方案雏形已现
2004. 6	"鸟巢"10kV 供配电系统方案通过专家论证，形成独特而又科学合理的四路 10kV 电源进线，两两引到体育场两个主站内，站内设母联，站间设站联的方案；一个月后该方案通过北京市电力公司的批准成为实施方案
2004. 7	"鸟巢"防雷接地设计方案通过专家论证，并作为施工图设计的重要依据之一
2004. 7. 30	奥运会场馆的安全性、经济性问题成为焦点，"鸟巢"全面停工
2004. 8	"鸟巢"公布效果图，"鸟巢"立面照明的研究与设计工作从此拉开序幕
2004. 8. 31	"鸟巢"取消可开启屋顶，但方案及其风格不变

续表

主要时间节点	重 要 事 件
2004.10	完成第二次初步设计，奥运"瘦身"的设计工作到此结束
2004.11	设计优化调整工作于下旬完成，并通过"08办"组织的专家评审
2004.12	北京2008年奥运会主体育场"鸟巢"复工
2005.3	完成了国家体育场主体部分的施工图
2005.5.9	国家体育场零层施工
2005.5.31	北京奥林匹克转播有限公司（BOB）在京举行挂牌仪式，国家体育场场馆设计团队与BOB进行长达三年的合作
2005.9.30	完成"鸟巢"全部施工图，包括外线、景观设计等
2005.11.15	混凝土主体结构提前封顶，比预期时间提前了一个月
2006.1	混凝土结构施工完成，主钢结构柱脚已全部安装完毕，开始进行屋面钢结构安装
2006.3.14	"鸟巢"高压供电方案由北京市电力公司朝阳供电公司方案科批复，即"北京电力公司高压供电方案"，高基字第YK20040204号
2006.8.26~31	"鸟巢"钢结构合龙焊接，整个"鸟巢"的钢结构浑然一体
2006.8	北京电力公司通过国家体育场供配电系统设计，文件为京电营［2006］37号
2006.9.17	国家体育场在经历两年多的建设后，当日完成了钢结构施工最后一个环节——整体卸载，中央电视台进行了现场直播
2006.9	2008年第29届奥运会开幕式工程建设工作正式启动，体育场大规模修改设计工作从此开始
2006.12	完成"鸟巢"10kV供配电系统四路电源系统保护和自投动模试验，标志着"鸟巢"继电保护可靠、灵敏、速动，能满足国家体育场的需要
2007.1	"鸟巢"供配电系统设计通过朝阳供电公司的审查
2007.2	确定北京良业照明为"鸟巢"立面照明工程实施单位，立面照明将为夜晚的"鸟巢"穿上美丽的外衣
2007.3	"鸟巢"立面照明方案通过政府的审批
2007.6.30	国家体育场两个总配电室接通了由邻近的安慧110kV变电站供给的第一路电源，"鸟巢"正式通电
2008.3	"鸟巢"立面照明方案通过专家评审，肯定原设计构思
2008.4.19	国家体育场经过第一次测试赛的考核，即"好运北京"奥运测试赛。比赛项目：竞走
2008.5.22~25	经受"好运北京"奥运测试赛——中国田径公开赛的考核
2008.6.27	竣工验收。次日北京市政府举行国家体育场工程竣工剪彩仪式
2008.8.8	第29届奥运会在"鸟巢"开幕
2008.8.24	第29届奥运会在"鸟巢"完美谢幕
2008.9.6	北京2008年残奥会在"鸟巢"开幕
2008.9.17	北京2008年残奥会在"鸟巢"闭幕

1.4　国家体育场的建筑和结构特点

"鸟巢"被美国《时代》周刊评为2007年世界十大建筑奇迹之一，见证了有着五千年文明史的中国不断走向改革开放，同时也见证了人类不懈追求绿色建筑的进程，诠释了"科技奥运、绿色奥运、人文奥运"的精髓，开创了第四代体育建筑的先河。

"鸟巢"位于北京奥林匹克公园中心区南部，如图1-4所示，1为"鸟巢"，2是"水立方"。"鸟巢"是2008年第29届奥运会的主体育场，奥运会、残奥会的开闭幕式在此举行。由表1-2可知，奥运会期间，在"鸟巢"举行田径比赛及足球比赛决赛。国家体育场总占地面积21hm²，建筑面积258 000m²。奥运会期间，场内观众座位91 000个，其中临时座位11 000个。奥运会后，拆除临时座位，保留80 000个永久座位。奥运会后，国家体育场已经成为北京市民广泛参与体育活动及享受体育娱乐的大型专业场所，曾成功举行过成龙演唱会、意大利超级杯赛等活动，详见本书第11章。现在，每天吸引数万名游客参观北京市这座新的地标性建筑。

根据2003版的《体育建筑设计规范》，结合体育运动比赛及使用的性质，"鸟巢"属于特级体育建筑、特大型体育场，即最高等级的体育场馆，见表1-4和表1-5。其主体结构设计使用年限为100年，耐火等级为一级，抗震设防烈度8度，地下工程防水等级1级。国家体育场外围有24个主结构，主结构间由次结构连接，组成由钢结构编织成的"鸟巢"，如图1-5所示。与大多数体育场相类似，"鸟巢"主体呈现马鞍形，东西高，南北低，南北长333m，东西宽294m，最高点高度为68.5m，最低点高度为42.8m。钢结构总用钢量为4.2万t，看台为混凝土结构，分为上、中、下三层。建筑物为地上建筑，四周用土堆起+6.8m的基座并在四周形成缓坡，"鸟巢"就建在+6.8m的基座上。建筑物地上为7层，钢筋混凝土框架-剪力墙结构，缓坡下自然形成零层，供设备机房、工艺用房等使用。钢结构与混凝土结构上部互不相连，完全脱开，基础则相连。国家体育场屋顶钢结构上覆盖了双层膜结构，上层为ETFE膜，与"水立方"膜结构采用相同材料，固定在钢结构的上弦之间，该膜透光率较高，约为94%。下层膜结构为PTFE声学吊顶，有助于提高场地扩声系统的语言清晰度指标，且该膜透光率远低于上层膜，有助于消除或弱化场地内阳光下的阴影，下层膜固定在钢结构下弦下和内环侧壁。"鸟巢"剖面示意图如图1-6所示。

图1-4　"鸟巢"位置图　　　图1-5　吊装主结构

表1-4 体育建筑的分级

等级	主要使用要求
特级	举行亚运会、奥运会、世界级比赛主场
甲级	举行全国性和单项国际比赛的主场馆
乙级	举办地区性和全国单项比赛的主场馆
丙级	举办地方性、群众性运动会的场馆
其他	不举行运动会的社区和学校体育建筑

表1-5 体育场、体育馆、游泳馆的分类

分类	特大型	大型	中型	小型	其他
体育场	60 000 座以上	40 000～60 000 座	20 000～40 000 座	20 000 座以下	无固定座位
体育馆	10 000 座以上	6000～10 000 座	3000～6000 座	3000 座以下	无固定座位
游泳馆	6000 座以上	3000～6000 座	1500～3000 座	1500 座以下	无固定座位

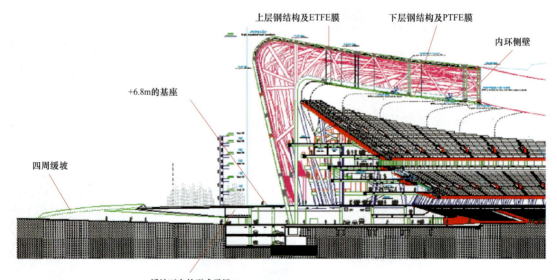

图1-6 "鸟巢"剖面示意图

夜幕下，红墙、黄光映衬着钢结构，让白天粗壮有力的钢结构变成了一幅美丽的剪纸画。"鸟巢"夜景如图1-7所示。

图1-7 "鸟巢"夜景

1.5 国家体育场电气主要技术经济指标

国家体育场电气主要技术经济指标见表1-6。

表1-6 国家体育场电气主要技术经济指标

电源数量	4路10kV市电
电源总容量	≤40 000kVA
永久配变电所数量	8座,其中2座主配变电所,1座预装式变电站
变压器数量	20台,含预装式变电站
变压器总装机容量	28 130kVA
单位面积变压器装机容量	109VA/m²
永久柴油发电站	2座
永久柴油发电机组数量	2台
永久柴油发电机组电压等级	400V/50Hz
永久柴油发电机组总装机容量	3360kVA(常用)
永久柴油发电机组总容量/变压器总容量	0.12
太阳能电站数量	10座
太阳能电站总容量	98.5kW
场地照明灯具数量	594套
场地照明总容量	1284.822kW
单位照度功率密度	3.78×10^{-2}W/(lx·m²)
主摄像机方向的垂直照度	≥2000lx

供配电系统篇

2 供配电系统关键技术 ▪

2.1 负荷及电源

2.1.1 背景情况

2002 年国家体育场向全球征集建筑方案时，提供了两份重要文件，即《国家体育场（2008 年奥运会主体育场）建筑概念设计方案竞赛文件——设计任务书》及北京市政设计院提供的有关市政图纸，其中对市政电源给出如图 2-1 所示的已知条件。由图中可知，在奥林匹克公园中心区将新建两个 110kV 变电站，即图中的安慧站和慧祥站（作者注：慧祥站原暂定名为南泥沟站，设计文件和报批文件所说的南泥沟站，即慧祥站）。安慧站位于国家体育场东北侧，与国家体育场最近距离不足 200m；慧祥站在国家体育场的西北侧，在国家游泳中心北侧，据国家体育场约 2km。

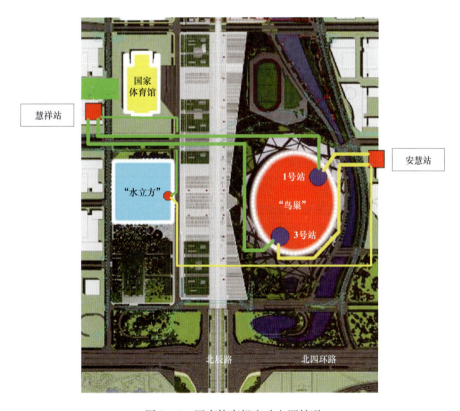

图 2-1 国家体育场市政电源情况

图中与国家体育场相邻的是国家游泳中心——"水立方"，其建筑体量要比国家体育场小很多，负荷量也不足其一半，所以采取 2 路独立的 10kV 电源供电，分别引自安慧 110kV 变电站和慧祥 110kV 变电站。

国家体育场高压分界室为分界点，分界室及其之前由北京电力设计院设计，本书主要叙述高压分界室之后的内容。

2.1.2 负荷及负荷计算

国家体育场负荷分级及负荷计算是基础性工作，根据《体育建筑设计规范》（JGJ 31—2003/J 265—2003）、《国家体育场奥运工程设计大纲》、《国家体育场 田径与足球（决赛阶段比赛）》、《国家体育场摄制计划》、《电视转播要求》等规范及文件要求，将负荷划分成一级负荷中的特别重要负荷、一级负荷、二级负荷和三级负荷，详见表2-1。

表2-1　　　　　　　　　　　　　　　　　负 荷 分 级

负荷等级	负 荷 举 例
一级负荷中的特别重要负荷	比赛场地、主席台、VVIP 贵宾室、VVIP 接待室、场地照明、计时记分装置、计算机房、电话机房、广播机房、电台和电视转播、新闻摄影电源、体育竞赛综合信息管理系统、安全防范系统、数据网络系统、显示屏及显示系统、比赛场地应急电视照明、应急照明、配变电所、消防值班室
	消防负荷：消防电梯、消火栓泵、自动喷洒泵、水喷雾泵、消防稳压设备、防排烟风机
一级负荷	广场照明、仲裁录像系统、有线电视、会议系统（含同声传译）、客梯、生活水泵、污水泵、雨水泵
二级负荷	一般的动力、照明负荷（含观众席照明）、电开水炉、热身场地泵房、空调机房、立面照明、比赛管理、现场运营管理、自动扶梯
	冷冻机组、冷冻冷却泵、热交换站、厨房、冷却塔、地源热泵
三级负荷	一级、二级以外的负荷

关键技术 2-1：体育建筑关键负荷的分析研究

该技术是对体育建筑中特有的关键用电负荷进行研究和分类，以便寻找能够满足这类负荷的供电需要。

准确地统计负荷是一件非常困难的事，体育工艺负荷、转播负荷、开闭幕式负荷、通信负荷、安防负荷等资料提供得相对较晚，设计阶段只能预留或估算。表 2-2 为国家体育场负荷统计和计算表，该表与最终结果差别不大，对配变电站的设置、变压器的选择以及大系统影响不大。

表2-2　　　　　　　　　　　　　　国家体育场负荷统计和计算

负荷名称	容量/kW	需要系数	计算有功负荷/kW	计算无功负荷/kvar	功率因数	小计/kW
制冷站	4560	0.7	3192	2145	0.83	
空调通风机	715	0.6	429	288	0.83	3621
纯消防进排风机	850				0.83	

负荷名称	容量/kW	需要系数	计算有功负荷/kW	计算无功负荷/kvar	功率因数	小计/kW
生活水及其泵类	400	0.8	320	240	0.8	1520
主场雨水泵	400	0.7	280	210	0.8	
电开水炉	100	0.8	80	0	1	
电锅炉	400	0.7	280	0	1	
热力站	300		240	149	0.85	
纯消防水泵	300				0.8	
电伴热	400	0.8	320	0	1	
电梯扶梯类	1000	0.2	200	150	0.8	280
活动屋顶	400	0.2	80	60	0.8	
场地照明	1800	0.8	1440	697	0.9	1440
-1～7层照明插座	4250	0.5	2125	1029	0.9	2705
广场照明	200	0.8	160	77	0.9	
内立面局部照明	600	0.7	420	203	0.9	
厨房用电	1000	0.35	350	217	0.85	350
热身场用电	400	0.8	320	155	0.9	320
场外临时媒体预留	2000	0.7	1400	868	0.85	3290
场内弱电及媒体	2700	0.7	1890	1171	0.85	
演出及开闭幕式预留	6000	0.6	3600	2231	0.85	3600
体育工艺	2000	0.7	1400	1050	0.8	1400
总计	29 625		18 526	10 940	0.86	18 526

其中，纯消防负荷为1150kW，考虑同时系数 $K_T = 0.8$。

总计算负荷 $P_{js} = K_T P = 0.8 \times 18\,526\,kW = 14\,820.8\,kW$。

需要特别指出，国家体育场有许多特殊的负荷，表2-1和表2-2已经列出了，这些负荷是体育建筑中所特有的，甚至是奥运会所特有的，有别于普通的民用建筑。这些负荷许多是重要负荷，有些是临时性负荷，这些特点会对供配电系统产生重要的影响。为了便于读者理解，下面重点介绍几类关键或体育建筑所特有的负荷。

1. 电视转播系统

电视转播系统取决于电视转播商，奥运会及大型国际足球赛如世界杯足球赛电视转播权通常销售给一家或多家电视台。

北京奥运会在国家体育场布置转播车4～6辆，均停在体育场外，场内摄像机的信号由场内电缆引出至场外转播车，再由转播车的设备发射到固定设备，再由此发送出去。

每辆转播车用电量约15kW，具体视转播车类型而定，三相/单相电源，负荷等级为一级负荷中特别重要负荷，负荷性质为永久/临时性负荷。考虑部分永久转播用电，满足诸如中超足球联赛等比赛，大部分转播负荷为临时性的，可以根据具体工程情况确定。

2004 年在中国举行亚洲杯足球赛，中央电视台共出动 4 辆电视转播车及其配套车辆，如图 2－2 所示。图 2－3 为 2007 年在美国 Wisconsin 州 Green Bay 市 Lambeau Field 体育场举行的美国橄榄球比赛电视转播车。据不完全统计，由 NBC News、Chicago 5、Relay House、NBC 26、NEWS 15 等 7 家电视台进行现场转播，要知道，这只是一场美国国内普通的橄榄球比赛，可见美国体育产业如此之发达和完善。

图 2－2　2004 年亚洲杯足球赛电视转播车

图 2－3　2007 年美国橄榄球比赛电视转播车

2. 记者席的用电

记者席分为摄影记者席、摄像记者席、评论员席和文字记者席。通常在文字记者席座位的后下方设有电源插座、电话及计算机数据插座。

记者席分为永久记者席和临时记者席，永久记者席数量较少，临时记者席要根据不同的比赛进行设置。图 2－4 所示为永久记者席示意图，在座位下面分别设强电线槽和弱电线槽，该线槽也永久设置。看台水平方向预留走线孔洞，孔洞连接线槽和桌子下部空间，便于强弱电线路敷设，建议孔洞尺寸为 200mm×120mm，可根据具体情况确定。北京工人体育场永久记者席就是采用此方式，如图 2－5 所示。

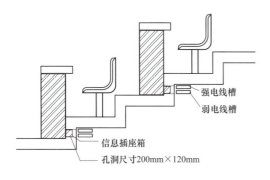

强电线槽
弱电线槽
信息插座箱
孔洞尺寸 200mm×120mm

图 2－4　永久记者席示意图

图 2－5　工人体育场永久记者席

临时记者席是在观众席基础上改建而成的。如图 2－6 所示，图 2－6（a）为改造前的观众席，将图中 A 和 C 座椅拆除，换上桌子，再用木板将 B 和 D 看台台面按同一标高延伸至桌子下，如图 2－6（b）所示，线槽走在桌子下面。赛事结束后，将恢复原状。临时记者席改造灵活、方便，可根据不同赛场灵活应用，因而被广泛使用。

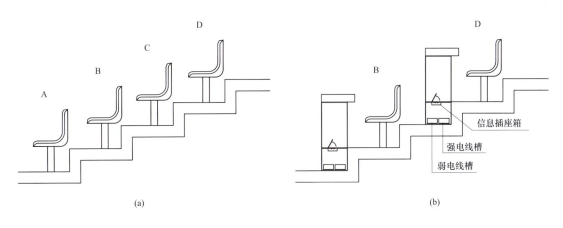

图 2-6 观众席改造成记者席

（a）改造前的观众席；（b）改造后的记者席

评论员席一般在观众看台中修建，要求评论员观看比赛时视野开阔，评论员可以充分掌握如记分屏等重要的信息。体育场评论员席一般在西侧，并能完全直接看到终点线。每个解说台包括一张桌子、三把椅子、CIS 终端、电源接口与线路。图 2-7 为评论员席示例，三把椅子通常供评论员和转播顾问使用。

现场转播大型固定摄像机通常采用在观众席上搭平台的方式，摄像机及摄像师在平台上进行摄像，平台约 2m×2m，或采用相邻 2×2＝4 个座椅，或 2×3＝6 个座椅搭成的平台。

图 2-8 所示为 2006 年世界杯足球赛德国慕尼黑市安联体育场固定摄像机位平台，平台位于下层看台与中层看台之间，与同层集散厅平面具有相同的标高。由于该平台要安放 3 台摄像机及配套的灯光、监视器，平台比一般平台要大许多，总面积在 $10m^2$ 以上。

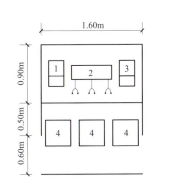
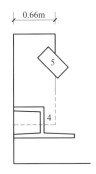

图 2-7 评论员席示例

图 2-8 2006 年世界杯足球赛德国慕尼黑市安联体育场固定摄像机平台

摄影记者通常在摄影沟内或在指定的摄影记者区，用电量不大，只需对电池进行充电，有时还要用笔记本电脑。在室外体育场，摄影记者电源插座要具有防水防尘能力，防护等级不低于 IP55，具体防护等级视电源插座安装位置而定。

总结上述记者席用电负荷见表 2 – 3。

表 2 – 3　　　　　　　　　　　　记者席用电负荷一览表

负荷名称	电源相数	参考容量	负荷等级	负荷性质	备　注
文字记者席	单相	100VA/位	一级/特一级	永久/临时	
评论员席	单相	300VA/间	一级/特一级	永久/临时	含一张桌子三把椅子
摄像机平台机位	三相	35 000VA/台	一级/特一级	永久/临时	约 2m×2m
摄像机位（非平台）	单相	4000VA/位	一级/特一级	永久/临时	
摄影记者电源	单相	16A/位	一级/二级	永久/临时	防水

注：表中"/"前为永久固定负荷，其后为临时负荷。

3. 体育工艺用电

为满足体育竞赛而进行的专业设计称为体育工艺设计。体育工艺用电情况需要体育工艺专业提出，电气专业以此为依据进行电气设计。不同竞赛场馆具有不同的体育工艺，同一场馆举行不同等级的竞赛，体育工艺也有可能不同。

当体育工艺专业尚未提供体育工艺用电指标时，体育工艺每个井或每个配电箱按 5kW计。原则上讲，体育工艺系统不要与其他系统混在一起。但是，为了综合利用工艺电气井和管线，在实际使用时往往合用，甲级和特级场馆要将体育工艺系统在物理上与其他系统分开。

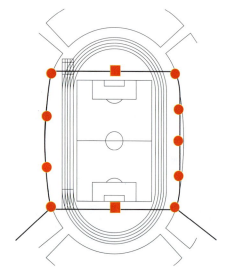

图 2 – 9　工人体育场场内综合管井

以老的北京工人体育场为例（图 2 – 9），在足球场内的四角对称设有电气井和电信井，由于是老场馆改造，场内工艺管线采用综合管井，电气井的容量为 200kW。在足球场东侧跑道设有 5 个电气井，其中有 2 个电气井的容量分别为 200kW，其他 3 个电气井的容量分别为150kW。在足球场地的西侧跑道有 4 个电气井，其中有变电室主进电源井，还有 2 个电气井的容量均为 100kW。

国家体育场体育工艺管线采用独立的管线系统，将体育工艺电源管线、弱电管线、庆典管线分开设置，相应配电间、配电箱也都分开设置，其简图如图 2 – 10 所示。体育工艺配电箱的设置如图 2 – 11 所示。

电气井通常设在室外体育场场地四周或场内，内装配电箱，其大样示意图如图 2 – 12 所示。井的尺寸由设计而定，小型手井净尺寸 500mm×500mm，最大可以 2000mm×2000mm。井内一定要设置排水设施，优先采用重力流排水措施，当自然排水不能满足要求时，应采用人工排水措施。

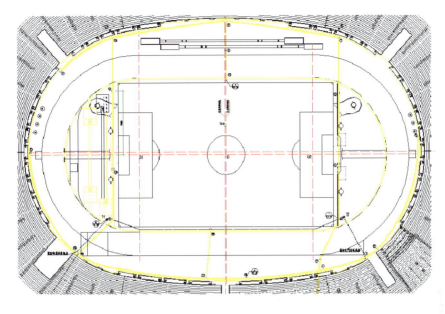

图 2 - 10　国家体育场体育工艺电气管线简图

场内电井

(a)

场边电气箱、弱电箱

(b)

临时电气箱和工业
连接器，赛前安装

(c)

(d)

图 2 - 11　体育工艺配电箱的设置

　　体育场、体育馆场边四周防暴沟内或看台墙上应设置强弱电配电箱。图 2 - 11（b）为 2004 年欧洲杯足球赛主场里斯本 LUZ 体育场体育工艺配电箱设置实例，图中电气连接器件为防护等级高达 IP65 的工业连接器。场边配电箱的数量由设计者确定，考虑到使用的方便性和灵活性，该配电箱宜均匀的布置在场边，可以是 4、6、8、10、12 个配电箱。

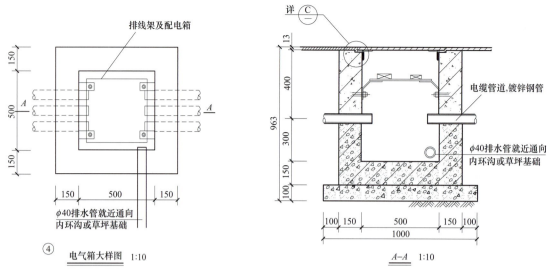

图2-12 电气井大样示意图

2.1.3 电源分析

根据我国电力部门的规定，供电电压等级一般可参照表2-4确定。从表中可知，国家体育场的负荷，宜采用35kV电压供电。又因安慧站紧邻体育场，故不考虑在体育场内设置110kV变电站。根据北京地区电网的实际情况，经与供电部门协商，国家体育场采用10kV电源电压供电。

表2-4 　　　　　　　　　　　　　电 源 电 压 的 确 定

供电电压等级	用电设备容量	受电变压器总容量
220V	10kW 及以下单相设备	
380V	100kW 及以下	50kVA 及以下
10kV		100kVA 至 8000kVA（含8000kVA）
35kV		5MVA 至 40MVA
66kV		15MVA 至 40MVA
110kV		20MVA 至 100MVA
220kV		100MVA 及以上

设计之初，设计组拿出了若干个方案供设计组和本院专家讨论，图2-13所示为其中的六个方案，以此与供电部门进行初步沟通。

方案一：两站两路进线，分别引自安慧站和南泥沟站，10kV供电。

方案二：两站三路进线，由于安慧站距离国家体育场较近，因此，由该站提供两路10kV电源；南泥沟站再提供一路10kV电源。

方案三：两站四路进线，由安慧站和南泥沟站各提供两路10kV电源，形成两个110kV变电站共提供四路10kV电源。

方案四：三站三路进线，由安慧站、南泥沟站和奥运中心站各提供一路10kV电源为国家体育场供电。奥运中心站也是规划中的110kV或220kV变电站，位于国际会议中心内。

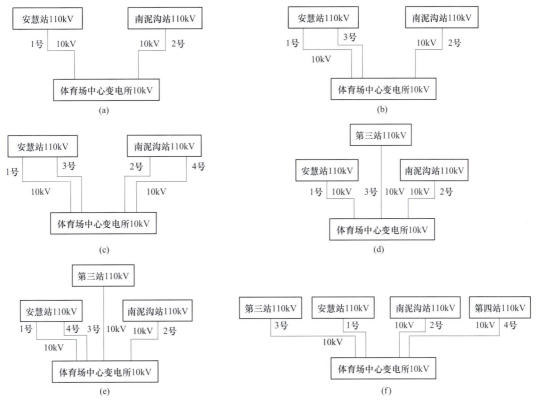

图 2－13　六个方案比较

（a）方案一：两站两路进线；（b）方案二：两站三路进线；（c）方案三：两站四路进线；
（d）方案四：三站三路进线；（e）方案五：三站四路进线；（f）方案六：四站四路进线

方案五：三站四路进线，安慧站距离体育场较近，因此由该站提供两路 10kV 电源；再由南泥沟站、奥运中心站各提供一路 10kV 电源，形成四路电源供电。

方案六：四站四路进线，由安慧站、南泥沟站、奥运中心站各提供一路 10kV 电源，再由北四环路南面的黄寺变电站提供一路 10kV 电源。

六个电源方案比较见表 2－5，电源数量在 5 路及以上，系统将变得十分复杂，投资大大增加，而系统可靠性提高甚微，性价比不佳。因此，国家体育场采用 4 路 10kV 市电供电，即方案三。

表 2－5　　　　　　　　　　　电 源 方 案 比 较

方案	方案一	方案二	方案三	方案四	方案五	方案六
110kV 站	2	2	2	3	3	4
10kV 进线	2	3	4	3	4	4
相对可靠性	低，供电能力较紧张	较低	较高	较高	高	很高
复杂程度	简单	中等	复杂	中等	复杂	复杂
投资	低	较低	较低	中等	中等	高
运行费用	低	较低	较低	中等	中等	高

2.2 配变电所的位置

国家体育场负荷主要特点之一是负荷较为分散，分布在体育场各处，并且含有特别重要的一级负荷。因此，国家体育场共设 8 个配变电所，如图 2 - 14 所示。其中 1 号和 3 号为主配变电所，简称主站；其他配变电所简称分站。6 号分站在施工图设计阶段移到训练场北侧。各配变电所服务范围如下：

1 号配变电所：兼高压配电，为国家体育场主变电站之一。进线来自安慧变电站及慧祥站。1 号配变电所除为本所四台变压器供电外，还为 2 号、4 号、7 号配变电所和 6 号箱式变电站配电。该配变电所主要为 1 号、2 号、3 号核心筒附近的负荷供电。

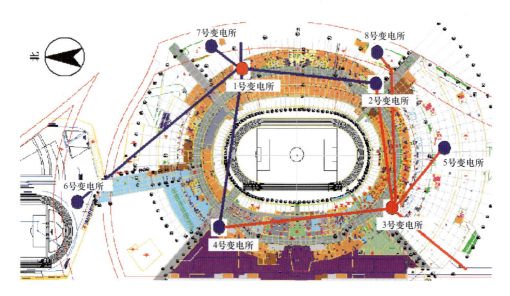

图 2 - 14　配变电所的位置

2 号配变电所：进线一路引自 1 号配变电所，另一路引自 3 号配变电所。该配变电所主要为 4 号、5 号、6 号核心筒附近的负荷供电。

3 号配变电所：为国家体育场另一主变电站。进线来自慧祥变电站及安慧站。3 号配变电所除为本所变压器供电外，还为 2 号、4 号、5 号、8 号配变电所配电。该配变电所主要为 7 号、8 号、9 号核心筒附近的负荷供电。

4 号配变电所：进线一路引自 1 号配变电所，另一路引自 3 号配变电所。该配变电所主要为 10 号、11 号、12 号核心筒附近的负荷供电。

5 号配变电所：进线两路均引自 3 号配变电所。奥运会期间，该配变电所主要为场外临时媒体负荷供电。奥运会后，为商业用房提供电源。

6 号配变电所：为箱式变电站，为热身场地提供照明电源。进线两路均引自 1 号配变电所。

7 号配变电所：与 1 号柴油发电机房相邻，两路进线均引自 1 号配变电所。该配变电所主要为 1 号冷冻站负荷供电。

（1）正常运行分析。图 2 – 15（a）所示，正常运行时，1DL1、1DL2、3DL1、3DL2 闭合，母联断路器 1DL3、3DL3 和站联断路器 1DL4、3DL4 均断开，四路电源分别带各自母线。1 号站两段母线所带的负荷均为 6850kVA，3 号站内两段母线的负荷为 5350kVA。该负荷为变压器的安装容量，实际负荷约为安装负荷的 60%。每路电源所带容量小于"首都标准"所要求的 10 000kVA。

（2）安慧站故障时分析。假设安慧站由于某种原因出现故障（火灾、水灾等），该站向体育场提供的两路电源停止供电，剩余的慧祥站两路电源能否保证体育场正常运行？

1）第一轮备自投——母联投入。第一轮备自投先投入母联，因为母联断路器在 1 号和 3 号主站内，线路短，可靠性比站联高。图 2 – 15（b）所示，安慧站两路电源不能供电，母联断路器 1DL3、3DL3 首先投入，这是第一轮备自投，此时 1 号、3 号主站内母联闭合，慧祥站 2 电源带 1 号站内的两段母线 1 – 2、1 – 1，此时该电源所带负荷的安装容量为 13 700kVA，设变压器的负荷率小于或等于 60%，则实际负荷小于 8220kVA。同样，惠祥站 1 电源带 3 号站内 3 – 1、3 – 2 母线，总安装容量为 10 700kVA，设变压器的负荷率小于或等于 60%，则实际负荷 6420kVA。因此，当安慧站两路电源停止供电时，母联投入后，慧祥站提供的两路电源可以保证体育场正常运行。

2）第二轮备自投——站联投入。如果母联投入失败，则进线第二轮备自投，即投入站联。如图 2 – 15（c）所示，第一轮自投失败后，则 1DL4、3DL4 闭合，此时慧祥站 2 电源带 1 – 2、3 – 2 母线，总安装容量 12 200kVA，由于变压器的负荷率小于或等于 60%，则实际负荷不大于 7320kVA。同样，慧祥站 1 带 1 – 1、3 – 1 母线，总安装容量 12 200kVA，同样设变压器的负荷率小于或等于 60%，则实际负荷为 7320kVA。因此，当安慧站两路电源停止供电时，站联投入后，慧祥站提供的两路电源可以保证体育场正常运行。

（3）慧祥站故障时方案分析。同样，慧祥站两路电源停电具有相似的分析结果，即安慧站提供的电源可以给体育场提供足够的电源。

（4）三路电源故障分析。由（2）和（3）分析可知，当两路电源出此故障，剩余两路电源所带负荷容量已近极限，所以三路电源故障所剩一路电源不能带全负荷。

（5）一路电源故障分析。一路电源停电是（2）、（3）的特例，不再赘述。

结论：当四路电源中的一路或二路电源停止供电时，母联或站联投入后，剩余电源可以保证体育场正常运行。

3. 国家大剧院供配电系统方案

位于北京长安街人民大会堂西侧的国家大剧院是新北京的标志性建筑之一，其高压系统由 3 座 110kV 变电站提供四路 10kV 供电电源，形成"三站四路"供电，确保国家大剧院的安全可靠，其供配电方案如图 2 – 16 所示，与图 2 – 15 不同之处主要有以下几点：

（1）国家大剧院采用"三站四路"电源供电，"鸟

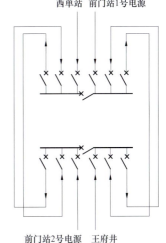

图 2 – 16 国家大剧院供配电方案

巢"采用"两站四路"电源供电。

（2）国家大剧院采用站间双联络环网系统，"鸟巢"仅采用站间单路联络。

（3）当某路电源故障时，国家大剧院先投入站联，站联失败后再投入母联。"鸟巢"则反之。

（4）国家大剧院设合环保护，而国家体育场的合环保护仅在奥运会期间使用。

采用 2 中相同的分析方法，国家大剧院的高压供电方案也完全能满足国家体育场的供电要求。

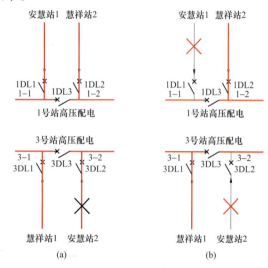

图 2 - 17　不设站联的供配电方案分析

(a) 正常时；(b) 安慧站故障

4. 不设站联的高压方案

如图 2 - 17（a）所示，该方案四路电源分别两两引入到国家体育场内部两座主站 1 号和 3 号变电所，两个主站均为单母线分段方式，两主站之间没有任何联络。简言之，其特点为只有"母联"，没有"站联"。符合 $N-1$ 原则，类似方案在全国也有很多的应用，尤其在大中规模的建筑中应用较多。

（1）正常运行时分析。如图 2 - 17（a）所示，正常运行时，四路电源分别带各自母线，母联均断开。运行没有问题，与图 2 - 15（a）完全一样。

（2）安慧站故障时方案分析。如图 2 - 17（b）所示，假设安慧站由于某种原因出现故障，停止向体育场供电。此时 1 号、3 号主站内母联闭合，慧祥站 2 电源带 1 号站内的两段母线 1 - 2、1 - 1，此时该电源所带负荷的安装容量为 13 700kVA，由于变压器的负荷率小于或等于 60%，则实际负荷为 8220kVA。同样，慧祥站 1 电源带 3 号站内 3 - 1、3 - 2 母线，总安装容量为 10 700kVA，同样，变压器的负荷率小于或等于 60%，则实际负荷为 6420kVA。因此，当安慧站两路电源停止供电时，母联投入后，慧祥站提供的电源可以保证体育场正常运行。

（3）慧祥站故障时方案分析。相类似，慧祥站两路电源停电具有相似的分析结果，即安慧站提供的电源可以给国家体育场提供足够的电源。

（4）安慧站和慧祥站各一路故障分析。当安慧 1 和慧祥 2 出现故障，或安慧 2 和慧祥 1 出现故障时，由于没有站联，因此，将有一半的负荷将失去电源。

如果安慧 1 和慧祥 1 故障，或慧祥 2 和安慧 2 故障，通过母联由另两个电源带全负荷。

其他分析见"2 符合 $N-2$ 原则的供配电系统"，此处不再赘述。

5. 供配电方案的比较

上述三个方案均满足专家提出的，当"上一级站发生故障时，该站的馈出线路全部失电，其余上级站引来的电源应能保证全部用电负荷的运行"，但可靠性和经济性有较大差别，表 2 - 7 为三种供配电方案的比较。

表 2 – 7 供配电方案的比较

方案	$N-2$	不设站联的高压方案	国家大剧院高压方案
可靠性	站内有母联，站间有站联，四路电源相互联络，系统较可靠	站内有母联，站间没联络，四路电源的优势没有很好的利用	站内有母联，站间有站联，四路电源相互联络，可靠性高
复杂性	站联单向联络，线路虽长，但节点比较减少，又能充分发挥四路电源的优势；操作较简单	站联没联络，系统简洁；操作简单	站联双向联络，线路长，节点多；保护复杂，场内一条 10kV 回路可能有 4 个断路器，保护配合困难；操作复杂
投资	该方案投资居中	三个方案中，该方案投资最少	一次性投资高，与 $N-2$ 方案相比，投资至少增加 300 万元
运行费用	运行费用居中	运行费用最少	运行、维护费用高

注：投资费用是按照 2004 年设备费用估算的，供读者参考。

综上所述，经专家论证，确定方案 $N-2$ 为 10kV 供配电系统的实施方案。该方案充分发挥四路电源的优势，又简化了系统，可靠性大大提高。经济性又较好，是一较合理的供配电方案。目前该系统运行良好，并经过奥运会的验证，充分体现了该系统安全、可靠。

2.3.2 高压环形分段单母线系统

关键技术 2 – 3：高压环形分段单母线系统

根据相关规范、北京市供电公司的规定和批文、北京奥组委的要求、专家评审意见等，国家体育场高压供配电系统的实施方案如图 2 – 15（1）所示，其特点如下：

（1）单母线分段。由于国家体育场采用 4 个独立的 10kV 电源，故单母线分段数为 4 段，每段母线对应一路电源。

需要说明一下，现在电力系统联网后，独立电源的含义有所变化，国家电网公司的技术文件——《国网业扩供电方案编制导则》有"双电源"的概念，类似于 GB 50052—2009《供配电系统设计规范》中的双重电源，其定义如下：双电源是指由两个电源分别经过两个独立的供电线路向一个用电负荷实施的供电。即由两个变电站或一个有多台变压器单独运行的变电站中的两段母线分别提供的电源。其中一个电源故障时，不会因此而导致另一电源同时损坏。

（2）相邻母线设有联络断路器。如图 2 – 18 所示，母线 B1 与 B2 间设有联络断路器 Q11，母线 B2 与 B3 间设有联络断路器 Q22。

联络断路器将两段母线联系在一起，该断路器也起到将母线分成两段的作用，所以联络断路器也叫分段断路器。

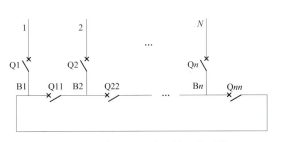

图 2 – 18 高压环形分段单母线系统

当联络断路器与其相联络的电源主进断路器在同一配变电所内时，就是前面所说的母联。相反，当联络断路器与其相联络的电源主进断路器不在同一配变电所内时，就是站联。

国家体育场的电源数量是 4，即 $n = 4$。

（3）母线形成环形。如图 2-18 所示，母线 B1 与 B2 间设有联络断路器 Q11，母线 B2 与 B3 间设有联络断路器 Q22，以此类推，最后一段母线 Bn 再与第一段母线 B1 间设置联络断路器 Qnn，形成环形。如此结构将给供配电系统带来诸多灵活性，理论上可靠性将会提高。

（4）电源进线数量与联络断路器数量相等。如图 2-18 所示，母线 B1、B2、…、Bn 分别对应电源 1、电源 2、…、电源 n。

当 $n = 2$ 时，即两路电源供电，主进断路器与联络断路器的逻辑关系见表 2-8。

表 2-8　　　　　　　　　　　　两路电源时的逻辑关系

主进断路器 Q1	主进断路器 Q2	联络断路器 Q11	联络断路器 Q22	备　注
1	1	0	0	两路电源正常工作
1	0	1（或0）	0（1）	一路电源故障，可以选择合上两个联络断路器 Q11 或 Q22 中的一个，由另一电源供电
0	1	1（或0）	0（1）	
0	0	0	0	两路均停电

当 $n = 3$ 时，即三路电源同时供电，主进断路器与联络断路器的逻辑关系见表 2-9。

表 2-9　　　　　　　　　　　　三路电源时的逻辑关系

主进断路器 Q1	主进断路器 Q2	主进断路器 Q3	联络断路器 Q11	联络断路器 Q22	联络断路器 Q33	备　注
1	1	1	0	0	0	三路电源正常工作，母联断开
1	1	0	0	1（或0）	0（或1）	3 号电源故障，可以选择合上断路器 Q22 或 Q33，由 2 号或 3 号电源供电
1	0	1	1（或0）	0（或1）	0	2 号电源故障，可以选择合上断路器 Q11 或 Q22，由 1 号或 3 号电源供电
0	1	1	1（或0）	0	0（或1）	1 号电源故障，可以选择合上断路器 Q11 或 Q33，由 2 号或 3 号电源供电
1	0	0	1（或0）	0	0（或1）	2、3 号电源故障，可以选择合上断路器 Q11 或 Q33，由 1 号电源供电
0	1	0	1（或0）	0（或1）	0	1、3 号电源故障，可以选择合上断路器 Q11 或 Q22，由 2 号电源供电

续表

主进断路器 Q1	主进断路器 Q2	主进断路器 Q3	联络断路器 Q11	联络断路器 Q22	联络断路器 Q33	备　　注
0	0	1	0	0（或1）	1（或0）	1、2 号电源故障，可以选择合上断路器 Q22 或 Q33，由 3 号电源供电
0	0	0	0	0	0	三路均停电

当 $n = 4$ 时，即四路电源同时供电，主进断路器与联络断路器的逻辑关系可以参阅表 2 – 6。

注意，表 2 – 6、表 2 – 8、表 2 – 9 中故障运行状态时，要确保所剩余电源有足够的容量带其他母线段的负荷，否则应先将不重要的负荷切除，然后再进行相应的母联断路器操作。同样，表中"1"表示该断路器处于闭合状态，线路接通；"0"表示该断路器分断，线路断开。

从表 2 – 6、表 2 – 8、表 2 – 9 可以得出，电源主进断路器与联络断路器之间存在表 2 – 10 所列的系统运行状态数量，即系统存在可能的运行情况，这对保护设置、运行操作手册的编制起到非常重要的作用。

表 2 – 10　　　　　　　　　　**系 统 运 行 情 况 数 量**

电源数量	系统运行状态数量	备　　注
2	$2^2 = 4$	
3	$2^3 = 8$	
4	$2^4 = 16$	
⋮	⋮	
n	2^n	$n \geq 2$，整数

本项关键技术在国家体育场中得到很好的运行，证明是行之有效的。该技术已推广应用到北京协和医院等工程中。

2.3.3　应急母线与备用母线分离技术

关键技术 2 – 4：应急母线与备用母线分离技术

过去，一级负荷中特别重要负荷采用应急母线段供电，实现市电和柴油发电机的切换。对于国家体育场而言，应急母线段是应急供配电系统的一部分，为应急负荷提供保障，消防负荷是最典型的应急负荷，应急负荷的特点是平时不使用，在火灾时或紧急情况时才投入使用。

国家体育场中存在另一类一级负荷中的特别重要负荷，它们属于备用负荷，其容量较大，较为分散，遍布整个体育场，如体育工艺类负荷、转播类负荷等，这类负荷不同于应急负荷，它使用的时间较长，贯穿整个奥运会期间。

应急负荷和备用负荷的共同之处是负荷等级很高，市电停电也需要运行。因此，通常采用柴油发电机作为应急电源和备用电源。由于负荷特点和性质的不同，很有必要将应急母线段和备用母线段分开设置。如图 2 – 19 所示，1 号和 2 号母线分别由变压器 1TM 和 2TM 供电，G 为发电机组。E 号母线段为应急母线段，由市电和发电机 G 经转换开关电器 ATSE1 向应急负荷供电，ATSE1 确保市电与柴油发动机不并列运行。另一方面，B 号母线段为备用母线段，由另一市电和发电机 G 经转换并关电器 ATSE2 向备用负荷供电，ATSE2 也能保证市电与柴油发动机不并列运行。因此，应急供配电系统和备用供配电系统是相互独立的。

这种做法非常适合于奥运会等重大比赛。奥运会期间，由国外专业公司进行关键负荷的电力保障，关键负荷包括 50% 的体育照明、体育工艺负荷、转播媒体、开/闭幕式等。国外专业公司提供柴油发电机为图 2 – 19 所示的 B 号母线供电，与市电构成完善的电力保障体系。因此，该技术具有非常的灵活性，为日后其他重大赛事的运行提供可能。采用"应急母线与备用母线"技术的实景如图 2 – 20 所示。

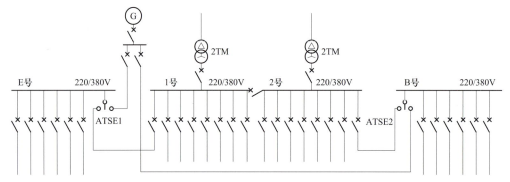

图 2 – 19　应急母线与备用母线技术

图 2 – 20　采用"应急母线与备用母线"技术的实景

2.3.4　临时系统与永久系统分离技术

关键技术 2 – 5：临时系统与永久系统分离技术

1. 临时系统的概念

永久系统：体育建筑中为建筑物内固定的用电设备提供电力保障的供配电系统。

临时系统：体育建筑中为某次比赛或活动设置的临时性用电设备提供电力保障的供配电系

统。通常，在重大比赛或活动之前，按照临时用电设备设置临时供配电系统，活动结束后拆除。

国家体育场的主要临时负荷见表2-11，详见本书第4章。

表2-11 国家体育场的主要临时负荷

负荷名称	说　　明
开幕式、闭幕式负荷	包括舞台机械、舞台灯光、飞天吊索用电、投影仪等
体育工艺类负荷	包括计时记分系统、主显示屏、现场成绩处理系统等
场地照明	约占总场地照明的50%
转播媒体	包括电视转播系统、文字媒体、摄影记者等
文艺演出	赛后进行商业性演出，商业性演出是体育场馆的主要经济来源之一

2. 奥运会期间国家体育场临时电源装机容量

奥运会期间，国家体育场实际临时供配电系统容量非常大，在体育场南侧和北侧各设置临时箱式变电站群，箱式变电站（简称"箱变"）由国家电网公司提供并负责运行（图2-21）。在场馆四周还设有相当数量的柴油发电机组，奥运会期间永久配电设施及临时配电设施配置见表2-12。

图2-21 国家体育场临时箱式变电站区位图

表2-12 奥运会期间永久配电设施及临时配电设施配置表

名称	永久配电设施	开幕式临时配电设施	体育场BOB	竞走BOB	热身场补充照明	FOP	合计
市电容量/kVA	28 130	24 700 其中 （1）南区 4×1250、6×1000、2×800、4×500 共16台变压器 （2）北区 2×1250、4×1000、2×800、4×500 共12台变压器	2×2000	500	2×400		57 330

续表

名称	永久配电设施	开幕式临时配电设施	体育场BOB	竞走BOB	热身场补充照明	FOP	合计
发电机容量/kW	3360 (7号、8号配电室各有1台1680kW)	12 300 其中 (1) 南区 6 × 800、3 × 1000 共9台发电机 (2) 北区 1 × 500、5 × 800 共6台发电机	5600 (6台)	1000 (3台)		4600 其中 (1) 南区 6 ×500 (2) 北区 2 ×800	26 860 (34 台)
合计/kVA	31 863	38 367	10 222	1611	800	5111	87 974
		56 111					87 974

注：1. BOB 全称 Beijing Olympic Broadcasting，是由北京奥组委和奥林匹克广播服务公司 OBS 共同组建的一家中外合作经营性质、专事于奥运会电视转播业务的企业，OBS 是国际奥委会所属的一家转播公司。

2. FOP 的全称是 Field of Play，即比赛场地。

3. 按功率因数为 0.9 将 kW 折算成 kVA。

由表 2 – 12 可知，奥运会期间，国家体育场临时电源总容量高达 56 111kVA，远高于永久电源 31 863kVA，是永久电源总容量的 1.76 倍。

3. 国家体育场临时负荷供电策略

如果将临时负荷纳入到永久供配电系统中，系统设计是非常不合理的，会出现以下主要问题：

1）向电力部门申请供电容量大大提高，电力资源得不到充分利用。

2）变压器和柴油发电机组的总装机容量及供配电系统设备将大大增加，增加工程初投资。

3）奥运会后设备闲置或变压器负荷率过低。

4）维护成本过高，维护工作量增大。

将临时系统与永久系统分开设置有助于解决上述问题，系统变得合理、灵活、经济、简单。国家体育场临时负荷供电策略得到了奥组委等有关部门的认可，并经受了奥运会的考验。

国家体育场临时负荷供电策略如下：

第一，位于 0 层 1 号、3 号主配变电所各预留 2 路 10kV 线路（图 2 – 22），最大总安装容量为 3000kW，最大计算容量为 1800kW。

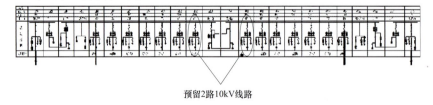

预留2路10kV线路

图 2 – 22　预留 2 路 10kV 线路

第二，位于 0 层邻近场内设有 0.4kV 低压配电间（图 2-23 红点所示），供场内庆典、文艺演出使用，最大容量为 2500kW，计算容量不得超过 1500kW。场内留有相应的庆典用的管路和电井，届时也可以使用。

第三，屋顶钢架之间，位于屋顶边缘处留有一条环形马道，马道上空档处（图 2-24 内环红线和蓝线部分）可以用于安装开闭幕式、文艺演出用的灯具。钢结构专业已预留相应的荷载。

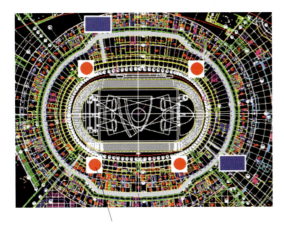

四角处低压配电间

图 2-23 场内设有 0.4kV 低压配电间

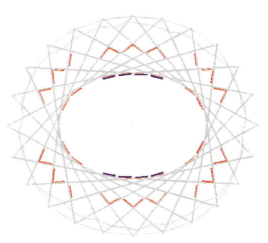

图 2-24 马道预留灯位

第四，在顶层的 3 号、4 号、9 号和 10 号核心筒强电竖井内预留各 100kW 共 400kW 的临时电源，供庆典、演出使用，如图 2-25 蓝色圆点处所示。

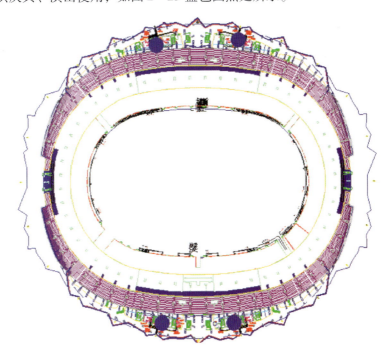

图 2-25 顶层竖井内预留电源

第五，在建筑物四角外墙处预留500mm×500mm孔洞，为临时电源预留进出线条件，如图2-26中蓝色圆点所示。

图2-26　预留临时电源进出线条件

由于在设计阶段，无法确定临时电源的位置和容量，经与国外电力保障机构讨论和配合，采用此方案。相应地，从外墙孔洞到0层配变电所要预留桥架，保证路由通畅。

4. 技术推广情况

此关键技术已推广到2010年广州亚运会、2011年深圳世界大学生运动会、2009年第11届全国运动会（山东）的场馆建设中，并写入《体育建筑电气设计规范》（报批稿）中（表2-13）。

表2-13　　　　　　　　　《体育建筑电气设计规范》相关条款

条款号	内　容
3.3.5	容量较大的临时性负荷应采用临时电源供电，在设计时，应为临时电源供电预留电源接入条件及设备空间或场地
3.4.1	综合运动会主体育场不应将开幕式、闭幕式或极少使用的大容量临时负荷纳入永久供配电系统。特级和甲级体育建筑的供配电系统，应具有临时电源接入的措施
3.6.1	方案设计阶段可采用单位指标法；初步设计及施工图设计阶段宜采用需要系数法。临时性负荷不应计入永久性负荷
4.4.3	有大截面电缆且电缆数量较多，或经常有临时性负荷的配变电所，宜设电缆夹层，电缆夹层净高不宜低于1.9m，且不宜高于3.2m
6.1.5	甲级及以上体育建筑应为临时柴油发电机组的接驳预留条件，其供配电系统应符合本规范第4.3.1条的规定

续表

条款号	内　容
7.1.2	体育建筑的低压配电系统，应将照明、电力、消防及其他防灾用电负荷、体育工艺负荷、临时性负荷等分别自成系统。当体育建筑兼有文艺演出功能时，宜在场地四周适当的位置预留配电箱或配电间
10.2.3	重要赛事的临时媒体设备可由临时的供配电系统供电
11.2.4	设计时尚应考虑到临时线路、系统改造时电缆布线的灵活性，当没有明确要求时，宜适当放宽电缆托盘、电缆梯架、电缆沟的尺寸
12.4.3	发电机接地应符合《民用建筑电气设计规范》（JGJ 16—2008）的相关规定
19.1.2	体育建筑应结合赛时与赛后不同模式、功能及运营要求等因素，分析研究永久负荷与临时负荷，采用合理的节能措施，并符合本规范相关规定

2

■ 继电保护及电气测量

3.1 继电保护的一般要求

第 2 章中图 2 – 14 给出了国家体育场各配变电所的位置和大致关系，图 3 – 1 所示为 10kV 系统关系图，图中蓝色、绿色、粉色、黑色线条分别表示四路电源。很明显，每个配变电所的 10kV 电源均为两个，因此，供电可靠性可以得到保证。

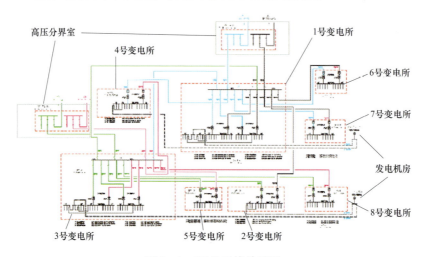

图 3 – 1   10kV 系统关系图

如图 3 – 2 所示，母联分别在 1 号和 3 号主配变电所。站联的联络线上连着两个断路器，其中一个有保护功能，另一个没有保护，仅作为隔离使用。

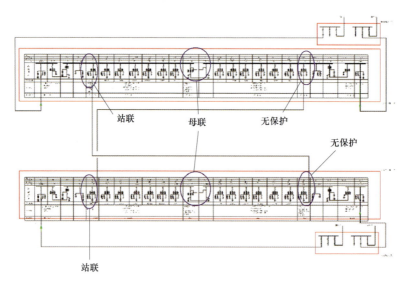

图 3 – 2   母联和站联示意图

继电保护装置应满足可靠性、选择性、灵敏性和速动性的要求，应符合当时的现行国家或行业标准《电力装置的继电保护和自动装置设计规范》（GB 50062）、《电力装置的电测量仪表装置设计规范》（GBJ 63）、《民用建筑电气设计规范》（JGJ/T 16）的有关规定，还应符合北京市供电公司的相关规定。现在有些规范和标准已经修订并颁布执行，请读者注意！

本书所述继电保护要求仅适用于国家体育场工程变电所 10kV 电力设备和线路的继电保护。由于没有高压电动机等高压设备，这里所说的电力设备指的是变压器；而线路保护指的是主站与分站之间的线路、站联线路、进线线路等。

需要说明，最终实施方案与图 2 – 15 略有区别，详见图 3 – 3。

3.1.1 10kV 进线线路的保护

进线线路保护指的是 1 号和 3 号主配变电所电源进线线路的保护，断路器如图 3 – 3 所示中 1DL1、1DL2、3DL1、3DL2。而各个分站如 2 号、4 号、5 号、6 号、7 号、8 号配变电所的 10kV 进线不设保护，其进线断路器只起到隔离作用，分站的进线线路保护设在主站相应的出线回路，详见 3.1.3 的说明。其保护设置如下：

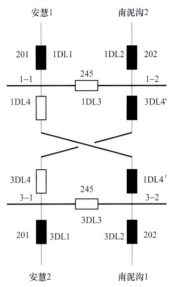

图 3 – 3 实施的供配电方案

注：■——表示断路器闭合，
□——表示断路器断开。

1）设有定时限过电流保护，动作时限由供电公司定；奥运会期间，保护装置作用于备自投装置放电；奥运会后，保护装置动作于跳闸。

2）设置零序保护，奥运会期间，零序保护装置动作于备自投装置；奥运会后，零序保护装置动作于跳闸。

3）设合环保护，合环保护要求由供电公司继保科提出。合环保护仅奥运会期间使用，奥运会后解除。

4）设失电压保护，延时动作于断开断路器。

5）采用三相三继电器式的过电流保护。

3.1.2 配电变压器的保护要求

1）设有定时限过电流保护，动作时限由供电公司确定，保护装置动作于跳闸。

2）设有电流速断保护，瞬时动作于断开变压器高压侧的断路器。

3）设置温度保护，温度保护动作于跳闸，并发出报警信号。

4）设置零序保护，零序保护装置动作于跳闸。

5）变压器高压侧过电流保护与低压侧主断路器短延时保护相配合。

6）采用三相三继电器式的过电流保护。

7）变压器防护罩设有保护断路器与防护罩门的联锁装置，设有开门就地报警功能，并发信号。

设计之初，确定了变压器防护罩门与保护断路器的连锁关系如下：

第一，保护断路器处于合闸状态时，变压器保护罩门打不开。

第二，保护罩门万一被打开，保护断路器跳闸，切断电源。

第三，保护罩门处于开门状态，设有声光报警信号。

但经与供电部门多次磋商，最终只设报警功能。

3.1.3 馈线线路的保护

1 号或 3 号主站至各个分站的线路叫作馈线线路，如图 3-1 所示，1 号主站至 2 号、4 号、6 号、7 号分站间的线路是馈线；同样，3 号主站至 2 号、4 号、5 号、8 号分站间的线路也是馈线，馈线的保护设在 1 号或 3 号主站内，其保护功能如下：

1）设有定时限过电流保护，动作时限由供电公司定，保护装置动作于跳闸。

2）设有电流速断保护，瞬时动作于断开断路器。

3）设置零序保护，零序保护装置动作于跳闸。

4）采用三相三继电器式的过电流保护。

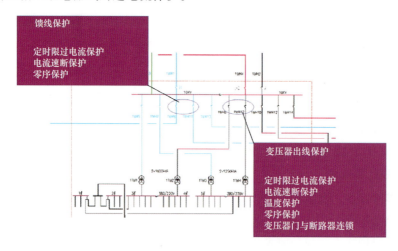

图 3-4　变压器出线保护和馈线线路保护

需要说明一下变压器出线保护与馈线线路保护的区别。如图 3-4 所示，两者都是 10kV 出线回路，但前者出线直接接配电变压器上，线路距离较近，同在一个配变电所内，保护设在 10kV 出线开关柜，变压器高压侧不再设隔离开关等电器设备；后者出线接的是分配变电所，既然是配变电所，它就要进行二次 10kV 配电，也就要有进线断路器和出线断路器，从主站到分站的线路比较长，在 100m 以上，保护设在主站出线处，比较幸运的是，"鸟巢"的主站出线处断路器保护灵敏度能满足要求，因此，分站进线断路器取消保护功能只起到隔离作用。

3.1.4 10kV 分段母线（母联）保护

图 3-3 中 1DL3、3DL3 为母联断路器，其保护功能如下：

1）设合环保护，合环保护仅奥运会期间使用，奥运会后取消。

2）设有定时限过电流保护，动作时限由供电公司定，保护装置动作于跳闸。

3）设备自投装置。

4）采用三相三继电器式的过电流保护。

3.1.5 10kV 分段站联保护

如图 3 - 3 所示，联络两个主站的线路叫作站联，即图中连接母线 1 - 1 与 3 - 2 的线路；同样，连接母线 1 - 2 与 3 - 1 的线路也是站联。站联上的用于分合的断路器叫作站联断路器。站联断路器共 4 个，其中 1DL4、3DL4 断路器设有备自投装置，平时采用手动。正常情况下，这两个断路器处于分闸状态。另两个断路器为 3DL4′、1DL4′，这两个断路器平时处于合闸状态，并设置了保护功能，其具体要求如下：

1）设有定时限过电流保护，动作时限由供电公司定，保护装置动作于跳闸。

2）设置零序保护，零序保护装置动作于跳闸。

3）采用三相三继电器式的过电流保护。

3.2 继电保护的关键技术

国家体育场供配电系统比较复杂，其操作包括手动操作、合环操作及备用电源自动投入装置投入等。系统的运行方式不同，主进断路器、联络断路器的状态也不尽相同，系统运行包括正常运行状态、各种故障运行状态共计 34 种之多（也许更多，作者暂没有分析到），第 2 章只给出了 16 种运行状态。因此，如此复杂的运行状态给高压二次系统带来巨大困难和压力，有些情况很难实现。经与供电部门协商，国家体育场只考虑一路电源故障下的自动投入。下面介绍相关的关键技术，供读者参考。

3.2.1 并路倒闸技术

首先介绍几个术语，以便于理解并路倒闸。

倒闸：将电力系统中电气设备由一种状态转变为另一种状态的过程，电气设备的状态通常有运行、备用（包括冷备用和热备用）和检修三种状态。

倒闸操作：将电力系统中电气设备由一种状态转变为另一种状态的操作。倒闸操作不属于设计范畴，倒闸操作通常通过操作隔离开关、断路器及挂、拆接地线来实现，必须执行操作票制和工作监护制。倒闸操作必须根据值班调度员或电气负责人的命令，受令人复诵无误后执行。

关键技术 3 - 1：并路倒闸技术

电力系统中尚无"并路倒闸"术语，但电力部门广泛使用这个约定俗成的叫法。笔者试图给出其定义，不一定准确，但有助于对其理解。

并路倒闸是指多路电源向用户供电短时间并联的现象。

短时间并联意味着要满足并联的条件，如图 3 - 5 所示，断路器 1DL1、1DL2、1DL3 短时间内都处于闭合状态。电力系统要检测同期，本工程由于是同频同期，则同期条件如下：

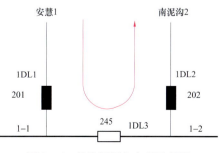

图 3 - 5　并路倒闸和合环示意图

（1）断路器 1DL3 两侧的电压幅值相近，其差值 ΔU 在给定容许值内。

（2）断路器 1DL3 两侧的电压相位差在给定值内。

下面以图 3 – 5 所示母线 1 – 1 为例，说明并路倒闸如何由安慧 1 电源供电转到南泥沟 2 供电。假设电力公司要对安慧 1 线路进行检修，在停电检修之前，将母线 1 – 1 由安慧 1 供电转到南泥沟 2 供电。并路倒闸的操作顺序为：先合上母联断路器 1DL3，此时两个电源安慧 1 和南泥沟 2 两个电源都向负荷供电，但时间较短；然后断开安慧 1 进线断路器 1DL1，由南泥沟 2 通过 1DL3 继续向 1 – 1 供电。

很显然，并路倒闸对负荷供电连续性和可靠性是有利的，在倒闸期间没有停电，因此，并路倒闸是不间断倒闸。通常民用建筑是末端电力用户，操作较为复杂，极少采用此技术。相关规定要求，不受供电部门调度的双电源（包括自发电）用电单位，严禁并路倒闸。因此，国家体育场工程并路倒闸仅限于奥运会期间使用。

3.2.2　合环技术

在民用建筑中，配变电所大多为用户变电所，很少采用合环操作。在说明合环操作之前，先说明几个概念，有利于对合环的理解。

关键技术 3 – 2：合环技术

合环：将电力系统中的发电厂、变电站间的输电线路从辐射运行转换为环式运行或形成环式连接。针对国家体育场工程，简言之，合环是合上网络内某开关（或刀闸）将网络改为环路运行。如图 3 – 5 所示，断路器 1DL3 闭合，1DL1、1DL2 也处于闭合状态，此时电网形成环路运行。

同期合环：指通过自动化设备或仪表检测同期后自动或手动进行的合环操作。

解环：将环状运行的电网解列为非环状运行。

合环保护：合环运行时，环流越小越好，理论上满足同期条件环流为 0。但事实上环流总是存在的，当环流达到一定值时，应解环运行，为此需设置合环保护。

并路倒闸存在短时间的并联运行，此时为合环运行。因此，并路倒闸导致系统短时间合环运行。

与并路倒闸相类似，合环也是有条件的，其必要条件如下：

1）合环点相位应一致。图 3 – 5 断路器 1DL3 两侧相位应一致，尤其第一次合环或检修后应经过检测合环点两侧相位是否一致。

2）若属于电磁环网，则环网内的变压器接线组别之差为零。本工程不涉及此条件。

3）合环后不应引起环网内各电气元件过载。尤其是断路器分断能力能否满足要求。

4）各母线电压不应超过规定值。

5）继电保护与安全自动装置应适应环网运行方式。国家体育场在奥运会期间运行方式与奥运会后有所不同，应注意运行方式的变化。

6）电网稳定符合规定的要求。

奥运期间，国家体育场供配电系统由供电公司管理，设置了合环操作，其要求如下：

1）在 1 号、3 号主站内主进断路器与母联断路器设置合环保护，是否进行合环操作需结合上级电源情况确定。如图 3 – 3 所示，1 号主站中 1DL1、1DL2、1DL3 可设置合环保护，3

号主站中 3DL1、3DL2、3DL3 也可设合环保护。在奥运会期间，设置合环保护，奥运会后取消合环功能。

2）1 号、3 号主站之间的主进断路器与站联断路器不设置合环保护，即 1DL1、1DL2、1DL4 不得设置合环保护，3DL1、3DL2、3DL4 也不能合设合环保护。

3）故障情况下不能进行合环操作，检修、返回情况下可选择合环操作。

4）合环操作应先检查同期，不符合要求不能进行合环操作。

5）如果合环操作失败，不能再次进行合环操作。

6）合环操作只能手动，不能自动。

合环操作有严格的操作流程，下面介绍合环操作的原理。

以安慧 1 故障为例，安慧 1 电源电压为零，由于有无压保护，其主进断路器 1DL1 跳闸，因此不能进行合环操作。当安慧 1 电源检修时（如线路检修、上级开关设备检修等），供电部门事先通知用电单位，在安慧 1 断电之前，进行合环操作，即先合上母联断路器 1DL3，然后断开 1DL1 主进断路器，对用电设备而言，电源转换的过程没有停电。当安慧 1 检修完毕，供电部门通知用电单位，安慧 1 恢复正常供电，此时，也可选择合环操作，操作程序如下：安慧 1 电源恢复正常→合上主进断路器 1DL1，电网合环运行→断开母联断路器 1DL3，安慧 1 恢复对 1 - 1 母线供电，对用电设备而言，供电也没有中断。因此，合环操作仅对电源检修及返回有效。

3.2.3 备自投技术

关键技术 3 - 3：备用电源自动投入技术（BZT）

由于对备用电源自动投入相对熟悉，应用相对多些，其要求如下：

1）保证在工作电源断开后才投入备用电源。

2）工作电源的电压消失时，自动投入装置应延时动作。

上述两点要求实际上是 BZT 装置最主要的动作条件，如图 3 - 5 所示，假设安慧 1 电源断电，检测到该电源无压，先断开主进断路器 1DL1，母线 1 - 1 失电。BZT 装置启动，闭合母联断路器 1DL3，有另一路电源继续向母线 1 - 1 供电。

可以看出，BZT 与合环操作有本质上的区别，其比较详见表 3 - 1。

表 3 - 1　　　　　　　合环操作与 BZT 的比较（以一个电源断电为例）

操作类型	备用电源自动投入	合环操作
电源情况	一个电源没电，另一电源有电	两个电源都有电
操作顺序	先断主进断路器，后合母联断路器	先合母联断路器，后断主进断路器
使用情况	一路电源故障时使用	一个电源在检修之前或检修后返回时使用
负荷停电时间	有	无

3）自动投入装置保证只动作一次。

4）自动投入装置动作，如备用电源投入到故障上时，应使其保护加速动作，尽快从故障上切除。

5）手动断开工作电源时，自动投入装置不应启动。

6）备用电源自动投入装置中，设置工作电源的电流闭锁回路。

7）备用电源自动投入装置应先投入母联，当母联投入失败后，再投入站联。当母联由于故障没有排除而投入失败时，站联不应投入。

8）当一路外电源带一段母线时，母联断路器或站联断路器可以自投。例如，图3-3中安慧1电源只带母线1-1时，可以自投1DL3（或1DL4），此时安慧1有足够的能力同时带母线1-1和1-2（或母线1-1和3-2）。

9）当一路外电源带三段或四段母线时，其母联断路器、站联断路器不应自投；应先将低压侧部分次要负荷卸载后再手动闭合母联断路器或站联断路器。同样以图3-3为例，当母联1DL3闭合和站联1DL4闭合，电源安慧1没有能力同时带母线1-1、1-2和3-2，反而会因过载而造成新的故障，影响到重要负荷供电。

国家体育场变压器总安装容量高达28 130kVA，而供电部门提供的进线电缆为300mm^2，其载流量约为560A，折合成10kV侧的容量不足10 000kVA，由此可见，一路电源带不了三段母线或四段母线上的负荷。

3.3　进线断路器与联络断路器的逻辑关系

根据供电公司要求，仅考虑四路市电中的一路电源失电情况下母联、站联自投顺序和逻辑关系。两路或三路市电失电不考虑自投，仅考虑手动。因此，有必要对第2章所述内容进行简化。

下面将要分析系统的各种运行状态，其图形符号及其含义如图3-6所示，本图例同样适用于图3-3和图3-5。

3.3.1　正常运行状态

图3-7所示为正常运行状态下的断路器、BZT装置和合环装置。正常情况下，四个主进断路器1DL1、1DL2、3DL1、3DL2处于闭合状态，母联断路器1DL3、3DL3断开，站联断路器1DL4、3DL4断开，站联断路器1DL4'、3DL4'闭合，四路电源各带1-1、

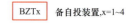

■	断路器闭合
□	断路器断开
BZTx	备自投装置,x=1~4
HHx	合环装置,x=1~2

图3-6　图例

1-2、3-1、3-2母线。备自投装置BZT1、BZT2、BZT3、BZT4处于启动状态，当满足投入条件时，随时准备投入备用电源。合环装置HH1、HH2处于准备状态，即当满足条件时可以合环，合环条件之一是电源及其线路检修才可进行合环操作。

3.3.2　一路电源断电情况下第一轮备自投

以安慧1断电为例，其他一路电源断电与此类似。

如图3-8所示，当安慧1断电时，根据前面所述的原则，首先进行第一轮备自投，备自投BZT1先动作，合上1DL3断路器。其自投顺序为：检测到安慧1电源无压→其主进断路器1DL1分闸→母联断路器1DL3合闸，1-1段母线上的负荷由南泥沟2电源供电。

母联断路器1DL3手动或自动合闸要满足一定条件，否则不能合闸，其合闸条件为：

1）1-2母线上电压为额定值。

2）1-1母线上电压为0，线路无电压。需要说明，系统必须要检测母线电压，仅检测

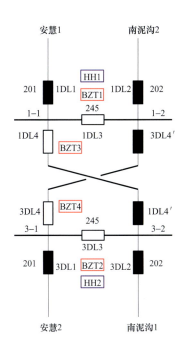

断路器的状态

断路器	进线断路器				联络断路器					
	1号主站		3号主站		母联断路器		站联断路器			
符号	1DL1	1DL2	3DL1	3DL2	1DL3	3DL3	1DL4	3DL4	1DL4′	3DL4′
状态	1	1	1	1	0	0	0	0	1	1
所带母线	1-1	1-2	3-1	3-2						

注：断路器状态，1—闭合；0—断开。

备自投装置的状态

符号	状态	说明
BZT1	启动	随时投入备用电源
BZT2	启动	随时投入备用电源
BZT3	启动	随时投入备用电源
BZT4	启动	随时投入备用电源

合环装置的状态

符号	状态	说明
HH1	可合环	电源及其线路检修时可合环操作
HH2	可合环	电源及其线路检修时可合环操作

图 3-7　正常运行状态下的断路器、BZT 装置和合环装置

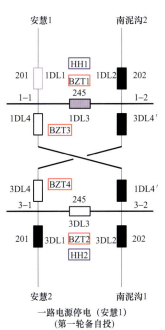

断路器的状态

断路器	进线断路器				联络断路器					
	1号主站		3号主站		母联断路器		站联断路器			
符号	1DL1	1DL2	3DL1	3DL2	1DL3	3DL3	1DL4	3DL4	1DL4′	3DL4′
状态	0	1	1	1	1	0	0	0	1	1
所带母线		1-1,1-2	3-1	3-2						

注：断路器状态，1—闭合；0—断开。

备自投装置的状态

符号	状态	说明
BZT1	放电	备用电源已经投入
BZT2	启动	随时投入备用电源，安惠2与南泥沟1互为备用
BZT3	启动	当第一轮备自投失败后，投入南泥沟1电源
BZT4	放电	防止电源安惠2自投带三段母线

合环装置的状态

符号	状态	说明
HH1	可合环	电源检修完毕或故障排除后可合环操作，先合1DL1，再断1DL3
HH2	可合环	电源及其线路检修时可合环操作

图 3-8　一路电源断电，第一轮备自投

1DL1 之前的电源是否无压还不行，南泥沟1电源有可能向母线 1-1 送电。

3）母联隔离车 1S3（见高压系统图）处于工作位置。

4）1DL1、1DL4 分闸，对 1-1 段母线而言，有三个电源，这三个电源均没有给该母线供电，即母线没电。

5）1DL2 合闸，3DL4 分闸，即 1－2 母线只有南泥沟 2 供电，即 1DL2 处于合闸位置。

与此相反，当恢复正常供电时，存在返回顺序，即当检测到安慧 1 电源为额定电压→1DL3 分闸→1DL1 合闸。

母联断路器 1DL3 手动返回，分闸条件为：

1）安慧 1 电源为额定电压，电压取自安慧 1 进线 PT 柜，即 1AH1 开关柜电压互感器。

2）1－2 母线上电压为额定值。

3）1－1 母线上电压为额定值。

4）母联隔离车 1S3（见高压系统图）处于工作位置，1DL3 合闸。

5）1DL1、1DL4 分闸。

6）1DL2 合闸，3DL4 分闸。

3.3.3　一路电源断电情况下第二轮备自投

第一轮母联 1DL3 投切失败后，第二轮投切站联断路器 1DL4，如图 3－9 所示。

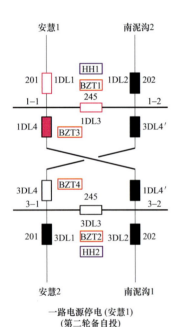

断路器的状态

断路器	进线断路器				联络断路器					
	1号主站		3号主站		母联断路器		站联断路器			
符号	1DL1	1DL2	3DL1	3DL2	1DL3	3DL3	1DL4	3DL4	1DL4′	3DL4′
状态	0	1	1	1	0	0	1	0	1	1
所带母线		1-2	3-1	1-1,3-2						

注：断路器状态，1—闭合；0—断开。

备自投装置的状态

符号	状态	说明
BZT1	放电	BZT1只投一次
BZT2	放电	防止一路电源（A2或N1）带三段母线
BZT3	放电	备用电源已经投入
BZT4	启动	随时投入备用电源

合环装置的状态

符号	状态	说明
HH1	不可合环	不许合环操作
HH2	不可合环	防止一路电源（A2或N1）带三段母线

图 3－9　一路电源断电，第二轮备自投

此时，备自投 BZT3 的自投顺序如下：检测到安慧 1 电源无压→接收到 1DL3 投切失败信号，1DL3 分闸→站联断路器 1DL4 合闸。

站联断路器 1DL4 手动或自动合闸，其合闸条件为：

1）3－2 母线上电压为额定值。

2）1－1 母线上电压为 0。

3）1DL4′合闸。

4）1DL1、1DL3 分闸。

5）1DL3 投切失败信号。

6）3DL2 合闸，3DL3 分闸。

同样，站联断路器也存在返回问题，当安慧 1 恢复正常供电，站联断路器 1DL4 的返回顺序为安慧 1 电源为额定电压→1DL4 分闸→1DL1 合闸。

站联断路器 1DL4 手动或自动返回，分闸条件为：

1）安慧 1 电源为额定电压（电压取自 1AH1 开关柜电压互感器）。

2）3 – 2 母线上电压为额定值。

3）1 – 1 母线上电压为额定值。

4）1DL4、1DL4′ 合闸。

5）1DL3 分闸。

6）3DL2 合闸，3DL3 分闸。

由于系统比较复杂，也非常重要，在实施之前，相关单位和部门进行了"四电源系统保护和自投动模试验"，试验验证了国家体育场保护的可行性和可靠性。四电源动模系统及保护配置图如图 3 – 10 所示，详细试验参见本书第 12.7 节。

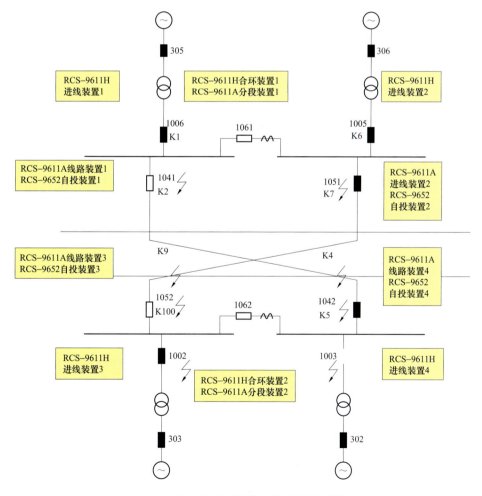

图 3 – 10　四电源动模系统及保护配置图

若电源故障，RCS－9652 备自投装置动作，隔离故障，并合母联断路器恢复供电。若母联断路器拒动，则合站联断路器；一个电源最多带两段母线。

若母线故障或出线故障而断路器拒动，RCS－9611H 过电流保护接点闭锁 RCS－9652 备自投装置，避免自投合于故障。

若站联线路故障，设于站联断路器的 RCS－9611A 装置的过电流保护或过电流加速保护动作隔离故障。

若母联断路器合于故障，设于母联断路器的 RCS－9611A 装置的过电流加速保护动作加速跳开母联断路器。

当两个电源合环运行时，若分段电流过大，超过了合环过电流整定值，RCS－9611H 合环过电流保护任意选跳进线断路器或分段断路器。

3.4　配变电所智能监控系统

国家体育场占地面积大，用电负荷比较分散，配变电所共计 8 个，分布在体育场四周。只有 1 号和 3 号两个主配变电所设有值班室，其他分站可无人值班（奥运会期间除外），因此，需要一套配变电所智能监控系统（又称配变电所综合自动化系统）对供配电系统进行监控。

3.4.1　智能监控系统

国家体育场采用智能化保护装置（又称综合保护装置、数字式继电保护装置）、配变电所智能监控系统，并采用开放式、分布式系统。

1. 关键技术 3－4：分层分布式智能监控系统

国家体育场采用分层分布式网络结构，这在当时民用建筑中并不多见。各配变电所、柴油发电机房由各自的智能控制器监控，并在 1 号主配变电所设监控系统主机，将各子系统连接成为完整的监控系统。如图 3－11 所示，该系统分为三层结构。

（1）现场设备层。现场元件有现场传感器、执行器等，安装在被监控设备或回路的开关柜、变压器、直流屏等处，直接采集被监控设备的相关数据，也可通过执行器进行相关控制。

（2）站级管理层。智能控制器用于对现场数据进行收集、处理和传输，并对执行器发出动作指令，发送信号、数据、报警和报表等。

站级管理意味着每个配变电所可以独立进行监控，自成系统。

（3）中心管理层。前端通信主机：用于监控系统内外信息交流、数据收集、处理。由网络连接各配变电所的监控系统。

最终实施时，为增加可靠性和管理方便，在 1 号和 3 号主配变电所各设置一套系统主机，两套主机同时工作，互为备用。

分层分布式监控系统非常适合于拥有多个配变电所的大型公共建筑，尤其体育中心，各场馆监控系统自成系统、相对独立。而中心管理层有助于体育中心统一管理。

2. 监控对象

智能监控系统监控如下设备：10kV 高压开关柜、低压开关柜、变压器、直流屏、柴油

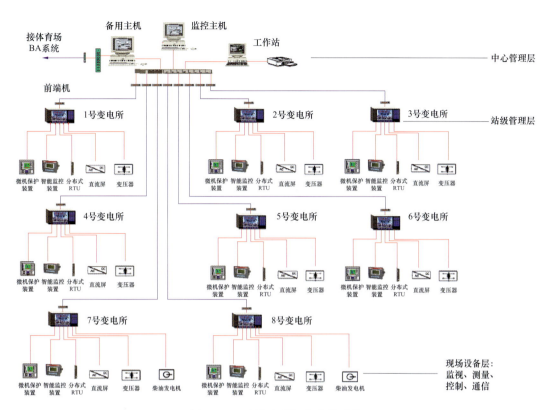

图 3-11 配变电所智能监控系统

发电机等，主要有如下几类功能：

保护：一次设备保护功能。遥信：开关状态、故障状态，其他开关量信息。遥测：电流、电压、功率等电参量信息，及其他模拟量信息。遥控：开关的远程控制及其他设备的远程控制。遥调：脉冲量的采集。定值下发：远程整定保护设备的保护定值。其他监控功能：系统主接线图、保护配置图、开关柜排列图、数据表、曲线、棒图、拓扑图、报表、事件管理功能等。

3. 关键技术 3-5：微机综合继电保护与智能监控系统数据共享技术

现代继电保护技术多采用数字式继电保护装置，也就是微机综合继电保护，这项技术应用较早，比较成熟。而配变电所智能监控系统是近十多年来发展的新技术。因此，保护装置中许多数据可以被智能监控系统所调用和共享，有利于节约资源、减少投资、避免重复。根据此特点，智能监控系统的设置要求如下：

1）变电所选用集综合保护、测量、通信功能于一体的综合保护装置。

2）各综合保护装置之间通过总线网络互联。

3）各综合保护装置可采集 10kV 系统、0.4kV 系统的实时信息。

4）各综合保护装置至少应具备以下条件：断路器位置、跳合闸回路断线、遥控切换、机构异常、储能电机异常。

5）各综合保护装置应能上送以下模拟量（用于保护的模拟量除外）：馈电（含变压器回路）电流、电压及有功功率、电压互感器二次电压。

同时将智能仪表也纳入到智能监控系统中，这样就实现了智能监控系统与微机综合继电保护系统和智能仪表之间的无缝连接，信息共享和互通。

3.4.2　10kV 高压系统的监控对象及参数

10kV 高压系统监控如下参数，即三相电流、零序电流、三相电压、零序电压、有功功率、无功功率、有功电能、无功电能、功率因数、频率等电参量。断路器状态、接地开关状态、断路器手车位置、断路器投入和测试位置。各种保护动作信息，如延时/速断过电流保护动作、零序电流保护动作、过电压保护动作、低电压保护动作、温升保护动作等。

监控主要在 1 号和 3 号主站，有进线回路、出线回路、站联和联络等。

高压系统监控对象及其参数见表 3-2。

表 3-2　　　　　　　　　　　高压系统监控对象及其参数

回路编号	三相电流	三相电压	有功功率	无功功率	功率因数	频率	有功电能	无功电能	断路器工作状态	断路器故障状态	断路器手车位置	接地开关状态	遥控合分开关	备注
1WH1	有	有	有	有	有	有	有	有	有	有	有	—	有	进线
1WH2	有	有	有	有	有	有	有	有	有	有	有	—	有	进线
母联	有	有	有	有	有	有	有	有	有	有	有	—	有	联络
1WH3	有	有	有	有	有	有	有	有	有	有	有	有	有	站联
1WH4	有	有	有	有	有	有	有	有	有	有	有	有	有	站联
1WH5	有	有	有	有	有	有	有	有	有	有	有	有	有	1TM1
1WH6	有	有	有	有	有	有	有	有	有	有	有	有	有	1TM2
1WH7	有	有	有	有	有	有	有	有	有	有	有	有	有	1TM3
1WH8	有	有	有	有	有	有	有	有	有	有	有	有	有	1TM4
1WH9	有	有	有	有	有	有	有	有	有	有	有	有	有	4TM1
1WH10	有	有	有	有	有	有	有	有	有	有	有	有	有	2TM2
1WH11	有	有	有	有	有	有	有	有	有	有	有	有	有	7TM1
1WH12	有	有	有	有	有	有	有	有	有	有	有	有	有	7TM2
1WH13	有	有	有	有	有	有	有	有	有	有	有	有	有	6TM1
1WH14	有	有	有	有	有	有	有	有	有	有	有	有	有	6TM2
1WH15	有	有	有	有	有	有	有	有	有	有	有	有	有	备用
1WH16	有	有	有	有	有	有	有	有	有	有	有	有	有	备用
3WH1	有	有	有	有	有	有	有	有	有	有	有	—	有	进线
3WH2	有	有	有	有	有	有	有	有	有	有	有	—	有	进线
母联	有	有	有	有	有	有	有	有	有	有	有	—	有	联络
3WH3	有	有	有	有	有	有	有	有	有	有	有	有	有	站联
3WH4	有	有	有	有	有	有	有	有	有	有	有	有	有	站联

回路编号	三相电流	三相电压	有功功率	无功功率	功率因数	频率	有功电能	无功电能	断路器工作状态	断路器故障状态	断路器手车位置	接地开关状态	遥控合分开关	备注
3WH5	有	有	有	有	有	有	有	有	有	有	有	有	有	3TM1
3WH6	有	有	有	有	有	有	有	有	有	有	有	有	有	3TM2
3WH7	有	有	有	有	有	有	有	有	有	有	有	有	有	3TM3
3WH8	有	有	有	有	有	有	有	有	有	有	有	有	有	3TM4
3WH9	有	有	有	有	有	有	有	有	有	有	有	有	有	2TM1
3WH10	有	有	有	有	有	有	有	有	有	有	有	有	有	4TM2
3WH11	有	有	有	有	有	有	有	有	有	有	有	有	有	5TM1
3WH12	有	有	有	有	有	有	有	有	有	有	有	有	有	5TM2
3WH13	有	有	有	有	有	有	有	有	有	有	有	有	有	8TM1
3WH14	有	有	有	有	有	有	有	有	有	有	有	有	有	8TM2
3WH15	有	有	有	有	有	有	有	有	有	有	有	有	有	备用
3WH16	有	有	有	有	有	有	有	有	有	有	有	有	有	备用

3.4.3 变压器的监控对象及参数

变压器的监控对象及参数见表 3-3。

表 3-3　　变压器的监控对象及参数

变电所位置	监控内容	变压器的温度	起温报警	有载调压断路器工作状态	有载调压断路器故障状态	有载调压断路器的位置	冷却风机开关工作状态	冷却风机开关故障状态	备注
1号变电所	1TM1	有	有	—	—	—	有	有	普通变压器
	1TM2	有	有	—	—	—	有	有	普通变压器
	1TM3	有	有	有	有	有	有	有	有载调压变压器
	1TM4	有	有	有	有	有	有	有	有载调压变压器
2号变电所	2TM1	有	有	—	—	—	有	有	普通变压器
	2TM2	有	有	—	—	—	有	有	普通变压器
3号变电所	3TM1	有	有	—	—	—	有	有	普通变压器
	3TM2	有	有	—	—	—	有	有	普通变压器
	3TM3	有	有	有	有	有	有	有	有载调压变压器
	3TM4	有	有	有	有	有	有	有	有载调压变压器
4号变电所	4TM1	有	有	—	—	—	有	有	普通变压器
	4TM2	有	有	—	—	—	有	有	普通变压器
7号变电所	7TM1	有	有	—	—	—	有	有	普通变压器
	7TM2	有	有	—	—	—	有	有	普通变压器
8号变电所	8TM1	有	有	—	—	—	有	有	普通变压器
	8TM2	有	有	—	—	—	有	有	普通变压器

初步设计阶段有四台变压器为有载调压变压器，为场地照明、体育工艺等负荷供电，因为这些负荷对电压要求非常高。原上海八万人体育场和工人体育场均采用有载调压变压器。

以后与相关部门协调，变压器 1TM3、1TM4、3TM3、3TM4 改为普通变压器，取消有载调压功能。不采用有载调压变压器主要从以下几方面考虑：

第一，现在北京电网质量有所提高，电压较稳定。

第二，上一级电网变压器设有有载调压。

第三，有载调压开关可靠性不太高。调研表明，有载调压开关出现过故障现象，有载调压开关一旦出现故障，将会影响变压器的正常使用，其危害比电压不稳要严重。

第四，当时质量可靠的有载调压开关是德国原装进口的 MR 真空调压开关，其价格颇高，约为变压器价格 2~3 倍。

因此，有载调压变压器不是必须的，可以取消。

需要说明，施工图设计阶段，5 号配电所为赛后商业预留，故表 3-3 及表 3-4 没有该变电所的监控内容。

3.4.4　低压配电系统的监控对象及参数

低压配电系统的监控对象有三相电流、三相电压、有功功率、无功功率、有功电能、无功电能、功率因数和频率等电参量，还有断路器状态、开关回路抽屉位置。各种保护动作信息，如低压侧的瞬动、短延时、长延时、接地保护动作等。

低压配电系统监控指标见表 3-4。

表 3-4　　　　　　　　　　　　　低压配电系统监控指标

变电所编号	低压开关柜编号	三相电流	单相电流	三相电压	有功功率	无功功率	功率因数	频率	有功电能	无功电能	断路器工作状态	断路器故障状态	开关测试位置	遥控合分开关	备注
1 号变电所	1AA7	有	—	有	有	有	有	有	有	有	—	—	—	有	1 号应急母线
	1AA8	有	—	有	有	有	有	有	有	有	—	—	—	—	应急进线
	1AA9	有	—	有	有	有	有	有	有	有	—	—	—	有	2 号应急母线
	1AA15	有	—	有	有	有	有	有	有	有	—	—	—	—	进线
	1AA16	有	—	—	—	—	有	—	—	—	—	—	—	—	电容补偿
	1AA26	有	—	有	有	有	有	有	有	有	—	—	—	—	联络
	1AA40	有	—	—	—	—	有	—	—	—	—	—	—	—	电容补偿
	1AA41	有	—	有	有	有	有	有	有	有	—	—	—	—	进线
	1AA42	有	—	有	有	有	有	有	有	有	—	—	—	—	进线
	1AA43	有	—	—	—	—	有	—	—	—	—	—	—	—	电容补偿
	1AA45	有	—	有	有	有	有	有	有	有	—	—	—	—	联络
	1AA53	有	—	—	—	—	有	—	—	—	—	—	—	—	电容补偿
	1AA54	有	—	有	有	有	有	有	有	有	—	—	—	—	进线
	出线柜	—	有	—	—	—	—	—	有	有	—	—	—	—	出线

续表

变电所编号	低压开关柜编号	三相电流	单相电流	三相电压	有功功率	无功功率	功率因数	频率	有功电能	无功电能	断路器工作状态	断路器故障状态	开关测试位置	遥控合分开关	备注
2 号变电所	2AA1	有	—	有	有	有	有	有	有	有	有	有	有	有	应急进线
	2AA8	有	—	有	有	有	有	有	有	有	有	有	有	有	进线
	2AA9	有	—	—	—	—	有	—	—	—	有	有	—	—	电容补偿
	2AA17	有	—	有	有	有	有	有	有	有	有	有	有	有	联络
	2AA31	有	—	—	—	—	有	—	—	—	有	有	—	—	电容补偿
	2AA32	有	—	有	有	有	有	有	有	有	有	有	有	有	进线
	出线柜	—	有	—	—	—	—	—	—	—	—	有	有	—	出线
3 号变电所	3AA9	有	—	有	有	有	有	有	有	有	有	有	有	有	1 号应急母线
	3AA10	有	—	有	有	有	有	有	有	有	有	有	有	有	应急进线
	3AA11	有	—	有	有	有	有	有	有	有	有	有	有	有	2 号应急母线
	3AA18	有	—	有	有	有	有	有	有	有	有	有	有	有	进线
	3AA19	有	—	—	—	—	有	—	—	—	有	有	—	—	电容补偿
	3AA28	有	—	有	有	有	有	有	有	有	有	有	有	有	联络
	3AA43	有	—	—	—	—	有	—	—	—	有	有	—	—	电容补偿
	3AA44	有	—	有	有	有	有	有	有	有	有	有	有	有	进线
	3AA45	有	—	有	有	有	有	有	有	有	有	有	有	有	进线
	3AA46	有	—	—	—	—	有	—	—	—	有	有	—	—	电容补偿
	3AA56	有	—	有	有	有	有	有	有	有	有	有	有	有	联络
	3AA60	有	—	—	—	—	有	—	—	—	有	有	—	—	电容补偿
	3AA61	有	—	有	有	有	有	有	有	有	有	有	有	有	进线
	出线柜	—	有	—	—	—	—	—	—	—	—	有	有	—	出线
4 号变电所	4AA1	有	—	有	有	有	有	有	有	有	有	有	有	有	应急进线
	4AA9	有	—	有	有	有	有	有	有	有	有	有	有	有	进线
	4AA10	有	—	—	—	—	有	—	—	—	有	有	—	—	电容补偿
	4AA17	有	—	有	有	有	有	有	有	有	有	有	有	有	联络
	4AA32	有	—	—	—	—	有	—	—	—	有	有	—	—	电容补偿
	4AA33	有	—	有	有	有	有	有	有	有	有	有	有	有	进线
	出线柜	—	有	—	—	—	—	—	—	—	—	有	有	—	出线
7 号变电所	7AA1	有	—	有	有	有	有	有	有	有	有	有	有	有	进线
	7AA2	有	—	—	—	—	有	—	—	—	有	有	—	—	电容补偿
	7AA10	有	—	有	有	有	有	有	有	有	有	有	有	有	联络
	7AA17	有	—	—	—	—	有	—	—	—	有	有	—	—	电容补偿
	7AA18	有	—	有	有	有	有	有	有	有	有	有	有	有	进线
	7AA19	有	—	有	有	有	有	有	有	有	有	有	有	有	绞电机进线
	7AA20	有	—	—	—	—	有	—	—	—	有	有	—	—	电容补偿
	出线柜	—	有	—	—	—	—	—	—	—	—	有	有	—	出线

续表

变电所编号	低压开关柜编号	三相电流	单相电流	三相电压	有功功率	无功功率	功率因数	频率	有功电能	无功电能	断路器工作状态	断路器故障状态	开关测试位置	遥控合分开关	备注
8号变电所	8AA1	有	—	有	有	有	有	有	有	有	有	有	有	有	进线
	8AA2	有	—	有	有	有	有	—	—	—	有	有	有	有	电容补偿
	8AA10	有	—	有	有	有	有	有	—	—	有	有	有	有	联络
	8AA17	有	—	有	有	有	有	—	—	—	有	有	有	有	电容补偿
	8AA18	有	—	有	有	有	有	有	有	有	有	有	有	有	进线
	8AA19	有	—	有	有	有	有	有	有	有	有	有	有	有	绞电机进线
	8AA20	有	—	有	有	有	有	—	—	—	有	有	有	有	电容补偿
	出线柜	—	有	—	—	—	—	—	—	—	有	—	—	—	出线

3.4.5 柴油发电机组和直流系统的监控对象

1. 直流系统监控对象

提供直流系统的各种运行参数,如充电模块输出电压、电流,母线电压、电流,电池组的电压、电流,以及母线对地绝缘电阻。各个充电模块工作状态,馈线回路状态,熔断器或断路器状态,电池组工作状态,母线对地绝缘状态,交流电源状态。各种保护信息,输入过电压报警、输入欠电压报警、输出过电压报警、输出低电压报警。直流系统监控见表3-5。

表3-5　　　　　　　　　　　直流系统监控

充电模块						输出单元						蓄电池		交流电源	
输出电流	输出电压	模块工作状态	保护电器工作状态	过电压报警	欠电压报警	母线电流	母线电压	输出回路断路器状态	母线对地绝缘电阻	过电压报警	欠电压报警	蓄电池工作状态	低电压报警	工作状态	低电压报警
有	有	有	有	有	有	有	有	有	有	有	有	有	有	有	有

2. 柴油发电机组监控对象

柴油发电机的运行参数有柴油机的转速,发电机的输出电压、电流、频率、有功功率、无功功率、功率因数等。柴油发电机组监控对象见表3-6。

表3-6　　　　　　　　　　　柴油发电机组监控对象

发动机组保护	发电机						柴油机		蓄电池		日期油箱		备注
	三相电流	三相电压	有功功率	无功功率	功率因数	频率	转速	超速报警	蓄电池工作状态	低电压报警	油位高度	低油位报警	
1号发电机房	有	有	有	有	有	有	有	有	有	有	有	有	
2号发电机房	有	有	有	有	有	有	有	有	有	有	有	有	

4 低压配电系统设计 ∎

4.1 一 般 原 则

国家体育场低压配电系统设计遵循如下原则：

4.1.1 低压电源

1）低压配电系统电源引自国家体育场相关配变电所，电压等级为220V/380V。配变电所的服务范围详见第2章相关内容。

2）单台容量较大的负荷或重要负荷，如冷冻机房、水泵房、电梯机房、通信机房、消防控制室等采用放射式供电；对于一般负荷，采用树干式与放射式相结合的供电方式。

3）较为分散的负荷采用电缆供电，标准层采用封闭式插接母线供电。

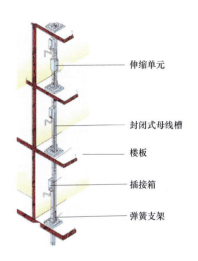

图4-1 垂直母线槽系统示意图

应该指出，封闭式插接母线属于刚性布线系统，而国家体育场钢结构施工时先用支架将体育场结构体支撑。当钢结构全部施工完毕，再拆除支架体育场靠自身结构支撑。国家体育场"鸟巢"卸载后丢掉了"拐杖"，实测垂直位移为271mm，如果电气设计不考虑扰度的影响，电气干线将会损坏，供配电系统将不能正常运行。因此，应在钢结构卸载稳定后才可安装封闭式母线槽。图4-1为垂直线槽系统示意图。另一方面，母线槽应设有伸缩单元，其作用主要有两点：

第一，"鸟巢"钢结构属于柔性结构，存在一定量的挠度变形，伸缩单元可以防止这方面的不利影响。

第二，抵消热胀冷缩的影响。

4.1.2 低压电缆、导线的选型及敷设

1）由变电所引出的低压电缆类型见表4-1。电缆一般明敷在桥架上，若不在桥架上敷设时，应穿钢管（SC）敷设，SC32及以下管线暗敷，SC40及以上管线明敷。

表4-1 低压电缆选择原则

负 荷	电缆类型	敷设条件
特一级、一级消防设备干线	矿物绝缘增强型耐火电缆 BTTZ	支架或梯架明敷
特一级、一级非消防负荷回路 特一级、一级消防设备支线	低烟无卤ⅣA级耐火电缆 WDNH-YJF	桥架、局部穿管

续表

负　荷	电缆类型	敷设条件
二级负荷回路	低烟无卤ⅣA级阻燃电缆 WDZ – YJF	桥架、局部穿管
一级及以上负荷控制回路	低烟无卤ⅣA阻燃电缆 WDZ – KYJF	桥架、暗敷在不燃烧结构内保护层厚大于30mm
其他控制回路	低烟无卤ⅣA电缆、导线 WD – KYJF	桥架、暗敷在不燃烧结构内保护层厚大于30mm

注：1. 少数回路根据具体情况做个别调整。

2. ⅣA级耐火电缆是指试样在施加产品所规定的额定电压值时，在950～1000℃的火焰上烧90min，3A的熔丝不熔断，并且不产生烟气毒性，烟密度为0。

3. ⅣA级阻燃电缆是指标准试样在大于815℃的火焰上烧40min，试样的碳化长度不大于2.5m，并且不产生烟气毒性，烟密度为0。

2）火灾时仍需继续工作的支线采用WDNH – BYJF – 500V低烟无卤聚氯乙烯绝缘耐火型导线，其他支线采用WDBYJF – 500V低烟无卤聚氯乙烯绝缘导线，线路穿钢管（SC）敷设。

3）消防用电设备的配电线路：当采用暗敷设时，线路穿金属管敷设在结构现浇板或垫层（不燃烧体）内，保护层厚度不小于30mm。当采用明敷设时，采用穿金属管或金属线槽涂防火涂料保护。消防干线采用绝缘、护套均不延燃的矿物绝缘电缆，直接明敷。

4）插接母线选用4＋1型密集型母线槽，要求在每层竖井内设置单插口，插接开关均带过载保护及分励脱扣器，火灾时由消防控制室控制切断相关区域的非消防电源。在自动喷洒可及的部位，母线槽的防护等级为IP54，在配电室及配电竖井等部位安装的母线槽的防护等级为IP40。

5）控制线选用要求见表4 –1。

6）凡明配管及地下室的暗配管均为热镀锌钢管，凡其他部位的暗配管均为焊接钢管并要求做防腐处理。

4.1.3　配电设备的选型及安装

1）照明开关均为250V、10A，暗装时安装高度均为底边距地1.3m。一般插座为单相两孔＋三孔安全型暗插座，插座为250V、10A。除特别标明者外，插座安装高度均为底边距地0.3m。特殊开关、插座根据使用要求特别标注。

2）照明配电箱为标准箱或非标箱，除竖井内、设备用房内、防火分区隔墙、人防防护墙、部分剪力墙上明装外，其他均为暗装。安装高度均为底边距地1.5m。应急照明配电箱应有明显标志。

3）动力箱、控制箱均为非标箱，除在竖井、机房、车库内明装外，其他暗装，箱体高度0.6m及以下，底边距地1.4m；箱体高度0.6～0.8m，底边距地1.3m；箱体高度0.8～1.0m，底边距地1.2m；箱体高度1.0～1.2m，底边距地0.8m；箱体高度1.2m及以上的，为落地式安装，下设 0.3m 基座。

4）电缆桥架：消防回路所采用的电缆桥架均为防火桥架，其耐火等级不低于 1.00h。由于火灾时消防回路仍然要坚持工作，因此，电缆桥架应具有防火能力。详见本章 4.3 节。

4.1.4 电动机的启动及控制

1）国家体育场工程 30kW 及以下的电动机采用全压启动方式启动；30kW 以上电动机采用软启动方式启动，或采用变频调速装置（消防负荷除外）。

2）冷冻机、冷冻泵、冷却泵、冷却塔、空调机、进风机、排风机、雨污水泵、生活泵等采用 DDC 控制。

3）消防专用设备：消火栓泵、喷淋泵、消防稳压泵、排烟风机、加压送风机等不进入建筑设备监控（BAS）系统。

4）各种电动机设备的控制均以相关专业提供的控制要求为准。

4.2 场地照明配电技术

4.2.1 基于 50% TV 应急照明的配电技术

关键技术 4 - 1：基于 50% TV 应急照明的配电技术

北京奥运会的 BOB 标准要求，TV 应急照明模式要求主摄像机方向的垂直照明不小于 1000lx，最小垂直照明不小于 700lx。该模式下的照明指标约为 50% 高清电视转播模式下的照明指标。场地照明标准详见第 5 章相关内容。

由于电视转播权以天文数字出售给美国 NBC（美国全国广播公司）、欧洲广播联盟、日本 NHK 等公司，因此电视转播公司为了追求高质量的电视画面对照明提出非常高的要求，可以说是有史以来场地照明最高标准。因此，场地照明是体育场中负荷等级最高的，对供电可靠性和连续性要求极高。2007 年 12 月 14 日 15 时 24 分，在北京大学体育馆举行的"好运北京"乒乓球测试赛，因场地照明的应急供电设备出现了故障，导致该场馆部分电路、部分照明停电，致使比赛中断 12min。此后政府要求加强奥运电力保障工作，为此北京市 2008 工程建设办公室成立奥运电力专家组，对奥运会各场馆供配电系统进行安全大检查，消除供配电系统隐患。由此可见，场地照明的供电可靠性达到前所未有的高度。

1. 没有 UPS 的场地照明配电系统

没有 UPS 的场地照明配电系统服务于约 50% 的场地照明灯具。其配电系统图如图 4 - 2 所示，该系统特点如下：

1）金卤灯为 2000W/AC380V，属于单相线间负荷。也就是金卤灯接于两个相线上，因此，工作电流比单相相负荷的要小。金卤灯的保护电器、控制电器、电缆都按此特点配置，电器为两相的，电缆为三芯的，三芯电缆分别为两相线和 PE 线。

2）两个电源。电源引自不同 10kV 市电电源，支持永久柴油发电机组供电，此时一路电源接于备用母线段上，参见本书第 2 章图 2 - 19。

3）电源转换。场地照明配电系统的进线断路器 Q1、Q2 与联络断路器 Q3 的逻辑关系见表 4 - 2。正常运行时 Q3 断开，两个电源分别带各自的金卤灯。

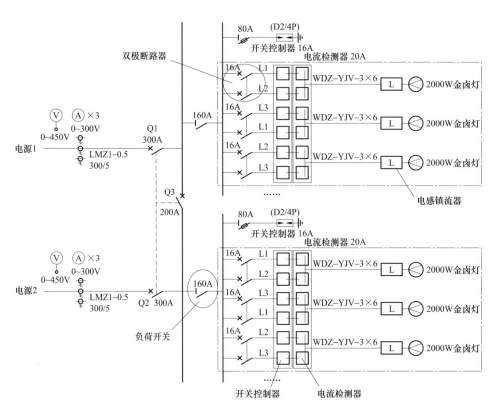

图 4-2　没有 UPS 的场地照明配电系统图

表 4-2　　　　　　　　进线断路器 Q1、Q2 与联络断路器 Q3 的逻辑关系

断路器编导	Q1	Q2	Q3
正常时	1	1	0
一路停电	1	0	1
	0	1	1

注：1 表示断路器闭合，0 表示断路器断开。

4）出线回路保护电器和控制电器均为两极。正如前述，金卤灯是单相线间负荷，其保护电器和控制电器也要用两极的，尤其控制电器不能使用 220V 的，这一点与常规的设计有所不同。

5）采用智能照明控制系统，具有电流检测功能。国家体育场工程场地照明智能控制系统采用 KNX/EIB 现场总线（采用 ABB 的 i-BUS 系统），对场地照明进行各种模式下的照明控制。该技术首次在我国体育照明中应用，并取得圆满成功，目前该技术已得到广泛推广。

6）分段隔离设计，每段设有负荷开关，减少检修时停电范围。

2. 有 UPS 的场地照明配电系统

有 UPS 的场地照明配电系统服务于约另一半的场地照明灯具，其配电系统图如图 4-3 所示，与图 4-2 有所区别，该系统特点如下：

1）金卤灯的特点是相同的，其保护电器、控制电器都为两相；采用三芯电缆，即两芯相线和一芯 PE 线。

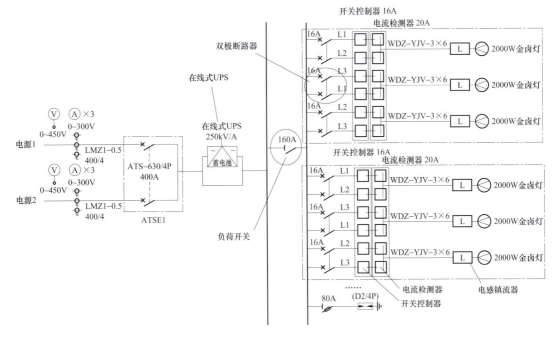

图 4-3　有 UPS 的场地照明配电系统图

2）两个电源。电源引自不同 10kV 市电电源，支持永久柴油发电机供电，此时一路电源接于备用母线段上，参见本书第 2 章图 2-19。并设有在线式 UPS，确保电源转换过程金卤灯不熄灭，详见本书第 5 章相关内容。

3）电源转换。电源转换位于 UPS 前，也可不用转换，直接将电源 1、2 接到 UPS 整流逆变回路和旁路回路。

其他特点同图 4-2，在此不再赘述。

4.2.2　场地照明供配电系统的效果分析

4.2.1 中所述的方法是"鸟巢"实际应用的解决方法，可靠性和连续性放在第一位，同时要考虑灵活性、经济性等诸多因素。但该措施不是唯一的，还有其他解决方案同样能满足 50% 场地照明可靠供电和连续照明的要求。

1. 为什么采用在线式 UPS

首先简单说明金卤灯的工作原理，以便合理配置为金卤灯服务的 UPS 或 EPS。金卤灯是在高压汞灯的基础上进行改进而成的，在电弧管内充填金属卤化物，而金属卤化物作为发光物质需要在电弧管壁的高温作用下被大量蒸发，管壁温度高达 700~1000℃。因浓度梯度的原因金属卤化物蒸气向浓度低的电弧中心扩散，在电弧附近的高温区域金属卤化物被分解为金属原子和卤素原子，金属原子在电弧的作用下受激发而辐射该金属的特征光谱。当不同的金属卤化物以适当的比例添加到电弧管时，便可制成各种不同光色的金卤灯。由于电弧中心金属原子和卤素原子的浓度较高，管壁处金属原子和卤素原子浓度较低，自然会向管壁扩散，并在管壁附近又重新复合成金属卤化物分子。这样就形成了"管壁蒸发→电弧分解→金属原子辐射→管壁复合→管壁再蒸发"的循环，靠金属卤化物的循环作用，不断向电弧提供相应的金属蒸气，金卤灯才得以正常工作。

确保电弧管内有足够高而稳定的金属卤化物蒸气气压是关键，金卤灯在启动的初期，要产生足够高的金属卤化物蒸气，需要较大的启动电流，启动电流可达额定电流的 1.8 倍，启动时间约为 4~8min，这就是金卤灯的启动特性。启动完成后，电弧管内金属卤化物蒸气压力稳定，能确保金属原子参与放电，电弧管正常工作，并保持稳定的光度、色度性能。当金卤灯电源中断后，电弧管内金属卤化物蒸气压力依然较高，需要较高的点燃电压，即使立即再次接通电源，金卤灯也不能被点亮，这就是金卤灯的熄弧特性。金卤灯因停电熄灭后，需要完全冷却后才可再次启动，冷却时间约为 8min。

因此，金卤灯的供电电源对金卤灯连续照明意义非常重大，在线式 UPS 的作用就是在电源转换过程中让金卤灯不失电，从而保证金卤灯能连续工作。

2. 四种方案的对比

保证 50% 场地照明常用的有四种方案：方案一，市电与发电机组各带 50% 的场地照明负荷。方案二，采用在线式 UPS 或 EPS。方案三，采用热触发装置。方案四，综合法，即前三种方法的组合。下面将这几种方案加以比较和说明，详见表 4-3。

表 4-3　　　　　　　　　　　　基于 50% 场地照明方案比较

方案编号	方 案 一	方 案 二	方 案 三
名称	市电与发电机组各带 50%	在线式 UPS 或 EPS	热触发装置
最低照明要求	保证 50% 正常照明标准	设计定，最高到 100% 正常照明	设计定，最高到 100% 正常照明
可靠性	可靠	可靠	较可靠
连续性	50% 照明连续	可 0~100% 连续	可 0~100% 连续，但再次触发有短暂熄灭
经济性	相对经济，可与其他重要负荷共用发电机组，或临时租赁	投资较高，需要设置机房，并对环境有较高的要求	较高，该装置价格较高，并影响光源寿命、显色指数、色温等
局限性	只适用于 50% 场地照明	无	再次触发有短暂熄灭现象

方案一经常在奥运会、世界杯足球赛等赛事中使用。城市电网与柴油发电机组同时故障的可能性几乎为零，在比赛期间，这两类电源各承担 50% 的场地照明负荷，一旦两者中之一的电源出现故障，另一个电源可保证 50% 场地照明供电。如图 4-4（a）所示，一个电源失电，另一个电源为 50% 场地照明提供保障。请注意，这两类电源所带照明负荷的比例是 5:5，而不是 4:6，或 3:7，这一点很重要，如果不是 50% 应急照明，带负荷多的电源故障，情况就非常糟糕，不能满足奥运会 50% 的下限值要求。柴油发电机组可以临时租用，这样经济性更佳、可靠性更好。

方案二也经常在高等级场馆中使用。由于 UPS 或 EPS 是在线式的，与图 4-4（a）类似，一个电源失电，另一个电源保障 50% 场地照明供电，能很好地保障场地照明质量，满足奥运会的要求。该方案的在线式 UPS 或 EPS 可以提供 0~100% 的场地照明电源保障，"0"

即是不需设置 UPS 或 EPS；"100%"指的是全部场地照明都由 UPS 或 EPS 提供保障。但是，UPS 需要设置专用机房，对机房内环境要求较高。

方案三采用热触发装置，由金卤灯的原理可知，金卤灯刚熄灭时，电弧管内气压很高，需要较高的击穿导通电压，再次启动电压一般为 10kV，部分需要 35kV 以上才能热启动。当一路电源失电，另一路电源延时投入工作，此时热触发装置发挥作用，将金卤灯瞬间再次点亮。就照明效果而言，热触发装置会出现数秒黑灯现象，如图 4-4（b）所示，黑灯会造成场内观众恐慌，电视转播也被迫中断，光源的寿命将折减，光源的显色指数和色温将有所变化。

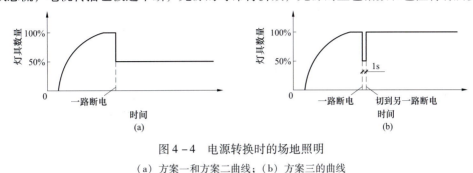

图 4-4　电源转换时的场地照明

（a）方案一和方案二曲线；（b）方案三的曲线

4.3　线路整体防火理念

4.3.1　线路整体防火

关键技术 4-2：线路整体的防火理念

在国家体育场设计过程中，笔者有幸参加 2008 版《民用建筑电气设计规范》的编制工作，及时掌握到相关信息。JGJ 16—2008 中第 13.9.13 条的要求如下：各类消防用电设备在火灾发生期间，最少持续供电时间应符合表 4-4 的规定。

表 4-4　　　　消防用电设备在火灾发生期间的最少持续供电时间

消防用电设备名称	持续供电时间/min
火灾自动报警装置	≥10
人工报警器	≥10
各种确认、通报手段	≥10
消火栓、消防泵及水幕泵	>180
自动喷水系统	>60
水喷雾和泡沫灭火系统	>30
CO_2 灭火和干粉灭火系统	>30
防、排烟设备	>180
火灾应急广播	≥20
火灾疏散标志照明	≥30
火灾暂时继续工作的备用照明	≥180
避难层备用照明	>60
消防电梯	>180

其中要求消火栓、消防泵、水幕泵、防烟设备、排烟设备、消防电梯、火灾暂时继续工作的备用照明等设备在火灾发生期间最少持续供电时间不小于3h。如何能满足如此高的要求，应该从电源开始直到这些设备为止整个系统在火灾期间是完好的，电源和供配电系统在第2章已做过说明，线路的可靠性是本节论述的重点。从电源到终端设备线路往往很长，从配变电所低压开关柜开始经过主干线路至二级配电间，再由分支干线线路到末端配电装置，最后由分支线路到用电设备，长线路对防火要求高，防火难度大。

线路整体防火的概念是从电源到消防用电设备整个线路满足火灾时最小持续供电时间要求所采取的防火措施，包括电缆电线、桥架或线槽及其附件的防火。

如图4-5所示，消防设备的主干线和分支主干线的线路要满足表4-4的要求，要求电缆电线、桥架及其吊杆或支架均能满足要求，若有一项不满足要求，就有可能在火灾时造成线路中断而影响对消防设备供电。

环路宽11m，最下面一行是电缆桥架，用于强弱电线路，用工字钢将桥架吊起。

图4-5 国家体育场0层环路桥架

关键技术4-3：电缆桥架的防火技术

在线路防火中，往往忽视电缆桥架及其附件的防火性能要求，是否能满足防火要求，在"鸟巢"设计过程中，笔者对电缆桥架防火进行了分析研究，共考虑过三种方案，其特点见表4-5。

表4-5　　　　　　　　　　桥 架 防 火 综 述

类型	特 点	优 点	缺 点
普通桥架刷防火涂料	普通桥架及吊杆、支架等均刷防火涂料或防火漆，"鸟巢"工程的桥架参考钢结构防火标准实施	1. 经济实惠，安装较方便 2. 安装后刷防火涂料，包括支架、吊杆等均可刷防火涂料，最终成形	1. 防火涂料易脱落 2. 耐火极限长的桥架较困难
内衬防火材料的桥架	普通桥架内衬防火材料，包括盖板内衬防火材料	防火性能好	1. 桥架内有效截面减小 2. 散热性能差，电缆载流量打折扣 3. 支架、吊杆等无法保护
无机材料桥架	采用不燃烧材料制成桥架	1. 无卤 2. 安装方便	1. 造价高 2. 只有少数厂家生产，不利招标

方案一是最常用的方案，参考《钢结构防火涂料应用技术规范》（CECS 24—1990），防火涂料的厚度与耐火极限的关系见表4-6。注意：该表是针对钢结构来说的，而电缆桥架所用材料只有几个毫米厚，厚涂型的涂层厚度比电缆桥架要厚许多，显然不合适。

表4-6　　　　　　　　　　　　防火涂料的厚度与耐火极限的关系

薄涂型	涂层厚度/mm	3	5.5	7		
	耐火极限/h	0.5	1.0	1.5		
厚涂型	涂层厚度/mm	15	20	30	40	50
	耐火极限/h	1.0	1.5	2.0	2.5	3.0

方案二是在普通电缆桥架基础上四面均敷设防火材料内衬，火灾时可以阻止或延缓火焰对电缆的破坏。图4-6所示为这类电缆桥架的结构示意图，很显然，防火材料占据了电缆桥架的内部空间，桥架的有效空间被大大压缩。为了防火，这类桥架还要牺牲电缆的载流量，由于密闭的防火材料内衬，这类桥架影响了电缆散热，更糟糕的是还没有电缆载流量的打折系数。

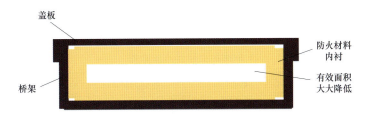

图4-6　防火材料内衬电缆桥架的结构示意图

方案三是采用不燃烧的无机材料制成电缆桥架，当时这种桥架生产厂家较少，不满足招标的要求，同时有些参数不太适宜，价格也较高。

综上所述，初步选择方案一，以后会同有关部门进行电缆桥架的防火试验，以验证其防火特性。

4.3.2　各类电缆的防火性能比较

公安部四川消防科研所会同有关单位针对几种常用的电缆短样进行了实验研究，电缆随炉温变化的耐火特色数据见图4-7和表4-7。由图表中可知，VV系列电缆防火能力较差，即使在穿钢管的情况下，只能承受14min 13s的燃烧，此时炉火温度仅506℃。ZR-VV系列阻燃电缆的防火特性与VV电缆穿钢管的相当，燃烧近15min时电缆短路。当ZR-VV电缆穿钢管后，防火性能得到提高，燃烧20min 38s后才发生短路现象，炉火温度可达近600℃。GZR-VV阻燃隔氧层电缆的防火性能略优于ZR-VV电缆，燃烧近16min后电缆短路。如果阻燃隔氧层电缆GZR-VV穿钢管，则防火性能将大幅提高，26min 30s后才发生电缆短路，炉火温度可达670℃。NH-VV系列耐火电缆的防火性能优于阻燃类电缆，试验表明，它可承受超过25min 650℃的火焰燃烧。而耐火电缆穿钢管后防火性能又有提高，可达35min 30s，炉火温度达784℃。防火性能最佳的是矿物绝缘电缆，1037℃炉火燃烧2h仍然完好。

此实验详情还不知晓，矿物绝缘电缆的中间连接器、端头是否经受高炉温长时间的考验。

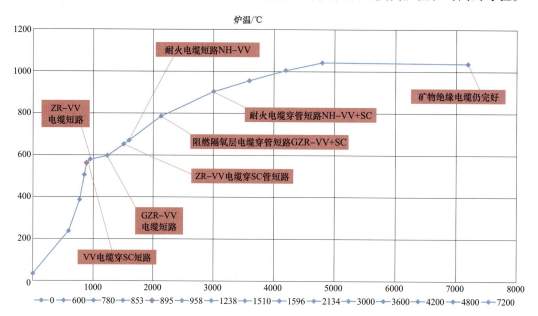

图4-7 电缆耐火特性试验

表4-7 电缆耐火特性试验数据

电缆类型	敷设方式	燃烧时间/s	炉温/℃	现象
VV 系列电缆	穿钢管 SC	853	506	短路
ZR – VV 阻燃电缆	空气中明敷	895	559	短路
GZR – VV 阻燃隔氧层电缆	空气中明敷	958	579	短路
ZR – VV 系列阻燃电缆	穿钢管 SC	1238	596	短路
NH – VV 系列耐火电缆	空气中明敷	1510	650	短路
GZR – VV 系列阻燃隔氧层电缆	穿钢管 SC	1596	670	短路
NH – VV 系列耐火电缆	穿钢管 SC	2134	784	短路
矿物绝缘电缆	空气中明敷	7200	1037	完好

注：1. 阻燃电线电缆指难以着火并具有防止或延缓火焰蔓延能力的电线电缆，当时符合标准 GB/T 18380.3，等同于 IEC 60332—1999。

2. 耐火电线电缆指在规定温度和时间的火焰燃烧下，仍能保持线路完整性的电线电缆。当时符合标准 GB/T 12666.6，等效于 IEC 60331 – 21—1999。

3. 无卤低烟电线电缆分为阻燃型和阻燃耐火型两种。

阻燃型指材料不含卤素，燃烧时产生的烟尘较少并且具有阻止或延缓火焰蔓延的电线电缆。执行标准：GB/T 17650.2，等同于 IEC 60754 – 2；GB/T 17651.2，等同于 IEC 61034 – 2；GB/T 18380.3，等同于 EC 60332 – 3。阻燃耐火型在以上的基础上还需满足保持线路完整性的要求，同时增加 GB/T 12666.6，等效于 IEC 60331 标准。

4. 矿物绝缘电缆在火焰中具有不燃和无烟无毒的性能，其本身不会因短路而引起火灾。执行标准：GB 12666.6—1990 耐火试验，《额定电压 750V 及以下矿物绝缘电缆及终端》（GB 13033—1991）。可参照英国 BS 标准。

从上面试验数据可得：

1）就防火性能而言，防火性能由高到低的电缆为矿物绝缘电缆、耐火电缆 NH – VV、阻燃隔氧层电缆 GZR – VV、阻燃电缆 ZR – VV、普通 VV 电缆。

2）电缆穿钢管可以提高线缆的防火性能。

4.3.3　国家体育场的防火电缆选用原则

上述试验和研究奠定了国家体育场电缆的选用原则，详见本章第4.1节。

4.4　电缆的防水研究

关键技术 4 – 4：电缆的防水技术

电缆载流是主要功能，但绝缘受潮将影响到电缆的正常运行，更有甚者会引起短路造成事故。矿物绝缘电缆有着非常优越的防火性能，但其绝缘材料采用极易吸潮的氧化镁，一旦氧化镁受潮，将导致绝缘下降。这是笔者最为关心的，也就是说，不能因为解决防火问题而忽视电缆的防水防潮问题。为此笔者对各类电缆进行防水试验研究，详见本书第12.2节。

BTTZ 电缆连接器及电缆端头如图 4 – 8 所示，矿物绝缘电缆中间连接器［图 4 – 8（a）、(b)］是将两根同规格电缆连接在一起，并形成良好载流能力的电缆附件，连接器应具有与电缆同样效果的载流、防火、防水等性能。矿物绝缘电缆为重要的消防负荷供电，当接头工艺达不到技术标准要求时［图 4 – 8（c）］，一旦吸入潮气，将会造成不可估量的事故。矿物绝缘电缆另外需要关注的重点是电缆端头［图 4 – 8（d）］，如果端头密封不好，同样会造成

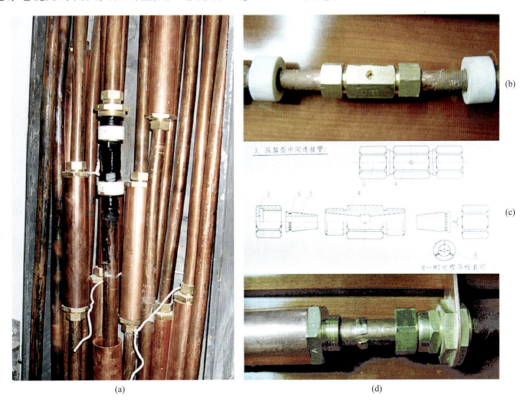

（a）　　　　　　　　　　　　　（d）

图 4 – 8　BTTZ 电缆连接器及电缆端头

氧化镁受潮，降低电缆的性能。

试验在国家体育场工地现场进行，试验器材比较简陋，但很实用，试验现场如图 4 - 9 所示。将水注入简易水槽中，水深约 1m。试验方法、试验要求等可参阅本书第 12 章第 12.2 节。其试验结论如下：

1）交联聚乙烯耐火电缆、低烟无卤交联聚乙烯耐火电缆、低烟无卤辐照交联聚乙烯阻燃电缆、低烟无卤干法交联聚乙烯阻燃电缆防水性能优良。

2）矿物绝缘电缆没有连接器防水性能优良，如果中间有接头，其连接器需严格按照国家标准图的详图和要求实施。

3）矿物绝缘电缆的端头是防水防潮的重点之一，除端头封堵材料具有良好的密封效果外，还要求电缆芯线连接用电设备、开关或控制器件时不应造成端头材料密封失效，同时要求端头应安装在防护等级不低于 IP54 的开关柜、控制柜和接线盒中。

图 4 - 9　试验现场

4.5　国家体育场电缆的应用

4.5.1　可靠性与经济性的统一

电缆是供配电系统的重要组成部分，可喻为建筑物的"血管"，其重要性不言而喻。为确保供配电系统在奥运会期间"万无一失"，将电缆的可靠性放在首位，并且必须具有良好的经济性，达到极佳的性价比。江苏宝胜电缆一举中标，并经历奥运会最严酷的考验，展示了民族品牌电缆的实力和优良品质。多家媒体进行报道，称赞"宝胜矿物绝缘电缆成功捍卫了'鸟巢'心脏，保证了场馆主动脉的畅通供电"。

4.5.2 矿物绝缘电缆的技术要求

1. 技术要求

矿物绝缘电缆的技术要求见表 4－8。

表 4－8 矿物绝缘电缆的技术要求

技术要求	指　　标
运行条件	额定工作电压和频率：750V/50Hz（BTTZ），50Hz
敷设条件	敷设条件应符合设计的各类环境
运行要求	电缆导体的额定运行温度70℃ 电缆导体长期最高运行温度250℃ 电缆弯曲半径不大于15倍的电缆外径

2. 产品要求

矿物绝缘电缆的产品要求见表 4－9。

表 4－9 矿物绝缘电缆的产品要求

类　别	要　　求
导体	导体表面应光洁，无油污。不低于 GB 5231 规定的 TU2 级或 T2 级的退火铜材料，含铜量不小于 99.99%
外护套	应采用不低于 GB 5231 规定的 TP 级磷脱氧铜管或 T2 级铜管材料
电缆不圆度	电缆不圆度应不大于 5% 电缆不圆度＝（电缆的最大外径－电缆最小外径）／（电缆最大外径）×100%
封端、电缆连接管	应与电缆具有相同的防火性能，其防水等级不低于 IP55
直流电阻	电缆直流电阻（20℃时）应满足国标 GB 13033 的有关要求
安装后的电气试验	电缆线路工频耐压交流 2500V/min；或直流耐压 1500V/min

3. 参数比较

750V/750V 铜芯氧化镁绝缘电缆技术参数比较见表 4－10。

表 4－10 750V/750V 铜芯氧化镁绝缘电缆技术参数比较

序号	项目	单位	参　　数			
1	制造商		宝胜	泰科	久盛	沈阳
2	电缆型号		BTTZ	BTTZ	BTTZ	BTTZ
3	电压等级（U_0/U）	V	750/750	750/750	750/750	750/750
4	规格（芯×截面）	mm²	1×25	1×25	1×25	1×25
5	备注	mm²			4 芯最大 25， 单芯最大 400	
导　体						
1	导体材料		TU2 级（99.95 以上）或 T2 级铜	T2 级铜	T2 级铜 （99.99% 以上）	TU2 级 或 T2 级铜

续表

序号	项目	单位	参 数			
2	裸电缆线芯直径	mm	5.64	5.65	5.64	5.64
3	线芯形状		近似圆形	近似圆形	近似圆形	近似圆形
4	标称截面	mm²	25	25	25	25
5	线芯数量		1	1	1	1
绝 缘						
1	材料		电工级氧化镁（白）	电工级氧化镁（黄，烧结）	电工级氧化镁（黄，烧结）	电工级氧化镁
2	标称厚度	mm	1.30	1.30	均匀（>1.2）	1.30
3	最薄点厚度	mm	0.94	0.94	不可能	0.94
4	封堵材料		704（硬）	绝缘泥（泥状）	绝缘泥（泥状）	
护 套						
1	材料		不低于 TP 级磷脱氧或 T2 级铜管	TP2 级铜管	TU2 级磷脱氧铜管	不低于 TP 级磷脱氧或 T2 级铜管
2	标称厚度	mm	0.6	0.6	0.6	0.6
3	最薄点厚度	mm	0.54	0.54	0.54（不可能）	0.54
电 缆						
1	电缆近似外径（D）	mm	9.6	9.6	9.6	9.6
2	电缆近似重量	kg/km	341	451	455	341
3	敷设时最小弯曲半径		≥6D	≥6D	≥6D	≥6D
4	长期最高工作温度	℃	250	250	250	250
5	额定工作温度	℃		90/105	90/105	
6	电缆最高工作温度（瞬时）	℃	1083℃	1083℃	1083℃	1083℃
(1)	20℃导体最大直流电阻	Ω/km	≤0.727	≤0.727	≤0.727	≤0.727
(2)	2500V 1min 工频电压试验		合格	合格	合格	合格
(3)	电缆载流量（65℃）	A	149	139/154①	112/133②（70℃）	149

① 139A 为没有 PVC 护套的载流量，154A 为有 PVC 护套的载流量。

② 112A 为三相时无 PVC 护套的载流量，133A 为单相无 PVC 护套的载流量。

4.5.3 辐照交联低烟无卤电缆的技术要求

1. 运行条件

电缆额定系统标称电压 U_0/U：0.6/1kV。

系统最高运行电压 U_m：1.2kV。

系统频率：50Hz。

2. 运行要求

电缆导体的额定运行温度推荐值/最大值：90/135℃。

短路时电缆导体的最高温度：280℃。

短路时间不超过：5s。

电缆弯曲半径：不大于 12 倍的电缆外径。

3．运行环境条件

海拔：≤1000m。

环境温度：－20℃～＋45℃。

相对湿度：不低于 95％。

地震烈度：8 度。

4．导体与绝缘材料

导体材料：铜芯导体，含铜量不小于 99.99％。

绝缘材料：低烟无卤辐照交联聚乙烯，或辐照交联聚乙烯。

护套材料：低烟无卤聚乙烯。

5．耐火电缆性能

低烟无卤特性：达到 A 类要求，在 950～1000℃的火焰上烧 90min 3A 熔丝不熔断。

电缆燃烧时气体逸出试验：逸出气体的 pH＞4.3。

电缆燃烧时烟浓度试验（透光率）：＞80％。

烟气毒性（浓度）：≥12.4％ mg/L。

载流量应满足 04DX101－1 的要求。

6．阻燃电缆性能

低烟无卤特性：达到 A 类要求，在 815℃及以上的火焰上烧 40min，炭化高度不大于 2.5m。

电缆燃烧时气体逸出试验：逸出气体的 pH＞4.3。

电缆燃烧时烟浓度试验（透光率）：＞80％。

烟气毒性（浓度）：≥12.4％ mg/L。

载流量应满足 04DX101－1 的要求。

国家体育场电气关键技术的研究与应用

照明篇 《

5 场地照明系统的优化设计 ▪

5.1 场地照明设计

5.1.1 场地照明标准

关键技术 5 − 1：国家体育场场地照明标准的研究

国家体育场设计阶段从 2003 年开始到 2006 年完成全部设计工作，2006 年以后，结合开闭幕式、电视转播等要求进行修改。场地照明设计要满足国家、国际体育组织、国际照明委员会、国际广播电视机构等现行的有关规范、标准，以及行业及地方的标准、规定等要求，当时主要标准有：

《体育建筑设计规范》（JGJ 31—2003）；

《民用建筑电气设计规范》（JGJ/T 16—1992）；

《建筑照明设计标准》（GB 50034—2004）；

《绿色照明工程技术规程》（DBJ 01 − 607—2001）；

《径赛和田赛设施手册》国际业余田径联合会（2003 版）；

《足球场人工照明指南》国际足联（2002 版）；

《带彩色电视转播和电影系统的体育项目照明指南》CIE 83 文件；

《场地照明装置的光度规定和测量指南》CIE 67 文件；

《室外体育设施和区域照明的眩光评价系统》CIE 112 文件；

《足球场照明》CIE 57 文件；

《北京奥运会转播标准》，即 BOB 标准。

许多标准对场地照明要求不一致，有些规定不尽合理。综合 BOB 标准、国际田联 IAAF、国际足联 FIFA 及我国国家和行业标准，本工程场地照明按照表 5 − 1 的标准进行设计，该指标已经过专家论证并付诸实施。

5.1.2 布灯方式

国家体育场采用侧向布灯方式，东西两侧各有两条马道，后排马道为锯齿形，单排灯，距地 36 ~ 49m 不等。前排马道中间为双层布灯，两边为单排布灯，马道高 39 ~ 46m 不等，如图 5 − 1 所示。

图 5 − 2 所示为西北侧前排场地照明灯具安装实景图，采用单排布置，灯具间距约 500mm。

图 5 − 3 所示为西侧后排场地照明灯具安装实景图，也为单排布置，沿钢结构走向呈现锯齿状，灯具上方由 PTFE 膜构成斜面，因此要考虑灯具对膜热辐射的影响，灯具的热辐射参见本章 5.6 节。灯具间距约为 500mm。这种布置灯具的方式虽然降低了灯具的有效利用率，但是换来了吊顶的整体效果。

表 5-1　　国家体育场照明设计标准

开灯模式序号	开灯模式		照度梯度	照度比率 E_h/E_v	水平照度 E_h/lx				垂直照度 E_v/lx						观众席
					最小 E_{hmin}	平均 E_{have}	$U_1=E_{hmin}/E_{hmax}$	$U_2=E_{hmin}/E_{have}$	最小 E_{vmin}	平均 E_{vave}	四方向	主摄像机	$U_1=E_{vmin}/E_{vmax}$	$U_2=E_{vmin}/E_{vave}$	E_{have} lx
1	日常维护					75									75
2	训练、娱乐					150	0.3	0.5							
3	俱乐部比赛	球类	20%/5m			300	0.4	0.6							
4		田径													
5	无电视转播 国内、国际比赛	球类				750	0.5	0.7							≥75
6		田径													
7	彩电转播 一般比赛	球类	20%/5m	0.5~2			0.6	0.8				≥1000	0.4	0.6	≥75
8		田径	20%/5m	0.5~2											
9	彩电转播 重大比赛	球类	20%/5m	0.5~2			0.6	08			≥1000	≥1400	0.5	0.7	≥75
10		田径	20%/5m	0.5~2											
11	高清晰度 彩电转播 重大比赛	球类	20%/5m	0.75~1.5			0.7	0.8	≥1000	慢动作摄像机 ≥18 000			0.6 最好 0.7 逻辑中心 0.9	0.7 最好 0.8 逻辑中心 0.9	前12排 0.2E_v≤ 0.25E_v≤ 最末排≥ 0.1E_v
12		田径	20%/5m						≥70C		≥1500	≥2000			
13	全场		20%/5m												
14	彩电转播 应急照明	球类	20%/5m	0.5~2			0.6	0.8			≥1000	0.4	0.6		
15		田径		0.5~2											
16	应急安全照明				10										10
说　明															

统一参数：灯具维护系数取 0.8，色温 T_k=5600K。灯光草坪反射系数取 0.2

光源要求：显色指数 R_a>90，整场眩光等级 GR<50，固定摄像机眩光等级 GR<40

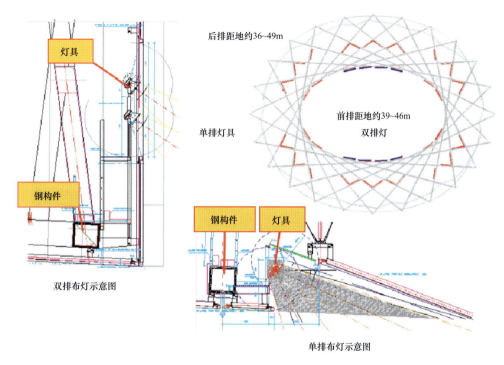

图 5 - 1 马道布置图

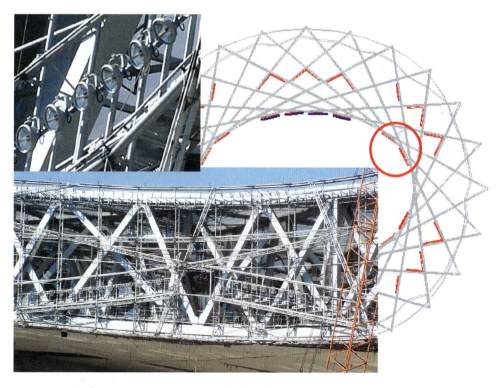

图 5 - 2 西北侧前排场地照明灯具安装

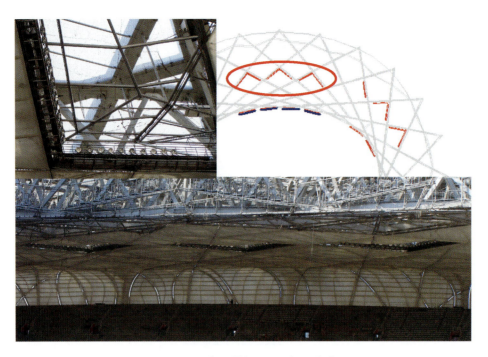

图 5 - 3　西侧后排场地照明灯具安装

图 5 - 4 为西北侧后排灯具，尽管锯齿形布置降低了灯具的有效利用，但换来了吊顶的整体效果。灯具同样是单排布置。图 5 - 5 为西侧前排灯具安装，上下双层布置，形成"VV"造型。

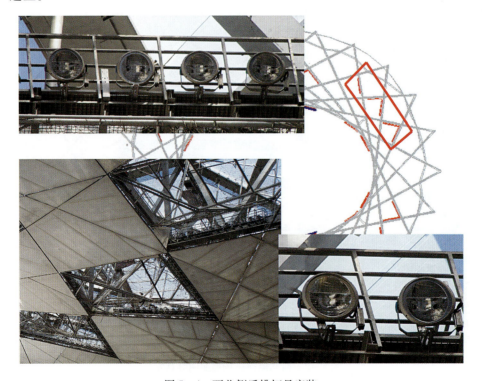

图 5 - 4　西北侧后排灯具安装

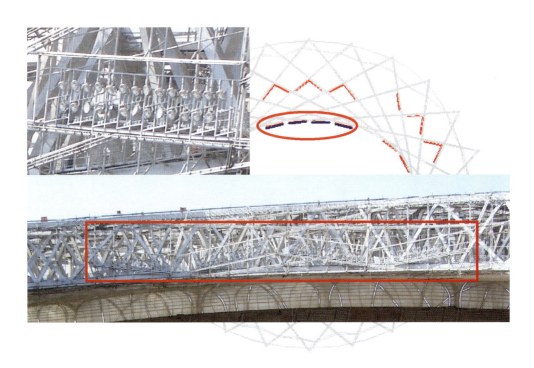

图5-5　西侧前排灯具安装

图5-6为场地照明的安装与调试，也显示了正在调试场地照明的控制系统。安装完声学吊顶 PTFE 膜后，国家体育场整体效果非常漂亮，得到公众和专家的高度赞扬。

图5-6　场地照明的安装与调试

从图5-7可以看出，整个"鸟巢"场地照明近似东西、南北均对称的设计，之所以用"近似对称"的词语，主要有两处不对称，一是西南侧径赛终点线前后各5m范围内对照明有更高的要求，以满足仲裁摄像的要求，此处多加三盏灯。另一处是西北角火炬位置，由于火炬占据该位置，最终将场地照明做了局部修改和调整。总而言之，如此场地照明设计视觉效果非常好，改变了以往光带呆板的不足，不仅满足了场地照明的要求，而且给体育场场内空间增加了灵性。场地照明共采用了594套MVF403灯具，照明质量和效果毋庸置疑，完全达到奥运会的要求。

图5-7　奥运会期间的场地照明

5.1.3　照明器具及其计算结果

国家体育场采用MVF403系列灯具，其主要型号及照明计算指标见表5-2～表5-4。

表5-2   灯　具　和　光　源　一　览　表

代码	数量	灯具型号	光源型号	单灯功率/W	允通量/lm	照明场合
B	60	MVF403 CAT - A1	MHN - SA2000W/400V/956	2163	200 000	比赛照明
C	365	MVF403 CAT - A3	MHN - SA2000W/400V/956	2163	200 000	
D	53	MVF403 CAT - A5	MHN - SA2000W/400V/956	2163	200 000	
K	83	MVF403 CAT - A2	MHN - SA2000W/400V/956	2163	200 000	
L	33	MVF403 CAT - A4	MHN - SA2000W/400V/956	2163	200 000	
G	28	MVF403 CAT - AT	MHN - LA1000W/956	1105	90 000	观众席照明
N	140	RVP350 L/400 A8Y	COM - TT400W	415	34 000	
O	72	QVF 137/1KW N	T3 P L 1000W	1000	24 200	医务安全照明

表5-3   HDTV 田径模式照明计算值

计算项目	平均照度/lx	最小值/lx	最大值/lx	照度均匀度	
				U_1（min/max）	U_2（min/ave）
田径赛道水平照度	3320	2807	3668	0.77	0.85

续表

计算项目	平均照度/lx	最小值/lx	最大值/lx	照度均匀度	
				U_1 (min/max)	U_2 (min/ave)
田径赛道垂直照度	2040	1626	2519	0.65	0.8

表 5 – 4　　　　　　　　　　　　　　HDTV 足球模式照明计算值

计算项目	平均照度/lx	最小值/lx	最大值/lx	照度均匀度	
				U_1 (min/max)	U_2 (min/ave)
水平照度	2927	2705	3198	0.85	0.92
计算项目	平均照度/lx	最小值/lx	最大值/lx	照度均匀度	
				U_1 (min/max)	U_2 (min/ave)
垂直照度 – 主摄像机	2016	1642	2275	0.72	0.81

从计算结果可以看出，"鸟巢"的场地照明完全符合奥运会的要求。

5.1.4　回访

2011 年 10 月，笔者对国家体育场进行了回访，图 5 – 8 所示为国家体育场照明测试的点位图和测试过程。需要说明的是，本测试仅作为研究使用，为了了解奥运会两年后场地照明系统的运行状况，测试时没有使用国家标准中所规定的测试点位（国家标准是针对比赛或训练的），本测试能达到研究的目的。

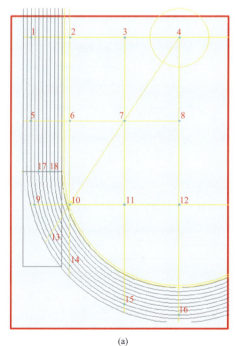

(a)　　　　　　　　　　　　　　　　　　(b)

图 5 – 8　国家体育场照明测试

（a）"鸟巢"测试点位图；（b）测试现场照片

图 5 – 8（a）点位图中测试点 2、3、4、6、7、8、10、11、12 位于足球场内，考核足球模式使用这 9 个点。考核田径则需要全部 18 个点。

从图 5 – 9 可以看出，水平照度最小值为 2373lx，最大值 2778lx，平均值 2559.5lx，U_1 = 0.85，U_2 = 0.93，满足表 5 – 1 对水平照度的要求。

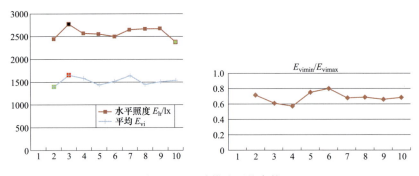

图 5 – 9　足球模式下的参数

同样，垂直照度从 1401 ~ 1653lx，比较平均，平均值为 1524.69lx，垂直照度的 U_1 = 0.85，U_2 = 0.92，明显优于表 5 – 1 的标准要求。

需要指出，本次测量垂直照度采用每个点测四个方向的垂直照度，然后取其算术平均值为该点的垂直照度值。

图 5 – 10 所示为田径模式，除测试点 1 数据较差外，其他数据比较正常，因为照射测试点 1 的光源故障，尚未更换。该模式下水平照度从 1684 ~ 2952lx，平均值 2283.4lx，U_1 = 0.57，U_2 = 0.76，不满足表 5 – 1 对水平照度的要求，原因为几个光源损坏没有及时更换所

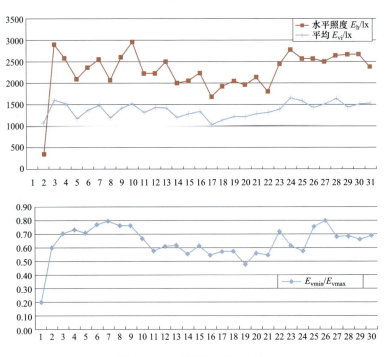

图 5 – 10　田径模式下的参数

致。同样，垂直照度为 1029.75 ~ 1653.25lx，平均值为 1381.43lx，垂直照度的 $U_1 = 0.62$，$U_2 = 0.75$，低于表 5 – 1 的标准要求。

经过测试，取测试点的算术平均值，得出国家体育场一般显色指数为 90.28，相关色温为 5237.43K，满足标准的要求。

回访得出以下结论：

1）场地照明系统基本完好，能满足大型重要比赛的要求（奥运会、世界赛等除外）。

2）维护需要加强，宜及时更换已损坏的光源。

3）光源寿命与理论值尚有出入。

5.2　大气吸收系数的研究

5.2.1　背景情况

在国家体育场设计过程中，有两部标准对大气吸收系数提出要求，《体育建筑设计规范》（JGJ 31—2003）第 10.3.9 条规定，照明计算时的维护系数应取 0.55（室外）、0.70（室内）。室外照明计算还应计入 30% 的大气吸收系数。1992 版的《民用建筑电气设计规范》有类似的规定。按此规定，维护系数和大气吸收系数两个因素致使综合系数达到 0.55 × 0.7 = 0.385。而同一时期的国际足联 FIFA 和国际田联 IAAF 要求的维护系数为 0.8，没有大气吸收系数的规定。后者与前者之比大于 2，换言之，按中国规范设计，用灯数量要多一倍。

可见，大气吸收系数是中国特有的参数，是否合理需要进一步研究。为此，笔者与中国建筑科学研究院物理所、北京工人体育场等单位组成课题组进行专项研究，其研究成果在 2007 年 CIE 大会上进行交流，得到国际同行的认可。

关键技术 5 – 2：大气吸收系数的研究

5.2.2　定义

大气吸收系数：光辐射在通过大气到达被照面的过程中，大气对光辐射的吸收、散射及反射作用造成光辐射的削弱，光辐射这种削弱程度叫作大气吸收系数。图 5 – 11 所示为大气吸收系数示意图，大气吸收系数可以用式（5 – 1）表示：

$$K_a = \frac{\Phi_i - \Phi_o}{\Phi_i} \times 100\% = \frac{\Delta\Phi}{\Phi_i} \times 100\% \quad (5 – 1)$$

式中　K_a——大气吸收系数；

$\Delta\Phi$——大气吸收的光通量，lm；

Φ_i——刚进入大气时的光通量，lm；

Φ_o——光到达被照面的光通量，lm。

室外体育场人工照明中，由于大气吸收系数的原因，人工灯光通过大气不能 100% 地到达场地，光能会有一部分损失，由式（5 – 1）可得，到达场地的光通量为：

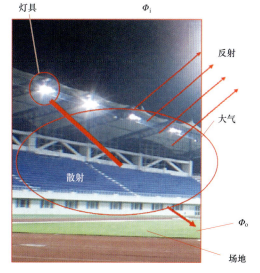

图 5 – 11　大气吸收系数示意图

$$\Phi_o = (1 - K_a)\Phi_i \qquad (5-2)$$

由式（5-2）可知，在进行室外体育场照明计算时，到达场地的光通量不是光源的光通量，而是比光源的光通量要小一些。

5.2.3 试验数据

1. 天气对大气吸收系数的影响

2004年6月，课题组对重庆奥林匹克体育场进行测试，该体育场是2004年亚洲杯足球赛比赛场地之一。测试按图5-12所示的8个点进行测量，其测量结果见表5-5。

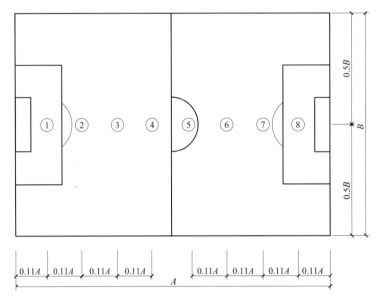

图5-12　水平照度测量点示意图

A—足球场场地长度的一半

表5-5　　　　　　　　　　重庆奥林匹克体育场照度测量

测量点	2004.6.16		2004.6.19		2004.6.20		2004.6.22	
	照度/lx		照度/lx		照度/lx		照度/lx	
	E_h	以晴天为基准	E_h	以晴天为基准	E_h	以晴天为基准	E_h	以晴天为基准
1	2030	100%	1866	91.92%	1905	93.84%	1840	90.64%
2	1990	100%	1811	91.01%	1874	94.17%	1760	88.44%
3	1980	100%	1807	91.26%	1870	94.44%	1790	90.40%
4	2070	100%	1890	91.30%	1940	93.72%	1790	86.47%
5	2060	100%	1913	92.86%	1950	94.66%	1780	86.41%
6	2070	100%	1932	93.33%	1960	94.69%	1720	83.09%
7	2050	100%	1897	92.54%	1932	94.24%	1710	83.41%
8	2100	100%	1930	91.90%	1983	94.43%	1750	83.33%
平均值	2044	100%	1881	92.03%	1927	94.28%	1768	86.50%

天气情况	晴	多云、雨	阴、雨	多云
总云量	5	8	10	8
低云量	3	5	8	3
20 时气温/℃	27.7	24.2	24.5	27.6
20 时相对湿度（%）	62	76	71	70
电源电压/V	396	395	396	394

表中照度值为场地上方 1m 处的水平照度值，单位为 lx。测试采用 Minolta TI 照度仪，测试前，对照度仪进行校正；场地照明灯打开 30min 后再进行测量。

由表 5–5 可知，电压较稳定，在 394～396V，即只有 ±0.25% 的偏差，因此，电压对光输出的影响可以忽略不计。

气象参数由重庆气象局提供，具有权威性。

表 5–5 同时推算出以晴天为基准的各种气候条件下水平照度百分数，由此可以计算出各种气候条件下相对大气吸收系数。应该说明，相对大气吸收系数是对 2004 年 6 月 16 日而言的，这天低云量为只有 3 成，总云量为 5 成，因此，这一天是晴天。所以，大气吸收系数应在图 5–13 所示的相对大气吸收系数的基础上进行修正。

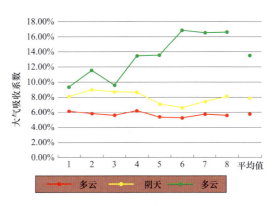

图 5–13　重庆奥林匹克体育场不同天气情况下大气吸收系数折线图

大气吸收系数可以在相对大气吸收系数的基础上粗略推算出大气吸收系数与天气的关系（表 5–6）。

表 5–6　　　　　　　　　　　大气吸收系数与天气的关系

天气情况	天气情况含义	大气吸收系数推荐值
晴	低云量 0～4 成，或总云量 0～5 成	<8%
多云	低云量 5～8 成，或总云量 6～9 成	8%～11%
阴	低云量 9～10 成，或总云量达到 10 成	>11%

2. 观众对大气吸收系数的影响

2004 年 9 月 29 日，北京现代队与上海国际队在北京工人体育场进行了一场中超比赛，我们于比赛前 10min、中场休息、比赛结束后 10min 等三个时间段对场地照明进行测量，测量点为图中①～⑤点，测量仪器有浙江大学制造的 XYI–Ⅲ 照度仪、POLYMER 温湿度计、电压表等。测量前，对照度仪进行校正，场地照明灯打开 30min 后才进行测量。测量高度为距场地 1.0m，对各测试点（图 5–14）进行水平照度 E_h、垂直照度 E_{v1} 和 E_{v2} 进行测量，测

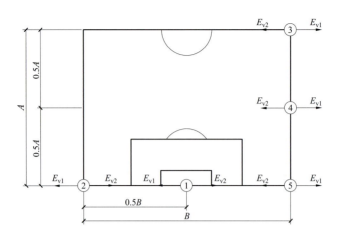

图 5 – 14　水平照度测量点示意图

A—足球场场地长度的一半；*B*—足球场场地的宽度

量数据列表见表 5 – 7。图 5 – 15 可以直观地说明比赛前、中间、赛后各点照度的关系走向，从中可以得出以下几点结论：

表 5 – 7　　　　　　　　　　　观众人数和湿度对场地照明的影响

测量点	比赛前 30min			比赛中场休息			比赛后 10min 内		
	照度/lx			照度/lx			照度/lx		
	E_h	E_{v1}	E_{v2}	E_h	E_{v1}	E_{v2}	E_h	E_{v1}	E_{v2}
1	1079	1424	1341	1084	1464	1297	1110	1357	1289
2	1543	1777	920	1516	1527	892	1586	1600	899
3	1550	1847	1153	1516	1838	1123	1578	1855	
4	1628	1930	1186	1655	1900	1147	1661	1961	1111
5	1484	1675	1107	1548	1697	1071	1640	1722	1029
平均值	1457	1731	1141	1464	1685	1106	1515	1699	1082
备注	不含 3 点值			不含 3 点值			不含 3 点值		
天气情况	阴			阴			阴		
云量（感观）	轻雾			轻雾			轻雾		
风/（m/s）	<3 级			<3 级			<3 级		
温度/℃	25.3			25.3			23.3		
湿度（%）	53			58			67		
人数/万人	1			2			—		
电源电压/V	380			385			—		

注：1. 观众人数的变化对照度影响甚微，平均变化率小于 5%，而且有的测量点减少，有的测量点增加，因此，在一般室外体育场照明计算时，可以忽略观众对大气吸收系数的影响。

　　2. 在一场比赛中，湿度变化不大，因此可以忽略湿度对大气吸收系数的影响。

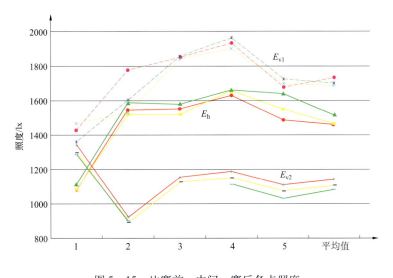

图 5-15　比赛前、中间、赛后各点照度

红线—比赛前照度值；黄线—中场休息时的照度值；绿线—赛后时的照度值

5.2.4　理论分析

光辐射随着大气透明系数的改变而改变，当大气中的水汽、杂质等含量越多时，光辐射被削弱得越多，此时表现为大气吸收系数较大。另外，雾的反射作用，也使光辐射减少，大气吸收系数变大。

1. 大气的成分

大气是指包围在地球表面的整个空气层。它相对比较固定，由多种气体混合组成，也包含有水汽和杂质。不同海拔、不同气象条件下，大气成分会有所变化。表 5-8 为大气中各种气体容积含量的百分比。

表 5-8　　　　　　　　　　　　　大 气 成 分　　　　　　　　　　　　（单位:%）

气体	容积含量	气体	容积含量	气体	容积含量
氮（N_2）	78.084	氢（H_2）	5.0×10^{-5}	沼气（CH_4）	1.8×10^{-4}
氧（O_2）	20.947	氙（Xe）	8.7×10^{-6}	一氧化碳（CO）	$6.0 \times 10^{-6} \sim$ 1.0×10^{-5}
氩（Ar）	0.934	氡（Rn）	微量	二氧化硫（SO_2）	1.0×10^{-4}
氖（Ne）	1.82×10^{-3}	水（H_2O）	$0.1 \sim 4.0$	氧化二氮（N_2O）	2.7×10^{-5}
氦（He）	5.24×10^{-4}	二氧化碳（CO_2）	0.032	一氧化氮（NO）	微量
氪（Kr）	1.14×10^{-4}	臭氧（O_3）	$1.0 \times 10^{-6} \sim$ 1.0×10^{-5}	二氧化氮（NO_2）	微量

由表 5-8 可知，大气中氧气、氮气占约 99% 的比例，其他气体比例很小。对于体育场照明，我们更关心 100m 以下高度大气的变化。

2. 金卤灯的光谱分析

图 5 - 16 为 MHN - SA 2000W/956 400V 短弧双端石英金卤灯的光谱图，色温 5600K，额定电压 400V。该灯光谱分布还算不错，红、绿（黄）、蓝比例尚可，不含紫外线和红外线，显色指数可达 92。此光源在"鸟巢"、雅典奥林匹克体育场等奥运场馆得到应用。

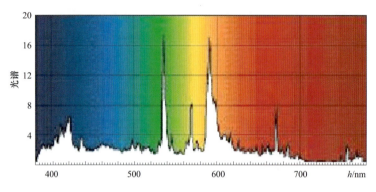

图 5 - 16　MHN - SA 2000W/956 400V 光谱图

3. 大气吸收系数对金卤灯到达地面光的影响

首先，氧气对大气吸收系数影响甚微。由气象学可知，氧气在可见光区域里有两个较弱的吸收带，一个是 A 区位于红光区 760nm 波长附近，另一个是 B 区也位于红光区，波长为 690nm 附近。对室外体育场来说，比赛前观众较少，而比赛期间观众较多。众多观众要吸入大量的氧气，呼出二氧化碳，由于氧气在大气中所占的比例较高，观众对大气中氧气的比例影响会略有减少，这么微小的变化造成达到场地光线的变化也是微乎其微的，可以忽略不计。因此，可以认为体育场内观众对大气吸收系数的影响可以忽略。这一结论与实际测试相一致。

其次，分析一下天气对大气吸收系数的影响。天气对灯光的影响主要取决于大气中水分的多少，晴天大气中含水量较少；雨天、雾天大气中含水量较多。大气中水包括水汽和液态水（H_2O），水汽对金卤灯光在可见光区有很多吸收带，但都很弱。水汽对光的吸收与水汽含量的多少有关，水汽含量越多，吸收得也越多。大气中的水分不仅处于气态，也有处于液态的，对金卤灯光线而言，液态水具有比水汽强得多的吸收带。因此，雨天、雾天，大气对金卤灯光吸收较多，大气吸收系数较大。相反，晴天大气吸收系数较小。这一点从生活常识可以很容易理解，雨天、雾天能见度低，开车时普通灯光由于大气吸收系数的影响照明效果大打折扣，驾驶安全性降低。因此，雨天、雾天开车要打开雾灯，以起到警示的作用。

第三，臭氧（O_3）在紫外区和可见光区都有吸收带，在此波段内金卤灯没有光谱。而在可见光蓝光至红光大部分范围内，即波长 440 ~ 750nm 内吸收带比较弱，但金卤灯在绿色和橙色区域辐射最强，所以吸收的能量较多。但臭氧所占的比例只有 $(1.0 \times 10^{-6} \sim 1.0 \times 10^{-5})\%$，臭氧对可见光的吸收总量还是较少。

综合上述三点，大气吸收系数对金卤灯到达地面光线的影响主要是水分。

5.2.5 大气吸收系数的初步结论

上述试验和理论分析是针对天气而言的，不利于照明计算。因此，有必要根据各地气候特点确定各地区的大气吸收系数。

图5-17为中国太阳辐射分布图，红色区域为日照良好区域，橙红色区域为日照较好区域，橙色区为日照一般区域，橙黄色区域为日照较差区，黄色区为日照差区域。与金卤灯照明相类似，由于云层主要由水汽凝结而成，太阳能资源丰富的区域表明光线容易到达地面，大气对光的吸收、反射、散射比较弱。由上面试验、分析、推断可以得出这些区域对应的大气吸收系数，见表5-9。

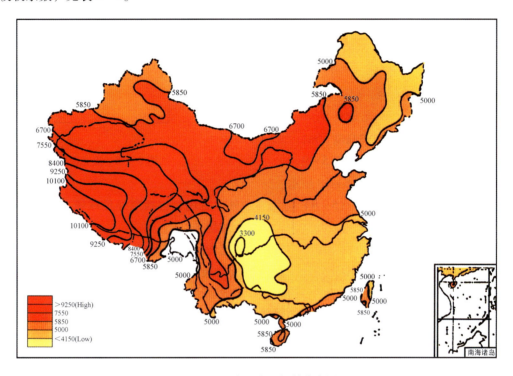

图5-17　中国太阳辐射分布图

表5-9　　　　　　　　　　　　　　中国各地区大气吸收系数推荐值

颜色	太阳辐射等级	地　　　区	大气吸收系数 K_a
红色	最好	宁夏北部、甘肃北部、新疆东部、青海西部和西藏西部等	<6%
橙红色	好	河北西北部、山西北部、内蒙古南部、宁夏南部、甘肃中部、青海东部、西藏东南部和新疆南部等	6%~8%
橙色	一般	山东、河南、河北东南部、山西南部、新疆北部、吉林、辽宁、云南、陕西北部、甘肃东南部、广东南部、福建南部、台湾西南部等地	8%~11%
橙黄色	较差	湖南、湖北、广西、江西、浙江、福建北部、广东北部、陕西南部、江苏北部、安徽南部以及黑龙江、台湾东北部等地	11%~14%
黄色	差	四川、重庆、贵州	>15%

5.2.6　体育场场地照明的修正

体育场场地照明多采用投光灯，灯具的直径远小于其被照距离的1/5，因此，体育场场地照明可以被认为是点光源。将式（5-2）带入点光源照度计算公式，得修正后的水平照度计算公式，见式（5-3），以及得出修正后的垂直照度计算公式，见式（5-4）。

$$E_h = \frac{N(1-K_a)\phi_i I_\theta \cos^3\theta D_F}{1000h^2} \tag{5-3}$$

$$E_v = \frac{N(1-K_a)\phi_i I_\theta \cos^2\theta \sin\theta D_F}{1000h^2} \tag{5-4}$$

式中　N——灯具数量；

　　　ϕ_i——灯具内光源总的光通量，lm；

　　　θ——见图5-18；

　　　I_θ——θ方向的光强，cd；

　　　D_F——维护系数，一般取0.8；

　　　h——灯具距被照面的高度，m；

　　　K_a——大气吸收系数，见表5-9。

点光源照度计算简图如图5-18所示。

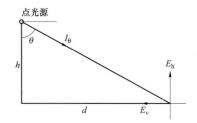

图5-18　点光源照度计算

表5-9和式（5-3）、式（5-4）适用于室外体育场，包括室外足球场、室外田径场、室外网球场、曲棍球场、棒球场、垒球场、高尔夫球场等。

《民用建筑电气设计规范》（JGJ 16—1992，现已淘汰）首次提出了大气吸收系数这一观念，该规范规定，室外照明计算还应计入30%的大气吸收系数。而后《体育建筑设计规范》JGJ 31—2003也采用该指标。从以上分析可知，这两部规范对大气吸收系数的规定不合适，该值偏大，会造成不必要的浪费。而诸多国际标准均无大气吸收系数的概念和要求，这也不符合实际情况。

5.2.7　大气吸收系数在"鸟巢"中的应用

经过课题研究，"鸟巢"场地照明计算时将大气吸收系数进行了修订。结合国家体育场将举行奥运会比赛的要求和特点，并考虑到赛后运营和利用，照明计算的主要参数见表5-10。

表5-10　　　　　　　　　　　　照度计算的主要参数

序号	设计参数	设定取值		备　注
		奥运期间	非奥运期间	
1	大气吸收系数	0.1	0.15	奥运会在8月份举行，此时雾天概率较低，但雨水较多，且有一定程度的空气污染，因此，大气吸收系数取10%。奥运会后，照明标准将比奥运低，又有可能在雾天比赛，此时该系数取15%
2	灯具维护系数	0.9	0.95	奥运会前应将灯具维护一次，但考虑到调试、试灯等因素，维护系数取0.9，而没有取1。赛后照明标准没有必要像奥运标准一样高，故取0.95

注：大气吸收系数的试验数据参见本书第12.4节和第12.5节。

场地照明的计算结果已在5.1节中做过介绍，请参阅相关内容。

5.3 场地照明专用电源装置切换时间的研究

5.3.1 概述

1. 场地照明应急供电方案

对于甲级、特级的体育场馆，其场地照明分别为一级负荷和特别重要的一级负荷，因此，对其供电应能保证供电的可靠性和连续性。本书第 4.2 节对 4 种方案进行了比较，在此不需赘述。

下面简单回顾一下 UPS、EPS、热触发装置的特点。场地照明用的 UPS 应降容使用，因为 UPS 专门为计算机类负荷设计的，计算机类负荷是容性负荷，而场地照明灯多为金卤灯，金卤灯是电感性负荷，两者不匹配。EPS 切换时间过长，由市电切换至 EPS 供电时金卤灯有可能熄灭，不满足供电可靠性和连续性的要求；但 EPS 在过载能力、对环境的要求、效率、寿命等方面较有优势。热触发装置有较多的工程实例，它相当于灯具的价格让很多人望而却步。更糟糕的是，每次触发都会大大减少灯的寿命，影响灯的色温，不利于彩色电视转播。同时热触发装置有较短的转换时间，这段时间是黑灯期间，容易引起观众惊慌，存在安全隐患。由此可得，上述三种方案都有缺陷，笔者试图找出一种新方案解决场地照明应急供电问题。因此，笔者于 2003 年首先提出了用场地照明专用电源装置 PSFL（Power Supply of Field Lighting）作为场地照明的应急电源，以后，有的厂家在此基础上研发出相类似产品。PSFL 必须根据场地照明灯的特性进行设计，吸取 UPS 和 EPS 的优点。PSFL 的核心参数是切换时间。理论上，切换时间小于半个周波即可，即 10ms，在半周内切换，相当于波形畸变，不影响灯连续工作。实际情况与理论分析是否一致？试验研究彻底推翻了原有的想法。

2. 定义

（1）波形的特征。由试验得知，市电切换到 PSFL 供电有共同的特点，即它们多是三相交流电源，反映到电源切换的前后，波形由三个部分组成（图 5-19）。

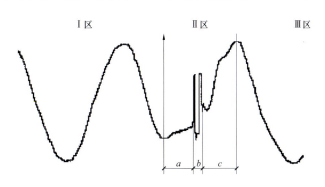

图 5-19 电源切换波形图

Ⅰ区：该区为市电三相交流正弦波区域，为近似标准的正弦波。

Ⅱ区：为电源切换区域，反映电源由市电转换到 PSFL 的全过程。

Ⅲ区：该区为 PSFL 供电的三相交流正弦波区域，波形也为近似标准的正弦波。

（2）电源切换区的构成。电源切换区——Ⅱ区是转换的重点，能否保证金卤灯在电源转换过程中不灭，Ⅱ区是关键。Ⅱ区也由三部分组成。

a 段：电源转换的初期。此时市电已经开始断电，从波形上看，电压还沿着原波形走势持续一段时间，但波形明显畸变。造成这一现象有以下原因：第一，开关断开有固有开断时间，这一过程实际上是开关触点拉弧时间；第二，金卤灯的镇流器为电感性元件，当市电断电瞬间，电感性元件产生反向电动势，阻止电流减少；第三，为提高功率因数，金卤灯要加装补偿电容器，一般为 $40 \sim 60\mu F$，电容器在电源断电时有个放电过程，放电过程与时间常数 T 有关，$T = RC$。因此，这一时期构成复杂的 R、L、C 电路，我们称 a 段为电压维持段。a 段持续时间与回路电阻 R、电感 L、电容 C、回路构成（串并联关系）、电流变化率等因素有关。

b 段：电源转换期。此段市电彻底断开，PSFL 投入。触点突然吸合，并伴随抖动，导致波形剧烈振动。b 段经历的时间较短，在体育场馆金卤灯的应用中，b 段一般小于 5ms。b 段也叫电源切换段。

c 段：电源转换的末期。与 a 段相反，c 段波形取决于开关固有合闸时间、金卤灯镇流器反向电动势的大小、电容器在电源接通时的充电过程，三种波形叠加到 PSFL 正弦波，造成 c 段波形畸变。

对于电子转换开关，b 段表现的不明显，没有剧烈的振动，其经历的时间也大大缩短。

关键技术 5 - 3：场地照明专用电源装置切换时间的研究

（3）切换时间。

定义 1：切换时间 τ_1 为一路电源完全断开到另一路电源刚刚接入的时间，单位为 ms。

图 5 - 19 b 段所用的时间为切换时间 τ_1。市电开关拉弧已经完成，电感和电容的作用也已经结束，波形刚进入 b 段，这是 τ_1 的起点，b 段触点有一振荡，振荡结束点为 τ_1 的终点，也是 c 段的起点。

定义 2：切换时间 τ_2 为一路电源刚开始分断但没完全断开到另一路电源完全接入的时间，单位为 ms。

图 5 - 19 Ⅱ区所用的时间为切换时间 τ_2，τ_2 包括 a、b、c 段所用的时间之和。市电开关开始动作为 τ_2 的计时起点，经历 a 段畸形波形、b 段振荡波形、c 段畸形波形结束为止。

因此，切换时间是指由一路电源切换到另一路电源所用的时间。场地照明光源多为高强度气体放电灯，我们追求的目标是在电源切换过程中高强度气体放电灯不能熄灭，用 τ_1 和 τ_2 表示。

为什么要进行电源切换呢？无外乎是人为切换和故障时自动切换。前者多用于检修、试机，电源处在正常状态；后者是我们所要应对的，即一路电源故障时的应急措施。因此，检测到一路电源没有电到安全地转到另一路电源对金卤灯是何等的重要，这段时间就是 τ_2，便于计量，实际操作性强。

5.3.2 试验

2003 年 7 月设计项目组与青岛创统公司、美国 GE 公司、日本松下公司、PHILIPS 公司、索恩公司等单位联合试验，取得了许多宝贵数据，详细数据参 12.1 节。表 5 - 11 为采用 GE 公司 EF2000 投光灯的试验数据。

表 5 – 11   采用 EF2000 时 PSFL 的切换时间

序号	切换	切换时间		现象	备注
		τ_1/ms	τ_2/ms		
①	第一次由市电→PSFL	1.5	6	三盏灯灭一盏，其他灯闪动	三盏灯一个回路，波形见图 5 – 21（a）
②	第二次由市电→PSFL	1.5	6	又灭一盏灯	
③	第三次由市电→PSFL	1.5	6	又灭一盏灯	
④	试验一盏灯，由市电→PSFL	1.5	7.5	灯没灭，闪动	多次试验，现象相同，波形见图 5 – 21（b）

GE 公司出品的灯具 EF2S – 2000 为当时最新设计产品（图 5 – 20），适合潮湿区域，标准配置为 IP65。高反射率高纯电化铝反射器，铝制副反射器。AC380V/50Hz 电源，工作电流小。背后开启式换灯门（包括一级反射器），更换灯泡带开门自动断电装置。高压铸铝灯体、玻璃压圈、钢化平板玻璃。内置式眩光/溢出光控制系统，瞄准指示器，椭圆形配光，灯具效率高。可选热启动系统。EF2000 切换波形图如图 5 – 21 所示。

图 5 – 20 EF2S – 2000 外形

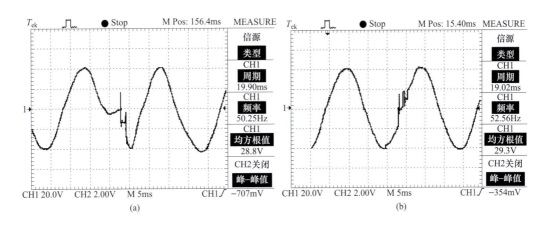

图 5 – 21 EF2000 切换波形图
（a）$\tau_1 = 1.5\,ms$，$\tau_2 = 6\,ms$；（b）$\tau_1 = 1.5\,ms$，$\tau_2 = 7.5\,ms$

表 5 – 12 为采用 PHILIPS 公司 MVF403 – 2000W 投光灯进行切换试验的试验数据。MVF403 – 2000W 灯具为当时的新产品，其外形如图 5 – 22 所示，其切换波形如图 5 – 23 所示。雅典奥运会主体育场、2006 年世界杯足球赛主体育场——安联体育场等众多赛场都是采用此灯具，光源配 MHN – SA2000W 金卤灯。灯具采用高强度压铸铝灯体，厚度为 1.6 ~ 3mm 的钢化玻璃，硅橡胶密封圈，不锈钢防护网，高纯铝反射器，热镀锌支架。全新设计椭圆形反射器，配光效果更好，效率高。外形更加紧凑美观，风阻系数大大减小，重量仅 13.7kg。

7 种不同角度配光的反射器，满足各种应用要求。可配 1000W、1800W、2000W 双端金卤灯。光源显色性 $R_a = 92$，色温 5600K。背后开启更换灯泡，附安全开关，维护更加安全方便。有调光刻度，并有瞄准器，防眩光罩，彩色滤色片等多种配件可供选择。可采用上照型、下照型和热启动型。

表 5 – 12　　　　采用 MVF403 – 2000W 时 PSFL 的切换时间

序号	切　换	切换时间		现　象	备　　注
		τ_1/ms	τ_2/ms		
①	第一次由市电→PSFL	1.5	15	三盏灯都没灭，但一盏灯闪动	三盏灯一个回路，波形见图 5 – 23（a）、(b)
②	第二次由市电→PSFL	1.5	22	三盏灯灭二盏灯	
③	第三次由市电→PSFL	1.5	22	又灭一盏灯	
④	第一次由市电→PSFL	1.5	20	灯不灭，闪动	
⑤	第二次由市电→PSFL	1.5	20	灯熄灭	

图 5 – 22　MVF403 – 2000W 外形

5.3.3　结论

通过试验及其数据和波形分析可以得出以下结论：

（1）切换时间具有明显的不确定性。由表 5 – 11 可知，电源切换时间长时金卤灯不一定灭，切换时间短的灯不一定不灭。对于同一盏灯而言，具有相同切换时间 τ_1、τ_2，有时候灯不熄灭，有时候灯熄灭。表中序号④切换时间 $\tau_2 = 7.5$ms，灯不熄灭；而序号③切换时间较短，$\tau_2 = 6$ms，灯反而熄灭，不确定性十分明显。表 5 – 12 进一步证明了灯

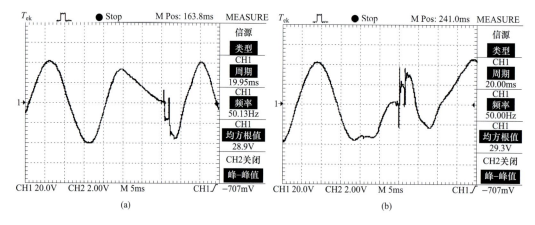

图 5 – 23　MVF403 – 2000W 切换波形图

（a）$\tau_1 = 1.5$ms，$\tau_2 = 15$ms；（b）$\tau_1 = 1.5$ms，$\tau_2 = 22$ms

熄弧时间的不确定性。

（2）切换时间 τ_1 具有相同的时间。表 5 – 11 和表 5 – 12 均能说明 $\tau_1 = 1.5\text{ms}$。因为 τ_1 为 b 段所持续的时间，转换的过程即触点吸合的过程，这段时间由触点固有吸合时间所决定。

综上所述，在切换过程中，金卤灯是否熄灭不取决于切换时间。因为高强度气体放电灯没有切换时间的参数，因此不同光源或者同一光源每次切换，其切换时间各不相同，切换时间离散性较人。

5.4　场地照明专用电源装置的研究

从第 5 章 4.2 节和 5.3 节可知，场地照明专用电源装置（PSFL）是金卤灯最后一道保障措施，而且使用这样 PSFL 的场馆一定是高等级的体育建筑，专为大型国际赛事建设的。作者结合"鸟巢"及其他奥运场馆的实际，研究并提出 PSFL 的主要特性指标。

关键技术 5 – 4：场地照明专用电源装置的研究

5.4.1　场地照明专用电源装置（PSFL）的主要特性

试验灯具及光源见表 5 – 13，通过对 4 种 AC 2000W/380V 金卤灯反复试验，得出新研制的场地照明专用电源装置必须具备以下特性：

表 5 – 13　　　　　　　　　　　　　试 验 灯 具 及 光 源

品牌	索恩	松下	飞利浦	GE
型号	MUNDIAL 2000	YA58081	MVF403	EF2000
光源	HQI – TS 2000/D/S	MQD2000B. E – D/PK	MHN – SA2000W	HQITS 2000/W/D/S
功率/电压	AC 2000W/380V	AC 2000W/380V	AC 2000W/380V	AC 2000W/380V

1. 1PSFL 的切换时间

由 5.3 节可得，金卤灯切换时间具有明显的不确定性。因此，要求 PSFL 的切换时间为 0，即在线式场地照明专用电源装置。试验表明，切换时间为 3ms 时，存在灯熄灭现象，不能保障金卤灯照明的连续性和可靠性。

2. PSFL 的启动特性

试验得出图 5 – 24 金卤灯启动电流—时间曲线。黑线为松下灯具电流—时间曲线，由于松下灯具没有无功补偿，启动电流较大，最大电流出现在启动后 12 ~ 16s 期间，最大电流值为 10.5A。约 2min 后（150s），工作电流趋于稳定，电流值为 6.1A。最大值/稳定值 = 10.5/6.1 = 1.72（倍）。

红线为 GE 灯具电流—时间曲线，由于 GE 公司的 EF2000 灯具有无功补偿，电流比较小，最大电流出现在启动后 12 ~ 70s 期间，大电流持续时间长约 1min，最大电流值为 7.7A。约 3.5min 后（210s），工作电流趋于稳定，电流值为 5.8A。最大值/稳定值 = 7.7/5.8 = 1.33 倍。

蓝线为索恩灯具电流—时间曲线，最大电流出现在启动后 19s，最大电流值为 6.1A。约 2min 后（120s），工作电流趋于稳定，电流值为 5.2A。最大值/稳定值 = 6.1/5.2 = 1.17（倍）。

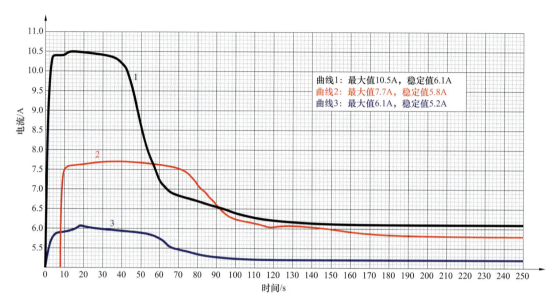

图 5 – 24   金卤灯启动电流—时间曲线

因此，不同型号的金卤灯具有不同的启动特性，PSFL 的性能应与之相匹配。即要求 PSFL 能承受金卤灯启动时间不低于 4min，最大启动电流不低于 2 倍额定电流的冲击。

3. PSFL 的过载能力

图 2 – 24 可以反映出金卤灯的过载特性，由此可以制定 PSFL 的过载能力特性要求，详见表 5 – 14。

表 5 – 14   PSFL 的 过 载 能 力

过载容量	过载时间	过载容量	过载时间
100%	∞	150%	>15min
120%	∞	200%	>1min

PSFL 的过载能力是从图 2 – 24 得出的，显然要求比较苛刻。实际应用中，由于环境因素、灯具的特性差异等可能会使过载能力打折扣，因此从可靠性角度看，这样规定不为过。

4. PSFL 的稳压特性

由图 5 – 25 可知，电源电压对金卤灯光输出有较大的影响，电源电压与照度近似为线性关系，电压降低 10%，照度降低 14% ~ 24%；相反，电压升高 7.9%，照度升高 17% ~ 20%。

因此，PSFL 应具有一定的稳压功能，减少电压对照度产生较大的影响。

5. PSFL 的供电时间

中国设计规范要求特级和一级体育建筑必须有两路独立电源供电，因此，PSFL 只在电源转换过程中使用，电源转换完后，PSFL 退出工作，处于待命状态。电源转换时间只有数秒，原则上讲，PSFL 供电时间大于 2min 即可，考虑蓄电池自放电及可靠性等因素，PSFL 供电时间不宜低于 10min。

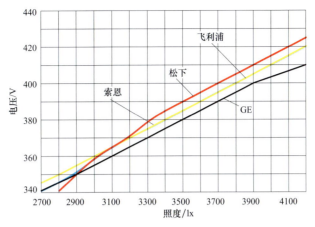

图 5 - 25　金卤灯电压与照度的关系曲线

5.4.2　结论

PSFL 是按金卤灯的特性设计的专用电源装置，其显著特点是在电源转换过程中金卤灯不熄灭，同时在稳压、抗启动冲击等方面与金卤灯相匹配，保证金卤灯的连续运行。

5.4.3　后续发展

1. "鸟巢"中的应用

经招标及试验验证，"鸟巢"场地照明的 PSFL 采用爱默生的 Hipules 系列带"输出隔离变压器"的双变换、在线式 UPS，但对其 UPS 进行改进，以适合金卤灯的特性要求。首先取消过载保护、超温保护、谐波超量保护，或将这些保护作用于信号而不是断电，因为 UPS 是最后一道关口，必须坚守岗位。该 UPS 具有连续供电、自动稳压、无频率突变、纯净和无干扰等特点，稳压精度为 380V < ±1%，稳频特性为 50Hz < ±0.01Hz，电压失真度小于1.5%。根据美国 TIA - 942 标准，该 UPS 的平均无故障工作时间（MTBF）约为 40 万 h，可利用率达 99.99% ~ 99.999%。

UPS 原理图如图 5 - 26 所示，试验证明在线式的 UPS 非常可靠，而 UPS 的容量应不小于其所带灯容量的 2 倍。

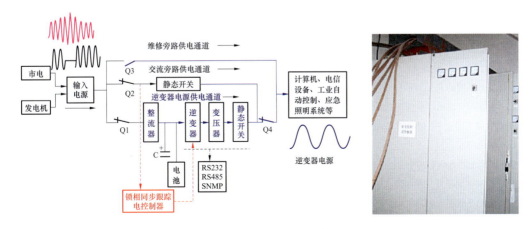

图 5 - 26　UPS 原理图

UPS 具有 3 条供电通道：一是逆变器电源供电通道；二是交流旁路供电通道；三是维修旁路供电通道

2. 标准中的应用

该项研究成果经过了奥运会多个场馆的验证表明是行之有效的，以后又在深圳世界大学生运动会、广州亚运会、全运会等场馆应用，逐渐完善并写入我国多部标准和标准图中，主要有《全国民用建筑工程设计技术措施》（2009 版），国家标准图集 08D800 – 1《民用建筑电气设计要点》，以及即将出版发行的《体育建筑电气设计规范》。表 5 – 15 给出的是已通过专家审查的《体育建筑电气设计规范》（报批稿），表 5 – 16 是其条文说明。需要指出，表 5 – 15 和表 5 – 16 仅供读者参考，最终以正式出版的为准。

表 5 – 15　　　《体育建筑电气设计规范》（报批稿）关于 PSFL 的条款说明

6.2.3　场地照明使用的 EPS 应符合下列要求：

1. EPS 的特性必须与金卤灯的特性相适应，包括金卤灯的启动特性、过载特性、光输出特性、熄弧特性等。

2. EPS 应采用在线式装置。

3. EPS 逆变器的过载能力应符合表 6.2.3 的要求。

表 6.2.3　EPS 的过载能力

过载能力	过载时间
120% 及以下	长期运行
150%	>15min
200%	>1min

4. EPS 应具有良好的稳压特性，其输出电压应满足本规范第 3.5.2 条的规定。

5. EPS 的供电时间不宜小于 10min。

6. EPS 的容量不宜小于所带负荷最大计算容量的 2 倍。

7. EPS 的供电系统宜采用局部 IT 或 TN – S 系统。

8. EPS 的过载保护、超温保护、谐波保护等附加保护应作用于信号，不应作用于断开电源。

6.3.3　场地照明用的 UPS 应符合本规范第 6.2.3 条的规定。

表 5 – 16　　　《体育建筑电气设计规范》（报批稿）关于 PSFL 条款的条文说明

6.2.3　本条根据试验及奥运工程应用经验编写而成。

其中第 5 款，EPS 的供电时间不宜小于 10min，主要考虑如下因素：

1. 环境因素

用于场地照明的 EPS 并不都安置在恒温恒湿的房间，甚至有些放在室外马道上，环境温度将对 EPS 的电池寿命产生影响。电池额定输出容量的标称环境是 25℃，当环境温度高于 25℃ 时，电池的寿命将缩短。经验表明，环境温度超过 25℃ 时，每升高 8.3℃ 电池的寿命将缩短一半。

2. 寿命因素

EPS 蓄电池的寿命有两个指标描述：第一，浮充寿命，就是在标准温度和连续浮充状态下，蓄电池能放出的不小于额定容量的 80% 时所使用的年限。第二，80% 深度循环充放电次数，就是满容量蓄电池放掉额定容量的 80% 后再进行充满电，如此可循环使用的次数。两个寿命指标均以电池额定容量的 80% 为底线，容量折减 20% 后电池将加速老化，可靠性大大降低。供电时间也将加倍缩短。例如：新的电池能全负荷工作 10min，当其容量折减 20% 时，将只能给相同负载供电约 5～6min。

5.5 智能照明控制系统在场地照明中的应用

关键技术5－5：智能照明控制系统在场地照明中的应用技术

5.5.1 场地照明控制系统的设计

国家体育场场地照明控制系统的设计如下：

1）场地照明智能控制系统采用EIB（欧洲安装总线）现场总线，即现在的KNX/EIB系统，该系统对场地照明进行各种模式下的照明控制，控制模式见表5－1，共16种，能满足各等级足球、田径的训练和比赛。同时对贵宾及贵宾接待、新闻发布等处进行调光控制，对车库等场所进行时间控制，对室外广场照明、景观照明进行时间控制、定时控制和光线感应控制。系统还可实现中央控制及监控、时间控制、远程控制、移动感应控制、光线感应控制及定时控制等功能，实现照明系统的智能管理。

控制室有两个：一个在0层中控室，与BMS、安防、消防等共用；另一个在四层灯光控制室，为场地照明专用。图5－27所示为灯光控制室实景图。场地照明控制子系统相对独立，在0层中控室不能对场地照明进行控制，但可获得场地照明运行、故障、报警等信息。

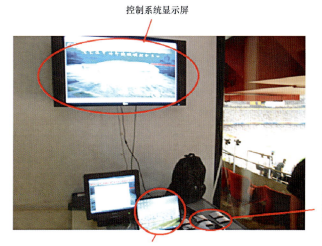

控制系统显示屏

灯光控制室可观看到大部分场地照明灯具

面板开关用于模式控制，具有自锁功能，防误操作

笔记本电脑使用方便，开灯后可将笔记本收起，防止误操作

图5－27 灯光控制室实景图

2）系统容量大于10 000点，大于10个分区。其中场地照明控制系统为两个分区，且场地照明控制子系统相对独立，其他子系统不得对场地照明进行任何形式的控制。

3）系统模块记忆的预设置灯光场景，不能因停电而丢失；且每个智能照明控制模块应有断电后再来电时切换为任意所需开灯模式的功能。

系统模块场景渐变时间可任意设置，以保证场景切换满足各种使用要求。

4）智能开关驱动器的各回路控制容量不小于16A，具有手动拨钮开关，便于线路检修以及总线系统故障时手动操作。

对于用驱动器直接驱动2000W金卤灯，16A的驱动器略显余量不足，因为驱动器连同断路器等元器件一同安装在控制柜中，散热问题至关重要，由于热量的影响，驱动器应降容使用。如果驱动器通过接触器来控制 2000W 金卤灯，要注意接触器控制的是容性负载而不是感性负载，2009 年济南奥林匹克体育场在全运会开幕前夕曾出现烧毁数十台接触器的现象，场地照明共设 522 套 2000W 金卤灯，每套灯具均由一只 18A 的接触器（AC-3）控制其开关，在调试期间，近百只接触器发生触头粘连，无法正常工作。经分析，接触器的容量选择虽然满足灯具运行的电流要求，但金卤灯启动时刻的特殊特性导致接触器的触头损坏。此后根据所选灯具和接触器特性，将所有接触器更换为 25A，此问题得到了解决。

因此，选择与金卤灯相匹配的接触器，其额定电流至少要高出两个等级。

5）智能控制面板：可实现个别控制、群组控制、模式场景控制功能，具备遥控功能及状态显示。

6）总线连接方式：所有设备用总线连接、系统连接采用星形或树形结构，以提高系统的可靠性，并节省安装维护成本。

7）系统安装：所有智能开关继电器及调光驱动器模块均采用 35mm 标准 DIN 导轨安装，并且装入照明配电箱或控制箱中，便于照明配电系统统一管理。智能控制面板采用标准 86 墙装盒安装，便于施工及安装。

8）EIB 系统为总线制分布式控制系统，系统的各个功能模块之间可以通过总线直接通信，某个模块或支线的故障不会影响整个网络运行。可以实现系统的自动控制和现场的手动控制，互相切换时不需要增加控制设备。而且 EIB 系统是开放性的标准，可以和 BMS 系统连接，其系统框图如图 5-28 所示。

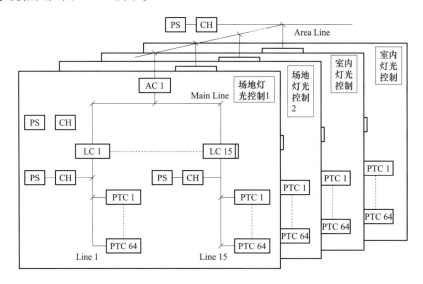

图 5-28　体育场智能照明控制系统框图

AC—区域耦合器；LC—线路耦合器；PTC—元件；PS—电源供应器；CH—扼流圈

（系统将根据实际点数确定系统容量，本图仅为示意图）

5.5.2　场地照明用 KNX/EIB 系统

KNX/EIB 是 ISO/IEC 14543 国际标准，属于 FCS 现场总线，并于 2007 年 7 月正式转换

为中国国家标准 GB/Z 20965—2007《控制网络 HBES 技术规范－住宅和楼宇控制系统》。该标准比较新，国际标准 2006 年才颁布，以至于 KNX/EIB 在体育建筑中的应用案例较少，因此，在"鸟巢"中应用该系统具有挑战性和开拓性。为什么要用 KNX/EIB 技术呢？因为该总线技术是一个完全开放、兼容和独立的技术平台，当时全球有 200 多家厂家支持并生产基于 KNX/EIB 技术的产品，包括西门子、ABB、施耐德等国际知名大公司，每个公司的产品都可以在同一个系统作到无缝兼容。

国家体育场建设不是一次到位的，BOB 提交给设计方的电视转播标准比较晚，开闭幕式于 2006 年才宣布张艺谋团队中标，为满足上述要求，需要对建设中的体育场进行改造。另外，奥运会后，国家体育场还要进行赛后改造。再者，以后每次大赛都会有不同程度的改造工作。如此多的改造，需要"无缝兼容"的系统，不至于被独有标准卡脖子，为业主带来方便和实惠，为客户提供改造的条件和可能，KNX/EIB 技术是最佳选择。

5.5.3   关于 KNX/EIB 的试验

为了配合国家体育场项目的实施，按照设计要求，ABB 公司进行针对性的试验，以了解 KNX/EIB 系统控制大功率金卤灯的特性、技术数据和要注意的问题，为国家体育场使用 KNX/EIB 控制系统提供依据。

1. 测试基本情况

时间：2006 年 8 月 9 日。

地点：丰台体育中心垒球场（图 5 - 29）。

测试灯具：MVF403 - 2000W/380V 金卤灯，额定电流 6.6A，总功率为 2.16kW/盏。

KNX/EIB 主要被测器件：SV/S30. 320. 5、SA/S8. 16. 5S、SM/S3. 16. 30。

接触器：A16 - 30 - 10。

测量仪表：Fluke 万用表。

丰台垒球场

图 5 - 29   KNX/EIB 智能照明控制试验场地

2. 接线图和原理图

图 5 - 30 所示为 KNX/EIB 试验的接线和原理图，图中通过驱动模块 SA/S8. 16. 5S 来控制接触器 A16 - 30 - 10，因为接触器控制容量大，可靠性较高，所以没有直接用驱动模块控制灯具。线路中还接入了 SM/S3. 16. 30 电流检测装置，从而对负载电流和漏电流进行检测，因为场地照明灯具置于室外，在雨天漏电电流可能会增加，当漏电电流大到一定限值时会通过系统进行报警，提醒工作人员，但系统严禁切断电源。电源 L1、L2 是交流 380V，有别于 220V 的电源。

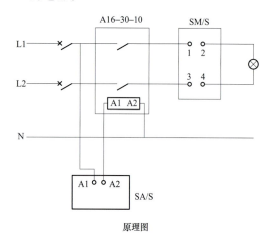
原理图

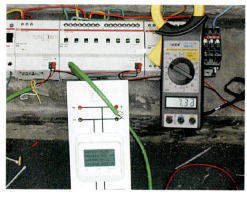
接线图

图 5 - 30 KNX/EIB 试验的接线和原理图

3. 测试数据

测试数据见表 5 - 17 ~ 表 5 - 19，每次测量之间间隔约 15min。

表 5 - 17　　　　　　　　　　　负载电流的检测　　　　　　　　　　（单位：A）

次数＼时间/min	0	0.5	1	1.5	2	2.5	3	3.5	4	4.5	5	5.5	6
第一次	9.34	9.41	8.67	7.95	7.78	7.02	6.84	6.54	6.53	6.53	6.53	6.61	6.57
第二次	9.24	9.40	8.86	7.98	7.81	7.12	6.72	6.62	6.58	6.58	6.53	6.62	6.73
第三次	9.06	9.17	8.81	7.96	7.53	6.83	6.42	6.41	6.35	6.25	6.24	6.31	6.32
第四次	9.31	9.42	8.62	8.11	7.64	6.94	6.53	6.63	6.64	6.68	6.87	6.83	6.90

表 5 - 18　　　　　　　　　　　漏电流的检测　　　　　　　　　　（单位：mA）

次数＼时间/min	0	0.5	1	1.5	2	2.5	3	3.5	4	4.5	5	5.5	6
第一次	0.4	0.4	0.4	0.4	0.4	0.6	0.6	0.6	0.6	0.6	0.6	0.6	0.6
第二次	0.3	0.3	0.3	0.3	0.3	0.3	0.5	0.5	0.5	0.5	0.5	0.5	0.6
第三次	0.4	0.4	0.4	0.4	0.4	0.4	0.6	0.6	0.6	0.6	0.6	0.6	0.6
第四次	0.3	0.3	0.3	0.3	0.3	0.3	0.6	0.6	0.6	0.6	0.6	0.6	0.6

次数 \ 时间/min	0	0.5	1	1.5	2	2.5	3	3.5	4	4.5	5	5.5	6
第一次	390	390	390	388	388	388	392	388	388	388	388	388	388
第二次	390	390	388	388	390	392	389	389	389	389	389	389	389
第三次	389	390	390	389	389	390	390	390	390	390	390	390	390
第四次	390	388	388	388	388	388	389	389	388	389	388	388	388

表 5 – 19　　　　　　　　　　负 载 电 压 的 检 测　　　　　　　　　（单位：V）

4. 数据处理

首先从表 5 – 19 可以得出图 5 – 31 曲线，电源电压最大值为 392V，最小值 388V，平均值为 388.77V，四次测量平均值相同，可以认为电源电压稳定。

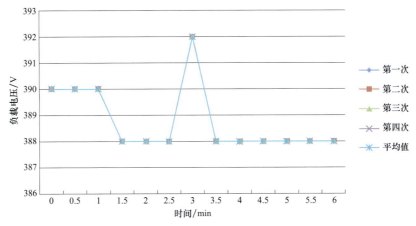

图 5 – 31　电源电压数据处理

从表 5 – 17 可以得出图 5 – 32 曲线，负荷电流在刚启动时电流较大，最大值为 9.35A，出现在 30s 时，最大值与稳态电流之比为 1.41。四次测量趋势一致，只是数值略有不同。本测试总体特性与图 5 – 24 相一致，区别在于本试验采样时间间隔较长，精细程度不同图 5 – 24。

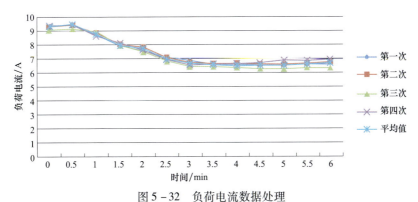

图 5 – 32　负荷电流数据处理

由表 5 – 18 可以得出图 5 – 33 曲线，在 4 次共 52 个测量数据中，漏电电流最大值为 0.6mA，最小值为 0.3mA。在灯具开启初期，漏电电流较小；当逐渐稳定后，漏电电流逐渐增大并趋于稳定。最大漏电电流与最小漏电电流之比为2。

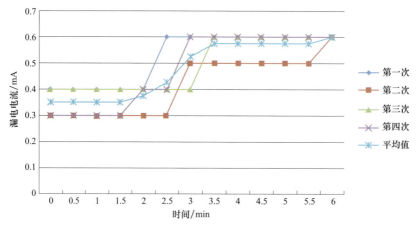

图 5 - 33　漏电电流数据处理

因此，正常情况下，漏电电流属于正常泄漏，对人体没有伤害。但安装在室外的灯具，风吹日晒、雨雪作用、冬冷夏热等因素都会加速绝缘的老化，漏电电流会逐渐增加。

5. 结论

尽管在测量中电源电压略有波动，尽管所使用的钳型电流表会有一定的误差，但是通过上述数据采集及数据处理，可以得出如下结论：

1）KNX/EIB 控制系统可有效地对大功率金卤灯进行控制。

2）电流检测模块 SM/S3.16.30 可同时实现对额定电压为交流 380V 的两相金卤灯进行负载电流和漏电电流的检测，并在 LCD 上显示检测到的电流值大小。当负载电流或漏电电流超出限值时，将会自动报警。

3）启动电流约为稳定电流的 1.41 倍。灯具启动后经过约 3min 趋于稳定，稳定的负载电流约为 6.6A。

4）启动阶段，漏电电流随时间逐渐增加，正常情况下，稳定的漏电电流平均值约为 0.48mA。

5）由 KNX/EIB 驱动器控制接触器的控制方式运行稳定，能够驱动较大电流的负载，允许较大的温升要求。

5.5.4　后续的标准

本技术经过国家体育场、国家游泳中心（水立方）等工程的应用，证明是可靠、高效的，并编制到我国标准中。下面是《体育建筑智能化系统工程技术规程》（JGJ/T 179—2009）第 6.4 节，场地照明及控制系统的条文，说明部分是作者增加的以供读者参考。

6.4.1　场地照明及控制系统应满足不同比赛项目的要求，实现各种比赛所需的灯光照明模式，节省能源，并应符合国家现行标准《体育场馆照明设计及检测标准》（JGJ 153）、《体育照明使用要求及检验方法 第 1 部分：室外足球场和综合体育场》（TY/T 1002.1）和《建筑照明设计标准》（GB 50034）的规定。

【说明】不同比赛项目的照明技术指标参见《体育场馆照明设计及检测标准》（JGJ 153—2007）。对举行国际单项赛事或综合性赛事的比赛场馆，应满足组委会对这些场馆的技术要求。场馆的照明供电宜由低压配电室引两路电源供给，互为备用，手动和自动投切。平时两路电源各带50%左右的负荷，均匀分布，保证在一路断电时，场地还能保持均匀的照度分布，使比赛能继续进行。当一路断电时，保证场地内有50%的灯具不断电，当电源投切后，该路电源需带全部的负荷。场地照明需设应急照明，火灾时场地照明全部切断。

6.4.2　比赛场地的照明控制模式应符合表6.4.2的规定。

表6.4.2　　　　　　　　　　比赛场地照明控制模式

照明控制模式		场馆等级（规模）			
		特级 （特大型）	甲级 （大型）	乙级 （中型）	丙级 （小型）
有电视转播	HDTV 转播重大国际比赛	√	○	×	×
	TV 转播重大国际比赛	√	√	○	×
	TV 转播国家、国际比赛	√	√	√	○
	TV 应急	√	√	○	×
无电视转播	专业比赛	√	√	√	√
	业余比赛、专业训练	√	√	○	√
	训练和娱乐活动	√	√	√	○
	清扫	√	√	√	√

注：√表示应采用；○表示可视具体情况决定；×表示可不采用。

【说明】场地照明分多种模式控制，有利于节能，有利于满足比赛的要求，有助于电视转播。影响模式划分的因素较多，主要有运动项目的类型、电视转播情况等。场地照明至少分为三种控制模式，即清扫—训练—比赛，对应的照明水平分别为低—中—高。

国家体育场场地照明控制模式见表5-1，表5-20为国家游泳中心"水立方"场地照明控制模式。

表5-20　　　　　　　　国家游泳中心"水立方"场地照明控制模式

序号	模　式	序号	模　式
a	游泳、水球及花样游泳训练模式	i	水球、花样游泳比赛高清晰电视转播模式
b	跳水训练模式	j	跳水比赛高清晰电视转播模式
c	游泳、水球及花样游泳比赛模式	k	清洁泳池照明模式
d	跳水比赛模式	l	清洁跳水池照明模式
e	游泳比赛彩电转播模式	m	游泳池50%灯具模式
f	水球、花样游泳比赛彩电转播模式	n	游泳池另外50%灯具模式
g	跳水比赛场地转播模式	o	跳水池50%灯具模式
h	游泳比赛高清晰电视转播模式	p	跳水池另外50%灯具模式

6.4.3 智能照明控制系统应采用开放的通信协议，可与 CMS 系统或其他照明控制系统相连接。当其他照明控制系统与场地照明控制系统相连或共用时，不得影响场地照明的正常使用。

【说明】当其他照明控制系统与场地照明控制系统相连或共用时，不得影响场地照明的正常使用。工程实践中，经常将场地照明控制系统作为整个建筑物照明控制系统的子系统，主系统只监视但不控制场地照明。

6.4.4 智能照明控制系统的网络结构可为集中式、集散式或分布式。智能照明控制系统应设模拟盘或监视屏，以图形形式显示灯的状况。所用软件应可在通用硬件上使用，所用语言宜为中文。

【说明】目前广泛采用的智能照明控制系统采用了计算机技术、信息网络技术，简单、方便、可靠、灵活，除了造价高于手动控制外，其他均优于手动控制。对于特级和甲级体育建筑，规程规定应采用智能照明控制系统；对于乙级体育建筑，推荐采用智能照明控制系统。

6.4.5 场地照明及控制系统驱动模块的额定电流不应小于其回路的计算电流，驱动模块额定电压应与所在回路的额定电压相一致。当驱动模块安装在控制柜等不良散热场所或高温场所，应降容使用，降容系数宜为 0.8～1。

【说明】本条对控制器的选择要求，请读者格外注意！！！体育场经常采用 380V/2000W 金卤灯，控制器的额定电压应与所在回路的额定电压相一致，而不是 220V；灯具的额定电流也较大，普通 16A 的控制器有可能不满足需要。

当控制器安装在控制柜等不良散热场所或高温场所，应降容使用，降容系数取决于周围的环境，如果没有具体数据，规程给出降容系数的参考值——0.8～1。

6.4.6 智能照明控制系统的总线或信号线、控制线不得与强电电源线共管或共槽敷设，保护管应为金属管，并应良好接地。

6.4.7 智能照明控制系统应具有以下功能：

1 预设置灯光场景功能，且不因停电而丢失。

2 系统模块场景渐变时间可任意设置。

3 软启动、软停机功能，启动时间和停机时间可调。

4 手动控制功能。当手动控制采用智能控制面板时，应有"锁定"功能，或采取其他防误操作措施。

5 回路监测功能。可以监测灯的状态、过载报警、漏电报警、回路电流监测、灯使用累计时间、灯预期寿命等。

6 分组延时开灯功能，或采取其他措施防止灯集中启动时的浪涌电流。

【说明】本条是对智能照明控制系统功能的要求。

1 将不同模式的照明灯具开关状态预设置成灯光场景，使用时只需按动一个键或点取一个菜单即可实现所要开关的灯，且不因停电而丢失。

3 系统具有软启动、软停机功能，有利于延长光源的寿命。启动时间和停机时间可调，实现开灯时顺序延时开灯，减小开灯时所产生的大启动电流。

4 系统除具有自动控制外，还应具有手动控制功能；计算机系统会出现系统故障、死机等现象，因此，手动控制必不可少。

当手动控制采用智能控制面板时，应具有"锁定"功能，或采取其他防误动措施。误动作产生的后果很严重，尤其要避免整个场地关灯。

5.6 大功率金卤灯的周围温度研究

场地照明灯具与PTFE膜要保持一定距离，因为大功率金卤灯开灯后灯具外壳温度很高。记得2003年7月的一次试验，由于要进行光参数的测量，试验全部安排在晚上和夜间。夏季的夜间蚊虫很多，蚊虫存在趋光性，趋光性就是生物对光刺激的趋向性，蚊虫、飞蛾不断向明亮的灯具扑去，"飞蛾扑火"的结果是蚊虫被高温的灯具烤焦。因此，定性地看，点亮的大功率金卤灯灯具外壳温度很高，足以对周围物体产生影响。

为了国家体育场的安全运行，设计组会同业主方、飞利浦公司、GE公司、监理单位及施工单位等进行试验研究，以此为依据进行设计。

关键技术5-6：大功率金卤灯热辐射的研究

5.6.1 GE灯具的温度特性

前面已经介绍过GE公司的EF2000灯具，其外形如图5-20所示。2006年，对该款灯具进行测试，灯具型号为EF 2000，灯具点亮并稳定后灯具周围的温度见表5-21。

表5-21　　　　　　　　　　　**EF2000灯具周围的温度**　　　　　　　　　（单位：℃）

灯具型号及光源	GE EF 2000 灯具配合 Sylvania HSI/TD 2000/D 光源				
测试点到灯具的距离①	测量的方向				
	前面（F）	后面（B）	侧面（S）	上方（T）	下方（D）
800mm	70.0℃	26℃	26.0℃	32℃	24.5℃
1050mm	64.1℃	24.5℃	25.5℃	30.5℃	24.5℃
1300mm	57.4℃	24.5℃	25.1℃	29.3℃	24.5℃

① 注意这些测试值是对于单个灯具的。

从表中可知，灯具开灯后，灯具前方的热辐射很严重，温度较高；而后面、侧面、下方温度相对较低，对人、物相对安全；灯具上方温度要高于侧面、后方和下方，这是因为热空气向上走，造成上面温度有所升高。而膜主要布置在灯具的上、下和侧面，因此，只要保持1m以上的距离，灯具对膜不会产生严重的影响。

5.6.2 飞利浦灯具的温度特性

图5-34为飞利浦大功率投光灯MVF403-2000W周围温度分布图，并将图转化为表5-22。

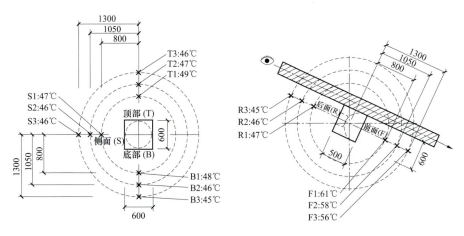

图 5 – 34　MVF403 – 2000W 周围温度分布

表 5 – 22	MVF403 – 2000W 周围温度分布表		（单位：℃）
距离/mm	800	1050	1300
前	61	58.6	56.9
后	47	46	45
侧	47	46.9	46
顶	49	47	46
底	48	46	45

总体上，MVF403 的发热比 EF2000 要低，表明散热设计较好。由此可以得出如下结论：

结论 1：投光灯前面的温度较其他方位的温度高。

结论 2：温度随距离的增加而降低，这个现象称为温度与距离负特性效应，这种变化接近线性变化，如图 5 – 35 所示。

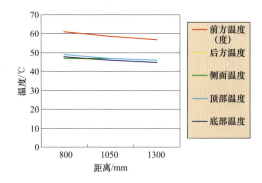

图 5 – 35　温度与距离负特性效应关系曲线

6 绿色照明技术的研究与应用 ·

绿色照明首先由美国国家环保局于20个世纪90年代初提出的新概念，其内涵包括节能、环保、安全、舒适四项指标，四项缺一不可，相辅相成。高效节能意味着以较少的电能消耗获得足够的照明水平，从而减少电厂污染物的排放，达到环保的目的。安全、舒适指的是照明水平合理、舒适，不产生紫外线、眩光等有害光照，不产生光污染。此后，绿色照明的理念迅速传播到世界许多国家，并于1993年得到我国的重视，同年11月，国家经贸委开始启动中国绿色照明工程，1996年正式列入国家计划。

绿色照明工程是绿色奥运的重要组成部分，同时采用了当今世界最新科技成果，具有典型的科技奥运的诸多特点，为人们提供健康、安全、舒适、高效的照明环境，充分体现了人文奥运的内涵。

6.1 绿色照明技术框架

我国国家标准《建筑照明设计标准》（GB 50034—2004）定义了绿色照明，节约能源、保护环境，有益于提高人们生产、工作、学习效率和生活质量，保护身心健康的照明叫作绿色照明。绿色照明如何评价？国家标准没有给出，而绿色奥运给出了参考评价方法。从当时的技术上看，绿色照明包括图6-1所示的内容，当时LED在功能性照明方面尚不成熟，仅在景观照明中得以应用。

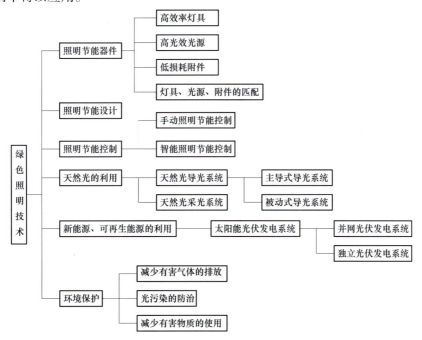

图6-1 绿色照明技术框图

由图可知，绿色照明有很多种技术，最常见的技术措施有采用高效的灯具、高光效的光源，使用低损耗的附件等。因此，不少人形成了一种错误的观念——采用节能型的照明器件就是符合绿色照明的要求。其实不然，采用节能灯不一定节能。首先，要强调照明设计，照明是个系统，从设计上应该满足指标要求，如果设计不好，即使采用节能高效的照明产品，照明功率密度 LPD 也有可能不达标；第二，灯具、光源、附件一定要匹配，否则光源有可能达不到额定的光输出，从而降低系统效率，缩短光源寿命，更有甚者灯根本就不能正常点亮。

6.2　光源的环保节能

谈到光源的环保节能，主要体现在以下三个方面。

6.2.1　光源的节能

随着人类社会的不断进步，对能源的依赖可谓是日趋严重，虽然在科技发达的今天已有例如风力发电这样的环保能源产生，但是相当部分电能依旧来自传统的火力发电，而火力发电无论技术如何先进，都或多或少的会对环境产生影响。那么从这个意义上来讲，节能就是环保，降低了能耗，就是降低了对环境的污染。光源光效如图 6 - 2 所示。

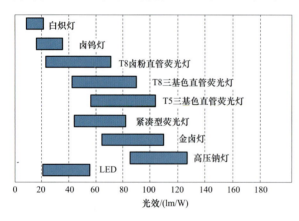

图 6 - 2　光源光效

（截止到 2007 年时的数据）

而谈到光源的节能，就不得不首先探讨光源的种类。按照发光原理，光源大致可以分为热辐射光源、气体放电光源和固体光源三种。它们涵盖了日常生活中所有常见的白炽灯、卤钨灯、荧光灯、节能灯以及 LED。追溯历史，从 1879 年爱迪生发明了第一个真正意义上的电灯泡以来，渴求光明的人类在照明科技之路上不断开拓探索，光源技术发展突飞猛进，而节能则几乎是每一次重大变革中不变的主题。从白炽灯到卤钨灯，从卤钨灯到节能灯，从直管荧光灯到紧凑型节能灯，再到金卤灯，以至 LED。光源的光效不断提高，节能指标步步攀升，相同的电能所能发出的光也越来越多。人们获取光明的方式越来越节能，越来越环保。

因此，在国家体育场设计之初，我们就紧扣绿色奥运、绿色照明的主题，设计所采用的光源主要集中在高光效的 T5 三基色直管荧光灯管、紧凑型节能灯、高光效的金卤灯等光源上。显而易见，在诸多光源中，白炽灯的光效最低，因而对电能的浪费最大。虽然白炽灯有着出色的显色性及其悠久的历史、成熟的技术和制造工艺。但是却与绿色节能的概念相去甚远，不符合此次奥运会的主题，在国家体育场项目中趋于淘汰，除了极个别场所为了达到特定的外观艺术效果而少量使用了卤钨光源外，整个国家体育场没有使用一只白炽灯。这无疑是支持绿色奥运最坚实的表现，为国家贯彻绿色奥运主题贡献自己的一份力量。

另外需要指出的是 T8 到 T5 的变革。荧光灯的发展经历了管径逐渐变细的过程，从最先的 T12 到 T8，再从 T8 到 T5。管径变细是伴随着光效提高的，T8 荧光灯（三基色）的光效约为 90lm/W，而 T5 的光效则为 104lm/W。

另外，比 T8 更小的尺寸使得 T5 灯具的控光性能及灯具效率大幅度提高，系统效率比 T8 光源提高了 30% 左右。如图 6－3 所示，T5 由于光源管径较小，灯具可以做得很小，有利于对光的控制。所以大规模使用 T5 代替 T8，可以大量节约电能，在环境保护方面拥有重要的意义，同时节省光源、灯具所使用的材料。在此次国家体育场室内照明中，所使用的荧光灯均为三基色 T5 系统，充分体现了节能的主题。

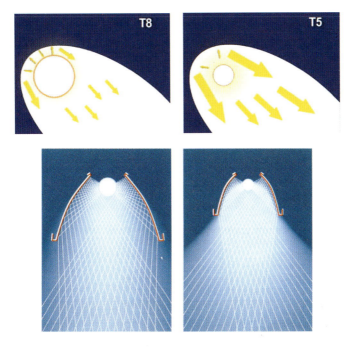

图 6－3　T5 管与 T8 管的比较

6.2.2　光源的环保材质

光源的环保还要注重材质问题。荧光灯俗称日光灯。自 1938 年登上照明舞台以来，不断推陈出新，成为诸多气体放电灯中最为成功和使用最广泛的一颗明星。荧光灯的基本结构很简单，在钠、钙玻璃管的内壁上涂有荧光粉，在灯的两端各有一个电极，电极通常是由钨丝螺旋制成，上面涂有发射材料。在高负荷的灯中，电极周围还有屏障。灯内充有汞和惰性气体。汞是常温下呈液体状态的金属，是荧光灯中不可缺少的发光材料。但汞又是一种剧毒元素，长期接触会危害人体健康。荧光灯中的汞是主要影响环境的物质，大量的报废荧光灯会带来汞污染，因此，许多国家都对荧光灯的含汞量有严格标准。

国家体育场采用的照明产品，采用了汞齐技术，即汞与一种或几种其他金属所形成的合金，使得所有荧光灯管均符合国家相关规定的含汞量。在灯具的选型过程中，也参照业界的"买长不买短，买细不买粗"的理论，尽量使用含汞量较少的荧光灯，将汞污染控制在了最低水平。

6.2.3 光源的寿命

长寿命的光源意味着较少次数的维护和更换，意味着材料的节约和人工的节省，这也从另一个方面促进了环境保护。如果现在用的光源寿命为 15 000h，平均每天使用 2.7h，它将能工作 15 年！国家体育场所采用的节能灯提供更为安全可靠的性能，超常的寿命和突出的光线输出效果。与普通节能灯比，该节能灯提供更为长久的寿命，平均 6000h 甚至 15 000h。CFL 节能灯较之白炽灯，不但有效节能 80%，而且有较普通白炽灯长达 15 倍的使用寿命，更加环保，减少温室气体排放。

总之，在国家体育场工程中所使用的光源，无论在节能、材料、寿命等各个方面都体现着绿色环保的主题，从而使得"鸟巢"更加耀眼夺目，光彩照人。

6.3 灯具的环保节能

灯具的环保和节能主要体现在灯具效率和光的控制两个方面。

6.3.1 灯具效率

灯具效率也叫光输出系数，它是衡量灯具利用能量效率的重要标准，是灯具输出的光通量与灯具内光源输出的光通量之间的比值。提高灯具效率，能直接减少所需灯具的数量，也就直接减少了照明负载所需的容量，节约了电力，同时更少的灯具也意味着更小的成本。

我国标准规定荧光灯灯具的效率应符合表 6 – 1 的要求，高强度气体放电灯灯具的效率应符合表 6 – 2 的规定，体育照明 MVF403 灯具效率应符合表 6 – 3 的规定。国家体育场严格按此标准执行，并优于该标准。

表 6 – 1　　　　　　　　　　荧光灯灯具的效率

灯具出光口形式	开敞式	保护罩（玻璃或塑料）		格栅
		透明	磨砂、棱镜	
灯具效率（%）	75	65	55	60

表 6 – 2　　　　　　　　高强度气体放电灯灯具的效率

灯具出光口形式	开敞式	格栅或透光罩
灯具效率（%）	75	60

表 6 – 3　　　　　　体育照明 MVF403 灯具效率的最低值

灯具类型	灯具的效率（%）
高强度气体放电灯灯具	65
格栅式荧光灯灯具	60
透明保护罩荧光灯灯具	65

国家体育场采用的 MVF403 灯具有 7 种配光，效率最低也在 78% 以上，详见表 6 – 4。目前主流的体育照明灯具效率大多在 80% 上下，远高于标准值的规定。

表 6-4   **MVF403 灯具效率**

配光类型	含　义	灯具的效率（%）
CAT A1	超窄配光，适合远距离照射	81
CAT A2	窄配光，适合较远距离照射	80
CAT A3	中窄配光，适合中远距离照射	81
CAT A4	中配光，适合中距离照射	79
CAT A5	中宽配光，适合中近距离照射	80
CAT A6	宽配光，适合较近距离照射	79
CAT A7	超宽配光，适合近距离照射	78

6.3.2　光的控制

控光的主要是反射器结构以及防眩光的格栅片。

除了少数用在灯槽内的支架有特殊要求外，国家体育场所采用的绝大多数灯具都配有专业设计的反射器，需要时还配有格栅片。

现如今，人们已经能够普遍认识到室内装修污染，如甲醛、苯、氨、氡等有害气体对人体健康的威胁，然而光污染也是危害人体健康的一个不可忽视的因素。在日常生活中，人们很多时间都在与灯光接触，如写字楼、商场、住所等，灯光辐射不仅危害眼睛，对人的身体健康也有所侵害。由此可见，控光对于灯具在绿色环保方面有着十分重要的意义。而影响控光的最直接因素就是反射器的设计。

一款优秀的灯具应当具有美观的造型、科学的结构及安全可靠的电器，同时最关键的还要拥有高效能的反射器。反射器是灯具的灵魂，是其中最为重要也是最具有技术含量的部件。高反射率、合理控光角度以及均匀度等都是衡量反射器质量的因素。而这些往往需要专业的设计软件以及设计人员丰富的经验才能完成。国家体育场所采用的灯具具有独特的活性炭呼吸器技术，确保了灯具光学腔的清洁卫生，保护反射器长时间光洁如新。

以格栅灯的反射器为例，科学设计的抛物状及 V 形铝隔板，保证最高效率的光输出，配以独特的单抛连波纹格栅片设计，光的输出涵盖范围广，均匀度最佳，不产生强烈眩光，舒适自然。

在灯具结构方面，厂家对新产品在设计研发阶段，会采用热建模技术辅助设计。采用专业的计算软件，对灯具整体结构各个部分热分布进行研究，可以有效地监控反射器及电器箱等敏感部位的热量分布，对存在的问题和隐患进行预测，经过反复的比较得出最优化的灯具热模型。这一步骤对于气体放电灯这种对于环境温度比较敏感的灯具设计是非常必要的。

6.4　镇流器的环保节能

6.4.1　镇流器的作用和特点

镇流器应用于气体放电光源。气体放电光源不同于热辐射光源，没有灯丝连接两极，需要两极之间产生气体放电来维持回路，因此在启动时需要高压将两极之间的气体击穿，以前在使用电感镇流器时，这一功能一般由启动器来承担，而在使用电子镇流器时，此功能一般由镇流器集成。也就是说电子镇流器有两个基本作用：一是产生高压，启辉灯管；二是启辉之后对电流进行限制，使灯管稳定正常的工作。电子镇流器的优缺点如图6-4所示。

在金属导体中，电流是由一定数目的电子传导的。按照欧姆定律，如果将导体两端的电压提高一倍，电流也就增加一倍。这是因为导体中的电子数虽然未增多，但由于电场强度的提高，电子速度成为原先的两倍。在气体放电灯中，情况截然相反，电压和电流成负阻特性，这也就意味着电路必须在镇流器的帮助下才能稳定在某个状态工作。这也是气体放电灯必须配备镇流器的原因。因此随着气体放电灯的普及，镇流器也得到大量的应用，作为照明系统中的重要组成部分，其运作表现可以直接影响到整个照明系统的效能。

镇流器简单分为电感镇流器和电子镇流器。而电感镇流器又根据主要镇流器件原理不同而分为电感镇流、电容镇流以及电感-电容混合镇流三种。作为早期的镇流器，电感镇流器有着结构简单、可靠性高、寿命长、造价低廉等方面的优点，但是也有着诸多致命的缺点，这些缺点，也是导致新兴的电子镇流器发展的主要原因。电感镇流器的优缺点如图6-5所示。主要归结为：自身功耗大（违背节能环保的理念）、功率因数低、输出不稳定（会随输入电压变化产生较大的输出变化）、可控性差（不如电子镇流器易于控制）、体积大、重量重、有噪声污染、光源频闪（光污染）等。

图6-4　电子镇流器的优缺点

图6-5　电感镇流器的优缺点

6.4.2　镇流器的节能指标——自身功耗

从环保、节能的角度来看镇流器的话，我们首先来看镇流器自身的功耗，这是一项重要的节能指标。镇流器的效率定义为输出功率与输入功率的比值。一个镇流器如果其效率为90%，这说明约有90%的功率送向灯，10%的功率使镇流器发热。镇流器功耗通常是在试验室内测得的。如果在不通风的环境下使用，功耗将约增加30%。使用光源时，配电系统应考虑这个功耗。精确测定镇流器的功耗比较复杂，所以都是以估计值来替代。一般情况下，灯的功率越大，其镇流器的效率越高。通常36W T8荧光灯电感镇流器的自身功耗在8~9W，节能型电感镇流器为4~6W，镇流器的自身功耗见表6-5。电子镇流器约为3.5W。可见电子镇流器在节能方面具有至关重要的意义。

表 6 – 5　　　　　　　　　　　　　镇 流 器 的 自 身 功 耗

灯功率/W	电感镇流器自身功耗（%）		电子镇流器自身功耗（%）
	传统型	节能型	
低于 20	40 ~ 50	20 ~ 30	10 ~ 11
30	30 ~ 40	约 15	约 10
40	22 ~ 25	约 12	约 9
100	15 ~ 20	约 11	约 8
250	14 ~ 18	约 10	约 8
400	12 ~ 14	约 9	约 7
大于 1000	10 ~ 11	约 8	—

6.4.3　镇流器的节能指标——功率因数

高功率因数的镇流器能使配电系统降低费用。功率因数以百分比数表示，为有功功率与视在功率的比值再乘以 100%。按照规定，一个镇流器如果其功率因数高于 90%，称它为高功率因数镇流器。大部分电感镇流器的功率因数在 50% 左右，而一般的电子镇流器都在 90% 以上。"鸟巢"设计大纲中明确要求：对于直管荧光灯，功率因数要求为 98%；对于筒灯，功率因数要求大于 96%。可见电感镇流器根本无法满足此要求。功率因数低，意味着流过镇流器的电流要大得多。因此，相应的配电系统中，无论是导线、开关，还是变压器，流过的电流都要比流过相同负载的高功率因数镇流器的电流大得多。所以低功率因数镇流器虽然造价低廉，但是远远补偿不了配电系统所增加的费用。

国家体育场采用电子镇流器，不可避免会遇到谐波的困扰。电子镇流器由于工作频率很高，所以会有较大的高频谐波通过电源线传导或空中辐射，对外界环境形成干扰。EN55015 对此问题有明确的规定，不符合要求的电子镇流器大量使用时，对外电磁干扰会十分严重，甚至发生过开灯时造成电视及空调红外遥控失灵的现象。所以谐波失真也是一种污染，如果不加以限制，尤其在大面积使用镇流器的场合，会造成严重的电磁污染。"鸟巢"要求所有灯具镇流器谐波等级必须为 L 级。［注：国家体育场设计之初，《管形荧光灯用镇流器 性能要求》（GB/T 14044）有效版本为 1993 年版，当时电子镇流器分为 L 级和 H 级。目前该标准为 2008 年版本。］

6.4.4　镇流器的寿命和噪声

最后是寿命、噪声及频闪问题，跟光源的寿命同样道理，寿命越长的镇流器意味着越少的成本和维护，有利于节约资源，在这一点上电感镇流器反而要优于电子镇流器，主要是因为电感镇流器结构简单、技术及生产工艺相对成熟，寿命一般都能做到 10 年以上。而一般的电子镇流器能达到 5 年左右。但是电子镇流器却能够通过自身的预热型启动电路来达到延长灯管寿命的目的，也在一定程度上弥补了自身寿命短的缺点。同时随着电子镇流器技术及工艺的不断提高，这方面的劣势也会越来越小。"鸟巢"所使用的高性能 T5 电子镇流器厂家承诺 5 年质量保证，20 年使用寿命。

在人们环保观念日渐成熟的今天，噪声也被看作一个不可忽视的污染源，电感镇流器由于其自身结构存在线圈，工作时必然发出噪声，国家对于电感镇流器的噪声规定不能大于35dB，尽管如此，大部分电感镇流器已然存在噪声过大的问题。而电子镇流器则完美地解决了这一问题，真正做到了无噪声工作，在噪声污染方面实现了环保。

另外便是频闪问题，电感镇流器由于受到市电电网50Hz频率的影响，会对其所带负载的光源产生输出波动，人眼长时间暴露在这种闪烁的光环境下会产生疲劳，造成视觉影响。这种影响在高速摄影时显得更加突出，会造成画面明暗变化，从而发生闪烁。相对来说，电子镇流器可以极大地提高灯的闪烁频率，使其区别于人眼和摄像机的感受范围之外，避免了部分"光污染"。

除了以上提到的，电子镇流器相对于电感镇流器的优势还体现在工作温度方面，众所周知，荧光灯对工作温度非常敏感，有粗略的说法温度每上升10℃，灯的光输出就降低10%。而电子镇流器的工作温度明显低于电感镇流器的，也就有利于荧光灯更好地输出光通，间接地提高了系统效率，节约了能源。

因此可以说，在国家体育场室内照明工程中，基本上都使用电子镇流器，所有的气体放电光源均配备电子镇流器，所有镇流器通过3C认证，功率因数要求管形荧光灯不小于0.98，筒灯节能灯0.97，谐波等级强制要求为L级。

6.5 照明节能设计

绿色奥运是北京奥运会提出的重要理念之一，可持续性发展是奥林匹克运动不懈的追求。这句口号体现出人、体育、自然三者之间的关系。人们通过体育，挑战自我，重塑自我，发展自我，身心得到愉悦和健康，而体育事业的发展又必须与自然环境和谐相处，才真正为人类造福。在绿色奥运这一主题下，作为2008年北京奥运会主场的"鸟巢"，在各方面设计工作上都对绿色环保提出了明确的要求。

6.5.1 标准要求

首先便是国家体育场室内照明标准要求，见表6－6。

表6－6　　　　　　　　　国家体育场室内照明标准

场　所	最低平均照度/lx	最低显色指数	照明功率密度/（W/m²）
办公室、会议室	500	80	18（15）
IOC等要员包厢	500	80	18（15）
其他包厢	200～300	80	8（7）～11（9）
新闻发布厅	500	80	18（15）
中餐厅/西餐厅	200/100	80	13（11）/—
大厅、多功能厅	300	80	18（15）
媒体用房	150～500	80	
冷冻机房	150	80	8（7）
风机房、泵房	100	80	5（4）

场　　所	最低平均照度/lx	最低显色指数	照明功率密度/（W/m²）
计算机机房、通信机房	500	80	18（15）
广播机房、LED 机房	150～300	80	8（7）～11（9）
变电所、监控机房等	150～300	80	8（7）～11（9）
灯光控制室	150～300	80	8（7）～11（9）
商业	300～500	80	11（9）～18（15）
集散大厅	100	80	
观众席	100	80	
大楼梯	75	80	
走道、库房等	50～100	80	
地下汽车库等	50～100	80	

注：表中括号内数据是达到节能所规定的目标值，"鸟巢"大部分场所可以达到目标值的要求。

"鸟巢"工程除场地照明外的照度标准按《国家体育场奥运工程设计大纲》、《国家体育场建筑照明设计辅助报告》、《建筑照明设计标准》（GB 50034—2004）及其他现行国家标准进行设计。表6-7和表6-8分别为国家标准关于公共场所和办公场所照明标准。

表6-7　　　　《建筑照明设计标准》（GB 50034—2004）公共场所的照明标准

房间或场所		参考平面极其高度	照度标准值/lx	UGR	R_a
门厅	普通	地面	100	—	60
	高档	地面	200		80
走廊、流动区域	普通	地面	50	—	60
	高档	地面	100		80
楼梯、平台	普通	地面	30	—	60
	高档	地面	75		80
自动扶梯		地面	150	—	60
厕所、盥洗室、浴室	普通	地面	75	—	60
	高档	地面	150		80
电梯前厅	普通	地面	75	—	60
	高档	地面	150		80
休息室		地面	100		80
储藏室、仓库		地面	100		60
车库	停车间	地面	75		60
	检修间	地面	200		60

表 6 – 8　　　　　《建筑照明设计标准》（GB 50034—2004）办公场所的照明标准

房间或场所	参考平面极其高度	照度标准值/lx	UGR	R_a
普通办公室	0.75m 水平面	300	19	80
高档办公室	0.75m 水平面	500	19	80
会议室	0.75m 水平面	300	19	80
接待室、前台	0.75m 水平面	300	—	80
营业厅	0.75m 水平面	300	22	80
设计室	实际工作面	500	19	80
文件整理、复印、发行室	0.75m 水平面	300	—	80
资料、档案室	0.75m 水平面	200	—	80

通过对以上三个表格的对比分析，不难看出，此次"鸟巢"室内照明工程在照度值及显色性要求上，均高于或等于相应的国家标准要求。国家标准没有涉及的场所，这次设计单位会同有关单位制定了相应标准，真正实现了"高标准，严要求"。另外，表中关于照明功率密度的要求，分为现行值和括号内的目标值两部分。

6.5.2　案例分析

下面以国家体育场中某办公室为例，说明照明设计的重要性。该办公室为矩形，长 5.6m，宽 3.5m，吊顶距地面 2.7m，工作台高 0.8m，台面上的照度要求 500lx。该办公室具有代表性，这种类型的办公室有许多间，通过对其分析，有助于将照明设计的方法和理念进行推广。根据灯具配光和布置的不同，共有 6 种方案进行比较。

方案 1：灯具选用飞利浦公司三管格栅灯 TBS669/328 D6 共 2 套，灯具效率不低于 70%，统一眩光指数不大于 19；配 T5 管直管荧光灯 3 × TL5 – 28W/840，光效 95lm/W，光通量 2600lm，色温 4000K，显色指数 85，寿命 20 000h；镇流器为电子镇流器，自身功耗约 4W，功率因数不低于 0.95。

如图 6 – 6 所示，台面上的平均照度 406lx，只有标准值 81.2%，照度均匀度 $U_1 = E_{min}/E_{max} = 0.39$，$U_2 = E_{min}/E_{ave} = 0.53$，实际 LPD 值为 9.8W/m²，用直线插入法得出，对应 500lx 的等效 LPD 值为 12.1W/m²。平均照度偏低，不满足规范要求。

方案 2：灯具、光源、附件同方案 1，与方案 1 不同之处为采用 3 套灯具。

如图 6 – 7 所示，台面上的平均照度 591lx，为标准值的 118.2%，照度均匀度有所改善，$U_1 = 0.44$，$U_2 = 0.58$，实际 LPD 值为 14.7W/m²，对应 500lx 的等效 LPD 值为 12.4W/m²。平均照度偏高，也不满足规范要求。

方案 3：采用 4 套双管格栅灯 TBS669/228 D6，光源、镇流器同方案 1。

如图 6 – 8 所示，台面上的平均照度 472lx，为标准值的 94.4%，照度均匀度为 $U_1 = 0.35$，$U_2 = 0.52$，实际 LPD 值为 13.1W/m²，对应 500lx 的等效 LPD 值为 13.8W/m²。平均照度达到规范规定的 LPD 目标值的要求。

方案 4：图 6 – 6 中灯具改为 TBS369/336 D6 三管格栅灯；光源配 T8 管荧光灯 TL – 36W/840，光效 90lm/W，光通量 3350lm，色温 4000K，显色指数 85，寿命 12 000h；镇流器为电

感镇流器，自身功耗约9W。

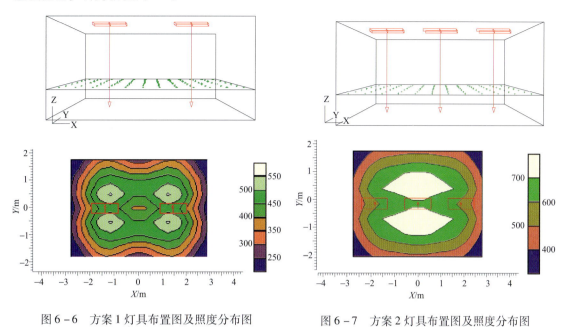

图6-6　方案1灯具布置图及照度分布图　　　　图6-7　方案2灯具布置图及照度分布图

计算得出，台面上的平均照度469lx，为标准值的93.8%，照度均匀度为$U_1 = 0.27$，$U_2 = 0.40$，实际LPD值为13.8W/m^2，对应500lx的等效LPD值为14.9W/m^2。平均照度达到规范规定的LPD目标值的要求。

方案5：图6-9中灯具为TBS369/236 D6双管格栅灯共3套；光源配T8管荧光灯TL-36W/840，光效90lm/W，光通量3350lm，色温4000K，显色指数85，寿命12 000h；镇流器为电感镇流器，自身功耗约9W。

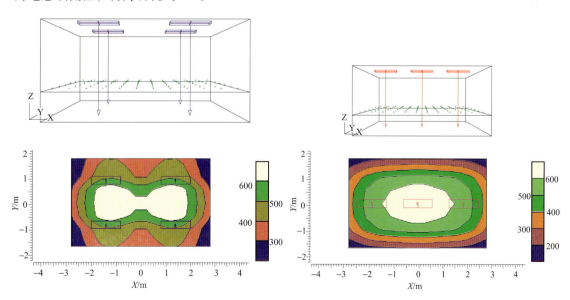

图6-8　方案3灯具布置图及照度分布图　　　　图6-9　方案5灯具布置图及照度分布图

计算得出，台面上的平均照度458lx，为标准值的91.2%，照度均匀度为 $U_1 = 0.29$，$U_2 = 0.42$，实际LPD值为13.8W/m²，对应500lx的等效LPD值为14.9W/m²。平均照度达到规范规定的LPD目标值的要求。

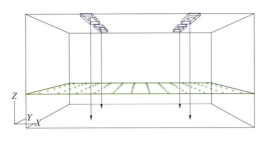

图6-10　方案6灯具布置图及照度分布图

方案6：采用4套双管格栅灯TBS669/228 D6，光源、镇流器同方案1，与方案3相比灯具旋转90°，如图6-10所示。

经计算，台面上的平均照度485lx，为标准值的97%，照度均匀度为 $U_1 = 0.44$，$U_2 = 0.69$，实际LPD值为13.1W/m²，对应500lx的等效LPD值为13.8W/m²。平均照度达到规范规定的LPD目标值的要求。

需要说明，《建筑照明设计规范》（GB 50034—2004）对LPD的要求是针对实际值，不是等效到标准照度值时的LPD。笔者认为实为不妥，如果用实际的LPD考核，存在恶意降低照度标准以达到LPD的要求。笔者认为，LPD值应与照度值相对应，容许照度值有 ±10% 的偏差。

上述6个方案采用不同的灯具、光源、镇流器，其照明效果也有差异，表6-9列出了照明方案的异同点。

表6-9　　　　　　　　　　　　　照明设计方案比较

方案编号	方案1	方案2	方案3	方案4	方案5	方案6
灯具型号	TBS669/328 D6	TBS669/328 D6	TBS669/228 D6	TBS369/336 D6	TBS369/236 D6	TBS669/228 D6
灯具数量	2套	3套	4套	2套	3套	4套
光源	TL5-28W/840	TL5-28W/840	TL5-28W/840	TL-36W/840	TL-36W/840	TL5-28W/840
光源参数	光效95lm/W，光通量2600lm，色温4000K，显色指数85，寿命20 000h			光效90lm/W，光通量3350lm，色温4000K，显色指数85，寿命12 000h		同方案1
镇流器类型	电子镇流器	电子镇流器	电子镇流器	电感镇流器	电感镇流器	电子镇流器
镇流器功率	4W	4W	4W	9W	9W	4W
平均照度/lx	406	591	472	469	458	485
照度均匀度	$U_1 = 0.39$ $U_2 = 0.53$	$U_1 = 0.44$ $U_2 = 0.58$	$U_1 = 0.35$ $U_2 = 0.52$	$U_1 = 0.27$ $U_2 = 0.40$	$U_1 = 0.29$ $U_2 = 0.42$	$U_1 = 0.44$ $U_2 = 0.69$
实际LPD/（W/m²）	9.8	14.7	13.1	13.8	13.8	13.1
500lx等效LPD/（W/m²）	12.1	12.4	13.8	14.9	14.9	13.8
评价	照度偏低，不符合要求	照度偏高，不符合要求	符合要求	符合要求	符合要求	符合要求

注：GB 50034—2004规定，高档办公室照度500lx，实际照度可以有不超过 ±10% 的误差，对应的LPD现行值应不超过18W/m²，目标值为不超过15W/m²。

从表 6 – 9 可以得出以下结论：

1）方案 1 与方案 4 具有相同的灯具布置方式，但光源和镇流器不同，采用电感镇流器、T8 管的方案 4 的 LPD 值较高，不利于节能，照度均匀度也不如方案 1。

2）方案 3 与方案 6 灯具、光源、镇流器完全一样，只是灯具布置方式有所不同，两个方案的 LPD 值完全一样，方案 6 平均照度、照度均匀度优于方案 3。这说明灯具布置方式不同，照明效果有所不同。

3）在符合规范要求的四种方案中，T5 管照明指标、节能指标优于 T8 管 + 电感镇流器方案。

4）在不满足规范要求的方案 1、方案 2 中，节能指标尚可，但照度指标超出规范要求。因此，设计小房间难度较大。

5）如果将方案 4、方案 5 中的电感镇流器换成电子镇流器，节能指标会有所提高。设计中可以采用 T8 管格栅灯配电子镇流器的设计方案。

从上面分析可知，照明的节能设计不仅仅使用节能灯。反之，使用节能灯不一定是照明的节能设计。

关键技术 6 – 1：照明节能综合设计技术

照明节能综合设计是采用高光效的光源、高效率的灯具、低功耗的附件以及合理地采用天然光、照明控制等技术，并将上述技术和产品有效地组合以达到我国标准所规定的 LPD 目标值和其他照明标准要求的照明设计。

6.5.3 应用说明

6.5.2 分析了典型办公室的照明设计，国家体育场室内照明工程总共使用约 15 000 根直管荧光灯管，室内照明节能非常可观！

以办公室、会议室为例，"鸟巢"要求最低平均照度为 500lx，如果采用 T8 卤粉荧光灯管，光效约为 66lm/W，维护系数、室形系数等所有综合利用系数取 0.42，那么可以粗略地计算

$$500lm/m^2 \div 0.42 \div 66lm/W = 18.0W/m^2$$

勉强符合国家标准的要求，如果实施过程稍有不慎，就有可能满足不了标准的要求。但是设计中要求使用 T5 三基色荧光灯管，其光效可达 104lm/W，系数同样取 0.42，那么计算得出：

$$500lm/m^2 \div 0.42 \div 104lm/W = 11.4W/m^2$$

可以看出，采用三基色 T5 管荧光灯比目标值 15 还要低。也就是说，采用三基色 T5 荧光灯系统，在达到了节能标准要求照度的同时，耗费了更少的电能。真正达到了所谓的高效节能，节电约为 36.7%。国家体育场室内照明工程总共使用约 15 000 根 T5、28W 三基色荧光灯管，那么计入前期提前入场及奥运会期间共一个月时间，仅此一项可节省电能为 (28W ÷ 1000) × 24h × 30 × 36.7% × 15 000 = 110 980kW·h，节能效果非常显著。

这还紧紧只是使用荧光灯管的灯具，大概只占室内照明总灯具总数量的 35% 左右，室内照明只是"鸟巢"所有照明的一部分，而照明又只是所有用电项目的一部分。如果能在细微处多做工作，所节约的资源将是惊人的！

6.6　智能照明控制系统

国家体育场某办公室照明平面图如图 6 – 11 所示，长 8.4m，宽 4.2m，如果用传统控制，即用跷板开关控制火线，达到开关灯的目的。该办公室采用 T8 管三基色荧光灯，共 6 个双管灯具，采用电子镇流器，该房间照明总功率共计 480W，在现实中的办公室，一上班就开灯，下班才关灯的实例屡见不鲜，能源浪费就在我们身边。行为节能要靠大家自觉，事实上是不可控的。如果上午 8 时上班，下午 5 时下班，每天照明耗电如图 6 – 12 所示红色及蓝色所围合的矩形区域，耗电 480W×9h/天 = 4320W·h/天。

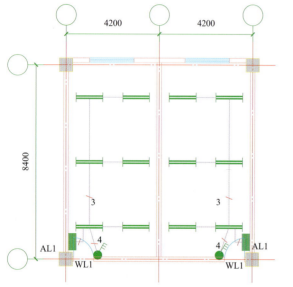

图 6 – 11　某办公室照明平面图　　　　图 6 – 12　某办公室照明节能分析图

如果采用智能控制技术，通过技术节能，可以很好地解决上述问题。假设主人 8 点上班时，红外传感器探测到主人在办公室，此时天空不是很亮，亮度传感器感测到后，将灯全部打开；9 点天亮了，系统将关闭靠窗户的两盏灯；10 点天空更亮了，系统又关闭中间的两盏灯；到了中午前后，主人外出见客人，红外传感器探测到办公室内没有人，延时关闭办公室内全部灯光；下午 15 点左右主人返回办公室，天空逐渐变暗，亮度传感器探测后系统只开远离外窗的两盏灯；16 点，天变暗，系统将打开所有的灯。所有这些工作均有智能控制系统按照预先设定的程序自动执行，无需人为干预。通过技术节能，节电 2560W·h/天，节电率近 60%（如图 6 – 12 蓝色区域所示）。

由图 6 – 12 可知，智能照明控制系统的节能效果十分显著。本技术在"鸟巢"公共场所得到应用，现实意义和示范效应很大，彻底解决长明灯问题，做到无人关灯、天亮关灯、定时开关灯等功能，减少电能浪费现象。

7

立面照明艺术与照明技术的研究与应用 ■

7.1 简　介

　　国家体育场于 2002 年底开始全球建筑方案竞标，2003 年初由瑞士 H & de M 建筑事务所、ARUP 公司、中国建筑设计研究院等单位组成的联合体之"鸟巢"方案一举中标，并成为实施方案。在方案阶段，ARUP 公司的照明部门提供了照明方案，给出了"鸟巢"照明的效果。以后经过建筑方案的不断深入，在 2005 年前后，其立面照明效果已基本确定（图 7 – 1），并以此为基础进行初步设计和施工图设计，2005 年 10 月完成施工图，并进行施工。

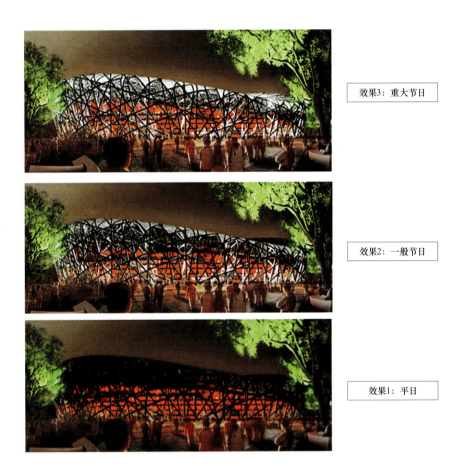

效果3：重大节日

效果2：一般节日

效果1：平日

图 7 – 1　"鸟巢"立面照明的效果

　　设计阶段"鸟巢"照明的效果见表 7 – 1，"√"为开灯。

表 7 –1 设计阶段"鸟巢"照明的效果

效果编号		效果 1	效果 2	效果 3	备　注
立面照明	核心筒红墙	√	√	√	
	看台背面（红色）	√	√	√	位于 5、6、7 层
	玻璃幕（红色）	√	√	√	位于 3、4 层
	柱子内侧照明		√	√	柱子外侧不照明
	大楼梯照明	√		√	从 1 层到顶层，钢梯照明
顶棚照明	顶部照明			√	顶上膜结构
	肩部照明		√	√	立面与屋顶连接区域
景观照明	道路	√	√	√	功能性照明
	植被	√	√	√	
	安检门			√	共 12 个安检门区域，功能性照明

7.2　立面照明设计原则

众所周知，国家体育场中工程万众瞩目，承载着实现国人百年奥运梦想的重任，受关注程度可见一斑。工程实施过程不断优化方案，这里有政府审查的因素，也有建筑师追求完美的诉求，更有开闭幕式、转播等因素的影响，实施难度难以想象。但是，我们从实际出发，遵循以下重要原则，开展研究和设计工作，取得了良好的效果。

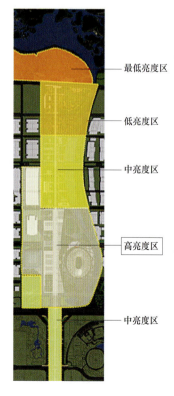

图 7 – 2　照明规划示意图

7.2.1　尊重建筑师的设计理念

如上所述，国家体育场建筑方案主要由中瑞等联合体设计，方案创作之初就提出了晚上"鸟巢"的效果，如图 7 – 1 所示的照明效果，即剪影——红色背景墙被照亮，衬托出前景的钢结构，凸显"鸟巢"建筑的特征，并给大众许多想象空间。这样的效果我们并不陌生，中国的窗花具有相似的剪影效果。

红墙是"鸟巢"的特色之一，外表面约一半是红墙。因此，红墙的照明对剪影效果至关重要，也是需要重点研究的课题。

7.2.2　符合奥林匹克中心区照明规划的要求

北京奥林匹克中心区照明规划是"鸟巢"照明设计要遵守的重要原则之一，其照明规划示意图如图 7 – 2 所示。除特殊情况外（如开闭幕式等），景观照明、道路照明不能有直射光射入天空，降低空中亮度。该区域共分高亮度区、中亮度区、低亮度区和最低亮度区等，详细描述如下：

高亮度区：图中灰色区域，包含国家体育场、国家游泳中心、国家体育馆和国际会议中心等区域，最小照度 15lx，最高照度 100lx，平均照度约 33lx。位于"鸟巢"、"水立方"

之间的广场中心的照度约 100lx。这个区域是照明的重点和亮点，两栋世界著名的建筑物——"鸟巢"和"水立方"位于其中。

中亮度区：参见图中黄色部分区域。包含下沉花园和广场。下沉式花园的最小照度 5lx，最高照度 30lx，平均照度约 15lx。广场是高亮度区中心广场的延伸，规划照明的平均照度 25lx，最小照度 8lx，最高照度 50lx。

低亮度区：位于奥林匹克中心区的北面，绿化率高，建筑密度低。平均照度 10lx，最小照度 5lx，最高照度 30lx。

最低亮度区：位于中心区的北面，与奥林匹克森林公园衔接。同样以园林景观为主，平均照度 5lx 以下。

"鸟巢"和"水立方"所在的高亮度区为最亮区域，向北亮度逐渐降低，两区域之间照度平滑、自然过渡。

照明规划还专门提出减少光溢出和光污染的要求，即在高亮度区的平均夜空亮度小于 $10 \times 10^{-3} \mathrm{cd/m^2}$（暗视觉状态）。当然，开幕式和闭幕式等重大庆典活动不受此指标限值。以此探索并开创可持续发展的北京绿色夜景照明的新路。

从亮度指标上看，图 7 - 3 给出了限值，"鸟巢"的亮度指标为 $8 \sim 10 \mathrm{cd/m^2}$。应该说明，该指标没有给出颜色要求，例如，白光相对容易做到 $8 \sim 10 \mathrm{cd/m^2}$，而蓝光比较困难，两者在相同亮度情况下给人的感觉也不一样。

图 7 - 3　照明规划亮度指标

7.2.3　满足北京市主管部门照明模式的要求

根据北京市市政管委会的要求，照明设计至少要求三种照明模式，以满足重大节日、一般性节日和平日的照明需要，这样也可以达到照明节能的目的。

照明效果也得到了北京市规划委员会的审批。

7.2.4 尊重工程现状

由于土建工程施工进度较快，而照明设计审批工作比较复杂，周期较长，原先预留、预埋的管线尽量保留，减少不必要的浪费。

7.2.5 符合照明标准的要求

这是前提条件，必须满足，没有妥协的余地。但是当时还没有立面照明、景观照明的专项标准，设计时在执行《建筑照明设计标准》（GB 50034—2004）的基础上参考相关技术资料。另一方面，电气设计规范在此也起到了举足轻重的作用，尤其室外照明的电气安全问题至关重要。

7.3 照明的效果

我们确定的照明设计主题为"体现中华传统文化，弘扬奥林匹克体育精神"，也就是用光表现出中国传统的文化。因此，在设计时几个关键的场景非常重要。设计时的照明效果说明见表7－2。

表7－2　　　　　　　　　　　　设计时的照明效果说明

效果编号	效 果 说 明	模式
效果1	红色背景墙被照亮，衬托出外围钢结构柱子，形成剪影效果	平日
效果2	在效果1基础上增加肩部照明、外围柱子内侧用白光照明，与效果1相比增加照明的立体感和层次感	一般节日
效果3	所有灯均点亮，背景墙为红色光，其他为白色光，具有比较好的节日气氛，适合重大节日、重要比赛期间	重大节日

2006年北京良业照明公司中标照明工程，并对照明进行深化、安装及调试。2008年3月，又对照明效果进行调整、提升，表7－2中效果2、3将白光改为黄色光，形成红、黄搭配，体现出金碧辉煌的节庆效果。经过多次审批，最终效果得以确定，最终的照明效果说明见表7－3。

表7－3　　　　　　　　　　　　最终的照明效果说明

效果编号	效 果 说 明	模式
效果1	红色背景墙被照亮，衬托出外围钢结构柱子，形成剪影效果，其灵感来源于中国民间的窗花	平日
效果2	金碧辉煌。奥运会是世界范围内的一大盛事，用红光、黄光将鸟巢装扮的金碧辉煌，与奥运盛事非常吻合 在效果1基础上增加肩部照明、外围柱子内侧用黄光照明，与效果1相比增加照明的立体感和层次感	一般节日
效果3	变化效果。包括"呼吸"效果和"心跳"效果，给国家体育场赋予新的生命 所有灯均点亮，背景墙为红色光，其他为黄色光，所有光均可0～100%亮度可调	重大节日

7.4　立面照明系统的研究

立面照明不包括开幕式照明，本研究包括计算机模拟分析和试验研究。由于篇幅所限，本书省略了计算机模拟分析的结果，重点叙述照明试验。本研究得到了上海广茂达照明公司、北京良业照明公司的大力支持，在此表示感谢！

7.4.1　立面照明指标的研究

"鸟巢"照明不是孤立的，必须与周围照明环境相适应。根据照明规划，结合"鸟巢"西侧的"水立方"和中心区照明，特制定了"鸟巢"的照明指标，并标于图7-4中，这些指标是通过实际工程试验及理论研究得出的。指标表明鸟巢与水立方的照明要协调、匹配。水立方照明不能比鸟巢亮很多，否则，水立方有"抢鸟巢风头"之嫌，削弱了"鸟巢"的主角地位；同时"水立方"与"鸟巢"相比，也不能暗淡无光。

纯蓝模式时：四个立面平均亮度大于2.5cd/m²，屋顶大于2.0cd/m²
主题：水
颜色：蓝、白

剪影模式：立面平均亮度为13cd/m²
主题：火
颜色：红、黑、黄

图7-4　"鸟巢"与"水立方"的照明指标

由此，"鸟巢"的照明指标分解到各个被照部位，如图7-5所示。图中照明指标不包括开闭幕式的舞台照明，也不包括为了增加喜庆气氛的其他临时照明，本指标仅为本建筑物永久立面照明指标，请读者注意。

关键技术7-1：可视化的照明效果

可视化的照明效果，即通过模拟试验直观地得出照明效果的方法。

过去照明效果多通过效果图表现，但由于效果图与实际效果存在一定的偏差，许多工程没有达到设计效果，或者说很难达到设计效果。本关键技术解决了此类问题，现在该技术在照明行业内得到了推广和普及。

7.4.2　核心筒洗墙照明的研究

下面介绍最重要的场所照明——背景红墙的洗墙照明，背景墙主要位于每层12个核心筒。本研究通过试验方法得出最佳的照明效果。

1. 光源

第一次试验的目的是要找出符合效果要求的光源。如图7-6所示，试验采用金卤灯、

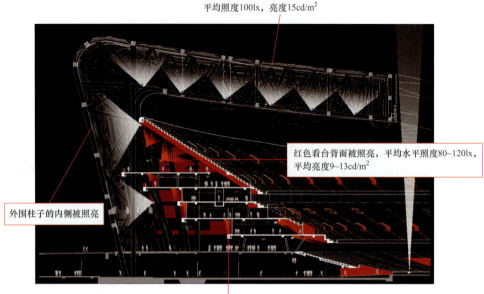

屋顶ETPE膜结构被均匀照亮，光色为白或黄色，平均照度100lx，亮度15cd/m²

红色看台背面被照亮，平均水平照度80~120lx，平均亮度9~13cd/m²

外围柱子的内侧被照亮

红色的核心筒外墙被照亮，平均水平照度200lx，平均亮度13cd/m²

图 7-5 "鸟巢"照明的分项指标

T5 管荧光灯、LED 等光源，从照亮核心筒红墙的效果看，金卤灯的效果较好，其参数为：35W $R_a = 85$，$T_k = 3000K$。但以后增加的"心跳"、"呼吸"等效果后，调光对于金卤灯变得难以实现。以后通过多次试验，最后确定采用大功率（1W）LED 作为洗墙灯的光源，原因有三个：

金卤灯　　　　　　　　T5三基色荧光灯　　　　　　1W LED，红、白、黄等比例

图 7-6 光源选择试验

第一，本照明系统需要调光，LED 很容易实现。

第二，北京属于寒冷地区，冬季气温可达零下 15℃ 以下，而夏季气温多次超过 40℃，立面照明灯具全部属于室外环境，LED 可以满足此要求。

第三，通过红、白、黄光 LED 的等比例配比，对红墙色彩还原性较好，符合建筑师的要求。

2. 换色材料

第二次试验是寻求有较好效果的换色材料。正如前面所述，开始没有采用 LED，在试验荧光灯、金卤灯时，不可避免要用到红色的换色材料，如滤色片、镀膜等。通过测试，红色系列的换色材料造成光的衰减达 80% ~90%，灯具效率大大降低。而以后改为 LED，灯具的红光由 LED 光源提供，可以达到同样的照明效果，采用 LED 后，其光效是配有换色装置荧光灯、金卤灯的 3~5 倍。

3. 墙面照明的均匀度

第三次试验得出如下结论：对剪影效果来说，均匀洗墙照明优于退韵照明。

从获得良好的剪影效果出发，背景的红墙用均匀照明还是退韵照明呢？用试验很容易得出结论。如图 7-7 所示，左图为退韵照明效果，即墙面上照度由上至下逐渐变暗，最小照度与平均照度之比将小于 0.05。右图为均匀照明效果。对于一般的照明，退韵不失为较好的选择，但是对于剪影效果而言，红墙照明的目的是作为背景，用于衬托前面的钢结构，为了钢结构剪影的表现，背景照明相对均匀，可以给人较好的视觉效果。

应该说明，"均匀"明亮的红墙是相对的，如果红墙照明非常均匀，剪影效果将会变得呆板。试验表明，墙面上照明均匀度宜为最小照度与平均照度之比不小于 0.3。

4. 灯具

第四次试验要确定灯具特性。为了达到照明效果要求，笔者对灯具的配光提出要求，如图 7-8 所示为实测的试验数据。被照区域的平均照度 $E_{ave}=199.75lx$，最大照度 $E_{max}=380lx$，最小照度 $E_{min}=64lx$，照度均匀度 $E_{min}/E_{ave}=0.32$。

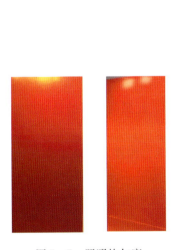

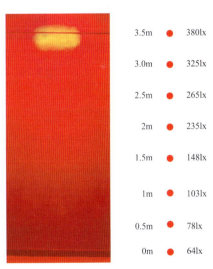

3.5m ●	380lx
3.0m ●	325lx
2.5m ●	265lx
2m ●	235lx
1.5m ●	148lx
1m ●	103lx
0.5m ●	78lx
0m ●	64lx

图 7-7 照明均匀度　　　　　　　　图 7-8 照明配光要求

符合上述的指标要求，试验效果得到各方的认可和确认。

由于种种原因，灯具经过多次修改、完善，最终定型灯具的主要技术参数如下：

铝制灯体，静电喷塑处理，外观颜色黑色/红色。

IP65，Ⅰ类灯具，220V/50Hz。

7

大功率 LED；每套总功率 60W，20 颗白色 + 20 颗红色 + 20 颗黄色，呈三角形排列，每套灯具总光通量不低于 1190lm；透镜外发光角度 45°，正负偏差 3°。

白色 LED 色温 3000～3600K、光效 60～70lm/W。

红色 LED 波长 620～625nm、光效 30～40lm/W。

黄光 LED 波长 585～590nm、光效 30～40lm/W。

光衰 30 000h 时小于 75%。

寿命不小于 30 000h。

前面已经说明，荧光灯不适合作为核心筒的洗墙灯。如图 7 - 9 所示，荧光灯在室外温度 0℃时，光通量不足额定光通量的 60%，而北京冬季的气温最低达零下十几度，光通量大打折扣，照明效果将无法保证。另一方面，在冬季荧光灯有可能使不能正常启动，或发生荧光灯闪烁等现象，效果更加不尽如人意。

核心筒的照明试验结论：

1）荧光灯不适合本工程的洗墙照明。

2）应定制适合核心筒洗墙灯具。

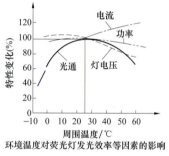

图 7 - 9　核心筒使用荧光灯的思考

7.4.3　钢结构照明的研究

钢结构照明只照外围柱子的内侧，不能照柱子的外侧。此照明的目的是增加整个照明效果的层次感，不必太亮。

设计时考虑两个方案：图 7 - 10 左图为分层照明方案，即在不同高度安装窄光束金卤灯，向外投射。很明显，此方案的眩光将比较严重。右图为另一方案，即在高处向斜下方照亮柱子内侧，采用窄光束和宽光束的投光灯，这样可以有效解决眩光问题，但照明效率将会降低。

7.4.4　大楼梯照明的研究

大楼梯是鸟巢的特色之一，是钢结构的一部分，由首层直通顶层。这一点与慕尼黑的安联体育场相类似，他们出自同一个建筑师之手。按照消防部门的意见，大楼梯不是疏散楼梯，但实际上起到了疏散的作用，因此楼梯踏步表面上的照明非常重要，而钢结构上不能装灯，只能在楼梯两侧栏杆上做文章。图 7 - 11 右图为 1∶1 的模型，用于试验研究。

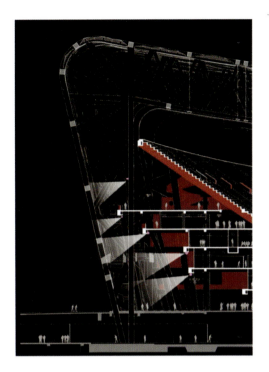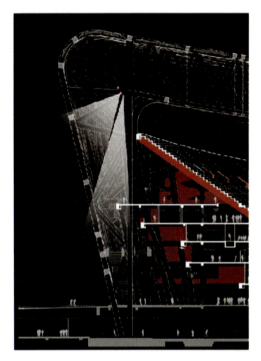

图 7 - 10 钢结构照明

图 7 - 11 大楼梯照明

灯具要求为非对称的配光，图 7 - 12 试验数据可以说明一些问题，大楼梯宽约 3.2m，中间有扶手，单侧宽约 1.6m，照明要兼顾到上下相关联的踏步，不能有死角，因为散场时观众很多，人员密集，紧急时情况更加糟糕。试验数据得出的平均照度在 50 ~ 110lx 之间令人满意，最低照度也达到了 20lx。如果考虑到大吊灯对踏步表面照度的贡献，照度还会增加。

当然，实际实施时还有招投标程序，最终结果略有不同。在此主要介绍研究的方法和过程，供读者参考。

7

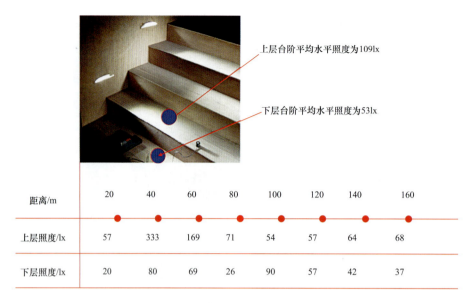

距离/m	20	40	60	80	100	120	140	160
上层照度/lx	57	333	169	71	54	57	64	68
下层照度/lx	20	80	69	26	90	57	42	37

图 7-12　大楼梯照明的试验数据

7.4.5　异型吊灯的研究

　　大吊灯位于每层的集散大厅，是观众聚集的场所。该灯由建筑师设计外形，笔者在电气和光学上做配合。大吊灯示意图如图 7-13 所示，该灯工作环境属于室外，并有一盏灯为应急照明，大吊灯的技术要求见表 7-4。

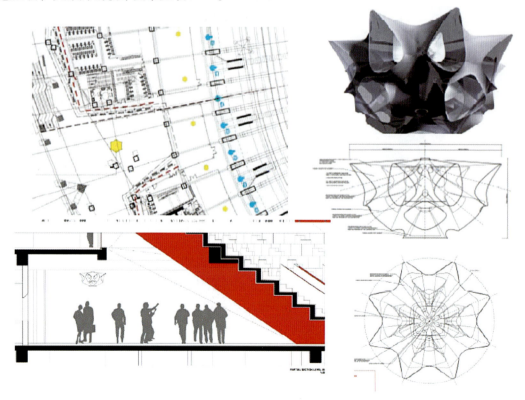

图 7-13　大吊灯示意图

表 7 – 4 　　　　　　　　　　　　　　　　大 吊 灯 的 技 术 要 求

性能	要　　求
灯体	寿命在 30 年以上，不易老化，变色
	有一定的韧性，不易碎，具有抗冲击能力
	在灯体表面有不规则纹路
	透光率在 30% 以上
	绿色环保材料
防触电等级	灯具为 I 类灯具
防护等级	不低于 IP56
环境温度	灯体应设置散热装置
	应具有较好的低温启动功能，−5℃时光通量不低于额定光通量的 80%
	应具有在 45℃ 环境下正常运行的能力
防火能力	灯具内有一个光源用于应急照明，灯体氧指数不低于 29
	灯体为不燃烧材料
调光性能	电子镇流器应具有调光功能，调光范围应与光源相适应

　　为了达到设计功能，吊灯还对反射器、光源等进行了多次试验。由于篇幅所限，在此不再赘述。

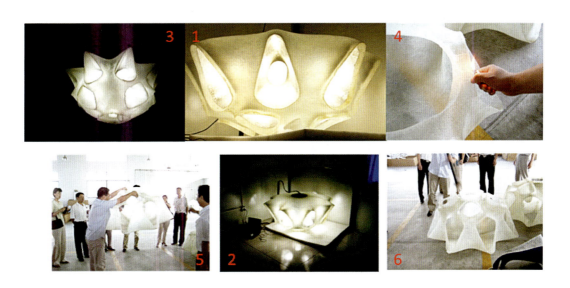

图 7 – 14　大吊灯的试验

　　除了灯具应符合产品标准要求外，业主、设计、施工、监理等部门还进行了附加试验。如图 7 – 14 所示，1 为原型灯，2 为外形比对试验，3 为调光试验，4 为阻燃试验，5 为跌落试验，6 为冲击试验。附加试验见表 7 – 5。

7

表 7 – 5 附 加 试 验

编号	名 称	说 明
1	原型灯	按照建筑和电气设计要求加工灯具原型灯,这是非标产品,需定制
2	外形比对试验	包括材料、造型、透光率、光源等进行对比
3	调光试验	满足体育场立面照明"呼吸"、"心跳"等效果要求,需要对大吊灯连续无极调光。单灯调光是基础,整体调光出效果
4	阻燃试验	灯具应具有阻燃功能,要求详见表 7 – 4。试验用打火机现场点燃,验证是否阻燃
5	跌落试验	手持灯壳体距地约 1.2m,松手跌落,验证灯壳体是否开裂、破损
6	冲击试验	手持铁棍冲击灯壳体,验证是否有破损

大吊灯的调光是一个难点,由于整个照明控制系统采用 KNX/EIB,当年由于控制系统传输速率较低的原因,从整体看,"鸟巢"调光不一致,有明显的滞后现象。设计方会同甲方、施工方、厂家一起进行攻关。图 7 – 15 为大吊灯的试验情况,最终采用局域网与 KNX/EIB 相结合技术,解决调光一致性问题。

图 7 – 15 大吊灯的调光试验

7.5 实 际 效 果

图 7 – 16 所示为奥运会前后实际的照明效果。读者可以与图 7 – 1 设计效果进行对比。

效果 1:用于平日,只开启洗墙灯,外围钢结构剪影效果非常明显。与图 7 – 1 下图比较,设计时的效果红、黑颜色很纯,没有过多的杂色光。但立体感不强,与窗花的效果很接近。

图 7 – 16 "效果 1"的实际效果,由于室内照明、集散厅照明、景观照明等的影响,使得实际效果颜色太多,除红色光外,还有白、蓝、绿等光,实际效果与设计效果略有不同。

效果2：用于一般性节日，开启洗墙灯、外围柱子内侧照明、立面与顶部转接处照明。

对比图7-1的设计效果，由于增加了对外围钢结构内侧照明，效果比"效果1"更有层次和深度感，建筑物立面由平面变成立体。该效果仍然保持较好的剪影效果，应该说，这种效果是对"效果1"的延伸和丰富。

图中照片为奥运会期间实拍的，基本上达到了设计效果的要求。从照片上不难看出，实际效果与设计效果存在一定的差距，主要原因有：

第一，景观照明对立面照明产生影响，导致"剪影"效果被弱化。

第二，室内照明的影响。主要是三层和四层室内照明、食品零售点照明对立面照明产生负面影响，使得很纯粹的红色增添了不少杂色。

第三，集散厅吊灯也增加了视觉上的杂色光，同时还弱化了红色背景墙的效果。

效果1

效果2

效果3

图7-16 奥运会前后实际的照明效果

第四，中心区的照明、河两岸的照明对"鸟巢"产生干扰光，影响"鸟巢"的照明效果。

效果3：在"效果2"基础上将顶部膜结构均匀照亮，在此不再说明。

金碧辉煌：如前所说，这个效果是2008年3月新增加的效果，属于照明的升级版。主要采用红色光和黄色光，在中国传统文化中，红色比较喜庆，而黄色显示富贵和华丽，红色和黄色结合将鸟巢装扮得金碧辉煌。可以联想到，中国的国旗——五星红旗也是红、黄两色。这种效果主要用于大喜大庆之日。奥运会期间使用这种效果非常贴切，与奥运盛事非常协调。

变化效果：包括"心跳"和"呼吸"，预示着该建筑物具有生命力，即用光表现了"鸟巢"的生命力。变化还包括其他有序的明暗变化，实现这些效果应该归功于智能照明控制系统。这种效果尽量少用，因为"鸟巢"毕竟是比较庄重、大气的建筑，具有绅士风度，过多的变化与其身份不相协调。

图7-17为国家体育场总体照明效果，拍摄于奥运会期间的2008年8月12日，拍摄地点在"鸟巢"的东南侧、龙形水系东岸，这是"鸟巢"最佳拍摄点之一，天空中的浮云依稀可见，微风轻吹河面，泛起层层涟漪，水中的倒影给"鸟巢"增添了灵气。

图7-17　国家体育场总体照明效果

7.6　"水立方"的立面照明

说到"鸟巢"照明，不得不提"水立方"照明，他们是一对恋人，不可分开。"鸟巢"阳刚粗狂，"水立方"阴柔秀美，照明需要相互协调。

7.6.1　设计原则

1. 诠释建筑设计理念

国家游泳中心建筑方案主要由 CCDI 悉地国际（原中建国际设计顾问有限公司）、澳大利亚 PTW、ARUP 组成的设计联合体创作完成，建筑的核心创意以"水"为生命的空间，里面容纳人的各种与水相关的活动，让人享受水带来的各种美和快乐（图7-18）。同时，水也是生命之源，因而"水"主题更有着极为丰富的内涵和外延。建筑物景观照明设计就是通过形象化、艺术化的手法表现水的特性以及人们对水的多方位感知情绪，诠释和丰富建筑设计理念。

图7-18　水的神韵

2. 符合奥林匹克中心区照明规划要求

如前所述，同"鸟巢"一样，北京奥林匹克中心区照明规划也是"水立方"照明设计的重要依据之一。按照规划要求，"水立方"为高亮度区，其外表面白场平均亮度为 8～10cd/m²。

3. 适应围护结构的特殊性和安装空间的复杂性

国家游泳中心采用了 ETFE 双层气枕全围护结构以及空间多面体刚架钢结构体系，既为建筑物景观照明提供了独特的展示平台，同时也由于膜材及气枕的特殊光学特性和复杂多变的内部安装空间，对于照明方式、光源和灯具的选择以及系统集成化控制等，提出了许多新的难题和挑战。因此需要构建一个为其专用的建筑物景观照明系统，体现"水立方"的特有形象。

4. 坚持实验和科研相结合的技术路线

由于国家游泳中心建筑结构的创新性特点，其景观照明缺乏范例可循，从照明方式的选用、光源和灯具的选择等都不同于常规的景观照明系统。而是需要从实验入手，通过大量的实验和分析研究工作，才使得国家游泳中心的建筑物景观照明系统得以逐渐的明晰和确立。由于这项工作需要大量的科研工作，所以也借此申报了两项科研项目：北京市科委的"奥运场馆LED 照明——LED 在国家游泳中心建筑物景观照明上的应用研究"和科技部的"半导体照明规模化系统集成技术研究——国家游泳中心大规模 LED 建筑物景观照明工程研究"。

7.6.2 方案构思

照明效果以"水"主题为基本设计原则，将照明效果划分为两大类，即基本场景模式和特殊场景模式。在各种场景模式下，根据场馆实际运营需求，进行明暗、色彩和整体形象的变化。

1. 基本场景模式

这一效果早在 2003 年建筑方案设计阶段就确定下来。在基本场景模式下，国家游泳中心四个立面和屋面近 5 万 m^2 的外表面整体被有序、均匀照亮，呈现亮度适宜的湖蓝色。图 7 - 19 为建筑方案阶段的夜景效果图，意在呈现水泡一般晶莹透明的整体形象。

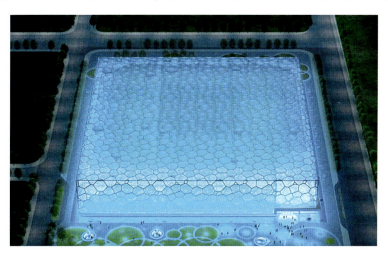

图 7 - 19　建筑方案阶段的夜景效果图

2. 特殊场景模式

（1）节庆烟花场景。配合不同庆典事件的场合、季节转换及现场互动要求，"水立方"可呈现出不同的"表情"—— 不同的亮度、不同的颜色和独特的整体形象。也可为特殊节庆设计烟花般变幻的图案及色彩，烘托特殊时节或庆典中热烈欢腾的气氛。图 7 - 20 为烟花效果图。

（2）金鱼游弋场景。以一种幽默有趣的手法创建单只金鱼（金鱼为经典的金红色金鱼）游弋于"水泡泡"之间的景象，表现"水立方"这一大型水上运动建筑结构设计特点。图 7 - 21 为金鱼游弋效果图。

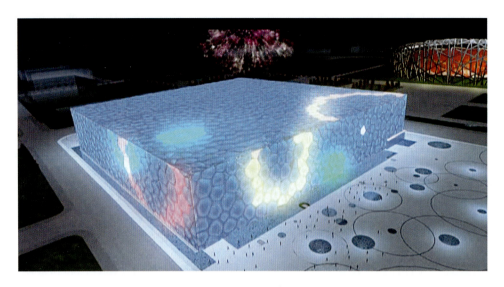

图 7 - 20　烟花效果图

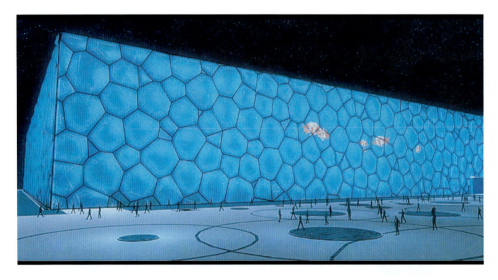

图 7 - 21　金鱼游弋效果图

7.6.3　立面照明系统的研究

国家游泳中心建筑物景观照明包括建筑物 LED 景观照明和 LED 点阵显示系统两部分，是一项膜结构体系与 LED 固态照明技术相结合的超大型景观照明工程。以下将结合历次实验结果，从照明方式、光源和灯具选择以及系统集成化控制等几个主要方面做简要介绍。

1. 照明方式

建筑物景观照明通常采用以下几种照明方式，即外投光照明、轮廓照明和一般内透光照明。

其中外投光照明需要建筑物外表面具有良好的反射率。而国家游泳中心外表面为 ETFE 气枕，气枕由 3 ~ 5 层膜构成，其中有 1 层为蓝色膜材，1 层为 10% ~ 50% 银色镀点的无色膜材，其他为无镀点的无色膜材。根据"国家游泳中心室内光环境课题研究报告"中对气枕光学特性的研究结果，大部分外立面气枕的总体透射率在50%以上，而反射率不足25%，透射率远高于反射率。若采用外投光照明方式，则大部分光线会进入室内空间，既会干扰室内空间环境，同时建筑物外表面又难以达到所需的亮度要求，势必造成能源浪费和室内光环境污染，因此不适于采用此种方式照明。

轮廓照明方式则比较简单，形成场景也较单调呆板，难以表现国家游泳中心丰富的"水主题"设计内涵，也不能产生建筑物外表面被整体均匀而有序照亮的效果。此外，由图7-22可见，气枕弧面及其纤细的框架均难以支持轮廓照明灯具的安装，且表面布线会大大破坏建筑物立面效果，因此也不适用于国家游泳中心。

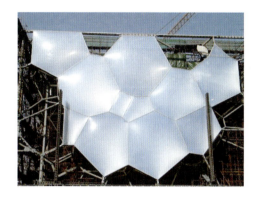

图7-22 现场安装的500m² ETFE 气枕

一般内透光照明方式是利用安装在建筑物室内的灯具，透过建筑物外表面形成一定照明效果，来表现建筑物的整体形象。一般适用于有大面积玻璃幕墙或透明玻璃墙、玻璃窗的建筑物以及膜材类外围护结构的建筑物。而国家游泳中心外围护结构为双层气枕，图7-23为气枕空腔。其中立面内外两层气枕间空腔轴距为3.472m，屋面和天花两层气枕间空腔轴距为7.211m。若采用一般内透光照明方式，安装在室内灯具投射出的光线需透过2层气枕6~8层膜（其中有2层膜有10%~50%的银色镀点）及3~7m的空腔到达室外，损失较多，灯具光通利用率很低。而国家游泳中心为全ETFE双层气枕外围护结构，外表面总面积将近5万m²，要将其全部照亮，其造价和电费也会相当高，因此也不适于本建筑物照明。

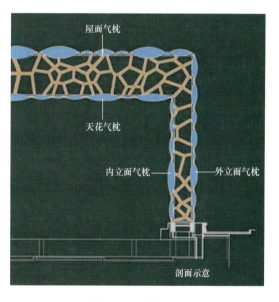

图7-23 气枕空腔

但若将灯具安装在两层气枕之间，则可充分利用单层气枕透光率较高的特性，同时大大缩短灯具向外部透光的路径，提高灯具光通的利用率。

7

综合考虑上述因素，国家游泳中心建筑物景观照明方式采用一种新型照明方式——空腔内透光照明方式，即将灯具安装在靠近外层气枕的钢结构框架上，灯具投射光线直接集中透射于外层气枕表面上，均匀照亮建筑物表面，使其呈现晶莹的水体形象。采用这种照明方式进行的多次照明实验均达到良好的照明效果。图7-24为2006年气枕实验实景。

图7-24 2006年8月5日现场3:1缩尺气枕实验实景

2. 光源和灯具选择

由于两层气枕之间有许多钢结构杆件（图7-25、图7-26），空间复杂，检修维护条件差，适宜安装尺寸较小和寿命长的光源和灯具。

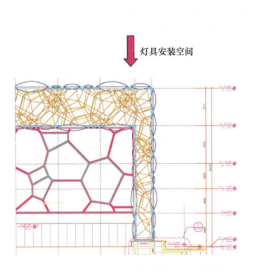

图7-25 两层气枕间的钢网架空腔剖面

图7-26 两层气枕间的钢网架空腔实景

在这样的条件下，比较适合的只有荧光灯与LED灯两种光源。因此下面重点对这两种光源进行技术经济比较。

LED寿命长，达5万h，是T5管的2.5倍；LED不含汞，低辐射，废弃物可回收，有利于环保；LED发光体小，光分布易于控制，通过一次、二次光学设计，采用合适的光学透镜使光投射到需要的部位；LED易于集成，集计算机、网络通信、图像处理等技术为一体，可在线编程，适时创新；LED可纳秒级快速响应，瞬时场景变换；更主要的是LED色彩丰富，利用三基色原理，可形成 $256 \times 256 \times 256 = 16\,777\,216$ 种颜色，形成丰富多彩的照明场景。此外，LED灯体外形可以按需加工，易于与不同规格气枕的边长尺寸配合。

采用荧光灯，由于安装位置的限制，且其发光体尺寸较大，无法利用透镜只能利用反射器来进行配光，控光效果较差，难以将灯具光线均匀投射到不规则气枕的表面，且荧光灯尺寸固定不易与不规则气枕的边长尺寸配合。此外，荧光灯是气体放电灯，响应速度较慢，无法实现场景快速变换，不利于场景设计。再者，荧光灯在寒冷的冬季光效不到额定光效的一半，且启动困难（参见7.3.2部分）。经过现场实验对比（图7-27、图7-28），LED光源和灯具成为体现国家游泳中心"水"主题丰富内涵的首选产品。

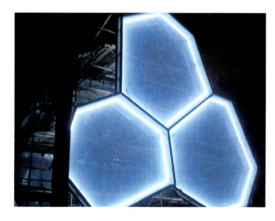 

图7-27 2006年8月2日现场模型气枕 荧光灯实验实景图　　图7-28 2006年8月2日现场模型气枕 LED灯实验实景图

3. LED光源的功率

在2006年前后，采用LED是一个挑战！当时LED固态照明技术经过近10年的发展，由低功率低光效逐渐向高功率高光效发展，1W功率型LED也作为新一代照明光源逐步发展成熟，并进入小规模的应用。传统1W以下小功率LED由于大多采用环氧树脂封装，散热差，寿命较低，实际工程中，大多利用其较高的光源表面亮度和RGB多彩色特点应用于制作显示屏、灯饰和轮廓照明等以光源为主要观察对象的场所。当用作以输出光通为主的投光灯具时，则需要光源有较高的光效和尽量少的数量。因为所需的光源数量越多，相应的驱动电路也就越复杂，系统整体稳定性就越差。此外，光源数量多，也会使准确控光会变得非常困难，同时灯具体积也增大，不易安装于复杂的空间。国家游泳中心建筑外表面近乎5万 m^2，要将其全部照亮，若采用普通小功率LED，其使用数量将十分巨大，不利于系统的稳定性和日后的运营和维护。此外，也难以满足将膜体均匀照亮对光源及灯具配光、混光距离的特殊要求。因此，国家游泳中心建筑物景观照明工程最终确定采用1W功率型 LED 作为照明光源，并对 LED 芯片和封装工艺主要技术参数进行严格要求，详情见表7-6。

表7-6 　　　　　　　　　　　　　　　LED 的 技 术 要 求

名称	技 术 参 数
主波长	R：622~629nm，G：520~525nm，B：465~470nm
额定工作电流	$I_f = 350\text{mA}$
峰值电流	R、G：$I_f \geqslant 500\text{mA}$；B：既要满足正常情况下亮度要求，又要满足特殊情况下短时的亮度要求
单管光通量	在25℃下，350mA 稳定工作，R≥35lm；G≥60lm；B≥15lm
PN 结至封装底座的热阻	R≤12℃/W；G、B≤10℃/W
封装用硅胶	折射率>1.5，透光率≥98%（400~800nm）
使用寿命	≥50 000h 时，光衰应小于初始值的30%

4. LED 光源 RGB 功率比

在通常白平衡情况下，RGB 的亮度比（光通量）为3:6:1。由于1W 蓝光 LED 的光通量不到1W 红光或1W 绿光 LED 光通量的一半，而国家游泳中心的主题色为湖蓝色，因此蓝光 LED 所占比重要相应高一些。经过多次现场实验和专家论证最终确定 RGB 光源的功率比 R:G:B 为1:1:2。实践证明这一功率比非常成功地展示了国家游泳中心的湖蓝色主题场景（详见后面的照明效果实景），此场景下的 RGB 功率比（即灰度级比）为0:101:255。

5. 灯具

由于建筑物外表面为15% 弧度的 ETFE 气枕，且透光率较高。为了不明显看到发光光源，同时使空腔内灯具投射出的光线尽量均匀分布于气枕表面且而尽量少投向内部，理想的灯具配光曲线如图7-29所示。但由于 LED 灯具光学器件以对称性透镜为主，不对称性透镜造价较高，最终的工程实施中仍旧采用了对称性透镜。这样一来，使得气枕表面亮度均匀度和灯具光通利用率都有所降低，某些部位的光源仍可较明显地出现在近距离视野当中。

为确保上万只 LED 灯具的质量和减少日后的运营维护费用，我们对"水立方"景观照明灯具的主要技术参数提出严格要求，详情见表7-7。

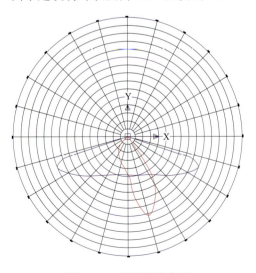

图7-29　灯具配光曲线

表 7 - 7 　　　　　　　　　　　　**灯 具 技 术 要 求**

名称	技 术 参 数
输入电压	DC 24V
整体光衰	10 000h 不超过 10%（光输出维持率达 90% 以上），30 000h 光衰不超过 30%（光输出维持达 70% 以上）
透镜	选用光学级 PMMA（有机玻璃、光学玻璃），透光比：≥85%，黄化率：30 000h 后≤5%
灯具效率	≥80%（即灯具输出光通量不小于封装芯片输出光通量的 80%）
使用寿命	≥30 000h
灯具材质和外形	压铸铝，银灰色
外壳防护等级	IP55
光源组成	采用 1W 功率型 LED，以 1 红 +1 绿 +2 蓝为 1 组，有 2 组 8W 和 4 组 16W 两种灯具

6. 灯具布置

由于外层气枕透射率较高，如何选择灯具在空腔中的安装位置，在均匀照亮建筑物外表面的同时，避免从建筑物外面和室内直接而明显地看到发光光源是需要首先解决的问题。这个问题随着现场实验的进展逐步明晰，并最终确定下来。

"水立方"建筑物景观照明现场实验从 2006 年 8 月 2 日开始，到 2007 年 10 月份结束，历时一年多，共进行二十多次现场实验和测试。最早参加实验提供灯具和设备安装的是北京海兰齐力照明公司，正是在他们的大力支持下，使得灯具布置方案在早期（2006 年 8 月 2 日~5 日）的实验中就确定下来。之后陆续加入照明实验的还有上海广茂达、南京汉德森、河北立德、大连路明、上海蓝宝、北京利亚德等多家公司。

实验一开始将灯具布置在气枕的四周（图 7 - 30），但由于光源明显，可见照明效果很不理想。之后经过对实际视点视距进行仔细分析后，确定为沿气枕下部边框布置灯具，效果改善不少（图 7 - 31）。

图 7 - 30　2006 年 8 月 3 日现场模型气枕周边布灯实景图

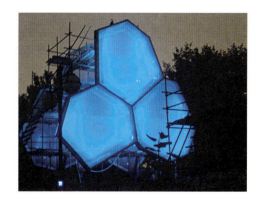

图 7 - 31　2006 年 8 月 4 日现场模型气枕下边沿布灯实验实景图

此后又进行了多次的调整和改进，终于实现了较理想的照明效果（图 7 - 32、图 7 - 33）。

图 7 - 32　2007 年 11 月 27 日现场立面
气枕实验实景图 1

图 7 - 33　2007 年 11 月 27 日现场立面
气枕实验实景图 2

现场实验灯具安装如图 7 - 34 和图 7 - 35 所示，工程实施后最终的灯具安装如图 7 - 36 所示。

图 7 - 34　2007 年 11 月 27 日现场立面气枕实验 1
　　——灯具安装实景图

图 7 - 35　2007 年 11 月 27 日现场立面气枕实验 2
　　——灯具安装实景图

图 7 - 36　最终灯具安装实景图

根据以上对于立面照明布灯方式的研究，屋面 LED 灯具的布置也重点考虑奥林匹克中心区景观塔所在位置为主视点，将灯具布置在气枕东北侧的钢结构边框上。

7. 电源驱动系统的效率

由于 LED 光源的正向工作电压是直流且不到 5V，要使 LED 光源正常工作，220V 交流电源需要经过专用的电源和驱动系统为其供电。国内市场上此类产品的转化效率通常在 60% 以下，有的甚至不到 50%，大大降低了 LED 照明的效率。对于国家游泳中心如此庞大的 LED 立面照明系统，如此低的系统效率当然是不能接受的。需要对系统设备的采购提出更严格的要求。经过对国际市场上知名主流产品的调查和研究，最终确定采用 24V PWM 恒流驱动进行调光控制，实现 0 ~ 100% 数字调光，并要求从交流电源至芯片（AC/DC - DC/DC）的电功率效率大于 75%。工程实施完成后达到了这一要求。

8. 亮度和功率密度指标

对于如此大面积 ETFE 膜结构和大规模 LED 景观照明工程，如何建立和确定其表面亮度和功率密度指标是工程实施前必须解决的问题。为此进行了多批次的现场实验实测和视觉评价工作，图 7 - 37 为功率密度实验实测结果。

实验条件为，现场气枕镀点率 46%，光源安装功率密度 6W/m²，且光源安装功率是按照 RGB 为 1∶1∶1 功率比配置的，而最终的光源 RGB 功率比为 1∶1∶2，即 RGBB。根据现场实验结果，同时考虑中心区景观照明规划的要求，结合技术改进方案，气枕外表面亮度指标最终确定为：四个立面照明在平常白场时（在重大节日或活动时）

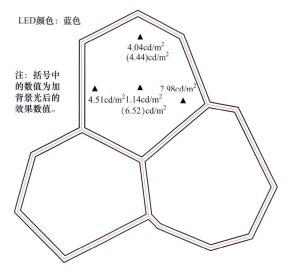

LED颜色：蓝色

4.04cd/m²
(4.44)cd/m²

注：括号中的数值为加背景光后的效果数值。

4.51cd/m² 1.14cd/m²
(6.52)cd/m²

2.98cd/m²

图 7 - 37　功率密度实验实测结果
2006 年 8 月 2 日晚"水立方"样板膜夜景照明亮度值

平均亮度指标大于 8cd/m²，在纯蓝色模式（红、绿不亮）时立面平均亮度指标大于 2.5cd/m²，达到最大白场亮度的光源安装功率密度不宜超过 8W/m²，实际安装功率密度 10W/m²。"水立方"屋面照明在重大节日和活动时平均亮度指标大于 7cd/m²，在纯蓝色模式（红、绿不亮）时平均亮度指标大于 2cd/m²，达到最大白场亮度的光源安装功率密度不宜超过 6W/m²，实际安装功率密度 8W/m²。

实测气枕外表面亮度均达到了设计要求，同时光源安装功率密度也提高了将近 25%。如前所述，若对灯具的光度特性进行优化，则光源安装功率密度还可以适当降低。

9. 超大规模 LED 照明系统的集成控制

国家游泳中心立面照明控制系统控制点数达几万个，且每个点均要实现 RGB 三基色 256 级灰度级的单独控制，截止到北京奥运会，是世界上单体建筑最为庞大的 LED 照明控制系统。如此庞大的照明控制系统对场景编辑和效果影响最大的就是控制系统的响应速度，通过对国内外主流 LED 控制产品的了解和调研，我们对控制系统提出非常严格的要求，即 LED 灯具控制器可以控制每套灯具的每一组 RGBLED 芯片，每组单色 LED 芯片的亮度可以 256 灰度级连续平滑调制，变化速度不小于 24 帧/s，同步延时小于 25ms。工程实施后虽然受造价影响，LED 灯具控制器仅控制到每一套灯具，但即使这样总控制点数也超过了 3.5 万个，同时系统响应速度也达到了设计要求的指标。

此外，考虑与未来互联网网络和奥林匹克中心景观照明控制系统的兼容性，系统网络层协议要求采用 IPV6。同时还要求与点阵显示系统、东南入口大厅及泡泡吧照明、护城河及南广场水景照明等其他控制系统保持联动，以创建更富震撼力的场景效果。

7

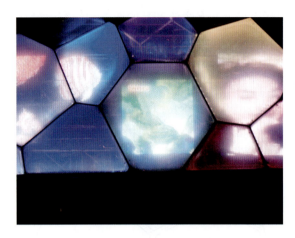

图 7 – 38　2007 年 1 月 8 日现场点阵实验照片

10. LED 点阵显示系统

为实现场馆赛后的良好运营，在南立面设置 2000m² 视频效果显示装置。起初考虑在南广场设置激光投影装置，将视频图像投影在南立面约 50～100m² 气枕表面。后来由于此部分投影装置造价过高和成像效果不佳没有采用。此后从 2006 年 11 月份就开始进行在南立面气枕空腔内部设置 LED 点阵显示屏的实验，图 7 – 38 为现场 300mm² 气枕点阵实验照片。此次实验中，点阵像素间距均为等间距，分别为 8cm、10cm 和 12cm。像素间距如何兼顾建筑效果和成像清晰度成为此项工程主要难题之一。由于南立面的宽高比例为 176∶31，为了获得最大的水平线数，同时兼顾对南立面室内效果的影响，经与专家组研究确定，点阵像素间距垂直方向为 6cm，水平方向则为 8cm。

7.6.4　实际效果

1. 基本场景模式

"水立方"湖蓝色主题场景实际效果如图 7 – 39 所示，该照片于 2008 年 5 月 27 日摄于"水立方"西侧的摩根大厦顶层。

图 7 – 39　"水立方"湖蓝色主题场景实景

实景图与图 7 – 19 效果图的差异多在于拍摄照片的色差和实际的视觉评价效果。虽然单个气枕表面亮度的均匀性与实验有一定差距，但对整体效果的影响不大。这一点虽然在实验期间就有预料，但实际效果比预想的还要好一些。屋面局部暗区受屋面通风设施影响，使整体效果不够完美。

2. 特殊场景模式

（1）多彩变幻。奥运会期间的多彩变幻"魔方"，"水立方"彩色照明实景如图 7 - 40 所示。

图 7 - 40 "水立方"彩色照明实景

由于 LED 丰富的色彩和瞬息万变的色彩，使"水立方"的表情丰富多彩。烟花效果图的设想完全可以实现，只是受时间和人力所限，北京奥运会前仅完成了初步的场景编辑。可见，国家游泳中心建筑物立面照明系统为场景设计提供了潜力巨大的硬件平台，在赛后可以尽情发挥想象力，进行更专业的场景编辑，创建更加奇异的夜景形象，为场馆的赛后运营发挥更大的作用。2013 年以北京奥运会开幕式艺术团队骨干组成的艺术团队对水立方的照明进行场景提升，为照明赋予新的含义，我们都在期待中。

（2）点阵与 LED 照明相结合。图 7 - 41 为"水立方"点阵实景图片，效果比较理想，没有出现之前担心因水平和垂直像素间距而引起的成像变形问题。画面内容受信号源限制，未出现方案阶段的红色金鱼。上述照片均是在外立面灯光同时打开情况下拍摄的，可见点阵显示系统可以较好地与建筑物景观照明效果协调和融合，通过二者的联动控制可以创建丰富多彩的场景模式，实现更富感染力和冲击力的视觉效果。

7.7 效 果 评 价

2008 年北京奥运会已经圆满、成功地展示给了世人，其两个标志性建筑——"鸟巢"、"水立方"的立面照明也为世人津津乐道，前面各节均有详细介绍。现在"鸟巢"和"水立方"已成为北京晚间的一道亮丽的风景线，吸引世界各地的宾客。笔者利用奥运会比赛期间，在奥林匹克中心区及"鸟巢"、"水立方"附近对 248 名各界中外人士进行问卷调查，评价这两栋风格不同、效果独特的立面照明的视觉效果。

7

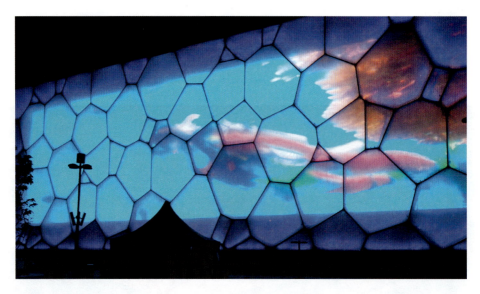

图7-41 "水立方"点阵实景

7.7.1 评价依据

由于我国暂没有立面照明效果评价方法，本次研究借鉴了当时的国家标准《视觉环境评价方法》（GB/T 12454—1990）的要求，制定了"鸟巢"及"水立方"立面照明效果的评价方法。

7.7.2 评价方法

关键技术7-2：立面照明评价方法

立面照明评价方法是借助评价问卷考虑立面照明效果中多项已知的影响人心理感受的因素，确定各个评价项目偏离满意状态的程度，进而通过评分系统计算出各个项目评分以及效果评价指数，用以指示立面照明效果存在的问题以及总的立面照明视觉环境质量水平。

1. 评价问卷

评价问卷涉及立面照明视觉环境中十项已知的影响人的心理感受的因素，每个项目包含"好"、"一般"和"差"三种可能状态，由评价人员使用问卷进行现场观察与判断，投票确定各个评价项目所处的条件状态。值得说明的是，新的国家标准《视觉环境评价方法》正在编制中，可能的状态由三种变为五种。"鸟巢"、"水立方"立面照明效果评价问卷见表7-8。

表7-8　　　　　　　　"鸟巢"、"水立方"立面照明效果评价问卷

男□女□

评价场所	"鸟巢"	评价时间		评价人信息	年龄段	老年	中年	青年	少年	儿童
	"水立方"				职业					
评价项目			可能状态		选择投票		具体意见			
1. 立面照明的艺术效果			1 好							
			2 一般							
			3 差							

评价项目	可能状态	选择投票	具体意见
2. 立面照明与环境的搭配是否谐调？	1 好		
	2 一般		
	3 差		
3. 立面照明与建筑物的搭配是否谐调？	1 好		
	2 一般		
	3 差		
4. 照度或亮度 立面照明是否合适？	1 合适		
	2 一般		
	3 不合适		
5. 照度、亮度分布 立面照明相对强弱程度是否合适？	1 合适		
	2 一般		
	3 不合适		
6. 颜色特性是否合适？	1 合适		
	2 一般		
	3 不合适		
7. 立面照明设置是否浪费能源？	1 很浪费		
	2 可接受		
	3 不浪费		
8. 光影 照明的方向特性在物体上造成的明暗变化及光斑阴影能否令人满意？	1 满意		
	2 一般		
	3 不满意		
9. 眩光及光污染 有没有不合需要的光亮刺激来自立面照明？对周围是否有造成光污染？	1 没有		
	2 可接受		
	3 有		
10. 整体印象 立面照明视觉效果作为一个整体给人的印象如何？能否令人满意？	1 满意		
	2 可以接受		
	3 不满意		

备注：

2. 被访人员分析

我们用表 7 - 8 的评价问卷对各阶层人士进行现场随机调查。其中"鸟巢"有效调查问卷共 127 份，"水立方"有效调查问卷 121 份。

（1）"鸟巢"被访人员分析。"鸟巢"被访人员组成如图 7 - 42 所示。按性别分类，被访的 127 人中，男性 73 人，占 57%；女性 54 人，占 43%。

按年龄段分析，60 岁及以上的老年 13 人，占 10%；40 ~ 60 岁的中年人共计 41 位，占

7

32%；18～40岁的青年被访者最多，共64人，超过半数，达51%；18岁以下的少年5人，儿童4人，占7%。

被访者职业类型各不相同，其中，职员共计43人，占受访者36%，包括教师、公务员、外企职员、国企和私企职员、工程师等；工人比例占16%，达20人，包括退休职工；农民2人，包括农民工，占2%；军人和警察共计3人；外宾共计6人，包括外国学生、国外游客、国外奥运官员等；大中小学生共计33人，占26%，其中大学生30人，受访的部分大学生是奥运会的志愿者；余下20人为服务性行业及其他人员。

从图中可以看出，被访者具有较广泛的代表性，因此，本次调查和研究所得出的"鸟巢"立面照明效果反映的是老百姓的欣赏观点，而不是专家的评价。

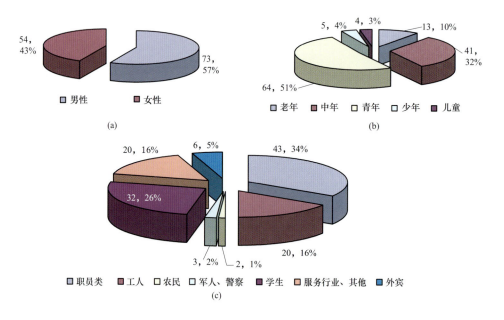

图7-42 "鸟巢"被访人员组成
(a) 按性别分类；(b) 按年龄分类；(c) 按职业分类

(2)"水立方"被访人员分析（图7-43）。相似的，"水立方"被访人员组成如图7-43所示。按性别分类，在受访的121人中，男性68人，占56%；女性53人，占44%。

在受访的人员中，60岁及以上的老年共计11人，占9%；40～60岁的中年人共计42位，占35%；18～40岁的青年人最多，共57人，达47%；18岁以下的少年6人，儿童5人，占9%。

被访者所从事的职业范围也很广，其中，职员共计38人，占受访者31%，包括教师、公务员、外企职员、国企和私企职员、工程师等；工人比例占9%，达11人，包括退休职工；农民1人，占1%；军人和警察共计2人；外宾共计6人，包括外国学生、国外游客、国外奥运官员等，占5%；大中小学生共计29人，占24%，；服务性行业的17人，占14%；其他人员也是17人。

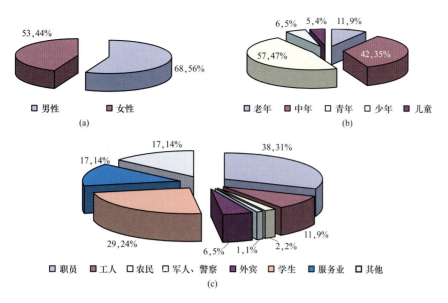

图 7-43 "水立方"被访人员组成

（a）按性别分类；（b）按年龄分类；（c）按职业分类

同样的，被访者具有较广泛的代表性，本次调查和研究所得出的结论反映的是老百姓的欣赏观点，而不是专家的专业评价。

3. 评分系统

对评价项目的各种可能状态，按照它们对人的心理影响的严重程度赋予逐级增大的分值，用以计算各个项目评分。对问卷的各个评价项目，根据它们在决定视觉环境质量上可能具有不同的相对重要性赋予相应的权值，用以计算效果评价指数。各个项目权值及各种状态分值见表 7-9。

表 7-9　　　　　　　　　　　评 分 系 统

评价场所：　　　　　　　　　　评价时间：　　　　　　　　　　评价人员：

项目编号 n	项目权值 $W(n)$	状态编号 m	状态分值 $P(m)$	所得票数 $V(n.m)$	项目评分 $S(n)$	效果评价指数 S
1	0.1	1	0			
		2	50			
		3	100			
2	0.1	1	0			
		2	50			
		3	100			
3	0.1	1	0			
		2	50			
		3	100			
4	0.1	1	0			
		2	50			
		3	100			

续表

项目编号 n	项目权值 $W(n)$	状态编号 m	状态分值 $P(m)$	所得票数 $V(n,m)$	项目评分 $S(n)$	效果评价指数 S
5	0.1	1	0			
		2	50			
		3	100			
6	0.1	1	0			
		2	50			
		3	100			
7	0.1	1	0			
		2	50			
		3	100			
8	0.1	1	0			
		2	50			
		3	100			
9	0.1	1	0			
		2	50			
		3	100			
10	0.1	1	0			
		2	50			
		3	100			

项目评分 $S(n)$ 按式（7-1）计算，计算结果四舍五入取整数。

$$S(n) = \frac{\sum\limits_{m} P(m)V(n,m)}{\sum\limits_{m} V(n,m)} \qquad (7-1)$$

式中　$S(n)$——第 n 个评价项目的评分，$0 \leqslant S(n) \leqslant 100$；

　　　$P(m)$——第 m 个状态的分值；

　　$V(n,m)$——第 n 个评价项目第 m 个状态所得票数。

效果评价指数 S 按式（7-2）计算如下（计算结果四舍入取取整数）：

$$S = \sum\limits_{n} S(n)W(n) \qquad (7-2)$$

式中　S——效果评价指数，$0 \leqslant S \leqslant 100$；

　　$S(n)$——第 n 个评价项目的评分；

　　$W(n)$——第 n 个评价项目的权值。

7.7.3　"鸟巢"、"水立方"的评分

1. "鸟巢"的评价评分系统

采用上述评价方法，将受访者对"鸟巢"立面照明效果各评价项目进行汇总和计算，并列入表7-10中。

表 7 – 10   "鸟巢"的评分表

评价场所："鸟巢"   评价时间：2008 年 8 月 21 日   评价人员：

项目编号 n	项目权值 $W(n)$	状态编号 m	状态分值 $P(m)$	所得票数 $V(n.m)$	项目评分 $S(n)$	效果评价指数 S
1	0.1	1	0	102	11	
		2	50	22		
		3	100	3		
2	0.1	1	0	87	17	
		2	50	38		
		3	100	2		
3	0.1	1	0	101	11	
		2	50	25		
		3	100	1		
4	0.1	1	0	104	9	
		2	50	23		
		3	100	0		
5	0.1	1	0	115	5	
		2	50	11		
		3	100	1		
6	0.1	1	0	103	11	11
		2	50	21		
		3	100	3		
7	0.1	1	0	73	25	
		2	50	44		
		3	100	10		
8	0.1	1	0	101	10	
		2	50	26		
		3	100	0		
9	0.1	1	0	114	6	
		2	50	10		
		3	100	3		
10	0.1	1	0	117	4	
		2	50	10		
		3	100	0		

2. "水立方"的评价评分系统

用同样的评价方法，将受访者对"水立方"立面照明效果各评价项目进行汇总和计算，并列于表7－11中。

表7－11 "水 立 方" 的 评 分 表

评价场所："水立方"　　　　　评价时间：2008 年 8 月 21 日　　　　　评价人员：

项目编号 n	项目权值 $W(n)$	状态编号 m	状态分值 $P(m)$	所得票数 $V(n,m)$	项目评分 $S(n)$	效果评价指数 S
1	0.1	1	0	105	7	
		2	50	15		
		3	100	1		
2	0.1	1	0	99	11	
		2	50	18		
		3	100	4		
3	0.1	1	0	105	7	
		2	50	14		
		3	100	2		
4	0.1	1	0	103	8	
		2	50	16		
		3	100	2		
5	0.1	1	0	108	7	
		2	50	12		
		3	100	1		9
6	0.1	1	0	112	4	
		2	50	8		
		3	100	1		
7	0.1	1	0	58	33	
		2	50	46		
		3	100	17		
8	0.1	1	0	113	3	
		2	50	8		
		3	100	0		
9	0.1	1	0	103	8	
		2	50	16		
		3	100	2		
10	0.1	1	0	110	5	
		2	50	10		
		3	100	1		

7.7.4 评价结果

评价结果包括各个项目评分及一个效果评价指数，用以指示立面照明效果存在的问题及总的质量水平。各项评分及效果评价指数越大，照明效果存在的问题越大，视觉环境质量越差。

为便于分析比较，效果评价指数分为四个照明效果评价等级，见表7–12。

表7–12   照 明 效 果 评 价 等 级

效果评价指数S	$0 \leqslant S < 10$	$10 \leqslant S < 25$	$25 \leqslant S < 50$	$S \geqslant 50$
质量等级	1	2	3	4
意义	优	良	中	差

结合表7–10～表7–12，可以得出"鸟巢"立面照明效果评价等级为良好，接近优秀。"水立方"立面照明效果评价指数达到9，为优秀等级。

因此，公众对"鸟巢"、"水立方"立面照明效果给予高度的认可和肯定。

从表7–10和表7–11第10项目可以看出，公众对建筑物立面照明整体效果的认可度。超过92%的受访人员认为"鸟巢"立面照明整体效果达到优秀，没有人认为"鸟巢"照明效果差。约91%的受访者认为"水立方"立面照明整体效果达到优秀。从另一个方面讲，本评价方法还有完善和改进之处。图7–44为问卷调查简影。

图7–44 问卷调查

综上所述，"鸟巢"、"水立方"立面照明整体效果达到优秀等级（图7-45）。

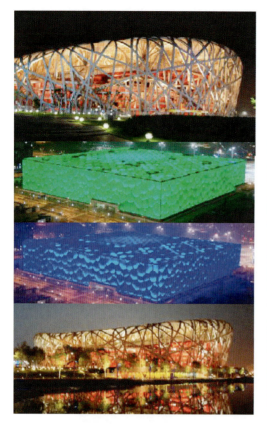
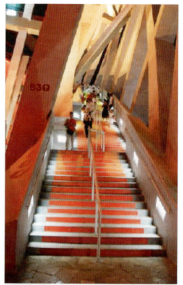

图7-45 欣赏"鸟巢"、"水立方"

国家体育场电气关键技术的研究与应用

绿色奥运篇

8 绿色奥运电气技术 ■

8.1 体育场谐波的研究与应用

关键技术 8 – 1：体育场馆谐波特征的研究

电力系统中除基波外，任一周期性信号皆称为谐波。我国的基波频率是50Hz，正常情况下，电力系统的电压和电流均为正弦波，但由于非线性负荷等因素，系统电压和电流发生畸变，不再是纯净的正弦波。谐波分为整数谐波和非整数谐波，整数谐波又分为偶次谐波（如2、4、6、…次谐波）和奇次谐波（如3、5、7、…次谐波）。小于1的谐波叫作次级谐波。谐波用总谐波电压失真度 THDu 和总谐波电流失真度 THDi 描述，即电压畸变率和电流畸变率。谐波还可分为正序谐波、负序谐波、零序谐波，$3n + 1$ 次谐波叫作正序谐波，如1、4、7、10、…次谐波；$3n - 1$ 次谐波叫作负序谐波，如2、5、8、11、…次谐波；$3n$ 次谐波叫作零序谐波，如3、6、9、12、…次谐波。

8.1.1 谐波的危害

谐波电流将会增加变压器铜损和漏磁损耗，谐波电压将会增加变压器铁损。同时电力谐波还会提高变压器工作机械噪声和增加变压器额外的温升，谐波频率越高，噪声与温升特性越明显。

基波电流是正常电流，谐波电流是额外的电流，属于异常电流，因此，谐波电流容易造成导体过载、过热，导致导体绝缘破坏而烧毁。导体对高频谐波电流有集肤效应，使额定载流量减少。

与变压器类似，谐波电压与谐波电流会造成旋转电机产生额外的铁损与铜损，进而影响旋转电机的机械效率和稳定转矩，同时增加电机的温升。

因电力线中的谐波电流或谐波电压会感应电磁场，将影响邻近通信线路的通信质量。IEEE/Std 519—1992 建议采取以下措施，以减少谐波对通信网路声频的干扰：

1）分开敷设电力线和通信线路，采取屏蔽措施。

2）避开地线回路与不平衡三相电路。

3）减少晶闸管换相时间。

4）装设串联或并联滤波器，以达到隔离或滤除谐波的功效。

谐波电压会造成电力电容器发生并联谐振，扩大谐波对电力系统的污染。日本 JIS/C4901、JIS/C4902、IEEE/Std 18—1992 等标准，对高低压电容器皆有过电压容许时间规定。一般的改善方法为在电容器上串联适当的电感，使共振点避开谐波源，这样可避免扩大谐波污染，也可适度滤除谐波。

保护继电器种类繁多，对谐波的敏感度也有所不同，相同大小谐波量不同谐波相角对保护继电器也会产生不同的影响。据相关文献记载，当谐波含量小于5%时，对大部分保护继电器不会产生影响；当谐波含量大于10%时，保护继电器有可能不能正常工作，对此要加以评估，分析保护继电器是否能正常工作。

计量表和测量仪器可能因谐波污染而影响其正常运转，特别在发生谐波因共振而放大时，计量表、测量仪表可能产生较大的误差。一般而言，总谐波失真度大于 20% 时，电能表会出现明显误差。然而，当计量表和测量仪器采用仪器专用变压器时，可以有效地避免谐波干扰。

开关电器设备会因谐波造成额外的温升和损失，结果开关电器的额定容量将会降低，其绝缘和寿命也将受到影响。谐波含量越高，谐波对开关电器影响的程度就越大。因此，谐波将有可能造成开关电器不能起到正常保护。

零序谐波会造成电流和电压的失真，各相线中的零序谐波电流因相位一样将会在中性线叠加，进而增加中性线过载的可能性，中性线安全受到威胁。

8.1.2 体育场内的谐波源

体育场中的谐波源主要有两类：一类是整流、逆变类负荷；另一类是铁磁类负荷。归纳起来有以下几种，见表 8－1。

表 8－1 谐 波 源 类 型

负荷类型	谐波源举例
照明类	场地照明设备、广场照明中的高强度气体放电灯、荧光灯电子镇流器、石英灯等的电子变压器、LED 等
电动机调速、启动类	软启动器、变频器、变频调速装置等
铁磁类设备	变压器、电动机
电源设备	UPS、EPS、充电器、直流电源
电子类系统	通信系统、计算机系统、BAS 系统、安防系统等
体育工艺设备类	LED 大屏幕系统、计时记分与成绩处理系统等

图 8－1 LED 大屏幕谐波测量

8.1.3 体育场谐波测试与分析

谐波分析应根据具体负荷进行具体对待，不同体育场谐波源不尽相同。为了更好地设计国家体育场，我们对规模、功能与国家体育场相类似的国内某著名体育场进行了谐波测试和研究，以便为国家体育场设计积累经验。下面的测试数据对谐波分析与治理起到参考作用。测试仪表为 Fluke 43B 型综合测试仪，测试时间为 2003 年 9 月 8 日。

1. 大显示屏

大显示屏俗称大屏幕，位于体育场南侧的大屏幕为三基色 LED，高 9m，长 11.5m，测试点在大屏幕控制柜主进线断路器下方小母线（图 8－1）。

三相电流谐波电流分布见表 8－2，电流可以认为三相平衡，各相总电流约为基波电流的 1.5 倍，3、5、7 次谐波占谐波的主要部分，分别约为基波的 87%、63%、38%。

表 8-2   LED 大屏幕主回路三相谐波电流分布   （单位：A）

相序	总电流	THDi(%)	基波电流	3 次谐波	5 次谐波	7 次谐波	9 次谐波	11 次谐波	13 次谐波
L3 相	38.1	76	24.8	21.7	15.6	9.5	4.5	2	2
L2 相	38.5	75.3	25.3	21.7	15.6	9.3	4.6	2.1	1.7
L1 相	37	75.2	24.4	20.8	15	9.1	4.3	2	1.7
平均值	38.87	75.50	24.83	21.40	15.40	9.30	4.47	2.03	1.80
I_n/I_1（%）	152.5	—	100.0	86.2	62.0	38.4	18.0	8.2	8.2

中性线上谐波电流分布见表 8-3，中性线上的电流为相线基波电流的 2 倍以上，而且三次谐波电流约占 96.9%。

表 8-3   LED 主回路中性线上谐波电流分布

参数	总电流	3 次谐波	9 次谐波	15 次谐波
N 线电流/A	54.1	52.4	12.1	5.0

小结：三基色 LED 三相总电流约为基波电流的 1.5 倍，3、5、7 次谐波占比较高。中性线上的总电流为相线基波电流的 2 倍以上，3 次谐波占比较大。

2. 场地扩声系统

场地扩声系统测试点在其配电柜总进线断路器下方，测试时为空场，相电流谐波分布见表 8-4。该相总电流约为其基波电流的 1.1 倍，3 次和 5 次谐波为主要成分，但均不足 10%。另还有少量 7 次及以上谐波电流。其相电流波形和谐波电流分布如图 8-2 所示。

表 8-4   场地扩声系统主回路相电流谐波分布

参数	总电流	THD（%）	基波	3 次谐波	5 次谐波	7 次谐波	9 次谐波	11 次谐波	13 次谐波
相电流/A	29.44	44.4	26.38	8.7	9.8	2.6	2.7	1	0.8
I_n/I_1（%）	111.6	—	100.0	29.2	38.1	9.9	10.2	3.8	3.0

小结：场地扩声系统相总电流约为基波电流的 1.1 倍，3 次和 5 次谐波占比较高。

3. 卫星电视及有线电视系统

测试点在卫星电视及有线电视系统电源配电柜总进线下方。由于测试时间为平常工作日，没有赛事，又在白天，电视系统使用功率较小，不能准确反映谐波情况，所测得的谐波电流仅供参考。卫星电视和有线电视系统谐波电流分布见表 8-5。

表 8-5   卫星电视和有线电视系统谐波电流分布

参数	总电流	THD（%）	基波	2 次谐波	3 次谐波	4 次谐波	5 次谐波	6 次谐波
相电流/A	26.21	2.4	26.14	0.6	1.4	0.2	0.4	0.1
I_n/I_1（%）	100.3	—	100.0	2.3	5.4	0.8	1.5	0.4

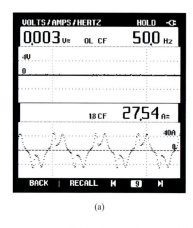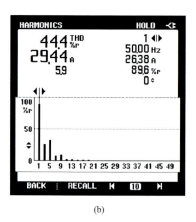

(a)   (b)

图 8-2　场地扩声系统相电流波形和谐波电流分布

（a）相电流波形；（b）谐波电流分布

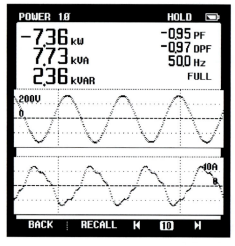

图 8-3　广场照明回路电压波形和电流波形

小结：卫星电视和有线电视系统的电流畸变率 THDi 不高，只有 2.4%。

4. 广场照明

广场照明采用金卤灯，被测试回路三相负荷平衡，每相各约为 4kW，220V。由图 8-3 可知，广场照明回路电压波形较好，接近正弦波；而电流波形发生畸变，电流谐波总含量达 18.1%。

单相金卤灯回路谐波电流分布见表 8-6。

小结：单相金卤灯的谐波含量不高，THDi 不足 20%。

<table>
<tr><td>表 8-6</td><td colspan="9" align="center">单相金卤灯回路谐波电流分布</td></tr>
<tr><td>参数</td><td>总电流</td><td>THD（%）</td><td>基波</td><td>3 次谐波</td><td>5 次谐波</td><td>7 次谐波</td><td>9 次谐波</td><td>11 次谐波</td><td>13 次谐波</td></tr>
<tr><td>L3 相电流/A</td><td>32.05</td><td>18.1</td><td>31.47</td><td>5.3</td><td>1.6</td><td>1.1</td><td>0.4</td><td>0.1</td><td>0.1</td></tr>
<tr><td>I_n/I_1（%）</td><td>101.8</td><td>—</td><td>100.0</td><td>16.8</td><td>5.1</td><td>3.5</td><td>1.3</td><td>0.3</td><td>0.3</td></tr>
</table>

5. 场地照明

场地照明采用 PHILIPS 公司 MVF024N/MHD-TD2000W，光源为 2000W，380V 的金卤灯，测试时只投入部分灯具，测试点在该回路的断路器出线侧。单相线间负荷的 380V 金卤灯回路谐波电流分布见表 8-7。

<table>
<tr><td>表 8-7</td><td colspan="9" align="center">单相线间负荷的 380V 金卤灯回路谐波电流分布</td></tr>
<tr><td>相电流</td><td>总电流</td><td>THD（%）</td><td>基波</td><td>3 次谐波</td><td>5 次谐波</td><td>7 次谐波</td><td>9 次谐波</td><td>11 次谐波</td><td>13 次谐波</td></tr>
<tr><td>L2 相电流/A</td><td>9.1</td><td>8.1</td><td>9.09</td><td>0.2</td><td>0.4</td><td>0.2</td><td>0.1</td><td>0.4</td><td>0.5</td></tr>
</table>

相电流	总电流	THD（%）	基波	3 次谐波	5 次谐波	7 次谐波	9 次谐波	11 次谐波	13 次谐波
L3 相电流/A	8.73	8.7	8.7	0.1	0.4	0.2	0	0.2	0.4
平均值	8.92	8.40	8.90	0.15	0.40	0.20	0.05	0.30	0.45
I_n/I_1（%）	100.2	—	100.0	1.7	4.5	2.2	0.6	3.4	5.1

小结：2000W/380V 金卤灯各相总电流主要由基波电流贡献，谐波电流总含量不足 10%。

6. 程控交换机

测试点位于电源配电柜主开关（250A）下方。由于为非比赛日，交换机负荷较小。程控交换机配电回路谐波电流分布见表 8–8。

表 8–8 程控交换机配电回路谐波电流分布

参数	总电流	THD（%）	基波	3 次谐波	5 次谐波	7 次谐波	9 次谐波	11 次谐波	13 次谐波
相电流/A	11.06	13.9	10.95	1.2	0.4	0.7	0.5	0.3	0.1
I_n/I_1（%）	101.0	—	100.0	11.0	3.7	6.4	4.6	2.7	0.9

小结：程控交换机配电回路各相总电流主要由基波电流贡献，谐波电流总含量约 14%。

7. 计算机主机房

测试当日为非赛事日，又是周日，测试时只有极少数几台电脑投入使用。测试点在电源配电柜进线处、主开关下方。计算机主机房配电回路谐波电流分布见表 8–9。

表 8–9 计算机主机房配电回路谐波电流分布

参数	总电流	THD（%）	基波	3 次谐波	5 次谐波	7 次谐波	9 次谐波	11 次谐波	13 次谐波
相电流/A	18.58	2.2	18.57	0.3	0.3	0.1	0	0	0
I_n/I_1（%）	100.1	—	100.0	1.7	1.7	0.6	0.0	0.0	0.0

小结：计算机主机房配电回路各相总电流主要由基波电流贡献，谐波电流总含量很小，只有 2.2%。

综上所述，体育场中 LED 大屏幕、场地扩声系统等是产生谐波的主要负荷。由于种种原因，对电梯、变频调速装置、软启动装置等设备没有进行测试。我们可以引用在北京另一个工程实测的数据说明变频调速装置、软启动装置等也是建筑物重要的谐波源（表 8–10）。

表 8–10 变频调速装置、照明等的电流谐波情况

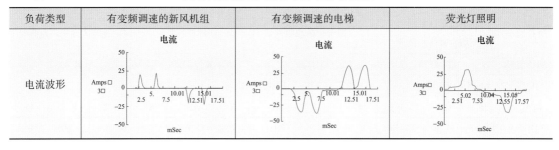

负荷类型	有变频调速的新风机组	有变频调速的电梯	荧光灯照明
电流波形			

续表

负荷类型	有变频调速的新风机组	有变频调速的电梯	荧光灯照明
谐波电流分布	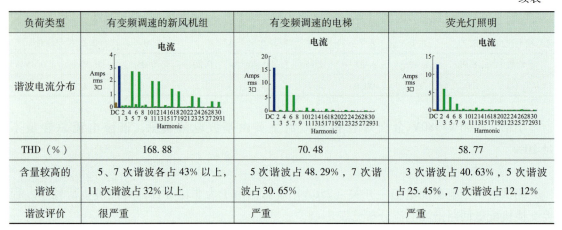		
THD（%）	168.88	70.48	58.77
含量较高的谐波	5、7 次谐波各占 43% 以上，11 次谐波占 32% 以上	5 次谐波占 48.29%，7 次谐波占 30.65%	3 次谐波占 40.63%，5 次谐波占 25.45%，7 次谐波占 12.12%
谐波评价	很严重	严重	严重

综上所述，根据实测，我们可以对体育场主要谐波源有进一步初步认识，但是各种用电设备更新换代很快，体育建筑中的新系统也不断地升级和功能提升，更详细的工作还需进一步研究。为此，结合奥运会测试赛和奥运比赛，笔者进行了更深入的测试和研究，相关数据见表 8 – 11，对以上测试和分析数据进行补充和修订。

表 8 – 11　　　　　　　　　　体育建筑中谐波电流较大的实测值

负荷类别	场地照明			普通照明			主显示屏			看台照明		
相序	L1 相	L2 相	L3 相	L1 相	L2 相	L3 相	L1 相	L2 相	L3 相	L1 相	L2 相	L3 相
电流/A				106	86	95	33	36	32	13.2	9.8	6.1
3 次谐波	22.10%	21.30%	22.30%	11.60%	12.50%	14.50%	10.20%	8.60%	10.40%	52.70%	62.10%	83.20%
5 次谐波	11.00%	15.40%	13.30%	0.00%	0.00%	2.50%	4.20%	3.90%	0.00%	41.30%	38.70%	75.30%
7 次谐波	5.10%	8.50%	3.50%	4.50%	4.40%	2.80%	0.00%	0.00%	0.00%	34.50%	28.40%	58.50%
9 次谐波	0.00%	2.90%	0.00%	2.40%	1.80%	0.90%	3.60%	4.80%	4.60%	25.60%	26.60%	51.60%
11 次谐波	6.10%	8.90%	8.30%	1.70%	1.80%	2.60%	0.00%	0.00%	0.00%	18.90%	12.90%	35.00%
13 次谐波	3.60%	3.50%	3.50%	0.00%	0.00%	0.00%	4.30%	3.40%	3.90%	9.60%	0.00%	0.00%
15 次谐波	0.00%	0.30%	0.00%	0.00%	0.00%	0.00%	0.20%	0.00%	0.20%	0.00%	0.00%	0.00%
电压谐波总畸变率				1.30%	1.40%	1.30%	1.50%	1.50%	1.30%	0.00%	0.00%	0.00%
电流谐波总畸变率				13.20%	13.80%	14.90%	13.10%	11.60%	11.80%	81.60%	82.10%	0.00%
cosφ				0.99			0.93			0.98		

负荷类别	弱电机房（数据 – 网络 – 通信）负荷			跳台转播照明			功放控制室			比赛大厅扩声负荷		
回路编号	I 段 4130			I 段 4139			II 段 4229			II 段 4230		
相序	L1 相	L2 相	L3 相	L1 相	L2 相	L3 相	L1 相	L2 相	L3 相	L1 相	L2 相	L3 相
电流/A	26.9	18.3	20.9	17	18	18	6	15	8	9.2	8.3	11
3 次谐波	10.30%	13.80%	15.50%	33.3	31.6	30.1	58.70%	18.10%	70.70%	14.80%	10.60%	5.10%

续表

相序	L1相	L2相	L3相	L1相	L2相	L3相	L1相	L2相	L3相	L1相	L2相	L3相
5次谐波	11.40%	10.40%	8.70%	16.80%	16.40%	18.20%	16.90%	8.40%	33.30%	0.00%	0.00%	0.00%
7次谐波	10.80%	11.40%	9.40%	9.30%	9.80%	9.20%	26.70%	8.60%	12.10%	8.80%	0.00%	0.00%
9次谐波	0.00%	0.00%	0.00%	8.50%	8.20%	12.60%	15.90%	8.40%	19.40%	0.00%	0.00%	0.00%
11次谐波	0.00%	0.00%	0.00%	8.10%	11.60%	8.90%	0.00%	0.00%	13.90%	0.00%	0.00%	0.00%
13次谐波	0.00%	0.00%	0.00%	8.30%	6.10%	6.60%	20.40%	5.40%	0.00%	0.00%	0.00%	0.00%
15次谐波	0.00%	0.00%	0.00%	10.40%	4.70%	8.20%	12.30%	6.20%	15.10%	0.00%	0.00%	0.00%
电压谐波总畸变率	1.70%	1.60%	1.40%	1.30%	1.60%	1.30%	1.00%	1.30%	1.20%	1.00%	1.30%	1.10%
电流谐波总畸变率	16.60%	21.00%	25.80%	40.80%	35.20%	44.50%	81.7%	28.90%	70.70%	16.20%	12.30%	11.30%
$\cos\varphi$	0.93			0.97			0.94			0.91		

负荷类别	冷冻机			热身池水处理机房			热力站			应急照明		
回路编号	IV段4301			VI段4518			VI段4520			II段4206		
相序	L1相	L2相	L3相	L1相	L2相	L3相	L1相	L2相	L3相	L1相	L2相	L3相
电流/A	892	918	894	96.7	99.4	92.5	71.5	71	70.2	31	33	5
3次谐波	0.00%	0.00%	0.00%	1.40%	0.00%	0.00%	0.00%	0.00%	0.00%	18.60%	14.20%	24.20%
5次谐波	0.00%	0.00%	0.00%	1.60%	1.50%	1.30%	13.20%	12.60%	11.70%	1.60%	3.60%	18.50%
7次谐波	0.00%	0.00%	0.00%	0.00%	0.00%	0.00%	8.90%	8.00%	8.40%	0.50%	3.90%	0.00%
9次谐波	0.00%	0.00%	0.00%	0.00%	0.00%	0.00%	0.00%	0.00%	0.00%	3.20%	2.40%	0.00%
11次谐波	0.00%	0.00%	0.00%	0.00%	0.00%	0.00%	0.00%	0.00%	0.00%	2.60%	0.00%	0.00%
13次谐波	0.00%	0.00%	0.00%	0.00%	0.00%	0.00%	0.00%	0.00%	0.00%	0.90%	1.10%	0.00%
15次谐波	0.00%	0.00%	0.00%	0.00%	0.00%	0.00%	0.00%	0.00%	0.00%	1.50%	0.20%	0.00%
电压谐波总畸变率				0.90%	1.00%	0.90%	0.80%	1.10%	0.90%	0.80%	1.10%	0.90%
电流谐波总畸变率				2.30%	2.20%	1.20%	15.40%	15.10%	14.20%	19.60%	15.70%	30.40%
$\cos\varphi$	0.87			0.83			0.76			0.99		

综上所述，体育建筑主要设备的谐波特征汇总见表8-12。需要说明，各厂家设备差异性较大，不可以偏概全。本书中数据为实测数据，仅供读者参考。

表8-12　　　　　　　　　　体育建筑主要设备谐波特征汇总表

设备名称	主要谐波电流/次			
	I3	I5	I7	I9 及以上
电梯、自动扶梯、升降机	●	●●●	●●	●
变频/软启动器的制冷/热设备、空调设备、通风设备	●	●●●	●●	●
计算机、数据处理设备和网络通信设备等	●	●●●	●●	

续表

设备名称		主要谐波电流/次			
		I3	I5	I7	I9 及以上
体育建筑中的谐波特征	场地照明	●●	●		
	主显示屏	●			
	看台照明	●●●●●●	●●●●	●●●	●●
	弱电机房	●●	●	●	●
	功放控制室	●●●●	●●	●●	●
	比赛大厅扩声负荷	●			
不间断电源（UPS）	单相	●●●	●●	●	
	三相		●●●	●	●
医疗设备	小型诊断治疗设备	●●●	●●	●	
	大型诊断治疗设备	●●	●●	●	
荧光灯、金卤灯、调光器等非线性照明设备		●●●	●●		●
单端节能灯（俗称节能灯）		●●●●●	●●	●	●●
直管荧光灯（T8，18W，电感镇流器）		●●			
直管荧光灯（T8，36W，电子镇流器）		●●●●	●●●●	●●	●

注：表中 ● 表示该次谐波成分的比例，每个"●"表示十个百分点的谐波电流含量。

8.1.4 有关谐波的相关标准

对于用户而言，电是一种商品，这种特殊商品是有质量要求的，这就是电能质量若干标准所规定的。用户花钱买电，供电公司应销售合格的电能。谐波是电能指标之一，由《电能质量 公用电网谐波》（GB/T 14549—1993）考核，电力系统公共连接点（电源侧）的谐波电压（相电压）限制值应符合表 8 - 13 的要求。

表 8 - 13　　　　　　　　　　谐波电压（相电压）限制值

电网标称电压/kV	电压总谐波畸变率（%）	各次谐波电压含有率（%）	
		奇次	偶次
0.38	5.0	4.0	2.0
6	4.0	3.2	1.6
10			
35	3.0	2.4	1.2

而 IEEE/Std 519—1992 关于电网中任意连接点电压谐波限制值见表 8 - 14。

表 8 - 14　　　　　　IEEE/Std 519—1992 关于电网中任意连接点电压谐波限制值

电网标称电压/kV	<69	69 ~ 161	>161
各次谐波最大值	3.0	1.5	1.0
总的谐波含量 THD（%）	5.0	2.5	1.5

从表 8-13 和表 8-14 可以看出，电网标称电压越高，对谐波电压要求也越严格。表 8-13 可以转换成图 8-4，可以很直观地说明这一点。

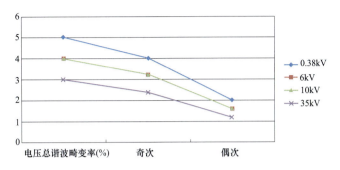

图 8-4　不同电压等级的谐波电压限值

对用户来说，国家标准对用户配电系统向公共电网注入的谐波也有限制要求，即应符合国家有关规定。也就是说，用户的供配电系统不能"污染"公共电网。电力系统公共连接点的全部用户向该点注入的谐波电流分量（方均根）应不超过表 8-15 规定的允许值。

表 8-15　　　　　　　　　　向公共电网注入谐波电流的限制值

标准电压 /kV	基准短路容量/MVA	谐波次数及谐波电流允许值/A																							
		2	3	4	5	6	7	8	9	10	11	12	13	14	15	16	17	18	19	20	21	22	23	24	25
0.38	10	78	62	39	62	26	44	19	21	16	28	13	24	11	12	9.7	18	8.6	16	8.8	8.9	8.1	14	6.5	12
6	100	43	34	21	34	14	24	11	11	8.5	16	8.1	13	6.1	6.8	5.3	10	4.7	9	4.3	4.9	3.9	8.4	3.6	6.8
10	100	26	20	13	20	8.5	15	6.4	6.8	5.1	9.3	4.3	8.9	3.7	4.1	3.2	6	2.8	5.4	2.6	2.9	2.3	4.5	2.1	4.1
35	250	15	12	8.7	12	5.1	8.8	3.8	4.1	3.1	5.6	2.6	4.7	2.2	2.5	1.9	3.6	1.7	3.2	1.5	1.8	1.4	2.7	1.3	2.5

注：1. 当电力系统公共连接点处的最小值短路容量与基准短路容量不同时，谐波电流允许值应进行换算。

2. 本表取自《电能质量　公用电网谐波》（GB/T 14549—1993）。

同样对比 IEEE/Sta 519—1992 关于向公共电网任意连接点谐波电流限制值见表 8-16。

表 8-16　　　　IEEE/Sta 519—1992 关于公共电网中任意连接点谐波电流限制值

各次谐波电流允许值（以基波百分数表示）（%）						
I_{SC}/I_L	谐波次数					
	<11	11~16	17~22	23~34	>35	THD
<20	4	2	1.5	0.6	0.3	5.0
20~50	7	3.5	2.5	1.0	0.5	8.0
50~100	10	4.5	4.0	1.5	0.7	12.0
100~1000	12	5.5	5.0	2.0	1.0	15.0
<1000	15	7.0	6.0	2.5	1.4	20.0

注：1. 表中数值适用于 120V~69kV 配电系统。

2. I_{sc} 为 PCC 处的最大短路电流，I_L 为 PCC 处的最大需用负荷电流。

3. PCC 是 The Point of Common Coupling 的缩写，即为公共连接点。

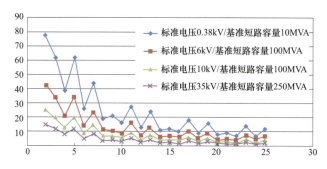

图 8-5　不同标准电压的系统向公共电网注入谐波电流的限制值

将表 8-15 转换成图 8-5 可以更直观的说明以下问题：

1）系统电压越高，对谐波电流限制值要求越严格。

2）谐波限制值有随谐波次数增加而减少的趋势。

3）谐波限制值不仅对奇次谐波有要求，对偶次谐波也有要求。

8.1.5　用电设备的谐波限值

现在用电设备有许多是电力电子类设备，它们是主要的谐波源。根据 GB 17625.1—2003《电磁兼容 限值 谐波电流发射限值（设备每相输入电流≤16A)》的规定，对于终端用电设备可按谐波电流限值分成四类，见表 8-17。表中 A 或 B 类设备输入电流的各次谐波应不超过表 8-18 所给出的限制值，C 类设备输入电流的各次谐波应不超过表 8-19 给出值的 1.5 倍。

表 8-17　　　　　　　　按照谐波电流限值的设备分类

分类	设 备 类 型
A 类	平衡的三相设备；家用电器，不包括列入 D 类的设备；工具，不包括便携式工具；白炽灯调光器；音频设备；其他未规定为 B、C、D 类的设备
B 类	便携式工具；不属于专用设备的电弧焊设备
C 类	照明设备
D 类	功率不大于 600W 的个人计算机及其显示器、电视接收机

表 8-18　　　　　　　　A 或 B 类 设 备 的 限 值

谐波次数 n	最大允许谐波电流/A
奇次谐波	
3	2.30
5	1.14
7	0.77
9	0.40
11	0.33
13	0.21
$15 \leqslant n \leqslant 39$	$0.15 \times 15/n$

续表

谐波次数 n	最大允许谐波电流/A
偶次谐波	
2	1.08
4	0.43
6	0.30
$8 \leqslant n \leqslant 40$	$0.23 \times 8/n$

注：A 类设备谐波电流限值应满足本表要求；B 类设备谐波电流限值为本表限值的 1.5 倍。

C 类设备的限值要求如下：

1）对于有功输入功率大于 25W 的照明电器，谐波电流应不超过表 8 – 19 给出的相关限值。

2）对于有功功率不大于 25W 的放电灯，应符合下列两项要求中的一项：第一项为谐波电流不超过表 8 – 20 第 2 栏中与功率相关的限值，第二项要求见表 8 – 19。而且假设基波电源电压过零点为 0°，输入电流波形应是 60°或之前开始流通，65°或之前有最后一个峰值（如果在半个周期内有几个峰值），在 90°前不应停止流通。

表 8 – 19 中第二列为最大允许谐波电流与基波输入电流之比，以百分数表示，即 $\dfrac{I_n}{I_1} \times 100\%$。

表 8 – 19　　　　　　　　　　　C 类 设 备 的 限 值

照明电器	谐波次数 n	基波频率下输入电流百分数表示的 最大允许谐波电流（%）
有功输入功率大于 25W 的照明电器	2	2
	3	30λ[①]
	5	10
	7	7
	9	5
	$11 \leqslant n \leqslant 39$（仅考虑奇次谐波）	3
有功功率 ≤25W 的放电灯	3	≤86
	5	≤61

① λ 是回路功率因数。

显而易见，对于有功功率小于或等于 25W 的气体放电灯，表 8 – 19 的要求更容易达到，它仅对 3 次和 5 次谐波做出要求，而对更高次谐波电流不做规定。而表 8 – 20 对高达 39 次的谐波都有要求，难度相对较大。以 25W 的放电灯为例，各次谐波要满足表 8 – 20 第三列的要求，必须保持在图 8 – 6 谐波电流限值以下。

对于 D 类设备，输入电流谐波应不超过表 8 – 20 给出的限值。

表 8 - 20 **D 类 设 备 的 限 值**

谐波次数 n	每瓦允许的最大谐波电流 / (mA/W)	最大允许谐波电流 /A
3	3.4	2.30
5	1.9	1.14
7	1.0	0.77
9	0.5	0.40
11	0.35	0.33
$13 \leqslant n \leqslant 39$ （仅考虑奇次谐波）	$3.85/n$	

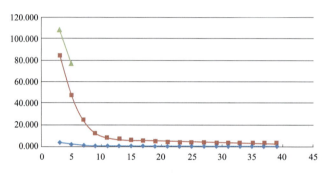

图 8 - 6　25W 气体放电灯各次谐波电流限值

图中符合表 8 - 19 的 25W 气体放电灯曲线假设功率因数为 0.9，额定电压为 220V。

图 8 - 6 反映了 25W（上限值）的气体放电灯对各次谐波电流限制值的要求：

1）最上面的曲线表明，对谐波电流限制值要求最宽松，只对 3、5 次谐波电流有限制值要求，符合表 8 - 19 的规定。

2）中间曲线符合表 8 - 20 的规定，相比上面曲线要求更严格，要符合该曲线要求，需要投入更大的成本。

3）下面曲线同样符合表 8 - 20 的规定，为每瓦允许最大谐波电流限制值，单位为 mA/W。

8.1.6　谐波治理的方法

1. 优化供配电系统降低谐波干扰

供配电系统中的配电变压器，当无特殊要求时应选用 Dyn11 三相配电变压器，且配电变压器的负载率不宜高于 60%。需要进一步说明，变压器负荷率不高于 60% 也是北京电力公司对 A 级奥运场馆的要求，与设计要求一致。

2. 使用无源谐波滤波器

无源谐波滤波器实质上是 LC 电路，所以无源谐波滤波器也叫 LC 滤波器。串联调谐电抗器与电容器组成 LC 电路。当电容器 C 的容抗与电抗器 L 的感抗相等时，即 $X_C = X_L$，LC 电路阻抗理论上为 0。原本流入变压器的谐波电流由于滤波器阻抗低于变压器阻抗，使特定频率的谐波流入谐波滤波器内，以达到吸收谐波的目的，对电力系统起到净化作用。因此，无源谐波滤波器也叫无源吸收谐波装置。但是，要完全滤除谐波是很困难的，理论上只有在谐振点上才可以完全消除谐波，但这样滤波设备无法承受如此大的谐波电流。

设计时国家体育场所有变压器容量均在 2000kVA 及以下（实施时有两台 2500kVA），因此，电容器串联调谐电抗器的容量按变压器容量的 30% 设计（此项为供电部门要求，否则约 15% 较为合适）。

由表 8 – 12 可知，国家体育场存在大量谐波，又因为主要大型三相设备谐波源如三相 UPS、通信机房等设备自带谐波治理装置，所以国家体育场建筑设计主要以治理 3 次谐波为主，实际调谐频率约为 135Hz，实际电抗器配比约为 13.7%。

3. 使用有源谐波滤波器

1）国家体育场工程采用有源谐波滤波器，有源谐波滤波器也称为主动滤波器，其工作原理为：实时采集电力线路上谐波电流信号，并进行快速计算，由滤波器注入一个大小相等、方向相反的谐波电流到电力系统中，"中和"系统中的谐波电流。

2）理论上，滤波器安装在负荷侧较好，对谐波进行就地治理。但综合技术、经济两方面因素，有源谐波滤波器安装在变电所低压侧为宜。见表 8 – 12，场地照明配电间、广播机房、LED 设备机房、计算机中心、通信中心及其他较大非线性负荷平时不工作或工作负荷较小，还有许多是临时性负荷，不确定因素较多。因此，有源谐波滤波器安装在变电所低压侧技术上可行，经济上合理。

3）有源谐波滤波器滤波效果达 95% 以上，至少能滤除高达 15 次谐波。现在看来，这个要求不算高，这也充分说明技术上的进步。

4）国家体育场采取何种谐波滤波器将视负荷谐波情况，根据实测再做决定。

关键技术 8 – 2：体育场馆谐波治理方法

综上所述，根据体育场馆的负荷特点，对谐波治理提出相应要求，这一技术在以后的体育建筑电气设计中逐渐完善，并应用到《体育建筑电气设计规范》中，该规范报批稿有如下要求：

3.8.2　电容补偿装置的选择应考虑配电系统中谐波的影响，宜根据负荷的谐波特征配置消谐电抗器。

【说明】串联调谐电抗器在调谐频率 f_h 处的配比计算用下式

$$X_L = X_C / h^2 \tag{2}$$

式中　X_L——电抗器基波感抗；

X_C——电容器基波容抗；

h——谐波的次数。

为了避免发生局部谐振，应使实际调谐频率小于理论调谐频率，同时还应考虑一定裕度，防止电容器长期使用后介质材料老化，从而导致电容值下降，引起谐振频率的升高。常用无源滤波装置电抗器配比见表 4。

表4 无源滤波装置实际电抗器配比

理论调谐次数 H	理论调谐频率 f_h（Hz） $f_h = 50$	实际调谐频率（Hz）（举例） f	实际调谐次数（举例） $h_1 = f/50$	实际电抗器配比 $X_L/X_c = 1/h_1^2$
3	150	135	2.7	13.7%，可选 12.5% ~14%
5	250	215	4.3	5.4%，可选 4.5% ~5.5%
7	350	315	6.3	2.52%，可选 2% ~3%
9	450	415	8.3	1.45%，可选 1.3% ~1.5%

以"水立方"场地照明回路为例，三相上3次谐波含量最多，均在21%以上；其次是5次谐波，在11%以上；11次谐波位居第三位，达6%以上；7次和13次谐波含量也不少，均在3%以上；9次和15次谐波含量较少，尤其15次谐波可以忽略不计。

因此，调谐电抗器要根据实际负荷的谐波特征做出合理、准确的选择。

8.2 节能环保配变电产品的应用

8.2.1 低损耗变压器

国家体育场所采用的变压器型号（不含预装式变电站中的变压器）为 SCB10 - 1250kVA/10kV，SCB10 - 1600kVA/10kV 和 SCB10 - 2000kVA/10kV，其自身损耗较低，达到我国节能型变压器的要求。变压器的主要技术参数见表 8 - 21。

表 8 - 21 变压器的主要技术参数

型 号	变压器参数					国标目标能效限定值	
	U_k（%）	P_0/W	P_k/W	LPA/dB	绝缘等级	P_0/W	P_k/W
SCB10 - 1250/10	6	1930	8460	51	F	2090	9690
SCB10 - 1600/10	6	2250	10 240	51	F	2450	11 730
SCB10 - 2000/10	8	2990	12 600	52	F	3320	14 450

表中国标目标能效限定值是指《配电变压器能效限定值与节能评价值》（GB 120052—2006）定义的节能型变压器，满足该标准配电变压器目标能效限定值就是节能型变压器，4年后（即2010年）配电变压器应达到此指标。

由图 8 - 7 可以直观地看出，"鸟巢"所采用的变压器远低于国标所规定的目标能效限定值，节能型变压器确实不同凡响！

同时，奥运会期间，变压器的负载率在 40% ~60% 之间，其效率属于最高范围内。当变压器的负荷率满足式（8 - 1）时，变压器的效率最高，因此可以计算出 SCB10 系列变压器效率最高时的负荷率，见表 8 - 22。

$$\beta = \beta_m = (1/R)^{1/2} = (P_0/P_k)^{1/2} \qquad (8-1)$$

式中：β 为变压器的负荷率；R 为变压器的损耗比；P_0 为空载损耗（W）；P_k 为负载损耗（W）。

关键技术 8 – 3：变压器效率最大值的研究

SC（B）10 变压器的最佳负荷率为 50% 左右，此时变压器效率最高。

表 8 – 23 给出了北京奥运会期间主要场馆的负荷率数据，供读者参考。需要说明，上海八万人体育场包含酒店、体育馆等负荷，表中功率因数按 0.9 计。

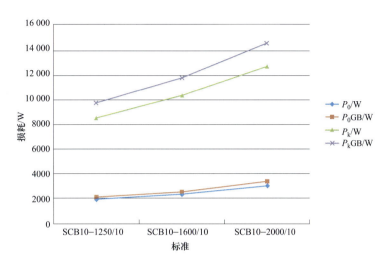

图 8 – 7 "鸟巢"所使用的变压器自身损耗与国标的对比

表 8 – 22 　　　　　　　　　　　SCB10 系列配电变压器最佳负荷率

| 型　　号 | 容量 /kVA | 电压组合 | | 联结组 | P_0 /W | P_k (120℃) /W | U_k (120℃) (%) | 损耗比 R | 最佳负荷率 β_m |
		高压 /kV	低压 /kV						
SC10 – 100/10	100				390	1500	4	3.846 2	50.99%
SC10 – 125/10	125				460	1800	4	3.913 0	50.55%
SC10 – 160/10	160				530	2100	4	3.962 3	50.24%
SCB10 – 200/10	200				605	2500	4	4.132 2	49.19%
SCB10 – 250/10	250				720	2740	4	3.805 6	51.26%
SCB10 – 315/10	315	6 ±5% 6.3 ±2× 2.5% 10	0.4	Dyn11 或 Yyn0	875	3440	4	3.931 4	50.43%
SCB10 – 400/10	400				970	3960	4	4.082 5	49.49%
SCB10 – 500/10	500				1150	4515	4	3.926 1	50.47%
SCB10 – 630/10	630				1320	5800	4	4.393 9	48.71%
SCB10 – 630/10	630				1290	5750	6	4.457 4	48.37%
SCB10 – 800/10	800				1510	6920	6	4.582 8	46.71%
SCB10 – 1000/10	1000				1790	8080	6	4.514 0	48.07%
SCB10 – 1250/10	1250				2080	9550	6	4.591 3	46.67%
SCB10 – 1600/10	1600				2400	11 600	6	4.833 3	45.49%
SCB10 – 2000/10	2000				3300	13 440	6	4.072 7	49.55%
SCB10 – 2500/10	2500				3920	17 100	6	4.362 2	48.88%

表 8 – 23 北京奥运会期间主要场馆的负荷率

场 馆	最大负荷/kW	装机容量/kVA	平均负荷率（%）
"鸟巢"	9800	26 630	40.9
"水立方"	4600	13 000	39.3
国家体育馆	4000	9800	45.4
上海八万人体育场	12 420	20 000	69
沈阳奥林匹克体育场	3400	9200	41.1

图 8 – 8 高、低压开关柜采用可回收、可重复利用的材料

因此，所采用的 SCB10 系列变压器属于节能型变压器，自身损耗小。另一方面，奥运会期间变压器运行在效率较高的区间，同时兼顾二级及以上负荷的"互备"需求。

8.2.2 可回收的开关设备

国家体育场所采用的 10kV 户内成套配电装置为 P/V Ⅱ – 12 铠装移开式交流金属封闭开关设备，即国内型号 KYN33 – 12，中置式结构，除了众所周知的开关柜性能参数外，本项目大量采用可回收、可重复使用的材料，如柜体由优质敷铝锌钢板弯制成各种形状后用紧固件组装而成。又如铜母线可回收再利用。在运行可靠性得到充分保证的同时，注重节材和材料的可重复利用。

而低压开关柜采用标准模件由工厂组装（FBA），开关柜为低压抽出式，型号为 MLS – 600。低压开关柜同样大量采用可回收的材料，如柜架采用进口优质敷铝锌钢板弯制而成，通过自攻锁紧螺钉或 8.8 级六角螺钉紧固互相连接而成，柜门、封板、隔板、安装支架、母线等都是可回收、可重复利用的材料（图 8 – 8）。

高低压开关柜大量采用可回收、可重复利用的材料，如柜架用进口优质敷铝锌钢板弯制而成，柜门、封板、隔板、安装支架、母线等都是可回收、可重复利用的材料！

8.3 天然光的利用

关键技术 8 – 4：天然光导光技术

该技术专门为"鸟巢"所研究，采用天然光采光，实现绿色、节能与环保。由于奥运瘦身计划，以及与建筑师沟通、配合等原因，该技术没有在"鸟巢"中实施。但其成果转化为《全国民用建筑工程设计技术措施节能专篇——电气》中，在全国范围内推广。

8.3.1 天然光导光系统的意义

天然光导光系统（Light Pipe System of Natural Light，简称 LPS）。为了体现"科技奥运、人文奥运、绿色奥运"三大理念，采用先进科技，实现纯天然的绿色照明。我们与相关专家研究开发 LPS。LPS 的优点如下：

1）节约电能。经测算，LPS 与相应人工照明相比，节约照明用电大于 30%，地下车库等地下空间节能率更高。

2）安全。LPS 属于采光范畴，与电气照明相比，不存在用电危险，对人没有电击危险。

3）无频闪效应和眩光。频闪效应和眩光对人眼睛会造成伤害，由于天然光的连续光谱和 LPS 的漫反射作用，有利于保护眼睛。

4）照度均匀。采用 LPS 技术对提高照度均匀度有帮助，光线柔和，照明效果好。

5）显色性和色温好。毋庸置疑，纯自然的天然光可以完全还原被照物体的本色，显色指数达 100%。

6）维护方便。维护仅需擦拭导光管和照明灯罩，简单方便。

7）长寿命。与电光源和镇流器等相比，LPS 系统不易损坏，寿命长。

天然光导光系统的目的是有效利用天然光进行采光，达到节能、减少污染的目的，从而最大限度地实现奥运三大理念。将天然光导入室内，使得室内获得良好的照明，实现绿色、环保、安全的室内照明。从另一方面讲，有效地利用天然光是我国兑现申奥承诺的举措，因此，LPS 具有很好的样板和示范作用，为有效利用天然光探索出一条新路子。

8.3.2 天然光导光系统的构成

如图 8-9 所示，天然光导光系统由天然光采集系统、传输系统和控制系统组成。天然光采集系统利用光学反射或折射原理，进行天然光的采集、过滤、光线调整等工作，包括太阳光和漫反射的天然光（如阴天时的天然光）。收集后的天然光经高反射率的光导管传输到

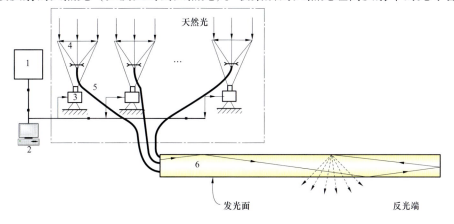

图 8-9 天然光导光系统原理图

1—太阳位置和光强扫描测定系统；2—监控用计算机；3—机械传动系统；

4—光学系统；5—柔性导光系统；6—光传输系统，即光导管

数十米之外的室内，为室内提供照明。通常光导管的一次反射率高达99%，效率较高。控制系统利用光强扫描测定技术对太阳跟踪、定位，控制传输系统光线入射角，完成有关参数及其他信息的通信，以及保护（如防飞车、防大风等）和其他控制功能，其功能见表8-24。

表8-24   功 能 介 绍

部件	作用	说　明
光学与光导系统	收集、过滤、传导天然光	考虑到批量生产后的成本及便于安装维护等因素，光学系统采用透射系统，即利用大口径菲涅尔远射系统，将直射的太阳光通过菲涅尔透镜以恰当的出射孔径射入中转导光系统。同样的理由，将一个大透镜化整为零，采用多组菲涅尔透镜，以收集足够的太阳光，然后利用多根中转柔性的玻璃光缆将光导入后面固定的传输系统——光导管中
太阳位置和光强扫描测定系统	跟踪太阳，最大限度的让光学系统多收集天然光	利用PSD光敏传感器精确测定太阳的位置，然后由微机和步进电机组成的调整机构及时调整检测系统的位置，并利用绝对式光电编码器输出当时位置的绝对量，再传送到各个具有两个自由度旋转的光学系统，保证光学系统光轴对准太阳。当捕捉不到太阳时，测定系统就会定时从左到右180°扫描，直到捕捉到太阳为止
接收光强最大控制系统	跟踪太阳，捕捉最大光强	光学系统全天候自动太阳跟踪控制系统采用PSD光敏传感器跟踪以及天文定位跟踪两种模式，可以自动根据天气状况在两种模式之间切换，无论哪种模式下，都可以实现高精度的太阳跟踪，并具有大风平放、防止飞车等保护功能
机械及自动保护系统	保证整个装置运行可靠，长寿	该系统具有防大风、防雨雪、防冰雹、防沙尘暴和防飞车等功能
计算机通信与控制系统	光的控制和通信系统	将控制台引入到值班室，便于值班人员了解情况，必要时也可人工控制。另外与体育场照明控制系统EIB配合，当引入天然光低于一定照度值时，自动控制人工照明投入工作
天然光传输系统	传输光	采集到的天然光以一定角度在光导管内传输，为了保证数十米远的场所有足够的照明水平，光导管内采用高反射率的棱镜反射膜，一次反射率不低于99%

通过科学地计算，光导管均匀地向下照射出光线，达到均匀照明的目的。本系统拟采用3M公司的LSP系列光导照明膜，该照明膜为塑料棱镜结构。

天然光传输系统有几个关键技术需要解决：

第一，入射角λ要恒定，也就是，无论太阳位置如何变化，天然光传输系统的入射角不能变化，经计算，对于LSP照明膜，$\lambda \geqslant 28.6°$，以保证天然光传输更远，并在适当部位光线向下照射。

第二，天然光传输系统的入射光要有一定量的能量。经计算，入射光通量达160 000lm时，天然光在本传输系统中可以传输达40m之远。传输距离越近，所需入射光通量越小。

第三，为了保证在被照区域内均匀照明，天然光在传输系统中的反射和透视要有适当的比例。以图8-10为例，共有5个导光组件，为了保证各组件向下光通一致，每个组件应有20%的天然光透视向下照射，这样被照区域获得均匀照明。各天然光传输组件入射光、反射光、透射光和通量的比例见表8-25。

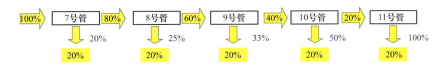

图 8-10　传输系统均匀照明

表 8-25　　　　　　　　各天然光传输组件光通分布

组件	入射光通量（%）	反射光通量（%）	透视光通量（%）	被照面光通量（%）
7	100	80	20	20
8	80	60	25	20
9	60	40	33	20
10	40	20	50	20
11	20	0	100	20

注：被照面光通量等于入射光通量×透射光通量。

8.3.3　国际上天然光导光系统的现状及趋势

1. 向日葵导光系统

向日葵天然光采光－导光系统由日本一家公司研制而成，它利用 GPS 定位、凸镜组聚焦提升阳光照度、光纤导入、阳光自动跟踪系统。该系统将阳光压缩 1.5 万倍，通过光纤导入，将阳光传输转弯，随心所欲到达任何位置。该系统可以获得稳定的采光。其原理如图 8-11 所示。但该系统利用光纤导光，光通量较小，只能小范围照明，而且造价很高，大面积使用投资巨大。

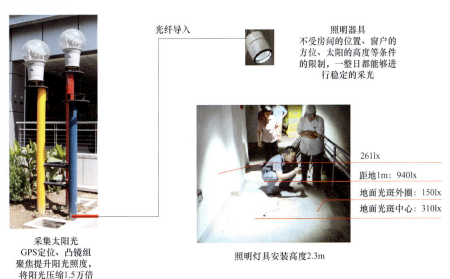

图 8-11　向日葵导光系统原理

2. 其他国家使用天然光采光系统的现状

美国、加拿大有光导管的应用，但仅限于人工光源，没有采用天然光。苏联有天然光采光的报道，但不成熟。图 8 – 12 为美国拉斯维加斯游泳馆采用光导管照明系统实例，光源为 1000W 金卤灯，色温 6000K，接近阳光色温。传输系统为 LPS250 导光系统，光导管直径 10in（254mm），长度可达 64ft（19.5m）。

我国上海理工大学、天津大学、上海复旦大学、重庆大学及中国建筑科学研究院等单位进行过光导管的研究，但仅限于实验室，而且只有人工光源。

本研究成果不仅可以直接应用于国家体育场工程，而且还可应用于其他建筑物中，尤其适用于地下车库、隧道等场所的白天照明。

图 8 – 12　美国拉斯维加斯游泳馆
采用光导管照明系统

8.3.4　天然光导光系统的效益分析

1. 技术经济效益

夏季平均白天约 14h，冬季平均白天约 10h，春秋季节平均白天约 12h。采用本系统有利于利用好环保、绿色的天然光，平均每天可利用天然光在 10h 以上，即平均一天中 $10 \div 24 = 41.7\%$ 的时间不用开灯，节能效果很好。以地下室 100 盏 28W，T5 直管荧光灯为例，电子镇流器功耗 4W，本系统节电率按 30% 计，采用本系统后每年节电 $100 \times (28 + 4) \div 1000 \times 365 \times 24 \times 30\% = 8409.6（kW \cdot h）$。

2. 社会效益分析

节能、环保，"功在当代，利在千秋"，符合我国国策和奥运三大理念，对其他工程有示范、指导作用，社会效益巨大。

3. 市场预测、推广应用前景分析

据估算，当时我国现有地下室（含人防、地下车库、地下商场、地下旅馆、设备用房、库房等）约 200 亿 m^2，如果 1% 使用本系统，每年节电约为 $5W/m^2 \times 200$ 亿 $m^2 \times 1\% \div 1000 \times 365 \times 24 \times 30\% = 26.28$ 亿 $kW \cdot h$。因此，如此巨大的节能效果需要政府积极推动并大力支持，同时在政策上予以倾斜和优惠。

8.3.5　全国技术措施的要求

《全国民用建筑工程设计技术措施节能专篇——电气》（2007 版）是由建设部工程质量安全监督与行业发展司和中国建筑标准设计研究院编写，由中国计划出版社出版发行的，该技术措施不是规范，但其技术观点可供工程师们参考和借鉴。其中天然光的采用是根据"鸟巢"的科研成果编制而成的，措施中的相关内容及说明如下，供读者参考。

1. 为了在建筑照明设计中，贯彻国家的节能法规和技术经济政策，实施绿色照明，宜利用各种技术措施将天然光引入室内进行照明

说明：利用天然光有多种技术手段和措施，如房间开侧窗和天窗，天然光反光、导光系统等。本规定与《建筑照明设计标准》（GB 50034—2004，该标准正在修订）相一致。房间开窗

设计由建筑师完成，不在本范围，但有两个参数应理解，即采光系数、采光窗地面积比。

（1）采光系数。《建筑采光设计标准》（GB/T 50033—2001）给出了采光系数的定义，即在室内给定平面上的一点，由直接或间接地接收来自假定和已知天空亮度分布的天空漫射光而产生的照度与同一时刻该天空半球在室外无遮挡水平面上产生的天空漫射光照度之比。

采光系数实际上是对天然光的利用率。一般来说，采光系数越大，对天然光利用就越好。

（2）窗地面积比。窗洞口面积与地面面积之比叫作窗地面积比，该定义同样来自于 GB/T 50022—2001。

窗地面积比越大，对天然光利用就越好。

开窗面积大可以得到较好的天然采光，但不利于保温。因此，设计师应在两者之间寻找一个平衡点，同时结合建筑立面、保温材料等因素统一考虑。房间的采光系数和采光窗地面积比主要由建筑专业进行设计。

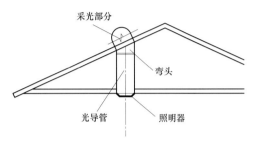

图 8 - 13　天然光导光系统的构成

在此主要说明天然光反光导光系统的应用。

2. 应根据工程的地理位置、日照情况，并进行经济、技术比较，合理地选择导光或反光装置。对日光有较高要求的场所，宜采用主动式导光系统；对一般场所，可采用被动式导光系统

说明：天然光导光系统主要由三部分组成，第一部分是采光部分，位于图 8 - 13 的上部，采光部分主要用于收集天然光，分为主动式和被动两种。主动式是利用控制技术和天文原理，对太阳进行跟踪，以获得更多的光能。被动式则不需要对太阳跟踪。采光罩多由透明塑料注塑而成，表面形状可以为圆形平面、半球形、锥形等。

第二部分为导光部分，通常采用导光管或光纤等材料。正如 8.3.3 节所述，光纤传导光通量较小，效率不高，实用价值不大，使用不多。而导光管应用相对较多。

导光管内壁为高反射材料，反射材料分为金属型、非金属改进型、透镜型、棱镜型等，其特点见表 8 - 26。

表 8 - 26　　　　　　　　　　　　反 射 材 料 的 特 点

反射材料	优点	缺点	适用范围
金属型	价格低	效率低	短距离导光
非金属改进型	效率较高	价格昂贵	长距离导光
透镜型	效率较高	价格昂贵	光学上使用
棱镜型	效率高	价格高，对入射角要求精确	大面积照明，长距离照明

目前，导光管反射材料的一次反射率可达 92% ~ 95%，最高的棱镜反射薄膜高达 99% 以上。

第三部分为照明器。对于照明而言，不是简单地将光线引入室内，而是需要将光线合理地在室内进行分布，因此照明器就需要根据配光的要求，而合理地选择相应的材料。

3. 采用天然光导光系统时，必须同时采用人工照明措施，人工照明的设计和安装应遵循国家及行业相关标准和规范。天然光导光系统只能用于一般照明，不可用于应急照明

说明：天然光导光系统只有白天才能使用，晚间或阴天时需要人工照明进行照明。

应急照明关系到人身安全问题，火灾时可能大量的烟尘遮挡天然光导光系统，同时由于天气的原因，采用天然光导光系统会影响人员正常疏散。

4. 当采用天然光导光系统时，应避免将采光部分布置于阴影内

说明：避免影响采光效果，提高导光效率。

5. 天然光导光系统导光管内径（mm）应按 250、330、450、530、750、1000、1500、2000、2500 分级。不宜采用矩形、梯形、多边形断面的导光管

说明：圆形断面的导光管有利于导光，效率相对较高。导光管内径与我国现有吊顶的规格相配合，故做出导光管内径分级的规定。此规定也有利于产品的标准化工作，便于在全国推广和普及。

6. 天然光导光系统的反射材料反射率不宜低于95%

说明：反射材料的反射率对导光管系统效率会产生很大的影响。例如，镜面氧化铝的反射率约82%；纯度为2个9（99.85%）的氧化铝，其反射率约为86%；纯度为4个9的氧化铝，其反射率高达95%~98%；3M公司棱镜薄膜，其反射率达99%以上。反射材料反射率与系统点反射率的关系曲线如图8-14所示。

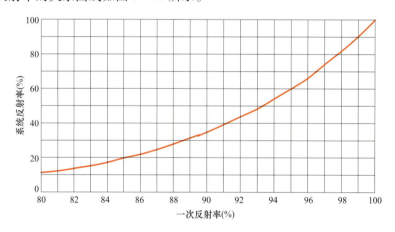

图8-14　反射材料反射率与系统总反射率的关系曲线（10次反射）

上述反射率为一次反射率，光线往往会在导光管内经过多次反射后才到达被照面，因此，材料的反射率非常重要，系统的效率与反射材料一次反射率的 n 次方成正比。图8-14 表示材料的一次反射率经10次反射后，系统总反射率的曲线。

从图8-14中可知，要尽量采用高反射材料的导光管，反射材料的反射率不宜低于95%。否则利用导光管导光价值不大。

7. 照明设计时可按下列条件选择天然光导光系统

1）高度较低房间，如办公室、教室、会议室及地下停车场宜采用中小管径的导光系统。

2）高度较高的房间，如体育馆比赛厅、展览馆展厅等宜采用大中管径的导光系统。

3）高度较高的工业厂房，应按照生产使用要求，采用大管径导光系统。

说明：天然光导光系统的管径大小对系统效率有很大影响。

很明显，如果导光管长度一定，管径越大，系统效率就越高。如图 8 – 15 所示，导光管长度为 3m，采光罩透射比为 90%，照明器灯罩透射比为 80%，导光管内反射材料的反射率为 95% 时，系统效率与导光管管径的关系曲线。

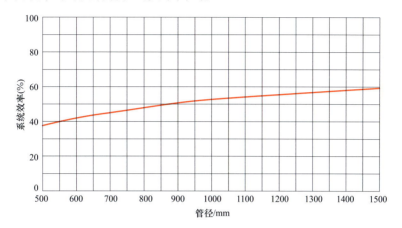

图 8 – 15　管径与系统效率的关系曲线

注：导光管长 3m，采光罩透射比为 0.9，照明器灯罩透射比为 0.8，内壁反射率为 0.95。

8. 尽可能减少天然光导光系统的长度和转弯次数，并符合下列规定

1）小管径的导光系统长度不宜大于 3m。

2）高照度场所宜采用大管径导光系统。

3）导光系统弯头不宜超过 2 个。

说明：导光系统的长度对其效率产生较大的影响。

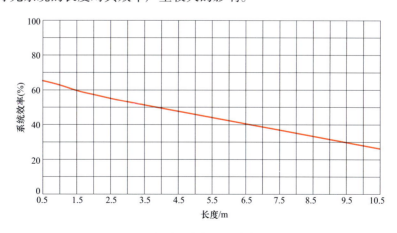

图 8 – 16　导光管长度与系统效率的关系曲线

（导光管管径为 1m，采光罩透射比为 0.9；照明器灯罩透射比为 0.8，内壁反射率为 0.95）

当导光管管径一定时，导光管越长，系统总的效率越低，两者关系曲线如图 8 – 16 所示。另据试验和分析，导光系统每转一次弯，系统效率将降低 6% ~ 10%。弯曲的角度越大，

8

系统效率越低。

9. 天然光光导系统照度可按图8－17进行估算

说明：准确计算天然光照度值是很困难的事，因为天气是在不断的变化，每时每刻室外照度也在不停地改变。即使阴天、早晨和中午，室外照度也是有很大差别。本图表以比较恶劣天气条件即阴天为计算依据，其他气候条件得出的照度值要优于本计算。

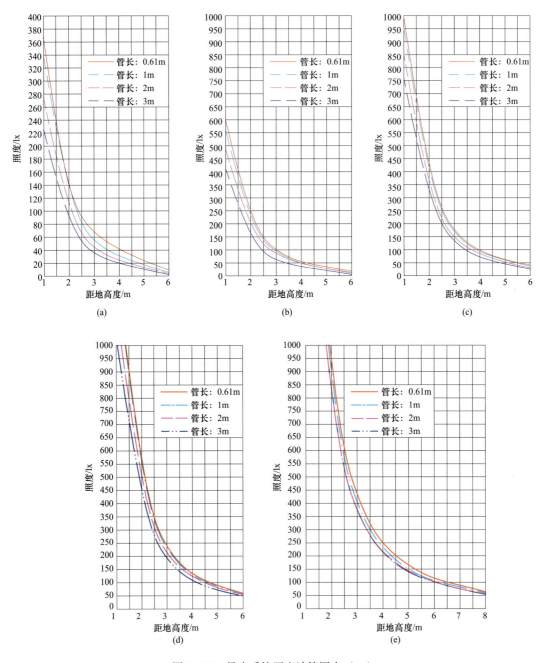

图8－17　导光系统照度计算图表（一）

（a）内径为250mm；（b）内径为330mm；（c）内径为450mm；（d）内径为530mm；（e）内径为750mm

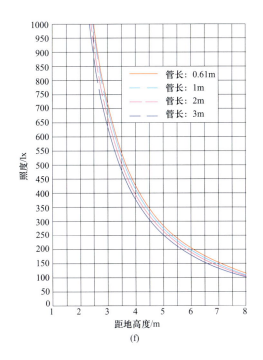 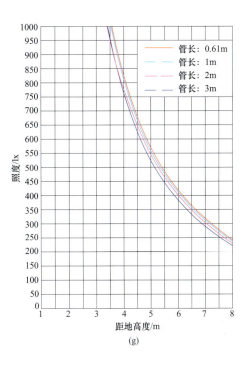

图 8 – 17 导光系统照度计算图表（二）

（f）内径为 1000mm；（g）内径为 1500mm

注：室外阴天，室外照度为 25 000lx；材料反射率为 95%。

10. 导光系统的布置宜根据建筑物特点、照明要求等因素综合考虑，当照度要求均匀、眩光较小且层高较高时，宜采用水平布置；一般情况下应采用垂直布置

1）当导光系统采用水平布置时，宜采用吸顶安装或吊装，并尽量均匀布置，相邻两导光管之间的距离应根据导光管的管径、长度、安装高度等因素确定，但不宜大于安装高度的 1.5 倍，以获得均匀照明，即

$$S \leqslant 1.5H \tag{8-2}$$

式中　S——导光管的间距，m；

　　　H——导光管的距地高度，m。

2）当导光管采用垂直布置时，其端部发光用于照明，此时相当于点光源。导光管垂直布置宜遵循如下原则：

a 符合本条第 4、8 款的规定。

b 以最近的路径到达室内。

c 可以与吊顶结合进行布置。

d 照明器宜均匀布置，当有特殊需要时，也可进行非均匀布置。

e 相邻照明器的间距应根据配光曲线确定，按表 8 – 27 布置照明器。

8

表 8 – 27 直接型照明器最大允许距离比

分类名称	距高比 S/H	1/2 照明角
特深照型	$S/H \leq 0.5$	$\theta \leq 14°$
深照型（狭照型、集照型）	$0.5 < S/H \leq 0.7$	$14° < \theta < 19°$
中照型（扩散型、余弦型）	$0.7 < S/H \leq 1.0$	$19° < \theta < 27°$
广照型	$1.0 < S/H \leq 1.5$	$27° < \theta < 37°$
特广照型	$S/H < 1.5$	$37° < \theta$

说明：导光系统可以采用水平布置或垂直布置方式。从发光体来说，导光管可以线形发光，类似于线光源，整个导光管就是一个长长的发光体（图 8 – 9、图 8 – 10、图 8 – 19）；导光管也可以是端部发光，相当于点光源（图 8 – 13、图 8 – 18）。

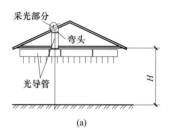

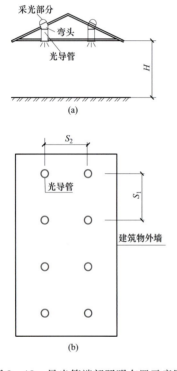

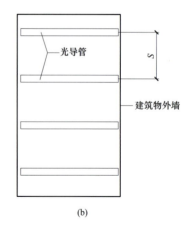

图 8 – 18　导光管端部照明布置示意图　　　　图 8 – 19　导光管水平布置示意图

（a）剖面示意图；（b）平面示意图　　　　（a）剖面示意图；（b）平面示意图

11. 当采用天然光导光系统时，宜采用照明控制系统对人工照明进行自动控制，有条件可采用智能照明控制系统对人工照明进行调光控制。当天然光对室内照明达不到照度要求时，控制系统自动开启人工照明，直到满足照度要求

说明：利用照明控制系统对人工照明进行控制，当工作面上的照度不满足要求时，自动开启相关区域的人工照明。由此构成的系统可谓"绿色、环保、节能"。常用的智能照明控制系统多为总线控制，诸如 KNX/EIB、C – BUS 等。

8.4 干扰光的控制

光污染是干扰光的一种，早在 20 世纪 30 年代就由国际天文界提出，是城市照明带来的副作用。众所周知，城市室外照明会使天空变亮，由此会造成对天文观测的负面影响。从此以后，光污染逐渐被人们所重视。我国《建筑照明术语标准》（JGJ/T 119—2008）指出，光污染是干扰光或过量的光辐射（含可见光、紫外光和红外光辐射）对人和生态环境造成的负面影响的总称。全国科学技术名词审定委员会审定公布光污染的定义包含两种含义：一是过量的光辐射对人类生活和生产环境造成不良影响的现象，包括可见光、红外线和紫外线造成的污染。另一含义是影响光学望远镜所能检测到的最暗天体极限的因素之一。从建筑照明角度看，全国科学技术名词审定委员会的第一种含义与 JGJ/T 119 的定义大同小异，光污染泛指对人类正常生活、工作、休息和娱乐带来不利影响，损害人们观察物体的能力，引起人体不舒适感和损害人体健康的各种光。

"鸟巢"及周边的照明要体现北京奥运的辉煌和我国改革开放的成就，自然需要大量的照明烘托和表现。因此，要在照明的效果与光污染的控制之间找到比较科学的平衡点。

8.4.1 照明指标

如第 7 章所述，"鸟巢"、"水立方"及中间的中心广场为高亮度区，往北面至森林公园分别为中亮度区、低亮度区和最低亮度区。其中，高亮度区内的平均水平照度 33lx，最小水平照度 15lx，最高水平照度可达 100lx。中间广场中心的照度约 100lx。同时，要求国家体育场和国家游泳中心的平均亮度为 $8 \sim 10 \mathrm{cd/m^2}$（图 8 - 20）。

经过设计、评审、施工及验收，"鸟巢"的照明较好地按照照明规划的要求进行实施，并与"水立方"的照明相呼应和协调一致。2008 年奥运会之前，笔者对"鸟巢"和"水立方"的立面照明进行实测，"鸟巢"在重大节日模式下（详见本书第 7 章）的平均亮度为 $17.8 \mathrm{cd/m^2}$；"水立方"立面照明的平均亮度在湖蓝色（即常态）下平均亮度为 $7.08 \mathrm{cd/m^2}$，两者完美匹配，相得益彰。

"水立方"：整体平均亮度7.08cd/m²   "鸟巢"：平均亮度17.8cd/m²

图 8 - 20 "鸟巢"和"水立方"立面照明实测数值

8.4.2 限制立面照明的污染光

我国标准及 CIE TC5.12 标准对限制干扰光提出相应要求，即划分为 E1 ~ E4 共 4 个环境区域，其划分见表 8 – 28。

表 8 – 28　　　　　　　　　　　　　　环 境 区 域 的 划 分

区域	环境特点	举例	对应图 7 – 2 的区域
E1 区	天然暗环境区	如国家公园和自然保护区等	最低亮度区，中心区最北面
E2 区	低亮度环境区	如乡村的工业或居住区等	低亮度区，中心区北面
E3 区	中等亮度环境区	如城郊工业或居住区等	中亮度区，"鸟巢"北面和南面
E4 区	高亮度环境区	如城市中心和商业区等	高亮度区，"鸟巢"、"水立方"所在区域

　　按照标准要求，国家体育场周围的民用建筑不应受到更多的干扰光干扰。在住宅、公寓、旅馆和医院病房楼等建筑物窗户外表面产生的垂直照度，应不高于表 8 – 29 的规定值。

表 8 – 29　　　　　　　　建筑窗户外表面的垂直照度值　　　　　　　　（单位：lx）

照明技术参数	应用条件	环境区域			
		E1 区	E2 区	E3 区	E4 区
垂直面照度 E_v	熄灯时段前	2	5	10	25
	熄灯时段后	0①	1	2	5

　　①　如果是公共（道路）照明灯具，此值可提高到 1lx。

　　国家体育场照明灯具朝居室（含住宅、公寓、旅馆和医院病房楼等）的发光强度应不大于表 8 – 30 的规定值。

表 8 – 30　　　　　　　室外灯具朝居室方向的最大发光强度值　　　　　　（单位：cd）

照明技术参数	应用条件	环境区域			
		E1 区	E2 区	E3 区	E4 区
灯具发光强度 I	熄灯时段前	2500	7500	10 000	25 000
	熄灯时段后	0①	500	1000	2500

　　注：1. 要限制每个能持续看到的灯具，但对于瞬时或短时间看到的灯具不在此列。

　　　　2. 如果看到光源是闪动的，其发光强度应降低一半。

　　①　如果是公共（道路）照明灯具，此值可提高到 500cd。

　　比较幸运的是，"鸟巢"周围没有永久的建筑物，只是在奥运会期间有少量的临时建筑物。但是，"鸟巢"的训练场会对更远处的民用建筑产生不良的影响。由于训练场离民用建筑较远，训练场场地照明的干扰光可以忽略不计。

　　综上所述，根据国家体育场的周围环境、周围民用建筑等限制光干扰的最大光度值参考 E3 等级并作适当调整，见表 8 – 31。

表 8 – 31　　　　　　　　　　"鸟巢"周围民用建筑干扰光限值

照明光度指标	适用条件	限值
窗户垂直面照度/lx	夜景照明熄灯前，进入窗户的光线	10
	夜景照明熄灯后，进入窗户的光线	5

续表

照明光度指标	适用条件	限值
灯具输出的发光强度/cd	夜景照明熄灯前：适用于全部照明装置	100 000
	夜景照明熄灯后：适用于全部照明装置	1000
上射光通量比最大值	灯的上射光通量与全部光通量之比	15
建筑物表面亮度/（cd/m²）	由照明设计的平均照度和反射比确定	10

8.4.3 控制眩光

眩光是由于视野中的亮度分布或亮度范围的不适宜，或存在极端的对比，以致引起不舒适感觉或降低观察细部及目标能力的视觉现象。

场地照明的眩光用眩光指数（也叫眩光值）来描述，用 GR 表示，即用于度量室外体育场或室内体育馆和其他室外场地照明装置对人眼引起不舒适感主观反应的心理物理量。眩光指数可用来评价眩光程度，GR 值在 0 ~ 100 之间，GR 值越大，眩光越大，人眼感觉不舒服的程度越严重；GR 值越小，眩光越小，人眼就越感觉不到不舒服。由于 BOB 的标准要求非常严格，国家体育场场地照明主摄像机方向上的眩光指数 GR 要求不大于 40。详见第 5 章有关内容，国家体育场很好地满足场地照明的眩光要求。

而室内照明采用统一眩光值描述，例如，办公、会议室等室内场所，用 UGR 表示，其含义为度量室内视觉环境中的照明装置发出的光对人眼引起不舒适感而导致的主观反应的心理参量。CIE 给出了计算公式，在此不多赘述。"鸟巢"主要室内场所的 UGR 要求均不超过 22。

太阳能光伏发电系统的应用

举世瞩目的国家体育场成功地举行了 2008 年北京夏季奥林匹克运动会，如前所述，它是北京奥运会主体育场，也是北京奥林匹克公园内的标志性建筑，是中国规模最大、具有国际先进水平的多功能体育场。其独特的造型被美国《商业周刊》评为 2008 年最好的建筑物，同时被英国《泰晤士报》评为 2007 年度世界在建十大工程首位。其"回归自然"的设计理念成为各专业设计的主线，贯穿奥运建设全过程，充分体现"科技奥运、人文奥运、绿色奥运"三大理念，并得到国际奥委会的认可和高度赞赏。太阳能光伏发电系统则是这条主线上的一个亮点，在节能、环保方面具有重大意义。它可以充分利用清洁能源，节省资源，减少废气排放，减少对地球资源的使用和破坏，保护地球和环境，造福人类和子孙，该技术的研究与应用具有很重要的现实意义，社会效益十分巨大。

需要说明，太阳能光伏发电系统是利用太阳能电池直接将太阳能转换成电能的发电系统。而太阳能发电站（简称太阳能电站）是用太阳能进行发电的电站，包括太阳光发电和太阳热发电两类。前者侧重于系统，后者侧重于整个电站，包括系统、建筑等。

9.1 北京的太阳能资源

9.1.1 我国太阳能资源

太阳能资源评估表明，我国的太阳能资源分布见图 5 - 17，总的来说西部优于东部、高原优于平原、内陆优于沿海、干燥区优于湿润区。对应图 9 - 1 中不同颜色区域太阳能辐射等级也不同，见表 9 - 1。

表 9 - 1 　　　　　　　　　　不同区域太阳能的辐射等级

分区	全年日照时数/h	辐射量/$[kJ/(cm^2 \cdot a)]$	地区	评价	对应图中颜色
一类地区	3200 ~ 3300	670 ~ 837	青藏高原、甘肃北部、宁夏北部和新疆南部等	丰富	红
二类地区	3000 ~ 3200	586 ~ 670	河北西北部、山西北部、内蒙古南部、宁夏南部、甘肃中部、青海东部、西藏东南部和新疆南部等	较丰富	橙红
三类地区	2200 ~ 3000	502 ~ 586	山东、河南、河北东南部、山西南部、新疆北部、吉林、辽宁、云南、陕西北部、甘肃东南部、广东南部、福建南部、江苏北部和安徽北部等地	一般	黄
四类地区	1400 ~ 2200	419 ~ 502	长江中下游、福建、浙江和广东的一部分地区	尚可	浅蓝
五类地区	1000 ~ 1400	335 ~ 419	四川、贵州、重庆	差	深蓝

表9-1中可以看出，我国平均的太阳能总辐射年总量约为1500kW·h/m²，大部分地区的总辐射年总量为黄色、橙红色和红色区域，太阳能资源比较丰富。全国更有九成以上区域太阳能年辐射量在540kJ/（cm²·a）（1000kW·h/m²）以上。青藏高原地区太阳能资源最为丰富，尤其西藏南部和青海格尔木地区为我国水平面总辐射最红区域，太阳能资源最丰富，在1080kJ/（cm²·a）（2000kW·h/m²）以上。重庆地区太阳能资源最匮乏，年辐射量仅为324kJ/（cm²·a）（900kW·h/m²）有余。北京属于黄色区域，太阳能资源较为丰富。从太阳能资源总量来看，我国绝大部分地区都适合太阳能的开发和利用。

图9-1　北京市地形图

9.1.2　北京市太阳能资源

第1章已经介绍了，国家体育场坐落在中国首都北京市，奥林匹克公园的南端。北京市处于华北平原与太行山脉、燕山山脉的交界部位。东部距渤海约150km；其东南部为平原，属于华北平原的西北边缘区；西部是山地，为太行山脉的余脉；北部、东北部也是山地，为燕山山脉的支脉。北京市区的地理坐标约为北纬39.9°，东经116.3°，与罗马、马德里及费城位于同一纬度。北京处于温带大陆性气候区，春季和秋季时间较短，气候干燥，冬季和夏季较长。北京市全年平均气温13.1℃，年日照时数约为2594h，怀柔、延庆等地年日照时数近3000h，折合每天日照有7~8h之多，太阳能年辐射总量在500~600kJ/cm²，太阳能资源介于二类地区与三类地区之间，太阳能资源比较丰富，适合于太阳能光伏发电等技术的应用，北京太阳能资源比欧洲、日本优越得多。北京历史气象信息见表9-2。北京市地形图如图9-1所示，北京地区太阳辐射及日照百分率曲线如图9-2所示。

表 9 - 2　　　　　　　　　　　北 京 历 史 气 象 信 息

月份	1月	2月	3月	4月	5月	6月	7月	8月	9月	10月	11月	12月
平均气温/℃	-3.7	-0.7	5.8	14.2	19.9	24.4	26.2	24.9	20.0	13.1	4.6	-1.5
极端最低气温/℃	-18.3	-16.0	-15.0	-3.2	2.6	10.5	16.6	11.4	4.3	-3.5	-1.06	-15.6
极端最高气温/℃	12.9	17.4	26.4	33.0	36.8	39.2	39.5	36.1	32.6	29.2	21.4	19.5
日照百分率（%）	65	65	63	64	64	59	47	52	63	65	62	62
太阳辐射量 / （kW·h/m²）	86.49	103.32	146.01	172.50	191.27	171.60	159.03	144.77	127.80	113.77	84.60	76.57

注：1. 本表太阳辐射量数据来自于 NASA 数据库，其他数据来自于北京气象局，年平均日照百分率为 60.9%，年平均辐射量为 1577.73 kW·h/m²。

2. 1kW·h/m² = 3.6MJ/m² = 0.36kJ/cm²。

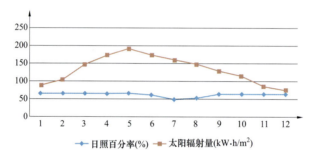

图 9 - 2　北京地区太阳辐射及日照百分率曲线

图 9 - 2 更直观地反映了北京地区不同月份太阳辐射情况和日照情况。日照情况相对平稳，只是夏季略低些，最低的 7 月份也有近一半时间有日照。而太阳辐射变化较大，冬季太阳辐射量较低，其他季节较高，最高值发生在春季的 5 月，其值是最小值 12 月份的 2.5 倍。从图 9 - 2 中可以看出，日照时数最大值与太阳辐射最大值是错开的，夏季阴雨天气较多，日照时数相应降低，同时影响了太阳辐射指标。

9.2　国家体育场现状条件

图 9 - 3 为国家体育场及周边总图。国家体育场主场四周为广场，北面为训练场。体育场建筑外面用钢结构编织成的"鸟巢"，顶部上层为透明的乙烯 - 四氟乙烯共聚物薄膜。建筑物四周设有 12 个用于安全检查用的安检用房，叫作"安检亭"，在有活动时，安检亭是安全检察的关口，也是观众验票入场处。图中安检亭 CP1 位于体育场的东北侧，以此为基准顺时针标注安检亭依次为 CP2、…、CP12。前面已经介绍了，"鸟巢"主体建筑为马鞍形，南北高 69.084m，东西高 40.138m。外圈连接安检亭的椭圆形为奥运会时安检线，现在这条安检线变成永久的铁栅栏。安检亭屋顶近似平顶，顶高 4.37m。

根据国家体育场建筑、结构特点，笔者提出三个方案与相关专业和部门进行讨论，太阳能电池板安装位置及分析见表 9 - 3。

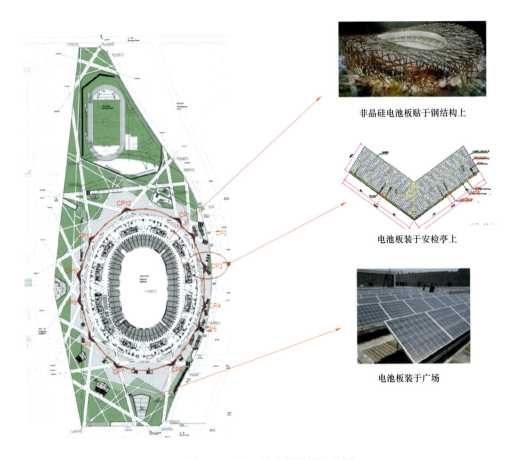

图 9 – 3　国家体育场及周边总图

表 9 – 3　　　　　　　　　　　　太阳能电池板安装位置及分析

安装部位	电池板类型	优　点	缺点	备注	对应图 9 – 4
四周地面	单晶硅或多晶硅	效率较高，投资相对较低	易遮挡，易损坏，影响景观	建筑师不同意	右下
安检亭屋顶	单晶硅、多晶硅或非晶硅	美观，投资适中，可实现高效转换，不影响景观	部分安检亭受体育场遮挡	得到各专业认可	右中
主体钢构件表面	非晶硅	贴于钢结构表面，面积大，总发电功率大	效率低，投资高，不易维护	建筑师不同意	右上

关键技术 9 – 1：日照分析技术

日照分析技术是应用计算机仿真技术模拟分析建筑物对光伏系统的遮挡，从而获得准确的日照时数。

关键技术 9 – 2：BIPV 技术

将太阳能光伏矩阵作为建筑材料，从而对整个建筑进行整体设计所形成的光伏电站，这种将光伏技术与建筑有机结合的技术叫 BIPV 技术。

9

在 21 世纪初，BIPV 还在探索中，"鸟巢"进行了很好的尝试，并取得了较好的效果。因此，综合各种因素，太阳能电池板安放在安检亭屋面上。

9.3   国家体育场日照分析

9.3.1   基本概念

表 9－4 为有关日照的基本概念，它对日照分析、经济技术比较起到很重要的作用。

表 9－4   日 照 的 基 本 概 念

名称	定　义	单位	说　明
可照时数 t_1	由日出到日落的时间	h	与纬度和日期有关，可从气象常用表或天文历中查得，不考虑云层等影响
实照时数 t_2	太阳实际照射到地面的时间	h	由于云、雾霾等天气现象的影响，阳光不可能全部到达地面。一天内，$t_2 \leqslant t_1$
日照百分率 η	日照时数与可照时数的百分比	%	$\eta = 100\% \times t_2/t_1$
光照时间 t_3	包括曙暮光在内的昼长时间	h	$t_3 = t_1 + $ 曙暮光时间

9.3.2   日光计算与日照分析

前面已知，"鸟巢"建筑最高点近 70m，有可能对安检亭产生遮挡，如果在没有阳光的遮挡处设置太阳能光伏系统将是天大的笑话，注定会成为反面教材。因此，科学合理地分析日照非常重要。

图 9－4 为安检亭日照分析图。图 9－4（a）为冬至日光分析图，清晨当太阳跃出地平线

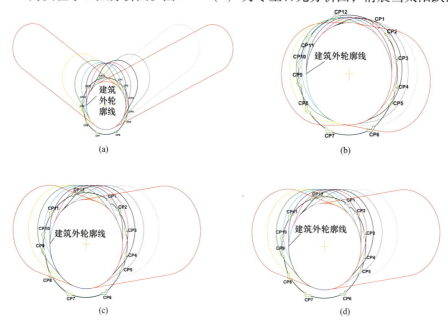

图 9－4   安检亭日照分析

（a）冬至日（12.22）日照情况；（b）夏至日（6.22）日照情况；

（c）秋分日（9.23）日照情况；（d）春分日（3.21）日照情况

时，太阳位于东偏南，国家体育场主体建筑在西北侧留下长长的影子（图中左侧红线）。随着上午—中午—下午—黄昏，国家体育场建筑的影子也由西北侧逐渐地移动到东北侧。图中画出了每隔 1h 体育场留下的影子。可以看出，西侧、北侧、东侧安检亭或多或少有些遮挡，这对太阳能的利用带来影响。图 9-4（b）为 6 月 22 日夏至日日照分析图，图 9-4（c）为秋分日日照分析图，图 9-4（d）为 3 月 21 日春分日日照分析图，它们都有类似的结论。图 9-5 为二十四节气日照分析图，分析安检亭日照情况。

经过仿真，得出图 9-6 各个安检亭日照参数，相关参数标注在每个安检亭旁。

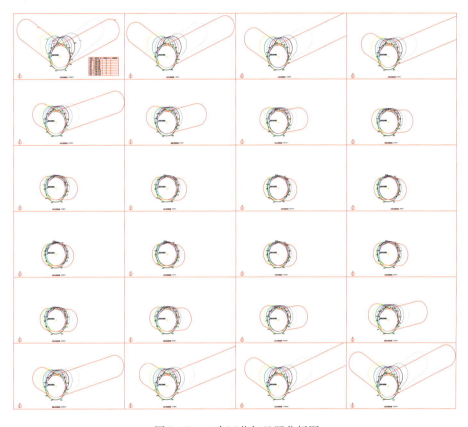

图 9-5　二十四节气日照分析图

应该说明，日照分析按欧洲委员会定义的 101 号标准条件下进行分析，其条件是：光谱辐照度为 1000W/m^2，光谱为 AM1.5，电池温度为 25℃。太阳能电池的输出功率在此条件下定义的。

综合上述日照分析，12 个安检亭的日照时间见表 9-5。南侧三个安检亭 CP6、CP7、CP8 具有很好的日照条件，平均日照时间大于 9h，完全可以利用。东西两侧的安检亭 CP5、CP4、CP9、CP10 日照条件较好，平均日照时间在 6h 以上，可以利用其装设太阳能电池方阵。北部的安检亭 CP1、CP2、CP3、CP11、CP12 平均日照时间在 4h 以下，太阳能利用价值不高，经济上不合适，不宜在其上装设太阳能电池方阵。

CP1

安检门	日期	起止时间	日照时间/h	太阳能利用
CP1	夏至	5:00~13:00	8	平均1天可利用的太阳能时间约为 4h
	春分	7:00~11:00	4	
	冬至	8:00~10:00	2	

CP2

安检门	日期	起止时间	日照时间/h	太阳能利用
CP2	夏至	5:00~13:00	8	平均1天可利用的太阳能时间约为 5h
	春分	7:00~12:00	5	
	冬至	8:00~11:00	3	

CP3

安检门	日期	起止时间	日照时间/h	太阳能利用
CP3	夏至	5:00~13:00	8	平均1天可利用的太阳能时间约为 6h
	春分	7:00~13:00	6	
	冬至	8:00~12:00	4	

CP4

安检门	日期	起止时间	日照时间/h	太阳能利用
CP4	夏至	5:00~13:00	8	平均1天可利用的太阳能时间约为 7h
	春分	7:00~14:00	7	
	冬至	8:00~14:00	6	

CP5

安检门	日期	起止时间	日照时间/h	太阳能利用
CP5	夏至	5:00~14:00	9	平均1天可利用的太阳能时间约为 8h
	春分	7:00~15:00	8	
	冬至	8:00~15:00	7	

CP6

安检门	日期	起止时间	日照时间/h	太阳能利用
CP6	夏至	5:00~17:00	12	平均1天可利用的太阳能时间约为 10h
	春分	7:00~18:00	11	
	冬至	8:00~16:00	8	

CP12

日期	安检门	起止时间	日照时间/h	太阳能利用
夏至	CP12	5:00~19:00	14	平均1天可利用的太阳能时间约为 5h
春分		7:00~8:00	5	
冬至		14:00~18:00 / 15:00~16:00	1	

CP11

日期	安检门	起止时间	日照时间/h	太阳能利用
夏至	CP11	12:00~19:00	7	平均1天可利用的太阳能时间约为 5h
春分		13:00~18:00	5	
冬至		13:00~16:00	3	

CP10

日期	安检门	起止时间	日照时间/h	太阳能利用
夏至	CP10	11:00~19:00	8	平均1天可利用的太阳能时间约为 6h
春分		12:00~18:00	6	
冬至		11:00~16:00	5	

CP9

日期	安检门	起止时间	日照时间/h	太阳能利用
夏至	CP9	11:00~19:00	8	平均1天可利用的太阳能时间约为 7h
春分		11:00~18:00	7	
冬至		10:00~16:00	6	

CP8

日期	安检门	起止时间	日照时间/h	太阳能利用
夏至	CP8	10:00~19:00	9	平均1天可利用的太阳能时间约为 8.5h
春分		9:00~18:00	9	
冬至		8:00~16:00	8	

CP7

日期	安检门	起止时间	日照时间/h	太阳能利用
夏至	CP7	7:00~19:00	12	平均1天可利用的太阳能时间约为 10h
春分		7:00~18:00	11	
冬至		8:00~16:00	8	

中心图标注：CP1、CP2、CP3、CP4、CP5、CP6、CP7、CP8、CP9、CP10、CP11、CP12；+69.084m；+40.138m；建筑外轮廓线 +40.138m；+69.084m；+4.37m 棚顶标高 亦同

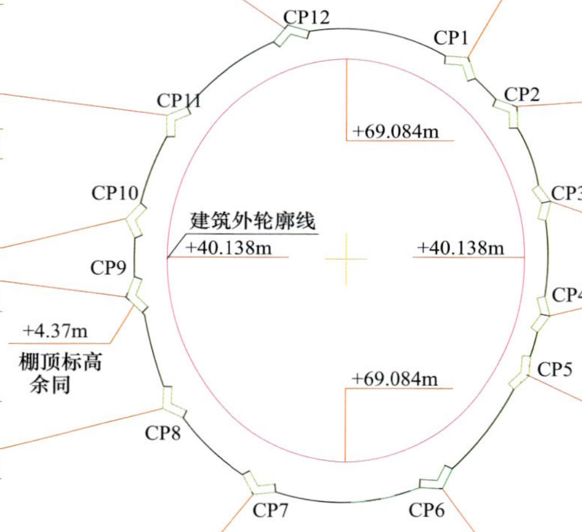

图9-6 各个安检亭日照参数

关键技术 9 – 3：平均日照时间

平均日照时间指在欧洲委员会 101 号标准条件下，某处一年中获得的总的可照时数除以 365 天，单位为 h。

因此，平均日照时间不同于可照时数，它考虑到建筑物遮挡等因素。它也不同于实照时数，它没有计及天气的影响。实际照射到安检亭上的阳光时数应为

$$T_r = T\eta \tag{9-1}$$

式中　T_r——实际日照时间，h；

　　　T——平均日照时间，h；

　　　η——日照百分率，%。

表 9 – 5　　　　　　　　　　　　　12 个安检亭的日照时间

安检亭编号	起止时间/h	平均最小日照时间 T/h	太阳能利用评价
CP12	16:00 ~ 17:00	1	差
CP11	13:00 ~ 17:00	4	一般
CP10	11:00 ~ 17:00	6	较好
CP9	10:00 ~ 17:00	7	较好
CP8	8:00 ~ 17:00	9	好
CP7	8:00 ~ 17:00	9	好
CP6	8:00 ~ 17:00	9	好
CP5	8:00 ~ 15:00	7	较好
CP4	8:00 ~ 14:00	6	较好
CP3	8:00 ~ 12:00	4	一般
CP2	8:00 ~ 11:00	3	差
CP1	8:00 ~ 10:00	2	差

9.4　太阳能光伏发电技术简介

太阳能光伏发电系统是利用太阳电池半导体材料的光伏效应，将太阳光辐射能直接转换为电能的一种发电系统。太阳能半导体晶片如图 9 – 7 所示，图 9 – 7（a）为正常硅原子，正电荷表示硅原子，负电荷表示围绕在硅原子旁边的四个电子。

图 9 – 7（b）为 N 型半导体，正电荷还是硅原子，负电荷表示围绕在硅原子旁边的 4 个电子，但是在半导体中掺入硼原子（图中黄色圆点），因为硼原子周围只有 3 个电子，所以就会产生 1 个空穴（图中蓝色圆点），这个空穴因为没有电子而变得非常不稳定，容易吸收电子而中和，形成 N 型半导体。

图 9 – 7（c）为硅原子中掺入磷原子的情形，因为磷原子（图中黄色圆点）有五个电子，所以就会有一个电子（图中红色圆点）变得非常活跃，形成 P 型半导体。

图 9 – 7（d）所示，当 P 型半导体和 N 型半导体结合在一起时，就会在接触面形成电动

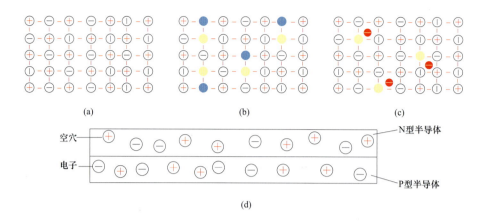

图9-7　太阳能半导体晶片

（a）正常硅原子；（b）N型半导体；（c）P型半导体；（d）太阳能半导体晶片

势差，这就是PN结。光是由光子组成的，而光子是包含一定能量的微粒，能量的大小由光的波长决定，光被晶体硅吸收后，在PN结中产生成一对正负电荷，PN结区域的正负电荷被分离，形成外电流场。如果将一个负载连接在太阳能电池的上下两表面间，负载上将有电流流过。太阳能电池吸收的光子越多，产生的电流就越大。光子的能量由波长决定，低于基能能量的光子不能产生自由电子，一个高于基能能量的光子仅产生一个自由电子，多余的能量将使电池发热，致使太阳能电池的效率下降。

太阳能电池方库的布置如图9-8所示，太阳能半导体晶片通过有序的组合形成太阳能电池组件，若干太阳能电池组件构成太阳能电池方阵。

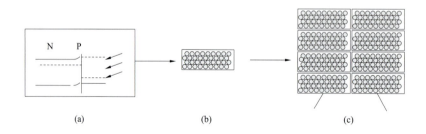

图9-8　太阳能电池方阵的构成

（a）半导体晶片；（b）电池组件；（c）太阳能电池方阵

9.5　国家体育场太阳能光伏发电系统的设计

9.5.1　电池板设置位置的确定及安装要求

从经济、技术两个方面综合分析，国家体育场在CP4、CP5、CP6、CP7、CP8、CP9、CP10七个安检亭屋顶上布置太阳能电池板。太阳能电池板安装有以下要求：

1）满足建筑师总体美观要求，太阳能电池板平放在屋顶上，并有2%坡度，以利排水。

2）具有良好的散热要求，电池板距屋面有缝隙，便于通风。

3）便于维护和保养。

4）CP1、CP2、CP3、CP11、CP12 不适合安装太阳能电池板的安检亭。经与业主方、建筑方协商，屋顶采用与太阳能电池板相似或相同颜色的材料，便于从高处（例如奥运会时航拍）观看到统一的效果。

5）太阳能电池方阵应固定牢固，并多点固定，能够抵挡 12 级风。固定件应耐腐蚀。

因此，太阳能电池板采用三排布置方式，如图 9-9 所示。

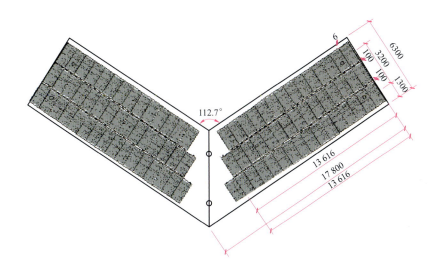

图 9-9　太阳能电池方阵的布置

9.5.2　系统运行方式的确定

太阳能光伏发电系统有独立运行和并网运行两种方式。两个系统的比较见表 9-6。

表 9-6　　　　太阳能光伏发电系统独立运行与并网运行的比较

类型	独立系统	并网系统
定义	将入射的太阳辐射能直接转换为电能，不与公用电网连接的独立发电系统	与交流电网连接的光伏发电系统
原理图	直流负荷　控制器　逆变器　交流负荷　太阳能电池方阵　蓄电池组	卖电电能表　控制器　并网控制器　买电电能表　市网　太阳能电池方阵　交流负荷
构成	主控和监视子系统、光伏子系统、功率调节器、储能子系统	无需蓄电池，需并网控制器，其他同独立系统

续表

类型	独立系统	并网系统
特点	需要蓄电池作为储能装置，存在二次污染，整个系统造价高	将太阳能发出的多余电能卖给电力公司，太阳能发电不足时再从电网买电。造价低，效率高，无二次污染

安检亭分散在国家体育场主体建筑物四周，用于安全检查，平时没有赛事时，安检亭不需要用电，如果采用独立光伏发电系统，白天储存的电能无法使用。因此，独立光伏系统不适合在本工程使用，应采用并网系统。经与电力公司反复沟通，太阳能并网光伏发电系统所发出的电首先供国家体育场内用电负荷使用，当太阳能发电不足时由市电补充。

9.5.3 光伏发电组件的选择

光伏发电组件可以采用非晶硅组件，也可以采用晶体硅组件，两者的比较见表 9 – 7。

表 9 – 7　　　　　　　　　　　非晶硅组件与晶体硅组件的比较

类型	非晶硅	单晶硅
型号	PVL – 136B	STPM160S – 24/V
图片		
峰值功率（W_p）/W	136	165
开路电压（U_{oc}）/V	46.2	43.6
短路电流（I_{sc}）/A	5.1	5.04
峰值电压（U_m）/W	33	34.8
峰值电流（I_m）/A	4.13	4.74
额定工作温度/℃		43 ± 2
抗风力或表面压力		2400Pa，130km/h
绝缘强度		DC 3500V，1min，漏电流≤50
冲击强度		227g 钢球 1m 自由落体，表面无损失
外形尺寸/mm × mm × mm	5490 × 393.7 × 3.048	1800 × 900 × 7

续表

类型	非晶硅	单晶硅
质量/kg	7.718	40
优点	质量小、柔软性好、耐久性好、 易于安装、阴影下也可发电	光电转换效率高， 高达15%；耐冲击；造价低
缺点	光电转换效率低，在10%以下；造价高	质量大，阴影下不能发电

综合各种因素，本工程选用单晶硅太阳能组件。每个安检亭屋面面积约 $193m^2$，每个安检亭均采用 BIPV 光伏发电组件，组成太阳电池方阵，太阳能电池方阵长度 1800mm、宽度 900mm、厚度 7mm。在标准条件下，每个安检亭组成 14.4kW 的太阳能电站，七个安检亭太阳能发电共计约 100.8kW。

9.5.4　并网接入点

前面已经说明，太阳能并网光伏发电系统所发出的电首先供国家体育场内用电负荷使用，由于光伏电站分散在东、南、西 7 个安检亭上，7 个光伏电站就近接入 0 层 4 号 ~ 10 号核心筒电气配电间内的配电装置上（图 9 – 10）。当太阳能发电不足时由市电补充。这类系统叫作不可逆的并网系统。

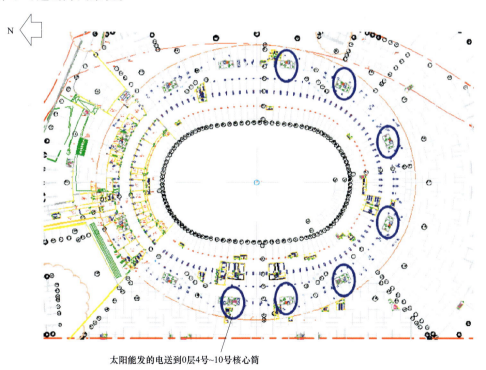

太阳能发的电送到0层4号~10号核心筒

图 9 – 10　太阳能并网接入点

太阳能并网接入点的系统框图如图 9 – 11 所示，不可逆的并网系统特点之一是要防止太阳能发的电反送到电力系统，因此要设置逆向功率保护，即当电网接口处逆流为逆变器额定输出的 5% 时，逆向功率保护应在 0.5 ~ 2s 内动作，将光伏系统与电网断开。

另外，还应设置防孤岛效应，即当电网失电压时，并网光伏发电系统不对失电压电网中的某一部分线路继续供电。

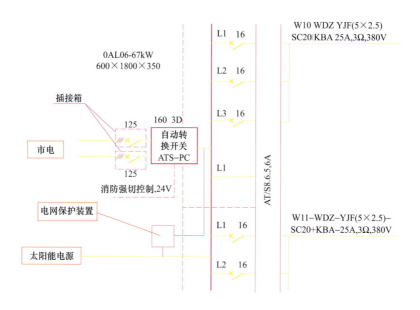

图9-11　太阳能并网接入点系统框图

9.5.5　太阳能光伏发电系统的通信要求

太阳能光伏发电系统应具有通信功能，将采集光伏发电系统的相关数据，并实时显示。系统可以通过Internet发布相关信息。

通信协议：OPC、TCP/IP、DDE。

在12个入口处LED信息显示屏（赛事使用11块）可以显示太阳能相关信息，在贵宾入口处设置一块固定屏。显示屏显示信息如图9-12所示。

国家体育场	2008 年 08 月 18 日　20:31	太阳能发电信息
	室外温度：　　　　　℃	
	天气情况：	
	现发电功率：　　　　kW	
	累计发电功率：　　　kW	
	累计节省标准煤：　　t	
	累计减少 CO_2 排放：　t	
	累计减少 SO_2 排放：　t	

图9-12　显示屏显示信息

9.6　太阳能光伏发电系统实施情况

9.6.1　发电量计算

最终太阳能发电系统主要设备为太阳能电池组件采用无锡尚德太阳能电力公司生产的单晶硅组件，组件型号为STP260S-24/Vb，光伏并网逆变器额定功率为5kW。

光伏发电系统年累计发电量可以通过以下公式计算

$$E = PS\eta \tag{9-2}$$

式中　E——太阳能全年累计发电量；

　　　P——装机总功率；

　　　S——组件表面全年累计太阳辐射量；

η——系统发电效率。

计算结果见表 9-8。

表 9-8　　　　　　　　　　　　　　　　　计 算 结 果

位置	峰值功率输出(W_p)	项目　　月份	1	2	3	4	5	6	7	8	9	10	11	12	合计
						发电量计算									
CP4	14 040.00	太阳辐射/(kW·h/m²)	68.09	83.98	117.67	151.86	169.03	164.04	130.91	131.60	119.38	101.84	69.86	59.65	1367.90
		累计发电量/(kW·h)	745.68	919.65	1288.59	1663.04	1851.09	1796.47	1433.60	1441.19	1307.34	1115.24	765.03	653.20	14 980.10
CP5	14 040.00	太阳辐射/(kW·h/m²)	70.08	85.70	119.07	152.75	169.47	164.24	131.12	132.09	120.48	103.54	71.69	61.38	1381.62
		累计发电量/(kW·h)	767.41	938.57	1304.00	1672.83	1855.92	1798.58	1435.91	1446.56	1319.46	1133.93	785.04	672.20	15 130.37
CP6	14 040.00	太阳辐射/(kW·h/m²)	71.82	87.22	120.31	153.39	169.86	164.40	131.30	132.5	121.46	105.04	73.29	63.03	1393.63
		累计发电量/(kW·h)	786.52	955.20	1317.54	1679.84	1860.16	1800.43	1437.93	1451.00	1330.11	1150.36	802.64	690.24	15 261.97
CP7	14 040.00	太阳辐射/(kW·h/m²)	71.82	87.22	120.31	153.39	169.86	164.40	131.30	132.5	121.46	105.04	73.29	63.03	1393.63
		累计发电量/(kW·h)	786.52	955.20	1317.54	1679.84	1860.16	1800.43	1437.93	1451.00	1330.11	1150.36	802.64	690.24	15 261.97
CP8	14 040.00	太阳辐射/(kW·h/m²)	71.82	87.22	120.31	153.39	169.86	164.40	131.30	132.5	121.46	105.04	73.29	63.03	1393.63
		累计发电量/(kW·h)	786.52	955.20	1317.54	1679.84	1860.16	1800.43	1437.93	1451.00	1330.11	1150.36	802.64	690.24	15 261.97
CP9	14 040.00	太阳辐射/(kW·h/m²)	70.08	85.70	119.07	152.75	169.47	164.24	131.12	132.09	120.48	103.54	71.69	61.38	1381.62
		累计发电量/(kW·h)	767.41	938.57	1304.00	1672.83	1855.92	1798.58	1435.91	1446.56	1319.46	1133.93	785.04	672.20	15 130.37
CP10	14 040.00	太阳辐射/(kW·h/m²)	68.09	83.98	117.67	151.86	169.03	164.04	130.91	131.60	119.38	101.84	69.86	59.65	1367.90
		累计发电量/(kW·h)	745.68	919.65	1288.59	1663.04	1851.09	1796.47	1433.60	1441.19	1307.34	1115.24	765.03	653.20	14 980.10
总计	98 280.00	总累计发电量/(kW·h)	5385.74	6582.02	9137.79	11 711.25	12 994.47	12 591.38	10 052.81	10 128.49	9243.91	7949.43	5508.06	4721.51	106 006.85

9.6.2　实施情况

图 9-13 为太阳能光伏系统安装过程照片，图 9-14 为太阳能光伏系统运行情况，由于屏幕位置较高，所拍的照片有些倾斜，请读者谅解。总体来看，"鸟巢"太阳能光伏系统基

图 9-13　太阳能光伏系统安装过程

本达到预期效果，大量数据还在收集之中。

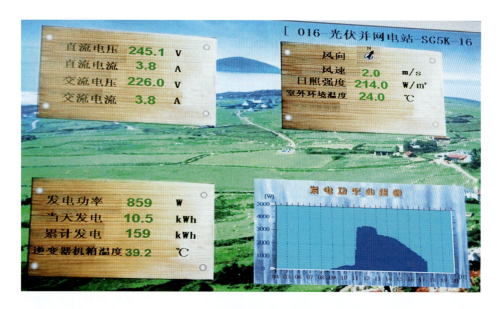

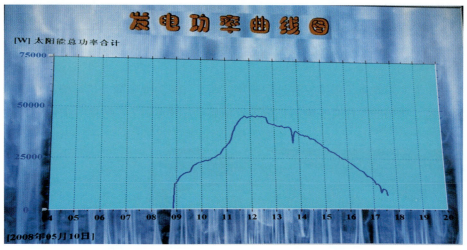

图 9-14   太阳能光伏系统运行情况

9.7   太阳能光伏发电系统环保分析

据计算，采用 100.8kW 太阳能光伏发电系统，一年可发电约 278MW·h，节约标准煤约 111.43t，减少二氧化碳排放约 272.2t，减少二氧化硫排放约 8.36t，减少碳粉尘 75.77t，节水 1114.3t，环保效益非常显著。

国家体育场太阳能光伏发电技术的研究和应用，是落实奥运"三大理念"的具体体现。目前该系统运行良好，其中的经验将会在其他工程中得到推广。"鸟巢"光伏电站的环境效益见表 9-9。

表 9 - 9   "鸟巢"光伏电站的环境效益

安检亭编号	光伏电站容量/kW	平均最小日照时间 T/h	发电/(kW·h)	标准煤/kg	水/kg	碳粉尘/kg	CO_2/kg	SO_2/kg	碳氧化物/kg
CP10	14.4	6	31 536	12 614.4	126 144	8577.792	30 810.67	946.08	473.04
CP9	14.4	7	36 792	14 716.8	147 168	10 007.42	35 945.78	1103.76	551.88
CP8	14.4	9	47 304	18 921.6	189 216	12 866.69	46 216.01	1419.12	709.56
CP7	14.4	9	47 304	18 921.6	189 216	12 866.69	46 216.01	1419.12	709.56
CP6	14.4	9	47 304	18 921.6	189 216	12 866.69	46 216.01	1419.12	709.56
CP5	14.4	7	36 792	14 716.8	147 168	10 007.42	35 945.78	1103.76	551.88
CP4	14.4	6	31 536	12 614.4	126 144	8577.792	30 810.67	946.08	473.04
合计	100.8		278 568	111 427.2	1 114 272	75 770.5	272 160.9	8357.04	4178.52

演出篇

10 开闭幕式临时供配电系统 ■

10.1 概　　述

奥运会、残奥会的开闭幕式演出除了常规演出使用的灯光、音响设备外，还采用了多媒体数码灯光系统、多层空间、多媒体机械化舞台系统、超大规模 LED 系统、空中威亚系统、白玉盘系统、智能草坪系统、大型演出及仪式指挥监控系统、内部通信系统。针对奥运会、残奥会的开闭幕式演出设备多、分布广、供电要求高等诸多要求，开闭幕式电力保障团队对奥运会、残奥会开闭幕式演出供电、配电、用电系统深入分析其可靠性，并采取了积极应对措施，使电力系统运行做到了"不能出现万一"的最高标准（图 10 – 1）。

图 10 – 1　奥运会和残奥会开幕式时电力保障团队

10.2 开闭幕式供配电系统设施技术要求

10.2.1 开闭幕式演出电力负荷需求

开闭幕式演出分为奥运会开幕式、闭幕式，残奥会开幕式、闭幕式四场演出，共涉及九大电力系统，包括灯光、音响、LED、地面及上空设施、指挥监控、内部通信、火炬塔装置、焰火、控制系统等。如第 2 章所述，开闭幕式的用电为临时性负荷，负荷等级均为一级负荷中特别重要负荷，开闭幕式四场演出的地面、上空设备等有所不同，其中奥运会开幕式的设备用电负荷最大，用电最大负荷 11 246kW（计算负荷）。

奥运会开幕式用电负荷见表 10 – 1。

表 10 –1　　　　　　　　　　　　奥运会开幕式用电负荷

序号	设备名称	安装功率/kW	需要系数	计算功率/kW	备　注
1	灯光	6440	1.0	6440	
2	音响	1471	0.54	793	

续表

序号	设备名称	安装功率/kW	需要系数	计算功率/kW	备 注
3	上空设备	1600	1.0	1600	
4	地面设备	1600	1.0	1600	
5	火炬塔动力	74	1.0	74	与其他负荷不同时使用
6	火炬塔灯光	35	1.0	35	与其他负荷不同时使用
7	开幕式 LED	3000	0.33	990	
8	场地通信设备	60	0.8	48	
9	通信控制及设备机房	30	0.9	27	UPS 电源
10	灯光控制	30	1.0	30	UPS 电源
11	音响控制	50	1.0	50	UPS 电源
12	设备控制	15	0.9	14	UPS 电源
13	指挥监控系统	21	0.9	19	UPS 电源
14	视频控制系统	60	0.9	54	UPS 电源
	合计			11 665	
			同期系数 0.9	10 500	

奥运会闭幕式用电负荷见表 10 – 2。

表 10 – 2　　　　　　　　　　　　奥运会闭幕式用电负荷

序号	设备名称	安装功率/kW	需要系数	计算功率/kW	备 注
1	灯光	6440	1.0	6440	
2	音响	1471	0.54	793	
3	上空设备	1600	1.0	1600	
4	地面设备	700	1.0	700	
5	火炬塔灯光	35	1.0	35	
6	场地通信设备	60	0.8	48	
7	通信控制及设备机房	30	0.9	27	UPS 电源
8	灯光控制	30	1.0	30	UPS 电源
9	音响控制	50	1.0	50	UPS 电源
10	设备控制	15	0.9	14	UPS 电源
11	指挥监控系统	21	0.9	19	UPS 电源
12	视频控制系统	60	0.9	54	UPS 电源
	合计			9810	
			同期系数 0.9	8829	

残奥会开幕式用电负荷见表 10 – 3。

表 10－3　　　　　　　　　　　　残奥会开幕式用电负荷

序号	设备名称	安装功率/kW	需要系数	计算功率/kW	备　注
1	灯光	6440	1.0	6440	
2	音响	1471	0.54	793	
3	上空设备	1600	1.0	1600	
4	火炬塔动力	74	1.0	74k	与其他负荷不同时使用
5	火炬塔灯光	35	1.0	35	与其他负荷不同时使用
6	场地通信设备	60	0.8	48	
7	通信控制及设备机房	30	0.9	27	UPS 电源
8	灯光控制	30	1.0	30	UPS 电源
9	音响控制	50	1.0	50	UPS 电源
10	设备控制	15	0.9	14	UPS 电源
11	指挥监控系统	21	0.9	19	UPS 电源
12	视频控制系统	60	0.9	54	UPS 电源
13	残开白玉盘	880	1.0	880	
14	残开雾森	82.5	1.0	82.5	
	合计			10 038	
			同期系数 0.9	9034	

残奥会闭幕式用电负荷见表 10－4。

表 10－4　　　　　　　　　　　　残奥会闭幕式用电负荷

序号	设备名称	安装功率/kW	需要系数	计算功率/kW	备　注
1	灯光	6440	1.0	6440	
2	音响	1471	0.54	793	
3	上空设备	1600	1.0	1600	
4	火炬塔灯光	35	1.0	35	
5	场地通信设备	60	0.8	48	
6	通信控制及设备机房	30	0.9	27	UPS 电源
7	灯光控制	30	1.0	30	UPS 电源
8	音响控制	50	1.0	50	UPS 电源
9	设备控制	15	0.9	14	UPS 电源
10	指挥监控系统	21	0.9	19	UPS 电源
11	视频控制系统	60	0.9	54	UPS 电源
12	残闭智能草坪	67	0.7	47	

续表

序号	设备名称	安装功率/kW	需要系数	计算功率/kW	备 注
13	残闭雾森	173	1.0	173	
	合计			9330	
			同期系数0.9	8397	

10.2.2 供电电源

特别重要负荷供电电源由两个独立的 10kV 电源供电，当一个电源发生故障时，另一个电源不应同时受到影响。同时设柴油发电机组作为市电的备用电源，关键负荷设 UPS 提供不间断供电电源。

10.2.3 供配电系统

国家体育场开闭幕式供配电系统总图如图 10-2 所示，包括永久供电系统和临时供电系统，其设计需满足电源质量和可靠性的要求。

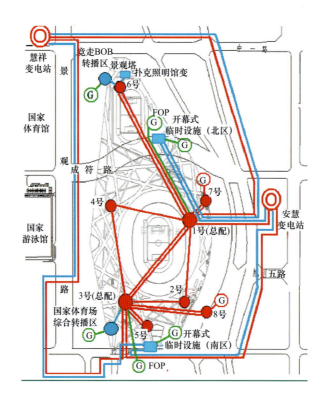

图 10-2 国家体育场开闭幕式供电系统总图

第一，电能质量要求。奥运会和残奥会开闭幕式的电源质量主要关注电压和谐波两个指标（其他指标也很重要），供电系统要保证高品质的电源质量，必须保证电压偏差和电源谐波含量在允许的范围内。

1）用电设备端子处电压偏差应不大于 ±5% 。

2）220/380V 低压系统谐波电压限制，总谐波畸变率不大于 5%，奇次谐波不大于 4.0%，偶次谐波不大于 2.0%。

第二，可靠性措施。为保证供电系统可靠性和电源质量，配电系统采取如下措施：

（1）提高供配电的可靠性。

1）同类型负荷由变电所同一低压母线段采用放射式供电，尽量减少配电级数，避免相互影响。

2）指挥监控系统、通信系统及其他各控制系统采用集中不间断电源（UPS）供电。

3）选用高品质的断路器和负荷开关。

4）配电电缆采用低烟无卤、阻燃、防水、防油污的特种电缆，保证供电电缆可靠。

（2）减小电压偏差。

1）合理选择电源电缆路径，适当增大配电电缆截面，降低系统阻抗。

2）采用无功功率补偿措施。

3）三相负荷保持平衡。

（3）谐波。

1）优化配电系统和增加配电回路。

2）关键节点上设置谐波滤波装置。

本书第 8 章对体育建筑的谐波及其滤波装置有较详细的论述，谐波滤波装置是用来限制或减少有害的谐波电流，减少导线上的谐波负载。滤波装置采用就地安装，即安装在谐波电流较大的设备处。

3）优化断路器和配电装置。

谐波会产生过热现象，选用参数高、性能好的断路器可对整个设备起到保护作用。中性线的电缆截面至少等于相线电缆截面。

10.2.4　变配电系统

1. 变配电系统方案

变压器为 10/0.4kV，按四个系统分别独立设置，即上空、地面设备、火炬塔装置及 LED 为一个系统，灯光为单独系统，音响也是独立系统，控制系统供电为单独系统。这样可以避免不同系统之间电源的相互干扰。音响供电系统独立于其他供电系统。

四层各控制系统用电采用集中 UPS 电源供电。

2. 功率因数补偿

功率因数采用在变压器的低压侧进行集中无功功率补偿，功率因数补偿到 0.95 以上，这一点与永久系统有相同的要求。

10.3　开闭幕式供电电源系统

根据电源供电半径的要求，以国家体育场东、西中心线为分界，将开闭幕式用电负荷划分为南、北两个区域，南、北两侧分别设置一个临时箱变群（图 2-21），负责向各自区域负荷供电。

开闭幕式全部负荷由国家体育场永久供电设施和开闭幕式临时供电设施供给电力，2008

年 8 月 8 日奥运会开幕式演出总负荷曲线如图 10 - 3 所示，最大负荷发生在 20 时 30 分左右，为 10 850kW。另外，有 396kW 演出照明负荷由亚力克临时发电机供电，故最大负荷值为 11 246kW，其中 8150kW 由永久供电设施供电。对比表 10 - 1，负荷计算比较准确。

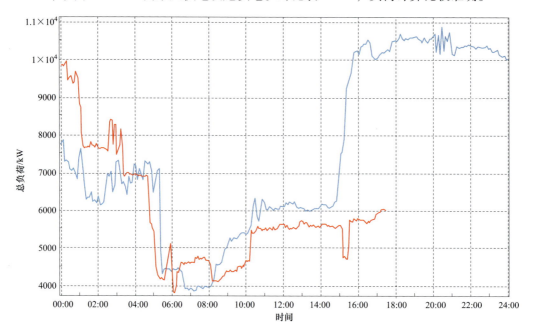

图 10 - 3　奥运会开幕式演出总负荷曲线

10.3.1　国家体育场永久高压配电系统

由第 2 章已知，国家体育场分为南（3 号）和北（1 号）两个总配变电所，两个配变电站分别从安慧、慧祥 110kV 站各引入一路电源，同时两个配变电所用站间联络电缆进行连接，其供电系统如图 10 - 4 所示。正常运行方式下，四路进线同时供电，各带一段母线运行，北站 203 和 206 开关、南站 203 和 206 开关线路保护正常运行时均投入运行。正常方式下，206 开关都处于合位，投入馈线保护，203 开关都处于分位，是电源开关，自动投入运行。

若以北站 201 线路失电压为例，北站 201 线路故障，安慧变电站 232 线路掉闸，国家体育场北站 4 号母线无电压，201 开关掉闸，投入母联 245 开关，若 245 开关投不上，再投站联 203 开关。

若以南站 202 线路失电压为例，南站 202 线路故障，慧祥变电站 261 线路掉闸，国家体育场南站 5 号母线无压，202 开关掉闸，投入母联 245 开关，若 245 开关投不上，再投北站站联 203 开关，南站 206 开关受电。

永久设施除两个总站 1 号和 3 号站外，另有六个分站，总容量 28 130kVA。场内安装两台永久发电机，每台 1680kVA。永久发电机平时是冷备用，只有当一路电源失去时才启动，当再失去另外一路电源时自动投入，自动投入靠 ATS 来执行，当市电恢复后由手动根据比赛的要求来倒回市电。

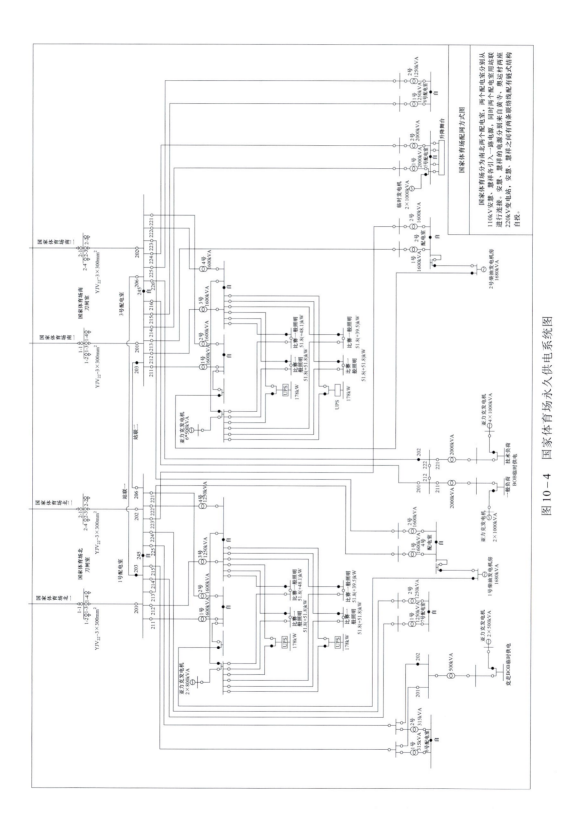

图10-4　国家体育场永久供电系统图

开闭幕式期间，永久供电设施主要为南、北 LED 大屏幕（文字屏和图像屏）、强电设备间、移动通信、北电动旗杆、音响设备（部分功放）、媒体、空调系统、建筑外景照明等供电。

10.3.2 开闭幕式临时供电系统

在体育场南、北两座箱变群各自建设一座临时开闭站，每座开闭站都从安慧和慧祥站取得两路电源。南开闭站带 8 组临时箱变，北开闭站带 6 组临时箱变。每组箱变设两台变压器，从开闭站取得双路电源。开闭站和箱变低压侧都设有母联开关，高低压母联开关都具有自投和合环操作功能，其供电系统如图 10 – 5 所示。

除四层中控室和五层火炬控制室从临时箱变取得双路电源，末端经 ATS 双电源切换后供至 UPS 外，其他全部采用单路电源供电方式。南北箱变群供电负荷为灯光、音响、LED、上空设备、餐厅等。开闭幕式升降舞台由永久配电设施 5 号配变电所供电，其供电方式为从 5 号站供出 4 路单电源至基坑内的 4 个配电柜，场外配备了两台 1600kW 的发电机（车载），为这 4 个配电柜提供备用电源，开闭幕式期间，市电主供，发电机处于热备用状态。

演出数码灯、投影灯、追光灯供电方式为在开闭幕式期间由黄寺 220kV 系统电源、奥运村 220kV 系统电源和亚力克发电机系统分别供电，以保证其较高的供电可靠性。其他电脑灯、音响、上空设备、LED 等负荷由箱变供电，发电机做热备用。

10.3.3 柴油发电机组

临时柴油发电机组由亚力克公司提供，安装在南、北箱变群区域，靠近箱式变电站。南区临时箱变群集中布置 15 台总容量 10 800kVA 发电机组；北区临时箱变群集中布置 8 台总容量 6100kVA 发电机组；中心舞台配备了 2 台车载 1600kW 的发电机，位于东北出口处；永久供电系统配备 2 台 1680kW 发电机（安装在建筑物内），系统接线如图 10 – 5 所示，灯光用发电机接线如图 10 – 6 所示。

为了保证开闭幕式电力供应"万无一失"，除了双路 10kV 市电供电外，所有开闭幕式负荷配备了柴油发电机组。NZ1、SZ1 箱变的 4 号母线在开闭幕式演出时，柴油发电机作为主供电源，市电电源作为备用电源，其他开幕式演出负荷由市电作为主供电源，临时柴油发电机和发电车作为备用电源（发电机热备用），一旦市电电源故障，发电机组自动投入，承担全部负荷供电，建筑物内永久安装的发电机冷备用。

10.3.4 临时供电系统的变压器及柴油发电机的配置

由于开闭幕式有大量的非线性设备，如大量的气体放电灯、机械设备绝大部分变频控制、LED 显示屏等，为了避免非线性设备在电网中产生的谐波对其他设备的干扰，采取了不同类型设备由不同变压器供电的方案，在低压配电系统上使各类负荷没有物理上的联系。

开闭幕式临时供电系统变压器及发电机组配置见表 10 – 5。

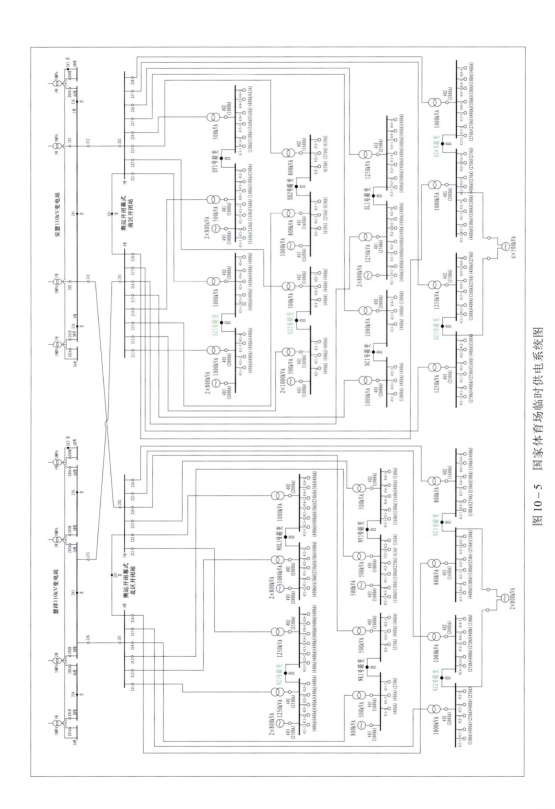

图 10-5　国家体育场临时供电系统图

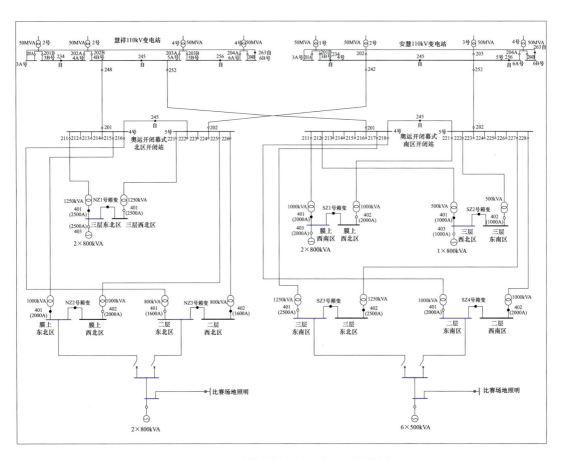

图 10 – 6　国家体育场灯光用发电机接线图

表 10 – 5 　　　　　　　　　开闭幕式临时供电系统变压器及发电机组配置

箱变名称	所带变压器 /kVA	变压器数量 /台	变压器容量 /kVA	发电机组 /kVA	10kV 进线电源	负荷性质
南区 1 号开闭站：安慧/慧祥						
SZ1 箱变	2 × 1000	2	2000	2 × 800	南区 1 号开闭站	灯光
SZ2 箱变	2 × 500	2	1000	2 × 1000	南区 1 号开闭站	灯光
SS1 箱变	2 × 800	2	1600	1 × 1000	南区 1 号开闭站	上空设备
SY1 箱变	2 × 500	2	1000	2 × 800	南区 1 号开闭站	音响
SC1 箱变	2 × 1000	2	2000		南区 1 号开闭站	VIP 餐厅

箱变名称	所带变压器 /kVA	变压器数量 /台	变压器容量 /kVA	发电机组 /kVA	10kV 进线电源	负荷性质
SL1 箱变	2×1250	2	2500	2×800	南区 1 号 开闭站	LED
SZ3 箱变	2×1250	2	2500	6×500	南区 1 号 开闭站	灯光
SZ4 箱变	2×1000	2	2000		南区 1 号 开闭站	灯光
南区汇总		16	14 600	10 800		

北区 2 号开闭站：安慧/慧祥

箱变名称	所带变压器 /kVA	变压器数量 /台	变压器容量 /kVA	发电机组 /kVA	10kV 进线电源	负荷性质
NZ1 箱变	2×1250	2	2500	2×800	北区 2 号 开闭站	灯光
NSL 箱变	2×1000	2	2000	2×800	北区 2 号 开闭站	上空设备、 LED
NY1 箱变	2×500	2	1000	1×500	北区 2 号 开闭站	音响
NK1 箱变	2×500	2	1000	1×800	北区 2 号 开闭站	控制中心
NZ2 箱变	2×1000	2	2000	2×800	北区 2 号 开闭站	灯光
NZ3 箱变	2×800	2	1600		北区 2 号 开闭站	灯光
北区汇总		12	10 100	6100		
5 号配电室	2×2000	2	4000	2×1600	3 号配电室	地面舞台
汇总		28	28 700	20 100		

10.3.5 开闭幕式供电系统的保护配置情况

本书第 3 章对继电保护关键技术进行了分析和说明。图 10-7 为国家体育场进线配置过电流、零序给母联放电的 RCS-9611H 保护；203、206 处配置无压掉自投保护和过电流、速断及后加速保护，以实现自投 245 和手动投入 203 时，203、206 处有第二级过电流、速断保护；245 处配置合环保护及后加速保护，以实现合环功能，同时确保自投故障上时后加速快速跳闸功能。

定值配置主要按照三级配置过电流、速断、零序，时间级差按照 0.3s 考虑。

第一级：北配电室的安慧 232、慧祥 238 和南配电室的安慧 262、慧祥 261，保护时间为 1.1s 和 0.8s。

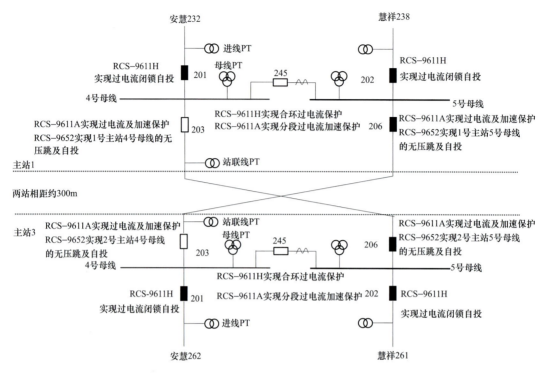

图 10 – 7　永久系统四个电源保护配置图

第二级：南、北配电室的 203、206，保护时间为 0.8s 和 0.3s。

第三级：南、北配电室的所有出线，保护时间为 0.5s 和 0s。

另外，自投只考虑 245 自动投入，不考虑 203 自动投入，无压跳闸（无压掉）时间压缩到 1.5s，自投时间仍为 0.3s；由于保护装置只能采用一侧母线电压实现复压闭锁，故后加速时间均为 0.2s，以躲过自投瞬间涌流的影响和电压建立的时间；放电时间 0.5s 以保证跟上级速断的配合；合环 0.2s 按照通常情况考虑。

永久供电设施配变电所低压系统的母联开关装有自投装置，时间为 2.5s，低压供电系统采取停电倒闸方式。

如图 10 – 8 所示，开闭幕式临时建设的南、北开闭站进线配置过电流、零序给母联放电的 RCS – 9611H 保护；245 处配置无压掉自投保护和过电流、速断及后加速保护；245 处配

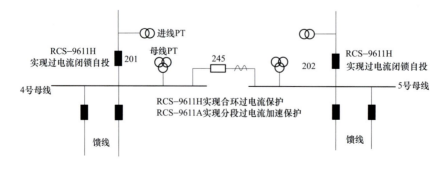

图 10 – 8　南、北开闭站系统接线及保护配置图

主要技术参数：

系统额定电压：0.6/1kV。

导体：最高额定温度为90℃。短路时（最长持续时间不超过5s）电缆导体最高温度不超过250℃。导体结构应符合 GB/T 3956 规定第 5 类导体结构。

绝缘：应采用符合 DIN VDE0207 或 EN50264 规定的特种交联型橡胶绝缘材料。采用乙丙橡皮（EPR）材料，其性能符合 IEC60502-2 标准。绝缘厚度标称值符合 DIN VDE 0282-12 的规定。

护套：应采用符合 DIN VDE0207 或 EN50264 规定的特种交联型弹性体护套材料。采用低烟无卤交联型阻燃材料，其性能符合 EN0207 的性能要求。护套的标称厚度符合 DIN VDE 0282-12 的规定。

电缆的阻燃性能：电缆应通过 GB/T 18380.3 规定的成束电缆垂直燃烧试验。

电缆的低烟性能：电缆低烟性能应经受 GB/T 17651 规定的烟密度试验，透光率应不小于60%。

电缆的无卤性能：在 GB/T 17650 规定试验条件下，电缆燃烧时逸出气体的 pH 不小于4.3，电导率不大于 $10\mu S/mm$。

电缆的径向防水、防潮性能：成品电缆应进行防潮性能试验，试验时将 3m 长的电缆样品浸在 0.3m 深的常温水溶液中（两头露出水面），72h 后取出，去除绝缘层外面的保护层后，用肉眼观察，绝缘层表面应是干燥的。

可移动性：满足移动的要求，应便于电缆收放，且电缆弯曲半径不大于电缆直径的 6倍。电缆具有较好的抗拉伸、抗挤压、抗扭转、抗动态弯曲性能，以致在安装和拆卸的过程中不会损坏。

确定配电线路电缆型号选用：NHXHX-F 系列—额定电压 0.6/1kV 乙丙橡胶绝缘热固性橡胶护套低烟无卤软电缆。

10.5.5　电缆的截面选择和配电线路电压损失的解决

由于临时供电变配电站的位置在国家体育场的南北两端，大部分用电设备距变配电站的距离超出规范规定的合理供电半径。

北京奥运会开闭幕式《国家体育场开闭幕式用电需求说明》要求：用电设备的端子处电压偏差应不大于 ±5%。如果采用提高电缆截面的方法来降低线路电压损失，会使投资大大增加。

本工程的电缆截面选择，除了部分超过 300m 距离大容量配电回路电缆截面提高一级外，其他线路均按载流量选择电缆截面。所有灯光配电回路在其所供用电设备的额定电流下的配电电缆电压损失不大于 7%，其他配电回路在其所供用电设备的额定电流下的配电电缆电压损失不大于 8%。所以为保证北京奥运会开闭幕式《国家体育场开闭幕式用电需求说明》的电压偏差要求，南北箱变群低压配电柜开关出口端电压必须保证在额定电压的 103%～105% 之间。

南北箱变群及 5 号配电室实际运行变压器空载电压为 400V，满足了低压配电柜开关出口端电压达到 105% 的要求。

10.6　开闭幕式用电设备电源系统

开闭幕式临时用电设施共设置 291 台三级配电箱，配电箱分布在国家体育场基坑内、一层看台下环廊、一层观众席后平台、二层观众席前沿、三层观众席前沿、三层看台后平台、屋盖结构内、灯光控制室、音响控制室、上空设备控制室、地面机械控制室、LED 控制室、通信控制室、指挥监控控制室、灯光多媒体室、火炬塔控制室。三级配电箱由二级电源箱接引电源，提供开闭幕式各系统用电设备配电，配电系统包括配电箱、断路器和供电电缆。

10.6.1　开闭幕式用电设施的电源故障风险分析及技术措施

1. 演出灯光系统

1）演出灯光在开幕式期间处于全部点亮状态，无频繁开关操作。依靠计算机控制换色器完成不同场景切换。

2）灯光供电电源分别由南区箱变提供 31 路供电回路，北区箱变提供 27 路供电回路，采用相间供电方式，任一回路电源故障，仅影响局部区域灯光。

3）开闭幕式所有灯光负荷采用柴油发电机组作为备用电源。

4）2583 台专业演出灯具采用了超过 80 000 个通道的庞大控制系统，采用先进的数字光纤传输系统，全场设置了 15 台控制基站，任一个基站电源故障将造成大面积灯光熄灭，为确保基站电源，所有基站均采用在线式 UPS 供电。

5）演出电脑灯均采用热启动装置，但是灯具自身的控制单元恢复供电后需要自检 1～2min，所以，在演出时，某路电源一旦间断，相应灯具 1～2min 才能正常运行。

6）多媒体投影灯和电影机、追光灯、PIGI 灯，电源一旦中断后再恢复供电，需要 10～20min 才能正常运行，所以，在演出时，必须确保其电源不间断，不能进行备用电源的切换，对此类负荷，发电机组作为主供电源，市电作为备用电源。

2. 演出音响系统

1）开闭幕式演出专用音响电源分别由南区箱变提供 11 路供电回路，北区箱变提供 9 路供电回路，采用相间供电方式，任一回路电源故障，仅影响局部音响。

2）音响负荷全部采用柴油发电机组作为备用电源。

3）音响系统共用 516 只音箱或功放，采用先进的数字光纤传输系统，全场设置了 19 台控制基站，任一个基站电源故障将造成区域音响失效，为确保基站电源，所有基站均采用双路电源供电（基站具备两路电源输入端口），并在其中一路电源上安装在线式 UPS。

3. LED 系统

1）LED 系统在开幕式期间处于全部通电状态，无频繁开关操作。

2）所有 LED 设备均采用柴油发电机组作为备用电源。

4. 地面及上空设备系统

所有设备电动机均有备份，其供电电源还采用柴油发电机组作为备用电源，各 PLC 控制器自带后备电源。控制系统采用主、备控制台操作模式。

5. 火炬塔系统

火炬塔采用柴油发电机组作为备用电源，双电源供电末端切换，PLC 控制器自带后备电源，点火控制系统采用在线式 UPS 供电。

6. 控制室

灯光、音响、LED 播放、设备、通信、指挥监控、焰火系统等控制室电源采用柴油发电机组作为备用电源，双电源供电末端切换，还设有一台集中在线式 UPS 电源。

10.6.2　开闭幕式用电设施隐患排查及治理情况

在开闭幕式排练过程中，对发现的电力隐患采取有力措施进行整改，主要解决了以下问题：

1）地面设施基坑四个电缆安装洞存在漏雨，雨水顺着电缆流入配电柜内，造成电气元件绝缘性能下降。有关单位对电缆洞进行了防水封堵，开关厂进行了 18 面开关柜的全面更换。

2）视频播放室在 6 月 17 日 23 点排练时，电源停电 3 ~ 4s 后自动恢复，经过检查，发现配电箱内元器件安装不规范，更换配电箱后，没有再出现掉电问题。

3）6 月 26 日 19 点排练开始前，控制室集中 UPS 电源停电，发现原因是，UPS 的两路输入电源中旁路电源开关掉闸，而此时 UPS 又没有投入运行。经与 GE 公司分析，发现旁路电源配电开关在小电流时自动掉闸，更换开关后运行正常。同时，将 UPS 系统投入正式运行。

4）地面舞台南北两个补台，每个补台有 60 台 5.5kW 电动机，60 台电动机同时启动时，配电柜母线电压降到 310V 左右，造成控制室一台计算机（无 UPS 电源）重起，另一台计算机的 UPS 电源报警。后将供电改造为每 30 台电动机一路电源，电源引自不同变压器，共增加了两路电源，同时控制台又引来一路非动力电源，问题得到了解决。

5）大负荷试验时，根据测试结果，发现个别灯光和音响配电回路三相电流不平衡，中性线电流很大，经过调整负荷相序后，问题得到解决。

6）在巡查中发现上空灯光电源电缆被钢索划破，电缆进行绝缘包扎后，消除了事故隐患。

7）UPS 运行时机房温度达到 30℃，影响了 UPS 安全运行，增加 2 台 5P 空调器，确保了 UPS 可靠运行。

8）在电源切换试验过程中，当两路电源切换时，个别灯光和音箱功放烧毁，灯光和音响系统基站电源增加 UPS 后，问题得到解决，同时解决了电源可靠性。

9）白玉盘在调试过程中发现末端电压降到 310V 左右，并且运行时，电动机（11kW）保护开关个别跳闸。经调整箱式变电站变压器分接头，将变压器低压侧电压调高至 410V，并且将 80 个电动机的保护开关电器、控制电器、电缆重新调整和核对，问题得到解决。

10）残奥会闭幕式智能草坪有 491 个直流电磁阀，但只有一个直流电源供电，没有备用电源，整改后增加一路直流电源，采用双直流电源切换供电方式，提高了可靠性；气泵电动机原设计采用漏电保护开关，整改成电动机保护开关后，避免了开关误动作。

10.7　UPS　电　源

开闭幕式控制系统在用电末端安装在线式 UPS 电源，满足不间断供电的要求，保证各系统演出程序指令在电源切换时正常运行。

开闭幕式各控制系统安装 UPS 情况见表 10 - 6。

表 10 -6 开闭幕式各控制系统安装 UPS 情况

序号	安装位置	负荷名称	数量/台
1	四层控制室电源间	灯光控制、音响控制、上空设备控制、LED 播放及控制、焰火控制、内部通信、指挥监控	1
2	音响控制室	调音台	1
3	灯光控制室	灯光总基站	1
4	地面舞台控制室	地面舞台控制	1
5	多媒体播放室	灯光多媒体播放	1
6	场地内、三层看台后部	音响基站	19
7	主席台	主席台话筒及基站	1
8	二层看台前沿、三层看台前沿、屋架内	灯光基站	14
9	火炬塔控制室	火炬点火控制	1

10.8 大负荷试验

10.8.1 试验目的

开/闭幕式的高低压配电装置设备送电后，需要经过大负荷的测试，检验设备的各项技术指标是否符合设计要求，检验设备的供电能力是否与实际用电需求相匹配，及时发现设备的安全隐患和缺陷，确保开/闭幕式供用电的可靠性。

10.8.2 试验范围

试验范围包括开幕式电气设施中的所有电气设施，包括发电机组、10kV 设备、变压器、配电开关、电力电缆。测试过程开启全部的灯光、LED 和音响、部分动力设备。

10.8.3 测试时间

满负荷运行期间各回路电流、电压、温度等运行 3h 后进行测试。

10.8.4 测试仪器仪表

红外测温成像仪、钳型电流电压表等。

10.8.5 大负荷试验重点监测参数

1. 10kV 设备

母线的电压，负荷电流，功率因数，电缆、各馈出回路负荷电流，设备各电气载流部位的温度。

2. 配电变压器

变压器高低压侧电压、三相负荷电流，低压 N 线零序电流，变压器一、二次侧瓷头、载流导体的温度，变压器线圈的温升。

3. 0.4kV 设备

低压配电装置：母线、低压断路器、隔离开关、插接头电气元器件负荷电流、电压和电气载流器件部位的温度。

4. 低压馈线路

各配电线路三相负荷电流、N 线电流，开关、电缆的温度。

5. 低压配电箱

电气元器件、连接线等承载的三相负荷电流、电压、N 线电流和电气连接部位的温度。

6. 重要用电设备用电负荷或容量较大的设备

启动电流、正常负荷电流和电压。

7. 对电能质量敏感的重要负荷

谐波监测记录，进行瞬时电压波动在线监测。

10.8.6 大负荷测试结果分析

1. 测试过程

1）2008 年 6 月 28 日 17:30 南、北区所有箱变倒方式（合 445 开关，合环选跳 402 开关）负荷全部倒由 1 号变压器带，负荷运行一小时后（19:00）开始进行变压器及所有出线回路测负荷、测温工作，20:20 工作结束。

2）20:30 南、北区所有箱变倒方式（合 402 开关，合环选跳 401 开关）负荷全部倒由 2 号变压器供电，负荷运行半小时后（21:30）开始进行变压器测负荷、测温工作，22:00 工作结束。

通过对检测数据的分析，由于国家体育场开/闭幕式音箱、动力设备和中控室等负荷未投运，因此国家体育场永久系统变压器总容量为 28 130kVA，总负荷率为 21.3%，处于较低的负荷率水平，未发现过负荷和温度、电压异常情况。

2. 参数标准及数据分析

（1）供电设备。

1）电压分析：

a. 参数标准。低压母线额定电压为 380V，比例参考范围为 0 ~ 7%，数值参考范围为 380 ~ 400V。

b. 电压情况。实测电源电压见表 10 - 7。

表 10 - 7　　　　　　　　　　　**实测电源电压情况**

箱　　号	回路号	电压 A/V	电压 B/V	电压 C/V
北区 9 号箱变	402	399	399	400
北区 11 号箱变	402	399	399	400
北区 11 号箱变	445	399	399	400
南区 8 号箱变	402	400	400	400

c. 根据数据分析，测量点电源电压处于稳定状态。

2）电流分析：

a. 参数标准。总 N 线零序电流不宜大于 50% 额定电流，即 $I_N = 50\% I_额$，支 N 线零序电流不宜大于 20% 额定电流，即 $I_N = 20\% I_额$。

b. 部分异常数据如下（负荷率超过 50%）：402 断开，401 运行时，2 号电源故障，1 号电源运行时运行数据见表 10 – 8 和表 10 – 9。

表 10 – 8　　　　2 号电源故障、1 号电源运行时运行数据（南区）

箱号	路　名	回路号	额定电流	负荷率	电流 A/A	电流 B/A	电流 C/A	电流 N/A
南区 7 号箱变		401	1804	73%	1120	1310	1220	
南区 7 号箱变	东南区三层看台照明 ALD4/5	411	250	69%	172.4	166.7	149.6	22.4
南区 7 号箱变	东南区三层看台照明 ALD2	423	100	73%	60.9	73.1	51.4	25.6

表 10 – 9　　　　2 号电源故障、1 号电源运行时运行数据（北区）

箱号	路　名	回路号	整定电流	负荷率	电流 A/A	电流 B/A	电流 C/A	电流 N/A
北区 9 号箱变		401	1804	99.8%	1800	1760	1620	
北区 13 号箱变		401	1443	85%	1224	1218	1144	
北区 13 号箱变	东北区三层看台照明 ALD1/2	421	250	79%	143	163	197	28

401 断开，402 运行时，1 号电源故障，2 号电源运行时运行数据见表 10 – 10 和表 10 – 11。

表 10 – 10　　　　1 号电源故障、2 号电源运行时运行数据（南区）

箱号	路　名	回路号	额定电流	负荷率	电流 A/A	电流 B/A	电流 C/A
南区 1 号箱变		402	1443	83%	1193	1135	1040
南区 7 号箱变	东南区三层看台照明 ALD2	423	100	78%	77.5	76.5	54
南区 7 号箱变	西南区三层看台照明 ALD6/7	424	250	68%	169.8	163.8	163

表 10 – 11　　　　1 号电源故障、2 号电源运行时运行数据（北区）

箱号	路　名	回路号	额定电流	负荷率	电流 A/A	电流 B/A	电流 C/A
北区 9 号箱变		402	1804	93%	1674	1575	1480
北区 9 号箱变	东北区钢结构照明 ALM1	411	300	61%	182	172	166

3）$N - 1$ 情况下变压器负荷最高的箱变情况：

a. 南区 1 号箱变 1 号、2 号变压器型号为 SCB10 – 1000/10，额定电流为 1443（A），大负荷测试 1 号变压器负荷为 1244（A），负荷率为 86%；2 号变压器负荷为 1193（A），负荷率为 83%。7 号箱变 1 号、2 号变压器型号为 SCB10 – 1250/10，额定电流为 1804（A），大负荷测试 1 号变压器负荷为 1320（A），负荷率为 73%，2 号变压器负荷为 1303（A），负荷率为 72%。

北区箱变群监测到 9 号箱变负荷最大，负荷为 1800（A），变压器型号为 SCB10 – 1250/10，额定电流为 1804（A），负荷率达到 99.78%。

b. 测量中有部分零线电流过大，如南区 6 号箱变 411 ATLG1（西南区场地边缘 LED）电流情况为：A 为 65.2A，B 为 63.3A，C 为 60.3A，N 为 101.1A。中性线上的电流是相线上的电流近 2 倍，需进行重点监视。

c. 低压出线路情况。南区 7 号箱变 423 回路最大负荷达到 78%，此开关定值为 100A，最大负荷接近 80A。

8 号箱变 415（东南区场地边缘照明）电流 A 为 72.2A，B、C 相为零，需加强检测，查出具体原因。北区低压出线路 13 号箱变 421 开关监测到最高负荷率 79%，此开关定值为 250（A），最大荷 168（A）。

d. 其他设备均在正常范围。

（2）末端配电箱（用电设备电源处）。

1）电压分析。

a. 参考标准：

额定线电压：380V，比例参考范围 ±5%；数值参考范围 360～399V。

额定相电压：220V，比例参考范围 ±5%；数值参考范围 209～231V。

b. 电压异常情况见表 10 – 12。

表 10 – 12　　　　　　　　　　电 压 异 常 情 况

箱号	回路号	电压 A/V	电压 B/V	电压 C/V
ALM4	M4 – 2	206	223	220
ALN8	N8 – 3	201	224	223

c. 根据表中数据分析，绝大部分测量点由于电源电压稳定，过电压或欠电压数值较小，无严重问题。

本次测试中测得的最低相电压 201V，位于 ALN8 等配电箱处，最高电压 238V，位于 A2 – 2 等配电箱处。

2）电流分析。

a. 参数标准：

总 N 线零序电流不宜大于 50% 额定电流，即 $I_N = 50\% I_{额}$。

支 N 线零序电流不宜大于 20% 额定电流，即 $I_N = 20\% I_{额}$。

b. 部分电流异常情况见表 10 – 13。

表 10 – 13　　　　　　　　　　　　　　电 流 异 常 情 况

箱号	额定值/A	负荷率	电流 A/A	电流 B/A	电流 C/A	电流 N/A	I_N/I_{max}
ALE4	160	0.418 75	67	58	55	21	0.313 433
6AP1	160	0.593 75	94.9	94.4	86.9	61.2	0.644 889
GK – 09	160	0.184 375	29.5	29.4	26	58.6	1.986 441
A5 – 1	160	0.075	12	0.4	0	11.5	0.958 333
ATSA1	160	0.030 563	2.04	4.89	1.92	5.46	1.116 564
ATLG7	160	0.181 25	28.9	19.7	29	60	2.068 966
ALA7	160	0.048 75	7.8	0	0	7.8	1.000 0
UPS	400	0.128 25	36	51.3	29	41.6	0.810 916

c. 其中总 N 线零序电流过大的共有 64 处，所带负荷主要有场地边缘照明、LED、钢结构照明。

根据表中数据分析，电流严重不平衡的原因在于负荷分布不均匀及谐波电流，造成零线电流过大，ATLG7 箱和 GK – 09 箱的中性线上电流为相线电流 2 倍左右。但总体负荷率很低，开关容量远大于负荷电流。

部分负荷是单相供电，配电箱产生三相不平衡电流，致使零序电流过大。对灯光、音响、控制室 UPS 负荷进行重新分配，尽量达到三相平衡。

（3）设备温度分析。

1）温升参数标准：

母线和电气连接部位长期运行温度不宜大于 70℃（环境温度在 25℃ 以下）。

一般电器运行环境温度不宜大于 40℃。

低压塑料线导线接头长期运行温度一般不超过 70℃（接触面特殊处理后数值可酌情提高）。

控制电缆线芯温度不宜大于 65℃。

低压聚氯乙烯绝缘电缆允许长期运行温度不宜超过 70℃。

2）温度异常情况和主要元件温度见表 10 – 14 和表 10 – 15。

表 10 – 14　　　　　　　　　　　　　　温 度 异 常 情 况

箱号	开关 A/℃	开关 B/℃	开关 C/℃	电缆 A/℃	电缆 B/℃	电缆 C/℃	电缆 N/℃
ALD10	40	40	40	36	36	36	40
ALD1	40	42	42	36	36	36	40
D9 – 1	40	40	40	38	38	38	38
B2 – 1				48	45	47	43
B8 – 1				44.9	41.2	41.3	39.5
B3 – 1				50	47	43	44
G1 – 4	42	59	62	46	36	36	36
D2 – 1	41	44	47	37	39	37	37
G1 – 3	44	44	46	39	39	41	41
D6 – 1	40	40	37	40	37	38	37
D1 – 1	42	42	42	35	40	40	40

续表

箱号	开关 A/℃	开关 B/℃	开关 C/℃	电缆 A/℃	电缆 B/℃	电缆 C/℃	电缆 N/℃
D6－2	41	41	41	37	37	41	41
D7－1	43	40	39	40	40	40	39
G4－4	42	40	40	38	38	38	38

表 10－15   主 要 元 件 温 度

元件	开关	电缆	变压器线圈	变压器一二次磁头
温度/℃	43	50	102	56

3）根据表中数据分析，所测重要部位温度均在 30℃ 左右，属正常现象。部分电缆温度超过 40℃。

各元件出现的最高温度，变压器温度最高为 102℃，变压器风机启动后温度降至 90℃ 左右，主开关及母排温度在 46℃ 左右。

重要部位测温图如图 10－9 所示。

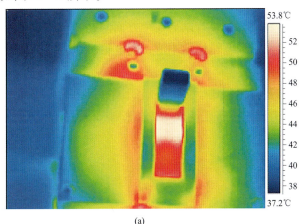

(a)

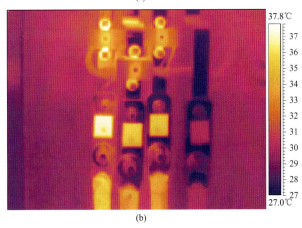

(b)

图 10－9   重要部位测温图

（a）开关测温图；（b）连接处测温图

10.9　开闭幕式电力保障

首先，从设计开始，针对开闭幕式电力系统的供电系统、配电系统、用电系统三大部分，科学分析、合理设置电源切换时间。花费大量时间和人力，逐个对每个系统、配电干线、配电支路可能出现的电压降和过负荷、接地、短路等故障进行科学计算和分析论证，设置合理的开关保护定值，保证从理论上科学合理。

要做到电力运行可靠，保证供电绝对不出问题，除了缜密的设计、严谨的施工外，在运行阶段，更重要的是电力保障工作，主要包括电力设施成品保护，配电开关及电力电缆运行维护，电源端子连接紧固，防雨措施，防小动物措施，运行环境温度等，做好保障工作，就是保证电力运行不中断。

10.9.1　电力保障主要工作内容

1）完成了所有配电断路器保护动作性能测试，发现不合格断路器全部予以更换。

2）电力安全检查。

针对开闭幕式504台各级配电箱进行了5轮次的定值调整、4轮次的隐患排查、3轮次的接头紧固，共整改5大类型的缺陷1265处。对开闭幕式8个中控室的终端线路、插座等进行梳理，处缺不少于8个轮次。主要有以下几个方面问题：施工工艺及电缆防护问题，接头紧固不到位，接用管理混乱，配电箱标示不清，配电箱出线封堵等，针对排查中发现的各种问题进行逐一整改消项。

国家体育场运行团队及开闭幕式运营中心组织成立了电力专家组，于2008年7月14日至7月30日对开幕式电力设施进行了两次专家组检查，共提出了85项整改建议，对重点负荷进一步加强了电源的可靠性。

10.9.2　开闭幕式供电系统故障处理应急预案

1. 故障处理原则

1）首先判断事故地点职责范围。

2）努力控制事故处理范围。

3）按流程及时上报。

4）按上级要求快速处理。

5）极端危急情况先处理后上报。

6）与其他保障小组加强沟通协调。

2. 故障的分类、处理措施。

故障处理措施见表10-16。

表10-16　　　　　故障处理措施

故障	处理措施
电源开关机构损坏不合闸	1）演练期间更换开关 2）开闭幕式期间，断开损坏开关两头用线夹封接，带电操作，注意人身安全

故　　障	处　理　措　施
电源开关过热，跳闸	1）调整各相负载尽可能平衡，每相负载差不得大于平均负载30% 2）检查各触点虚实度使其紧固可靠 3）负荷侧检查绝缘阻值及是否相接地
漏电开关不合闸	1）开关本身试验按钮没复位，复位即可 2）设备故障接地，检测后消除接地故障 3）零线、地线混接，零线、地线分开，零线无接地情况
线缆过热	1）减少用电负荷，调整三相不平衡负荷 2）测试电缆绝缘性能，测试如果不合格，需更换电缆 3）检测安装负荷是否超出设计容量，超出部分进行调整

10.9.3　演练过程中技术保证措施

1）送电前必须检测好配电箱及插座箱，开关通断灵敏可靠，并了解各保障设备及人员是否保持良好状态。

2）配电柜箱电源指示参数正常。

3）各配电箱馈出开关送电必须先合隔离开关，依次合断路器，停电时操作顺序相反。

4）送电后，首先测量各开关馈出电压是否符合要求，其次测量各回路负载电流是否满足设计要求，并保证正常运行。其次，开关、接线端子、母排、线缆温度测试应符合要求。

10.9.4　开闭幕式运行期间技术保障

1）每个配电柜箱设专人值守，在统一指挥下负责停送电操作，保证其供电安全可靠。

2）检查应急备品备件是否到位、完好可靠。

3）发现异常情况应及时向上级领导汇报。未经许可不得操作配电设施，未经批准不得观看、操作自己值守范围以外的设备设施。

4）观察测试配电柜箱运行参数是否正常，并填表记录。

开闭幕式电力系统划分为供电系统、配电系统和用电系统三大部分，虽然供电系统有两路电源供电，外加柴油发电机备用电源，但是根据开闭幕式演出负荷的性质，电源不允许间断切换，否则会造成演出设备的损毁或演出程序的混乱。另外，开闭幕式用电负荷大，用电设备分散，无法安装大量的UPS电源。所以，必须从系统设计、设备选择、大负荷试验、电力保障等各方面确保每路电源的可靠，确保不进行电源切换，这样才能实现开闭幕式电力供应"不能出现万一"的最高标准。

国家体育场电力系统的运营

前面各章介绍了国家体育场电气各系统的关键技术，本章重点介绍国家体育场自建成后实际运营情况，主要对截至 2013 年 8 月 10 日在国家体育场开展的各项活动及其电力系统运行情况。

11.1 国家体育场主要大型活动汇总

国家体育场在 2008 年举行完第 29 届奥运会之后便开始了赛后运营工作，其运营的原则之一便是公益性、群众性、商业性活动相结合，在 2008 年底到 2013 年期间，国家体育场举办了大量的活动，并坚持了以上运营原则。

从国家体育场举办的活动看，国家体育场的电力系统设计很好地符合了各种活动的要求。国家体育场举办的主要活动（部分）及用电负荷详见表 11－1。

表 11－1　　　　　　　　国家体育场举办的主要活动及用电负荷

序号	开始时间（年－月－日）	结束时间（年－月－日）	活 动 名 称	活动类别	临时用电需求/kW
1	2009－5－1		成龙和他的朋友们	文化	2000.00
2	2009－6－30		"鸟巢"夏季音乐会	文化	1500.00
3	2009－8－8	2009－8－8	意大利超级杯足球赛	体育	0.00
4	2009－10－6	2009－10－7	大型景观歌剧《图兰朵》	文化	2300.00
5	2009－11－2	2009－11－4	世界车王争霸赛	体育	550.00
6	2009－11－18		百盛集团大型年会	文化	0.00
7	2009－12－19	2010－2－23	第一届"鸟巢"欢乐冰雪季	体育	0.00
8	2010－5－4	2010－5－13	"鸟巢杯"青少年足球邀请赛	体育	0.00
9	2010－5－29	2010－5－30	"鸟巢杯"青少年棒球邀请赛	体育	0.00
10	2010－7－18		"低碳环保·健康新时代"之新时代健康产业集团周年庆典	文化	0.00
11	2010－7－21	2010－7－21	伯明翰集善足球赛	体育	0.00
12	2010－7－25	2010－7－30	"鸟巢杯"国际青少年足球邀请赛	体育	0.00
13	2010－7－27		"爱心奔腾"体育慈善运动会	体育	0.00
14	2010－8－8		巴萨中国行	体育	0.00
15	2010－8－20		奥城杯青少年足球赛	体育	0.00
16	2010－8－23		百队杯足球赛	体育	0.00
17	2010－10－3		庆祝建国六十一周年音乐会	文化	1500.00
18	2010－12－30		国际雪联越野滑雪中国巡回赛北京"鸟巢"站比赛	体育	0.00

续表

序号	开始时间 （年－月－日）	结束时间 （年－月－日）	活 动 名 称	活动类别	临时用电 需求/kW
19	2010－6－10	2010－10－15	"鸟巢"体育文化盛典系列活动	体育	400.00
20	2010－8－2	2010－8－16	首届奥林匹克文化节－奥城广场演出	体育	100.00
21	2010－4－23		育民小学第六届运动会	体育	0.00
22	2010－6－7		斯伦贝谢运动会	体育	0.00
23	2010－6－26		城建运动会	体育	0.00
24	2010－12－18		第二届"鸟巢"欢乐冰雪季	体育	
25	2011－5－1		滚石30周年北京演唱会	文化	1900.00
26	2011－5－20	2011－5－21	2011北京国际马术大师赛	体育	600.00
27	2011－6－18		金波和他的战友们	文化	1800.00
28	2011－7－21		首届青少年益智数学竞技运动会	体育	0.00
29	2011－9－1		趣味田径运动会	体育	0.00
30	2011－8－6		意大利超级杯	体育	0.00
31	2011－9－25		中日韩演唱会	文化	3800.00
32	2011－10－21	2011－11－1	CX中国极限赛北京站	体育	0.00
33	2011－12－17	2012－2－29	第三届"鸟巢"欢乐冰雪季	体育	0.00
34	2011－12－3		TTR世界单板滑雪北京赛	体育	0.00
35	2012－3－29		首信学院授牌揭牌仪式	体育	0.00
36	2012－5－5		"国资"公司运动会	体育	0.00
37	2011－5－11	2012－5－13	"鸟巢"国际马术节	体育	600.00
38	2012－5－28	2012－6－1	2012京交会	体育	0.00
39	2012－6－1	2012－7－1	"企业杯"足球赛	体育	0.00
40	2012－7－10	2012－7－14	宝马外场运动会	体育	1200.00
41	2012－7－21		"鸟巢"·公益系列活动－祝福奥运亲子运动会	体育	0.00
42	2012－7－27		"圣殿杯"2012英伦争霸赛	体育	0.00
43	2012－8－4	2012－8－8	《墙来啦》之"奥运来了"节目录制	体育	100.00
44	2012－8－2		"鸟巢"·公益系列活动——"运动与健康"讲座	体育	0.00
45	2012－8－11		意大利超级杯	体育	0.00
46	2012－8－17		马拉多纳公益活动	体育	0.00
47	2012－5－1	2012－10－1	青少年棒球邀请赛及训练营	体育	0.00
48	2012－10－18		"鸟巢"·公益系列活动——"快乐健身鸟巢行"节目	体育	0.00
49	2012－10－20		北京师范大学附属实验中学田径运动会	体育	0.00
50	2012－7－15		第2届"鸟巢碗"腰旗橄榄球邀请赛	体育	0.00
51	2012－12－3		2012"鸟巢"国际体育营销峰会	体育	0.00
52	2012－11－1	2012－11－4	CX极限赛中国总决赛	体育	0.00

续表

序号	开始时间 （年－月－日）	结束时间 （年－月－日）	活 动 名 称	活动类别	临时用电 需求/kW
53	2012 – 12 – 3		2012 沸雪国际单板滑雪锦标赛北京站	体育	400.00
54	2012 – 12 – 24	2013 – 2 – 1	第四届"鸟巢"欢乐冰雪季	体育	
55	2013 – 4 – 16	2013 – 4 – 21	"鸟巢"国际马术节	体育	500.00
56	2013 – 5 – 21		国际田联田径挑战赛（北京站）	体育	
57	2013 – 8 – 10		巴西传奇巨星中国赛	体育	0.0

从表中不难看出，足球类比赛不需要使用临时电源，使用国家体育场永久供配电系统即可保证足球比赛的需要。其他类型的体育比赛很少采用临时电源，所使用临时电源的体育活动或在场外举行，或是马术、滑雪等特殊项目。一般文艺演出也不需要使用临时电源，较大型的商业演出需要较大的临时电源，其用电负荷见表 11 – 2 和图 11 – 1。

表 11 – 2　　　　　　　　较大型的商业演出临时用电负荷

活 动 时 间	活 动 名 称	临时用电需求/kW
2009 – 5 – 1	成龙和他的朋友们	2000
2009 – 6 – 30	"鸟巢"夏季音乐会	1500
2009 – 10 – 6	大型景观歌剧《图兰朵》	2300
2010 – 10 – 3	庆祝建国六十一周年音乐会	1500
2011 – 5 – 1	滚石 30 周年北京演唱会	1900
2011 – 6 – 18	金波和他的战友们	1800
2011 – 9 – 25	中日韩演唱会	3800
平均值		2114.29
最大值		3800
最小值		1500

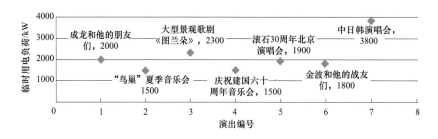

图 11 – 1　文艺演出的负荷

从图 11 – 1 中和表 11 – 2 中可以看出，演出类的负荷基本在 2000kW 上下，最大负荷发生在 2011 年 9 月 25 日的中日韩演唱会，负荷达 3800kW，最小值为 1500kW，平均值为 2114kW。

11.2 国家体育场电力系统奥运会后改造情况

第29届奥运会开幕式仪式演出时所需临时用电负荷分别由灯光、音响、地面和上空设备、LED、通信、火炬、焰火等组成，计算总容量10 500kW，由国家体育场南北设置2个临时开闭站及箱变群供电。正如本书第10章所述，南区布置8组箱变，容量为14 600kVA；北区布置6组箱变，容量为10 100kVA，总计安装28台变压器，容量为24 700kVA。在国家体育场南区配置发电机9台，容量为7800kVA，北区配置发电机6台，容量为4500kVA，总计配置发电机15台，容量为12 300kVA，实现了仪式演出重要负荷的全容量备用。供电形式采用单路放射电缆方式向分布在国家体育场内的开闭幕式临时用电二级配电箱供电，总计112路，其中：LED 15路；上空设备8路；灯光60路；音响20路；中控室2路；贵宾餐厅4路；火炬2路；零层化妆室1路。开幕式临时供电设施共设置213台二级配电箱，286台三级配电箱，电缆总长160km。这些二、三级配电箱均分布在体育场基坑内、一层看台下环廊、一层观众席后平台、二层观众席前沿、三层观众席前沿、三层看台后平台、三层看台下出口后平台、屋盖内及"鸟巢"外围及四层指挥控制室等位置。

由于以上电力供应设施为临时设施，奥运会之后首先对临时开闭站及箱变群、发电机进行了拆除，只剩余了电缆及末端配电箱。通过对国家体育场的运营方式及其规模的分析，2011年对以上电力系统进行了改造，只保留了52路供电回路，分别位于下层钢结构上、三层看台顶部、五层、一层、零层及基坑内，总功率为8000kW，所有回路均由国家体育场1号、2号、3号、4号、5号配变电所（图2-14和图10-2）内引出。经过几年的运行，改造后的电力系统基本满足了各种活动的用电需求。

11.3 国家体育场运营期间主要大型活动电力使用情况

11.3.1 体育比赛

1. 足球比赛

国家体育场在进行足球比赛时，场边的LED广告板用电、电视转播用电由场地周围的4个电力接线室引出，场馆永久电力即可满足使用需求。

2. 田径比赛

国家体育场在进行田径比赛时，计时记分系统用电、成绩处理系统用电、LED广告板用电、电视转播用电由场地周围的4个电力接线室引出，通过场内的电力井进入设备端，场馆永久电力即可满足使用需求。

11.3.2 文艺演出

1. 舞台布置形式

（1）东侧舞台。舞台在东侧设置时，看台座椅约为4万，其中主席台及VIP区域可获得很好的视觉。在这种情况下，舞台及灯光、音响的电力供应由1号配变电所、2号配变电所、4号接线室、7号接线室引出，其供电示意图如图11-2所示。国家体育场2012年举行的"宝马之夜"等活动就采用此种形式。

图 11-2 东侧舞台供电示意图（下是北方）

（2）南侧舞台。其供电示意图如图 11-3 所示。舞台在南侧设置时，看台座椅约为 5

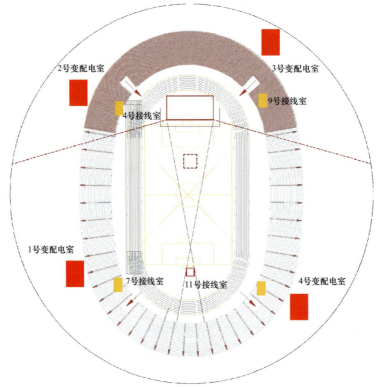

图 11-3 南侧舞台供电示意图（下是北方）

万。在这种情况下，舞台及灯光、音响的电力供应由 2 号配变电所、3 号配变电所、4 号接线室、9 号接线室引出，如图 11 - 3 所示。国家体育场 2012 年、2013 年举行的"五月天诺亚方舟"演唱会等活动就采用此种形式。

（3）中心舞台。舞台在场地中心设置时，看台座椅约为 8 万。在这种情况下，舞台及灯光、音响的电力供应由 1 号配变电所、2 号配变电所、3 号配变电所、4 号配变电所、4 号接线室、7 号接线室、9 号接线室引出、11 号接线室引出。国家体育场于 2009 年举行的"成龙和他的朋友们"演唱会就采用中心主舞台、周围次舞台的形式。

2."五月天诺亚方舟"巡演

"五月天诺亚方舟"演唱会主舞台设置在场地的南侧，同时在场地南侧看台前、场地东侧跑道及场地西侧跑道搭设了附舞台，形成了七面台的舞台效果，活动前舞台搭建用时 7 天，演出时间为 3h，其舞台效果如图 11 - 4 所示。总用电功率为 2900.00kW，其用电负荷见表 11 - 3。

图 11 - 4　五月天演唱会舞台效果（摄影：朱景明）

表 11 - 3　　　　　　　　　　"五月天诺亚方舟"演唱会用电负荷

序号	用电设备	安装功率/kW	使用位置	备　注
1	视频（LED）	450	主舞台	
2	灯光	750	主舞台	
3	舞台机械	200	主舞台	
4	音响	500	主舞台	
5	灯光	750	附台	
6	音响	250	附台	
	总计	2900		

3. 滚石三十周年演唱会

滚石三十周年演唱会主舞台设置在场地的中间，形成了四面台的舞台效果（图11−5）。活动前舞台搭建用时7天，演出时间为3h，总用电功率为1900kW，其用电负荷见表11−4。

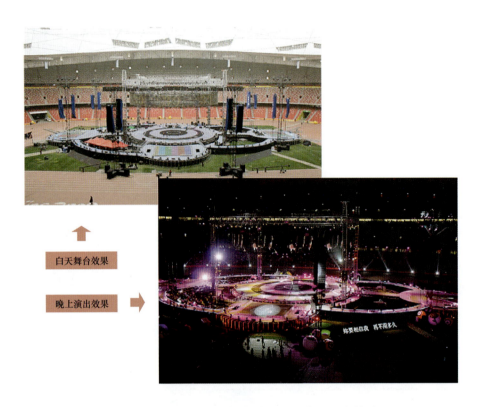

图11−5　滚石三十周年演唱会效果图（摄影：朱景明）

表11−4　　　　　　　　　　滚石三十周年演唱会用电负荷

序号	用电设备	安装功率/kW	使用位置	备　　注
1	灯光 A1	100	舞台	从2号配电室引出
2	灯光 A2	100	舞台	从2号配电室引出
3	灯光 A3	100	舞台	从2号配电室引出
4	灯光 A4	100	舞台	从4号接线室引出
5	灯光 A5	100	舞台	从4号配电室引出
6	灯光 A6	100	舞台	从4号配电室引出
7	灯光 A7	100	舞台	从4号配电室引出
8	灯光 A8	100	舞台	从4号配电室引出
9	灯光 A9	100	二层看台前沿	从4号配电室引出
10	灯光 A10	100	二层看台前沿	从9号接线室引出
11	灯光 A11	100	二层看台前沿	从9号接线室引出

序号	用电设备	安装功率/kW	使用位置	备 注
12	灯光 A12	100	二层看台前沿	从 9 号接线室引出
13	音响 B1	100	舞台	从 2 号配电室引出
14	音响 B2	100	舞台	从 4 号接线室引出
15	音响 B3	100	舞台	从 4 号配电室引出
16	音响 B4	100	舞台	从 9 号接线室引出
17	视频（LED）C1	150	舞台	从 2 号配电室引出
18	视频（LED）C2	150	舞台	从 4 号配电室引出
	总计	1900		

4. 驻场演出

国家体育场从 2012 年起就策划和开始举办自有的驻场演出"鸟巢·吸引"，演出时间一般为每年 9、10 月份。"鸟巢·吸引"项目为"鸟巢"量身定制 360°全景式的大型舞台，融合音乐、舞蹈、魔术和杂技等多种表演形式。其中，13 000m 高空威亚，比北京奥运开幕式所用威亚总长多 3 倍。立体舞台面积 50 000m²，总面积 3600m² 全球最大悬空 LED 屏幕，约半个足球场大，是最大 IMAX 荧幕 650m² 的 5.5 倍。空中有 120m 宽的巨大高空水雾直流场景。还有炫彩灯光、激光等特效以及 3D 全息投影技术，实现了人与屏的实时呈现，音响系统采用高品质 16.2 环绕立体声（普通影院只有 5.1），在演出中将杂技与武术融入演出中，其演唱会效果如图 11 - 6 所示。演出时的总用电负荷达到 6000kW，其用电负荷见表 11 - 5。

图 11 - 6 "鸟巢·吸引"演唱会效果图（摄影：朱景明）

表 11 - 5 　　　　　　　　　　　"鸟巢·吸引"演唱会用电负荷

项目	设备名称	数量	单位	单体负荷/kW	总负荷/kW	备 注
LED	LED 大屏幕	7236	块	0.09	651.24	在五块 LED 下面
	地面彩砖	1728	块	0.15	259.2	在主舞台树根下面

续表

项目	设备名称	数量	单位	单体负荷/kW	总负荷/kW	备　注
舞台机械	3×8 升降台			2	2	安装于翻转投影幕下方
	中心舞台区域			4	4	
	环形水舞台			20	20	
	翻转投影幕区域			4	4	
	3×9 升降台			15	15	总配电箱安装于翻转投影幕下方
	中心舞台区域			5.5	5.5	
	环形水舞台			25	25	
	翻转投影幕区域			36	36	
特效	雪花机	6	台	2	12	电柜安装于正西侧顶棚
	烟雾机	22	台	1.5	33	电柜安装于中心水池升降处
	泡泡机	100	台	0.1	10	
	气柱机	12	台	0.01	0.12	
	干冰机	6	台	6	36	
舞台装饰	照明灯				5	电柜安装于涟漪舞台下方
	涟漪舞台				20	
	LED 灯点				20	电柜安装于树根舞台后面
威亚	威亚电机				400	电柜安装于主席台对面餐厅玻璃幕墙外平台
星光水效	水幕	3		250	750	
	水炮			40	40	
	斜喷			180	180	
	雾效			130	130	
	喷泉			160	160	
	高空雾幕			60	60	
	水池			15	15	
激光	RTI Nano 全彩激光发生器			35.4	35.4	
	红色激光器			0.05	0.05	
	黄色激光器			0.06	0.06	
	绿色激光器			0.01	0.01	
	青色激光器			0.05	0.05	
	蓝色激光器			0.02	0.02	
	激光器			1.18	1.18	

续表

项目	设备名称	数量	单位	单体负荷/kW	总负荷/kW	备　注
投影	投影机	30	台	10	300	
音箱	顶棚音箱	60	台	2	120	安装于正西侧顶棚
	东面音箱	30	台	2	60	安装于东侧地坑
	西面音箱	60	台	2	120	安装于西侧地坑
灯光	舞台灯光				2350	
	附水池灯光				18	
	中心水池灯光				7.5	
	涟漪舞台灯光				27	
	树根灯光				20	
合计					5952.33	

11.4　国家体育场运营期间大型活动时电力保障情况

电力保障是大型活动最重要的基础工作之一，也是成功举行大型活动的关键工作之一。国家体育场在大型活动期间对电力系统的保障继承了奥运会期间科学、可靠的保障措施，并在 2010 年购进了一台先进的红外线热成像仪（图 11－7）用于线路、配电箱柜、

图 11－7　红外线热成像仪

接线等的检查。

总之，国家体育场在运营期间，通过商业性活动可以获得相应的收益，实现"以场养场"的目的，从而使大型体育场馆可持续发展，不至于造成场馆闲置、固定资产投资浪费的现象。应该说，国家体育场在这方面取得了一些宝贵经验，可以供其他大型体育场馆参考。

调研篇 《《

12 试 验 研 究 ▪

本章将揭秘国家体育场设计时所做的部分研究，有些数据可能存在离散，也有可能不完善，但公布试验原始数据可以让感兴趣的读者在此基础上做进一步的研究。需要说明，当时使用的试验器材现在看来有的有些陈旧，请读者不必在意。同时，为各个试验报告的完整性，各节图表自行编号，互不影响。

12.1 2000W 金属卤化物灯电源切换试验数据及实验报告

1 概述

1.1 试验时间： 2003 年 07 月 22～24 日

1.2 试验地点： 山东省青岛市创统公司研发部实验室

1.3 执行标准： GB17945

1.4 参加人员

设 计 院： 李炳华、王振声、王玉卿、李战赠

创 统 公 司： 孙丽华、张振声、刘同利、张旭东、孔杰

GE 公 司： 徐兆庭

松 下 公 司： 佐藤信二、刘玉

Philips 公司： 陈育新、朱悦

索 恩 公 司： 戴瑜臻、李颖

2 试验目的

测试 1.4 灯具厂家的金属卤化物灯与 EPS 应急电源联机运行状况。

2.1 确定在电源切换时保证金属卤化物灯不熄灭，应急电源最长切换时间，即灯不熄灭最长切换时间。

2.2 测试应急电源的过载能力。

2.3 应急电源的其他相关参数和能力。

2.4 电压变化与光输出的关系。

3 试验方法

3.1 金属卤化物灯厂家代表携带灯具到应急电源厂家创统公司进行现场测试。每个灯具厂家提供三套同一型号、同一规格的金属卤化物灯（含相关附件）。

3.2 应急电源厂家提供一台 YJS－7.5KW EPS，其备用时间不小于 30min，380V 三相进线，

380V 三相出线，供灯具测试。

3.3 EPS 与每一厂家的金属卤化物灯具分别连接做切换测试，观察切换时灯具是否熄灭，切换时间分别为 4ms 至灯不熄灭最长切换时间。

4 试验器材

4.1 仪器仪表

序号	名 称	型号	规格	数量	备 注
1	电流表	D26 – A	5A	2	精度为 0.5 级
2	电流互感器	HL23 – 3	15A/5A	4	精度为 0.1 级
3	电压表	1935	0 ~ 700V	4	精度为 1 级
4	存储示波器	TDS220	100MHz	1	打印记录切换时间波形
5	谐波失真表	GAD – 201G	0 ~ 100%	1	波形失真率
6	电参数综合测试仪	Ainuo		1	测电压、电流、功率、功率因数、频率
7	照度计	TES – 1332	0.1 ~ 20 000lx	1	
8	调压器	CHNT – 15kW	0 ~ 430V	1	
9	万用表	MY – 68		2	

 电流表 D26 – A，5A，精度为 0.5 级，与精度为 0.1 级的电流互感器配合使用没有任何问题。

 HL23 – 3 型电流互感器精度为 0.1 级，由苏州互感器厂生产，可通过接线柱接线，也可一次线路穿心。一次侧电流为 15A、30A、50A、75A、…，二次电流为 5A，本试验采用 15/5A。

 Ainuo 电参数综合测试仪，用于测量主回路各相线电压、电流、功率、功率因数和频率等。

 谐波失真表，型号 GAD – 201G，范围 0 ~ 100%。该仪器内部产生标准正弦波，并将标准正弦波与电源波形进行比较，计算出电源波形失真率。

 存储示波器，型号 TDS220，100MHz，用于记录、抓拍电源切换时间和电源波形。

 TES – 1332 型照度计，测量范围 0.1 ~ 20 000lx。

 调压器，CHNT – 15kW，调整范围 0 ~ 430V。

彩色喷墨打印机，型号 Myjet – II，600DPI。

4.2 灯具

品牌	Thorn 公司	National 公司	Philips 公司	GE 公司
型号	MUNDIAL 2000	YA58081	MVF403	EF2000
光源	HQI – TS 2000/D/S	MQD2000B. E – D/PK	MHN – SA2000W	HQITS 2000/W/D/S
容量/电压	2000W/380V	2000W/380V	2000W/380V	2000W
功率因数	0.9	0.9	0.9	0.9
光通量/lm	200 000	200 000	200 000	200 000
显色指数	93	93	92	>90
色温/K	5600	5600	5600	5800
寿命/h	6000	6000	6000	6000
效率（%）	85	84	91	
启动时间/s	10	300	300	120 ~ 240
再启动时间/s	300	420 ~ 480	600	240
防护等级	IP65	IP65	IP65	IP65
重量/kg	14.5	17.5	13.7	16.3
体积/mm³			535 × φ556	550 × 650 × 350
外形	4.2.1	4.2.2	4.2.3	4.2.4
实例	悉尼国家体育场	札幌圆顶体育场	汉城体育场	

4.2.1 Thorn 公司的 MUNDIAL 2000 在悉尼国家体育场、2002 年世界杯等体育场上使用。

可配用多种不同光源，满足不同通量、显色性或色温等。光源可配 M – N – TD 2000（Philips）、M – D – TD 2000（Philips）、MBIL/H 2000（GE）、HQI – TS 2000（Osram）、HIS – TD 2000（Syivania）等。

配备最佳光学系统提供所需非对称型光强分布。

有柱面反射器和圆形旋转对称反射器两类，圆形旋转对称反射器有 RB/R10 两种窄配光。

低眩光、散光及向上光线，减少对周围环境滋扰。

维护简单，开启后盖便可进行维护，不会影响已设定投射角。

后盖开启后，电源将自动切断。

灯体为压铸铝，前玻璃为 4mm 耐高温度玻璃，支架为镀锌钢。

IP65 防护等级。

4.2.2 National 公司的 YA58081 灯具配 MQD2000B. E – D/PK 光源，在 2002 年世界杯足球赛六个赛场中使用。

灯体采用深灰金属色高压铸铝，透明晶化前玻璃，前部反射镜为铝内面、镜面亮化光学膜处理，后部后射镜为铝内面、镜面电解研磨后阳极氧化处理，附辅助反射镜，设滤尘网，内装联锁开关，打开后盖切断电源，附前玻璃保护金属网，使用专用镇流器。

灯具共有四种配光，超狭角型、狭角型、中角 N 型、中角 M 型。

4.2.3 Philips 公司的 MVF403 灯具为最新产品，2008 年奥运会分会场——秦皇岛奥林匹克体育场就是采用此灯具，光源配 MHN – SA2000W 金属卤化物灯。

灯具采用高强度压铸铝灯体，1.6～3mm 厚钢化玻璃，硅橡胶密封圈，不锈钢防护网，高纯铝反射器，热镀锌支架。

全新设计椭圆形反射器，配光效果更好，效率高达 91%。

外形更加紧凑美观，风阻系数大大减小，重量仅 13.7kg。

7 种不同角度配光的反射器，满足各种应用要求。

可配 1000W、1800W、2000W 双端金卤灯。

光源显色性 R_a =92，色温 5600K。

背后开启更换灯泡，附安全开关，维护更加安全方便。

有调光刻度，并有瞄准器，防眩光罩，彩色滤色片等多种配件可供选择。

可采用上照型、下照型和热启动型。

4.2.4 GE 公司出品的灯具 EF2S2000 为最新设计产品。

适合潮湿区域，标准配置为 IP65。

高反射率高纯电化铝反射器，铝制副反射器。

AC380V/50Hz 电源，工作电流小。

背后开启式换灯门（包括一级反射器），更换灯泡带开门自动断电装置。

高压铸铝灯体，玻璃压圈。

钢化平板玻璃。

内置式眩光/溢出光控制系统。

瞄准指示器。

椭圆形配光灯具效率最佳。

可选热启动系统。

4.3 电缆

电缆采用 ZR–KVV–4×4mm²，长度约100m，灯具处用导线 BV–4mm² 连接。

4.4 EPS

型号：YJS–7.5kW。

备用时间：不小于30min。

进线：三相，380V±20%。

出线：三相，380V±15%。

过载能力：120% 正常。

效率：≥90%。

输出波形失真度：≤10%。

切换时间：2~20ms。

噪声：≤55dB。

5 试验电路构成

三相市电→调压器→应急电源→镇流器→金属卤化物灯。

注：应急电源与镇流器之间的电缆长100m，镇流器装在金属卤化物灯附近。

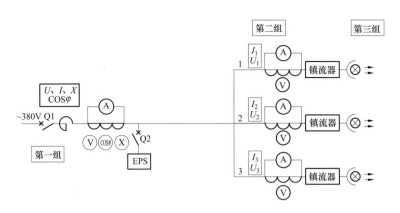

图 1　试验原理图

回路 1：灯具接 L1、L2 相。

回路 2：灯具接 L2、L3 相。

回路 3：灯具接 L3、L1 相。

6　人员安排

总指挥：李炳华。

第一组：李炳华、王振声、张振声、孔杰。主要记录总回路电气参数，电压调整，切换时间捕捉，波形记录。

第二组：王玉卿、刘同利、灯具厂家代表。主要记录支路电气参数。

第三组：李战赠、张旭东、灯具厂家代表。记录照度值。

试验电路接线：张振声、刘同利、张旭东、孔杰。

灯具接线：徐兆庭、佐藤信二、刘玉、陈育新、朱悦、戴瑜臻、李颖、张旭东、王玉卿、李战赠。

线路检查：王振声、张振声。

7　试验步骤

7.1　启动状态

合上断路器 Q2，合上断路器 Q1，灯具由市电供电。

记录：电源参数的最大值，主回路电压 U_{max}、电流 I_{max}、功率因数 $\cos\varphi$、谐波失真度 X，支路电压 U_{1max}、U_{2max}、U_{3max}，电流值 I_{1max}、I_{2max}、I_{3max}，以及出现最大值的时间。

7.2　市电供电状态

试验继续进行，灯具点亮 15min，灯光输出稳定。

记录：电源总电压 U、电流 I、功率因数 $\cos\varphi$、谐波失真度 X，支路电压 U_1、U_2、U_3，电流值 I_1、I_2、I_3，稳定光输出的时间。

7.3　由市电供电转为应急电源供电

试验继续进行，市电约 380V，分断断路器 Q1，市电断电，由 EPS 供电（在应急电源状态下）。

设置：EPS 转换时间：2ms 至灯不熄灭最长切换时间。

记录：电源转换时，U_1、U_2、U_3，电流值 I_1、I_2、I_3；总电压 U，电流 I，电流、电压波形。

观察：金属卤化物灯在电源切换过程不熄灭，灯不熄灭最长切换时间是多少。

7.4 恢复市电试验（由应急电源供电转为市电供电）

合上断路器 Q1，灯具由 EPS 供电转为市电供电。

设置：EPS 转换时间：2ms 至灯不熄灭最长切换时间。

记录：电源转换时，U_1、U_2、U_3，电流值 I_1、I_2、I_3；总电压 U、电流 I，电流、电压波形。

观察：金属卤化物灯在电源切换过程是否熄灭。

注：7.3 与 7.4 交叉进行，即先市电转为 EPS 供电，接着再 EPS 转为市电供电，以此交叉进行转换试验，直至灯熄灭。

7.5 电压与光输出的关系

设置：线电压分别为 342V、350V、360V、370V、380V、390V、400V、410V。

记录：各电压下，水平照度值 E_h。

要求：同一型号的灯具与照度计的距离保持不变。

8 GE 灯具测量记录单

时间：2003.7.22　19:30 ~ 7.23　2:00　　　灯具型号：EF2000 + HQITS 2000/W/D/S
　　　2003.7.23　19:30 ~ 7.24　2:00

地点：创统公司研发部　　　　　　　　　　EPS 型号：YJS – 7.5kW

8.1 启动状态

主回路电源参数的最大值			
电压 U_{max}/V	电流 I_{max}/A	功率因数 $\cos\varphi$	谐波失真度 X
380		0.97	2.5%
支路电源参数的最大值			
	L1 回路	L2 回路	L3 回路
电压/V	U_{1max}	U_{2max}	U_{3max}
	371	—	—
刚启动 B 灯没亮时电流/A	I_{1max}	I_{2max}	I_{3max}
	11.16	7.10	3.08
12min 后 B 灯亮，电流/A	I_{1max}	I_{2max}	I_{3max}
	9.8	9.1	8.4
出现最大值的时间/s		刚启动时	
小结：1. 启动时，灯亮的时间不一样，造成该时间段内三相不平衡，最大相电流/最小相电流 = 11.16/3.08 = 3.62。 2. 刚启动时 $\cos\varphi$ 较小，随着光输出逐渐稳定在额定输出时，$\cos\varphi$ 逐渐增大并稳定。 3. 最大电流出现在刚启动时，最大电流/稳定电流 = 11.16/9.76 = 1.14。 4. 线路压降约 9V。 5. 其中一盏灯有漏电，影响灯的性能。			

8.2 市电供电状态

主回路电源参数			
电压 U/V	电流 I/A	功率因数 $\cos\varphi$	谐波失真度 X（%）
378/383.3/381		0.98	2.7
支路电源参数			
	L1 回路	L2 回路	L3 回路
电压/V	U_1	U_2	U_3
电流/A	I_1	I_2	I_3
	9.76	8.92	8.08
水平照度/lx	E_{h1}	E_{h2}	E_{h3}
	3500		
测试时灯具点亮的时间/min		15	
光稳定输出的时间/min		19	

小结：

1. 三相电流不平衡，最大相/最小相电流 = 9.76/8.08 = 1.21。

2. 一盏灯有漏电，其绝缘电阻为190kΩ；其他两盏灯正常，其绝缘电阻为无限大。

8.3 由市电供电转为应急电源供电、恢复市电试验（由应急电源供电转为市电供电）

EPS 转换时间/s	见记录	转换时灯具状态	见记录
主回路电源参数			
线电压 U/V	电流 I/A	功率因数 $\cos\varphi$	谐波失真度 X（%）
382	—		2.7
支路电源参数			
	L1 回路	L2 回路	L3 回路
电压/V	U_1	U_2	U_3
	—	—	—
电流/A	I_1	I_2	I_3
	11.2	—	—
水平照度/lx	E_{h1}	E_{h2}	E_{h3}
	3700		
断路器 Q1 断开的时间/s		> 1	

记录：

1. 7.22，第一次由市电→EPS，三盏灯灭一盏，其他灯闪动。$\tau_1 = 1.5\text{ms}$，$\tau_2 = 6\text{ms}$（见图2）。返回由 EPS→市电供电，灯延时闪动，不灭，照度3600lx。

2. 7.22，第二次由市电→EPS，又灭一盏灯，切换时间 $\tau_1 = 1.5\text{ms}$，$\tau_2 = 6\text{ms}$（见图2）。返回由 EPS→市电供电，灯延时闪动，不灭。

3. 7.22，第三次由市电→EPS，又灭一盏灯，切换时间 $\tau_1 = 1.5\text{ms}$，$\tau_2 = 6\text{ms}$（见图2）。

4. 7.23，试验一盏灯，由市电→EPS，切换时间 $\tau_1 = 1.5\text{ms}$，$\tau_2 = 7.5\text{ms}$（见图3），灯闪动。返回由 EPS→市电供电，灯延时闪动，不灭。该切换时间内共试验3次。

5. 7.23，继续该灯试验，由市电→EPS，切换时间 $\tau_1 = 1.5\text{ms}$，$\tau_2 = 7.5\text{ms}$（见图4），灯闪动。返回由 EPS→市电供电，灯延时闪动，不灭。该切换时间内共试验3次。

6. 7.23，继续该灯试验，由市电→EPS，切换时间为 $\tau_1 = 1.5\text{ms}$，$\tau_2 = 8\text{ms}$，灯闪动。返回由 EPS→市电供电，灯延时闪动，不灭。该切换时间第2次由市电→EPS试验，灯灭。

7. 7.23，该灯做低压试验 $U_e = 370\text{V}$，由市电→EPS，切换时间为 $\tau_1 = 2\text{ms}$，$\tau_2 = 6\text{ms}$（见图6），灯闪动。返回由 EPS→市电供电，灯延时闪动，不灭。该切换时间内共试验3次均成功。

8. 7.23，该灯继续做低压试验 $U_e = 370\text{V}$，由市电→EPS，切换时间 $\tau_1 = 1.5\text{ms}$，$\tau_2 = 6.5\text{ms}$（见图7），灯闪动。返回由 EPS→市电供电，灯延时闪动，不灭。该切换时间内共试验3次，第3次灯灭。

注：7.23，创统公司将 EPS 电压检测电路做了修改，原来检测市电有效值，现改为检测电压最大值，效果大为改观。

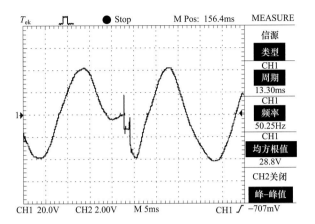

图 2　EF2000 切换波形图（$\tau_1 = 1.5\text{ms}$，$\tau_2 = 6\text{ms}$）

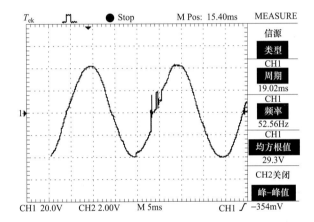

图 3　EF2000 切换波形图（一）（$\tau_1 = 1.5\text{ms}$，$\tau_2 = 7.5\text{ms}$）

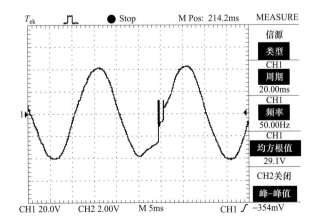

图 4　EF2000 切换波形图（二）（$\tau_1 = 1.5\text{ms}$，$\tau_2 = 7.5\text{ms}$）

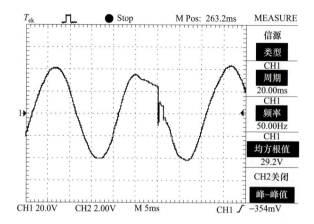

图 5　EF2000 切换波形图（$\tau_1 = 1.5\,\mathrm{ms}$，$\tau_2 = 8.0\,\mathrm{ms}$）

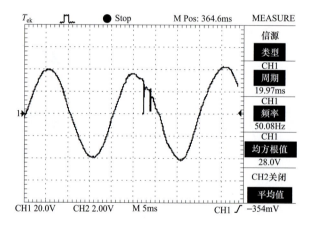

图 6　EF2000 切换波形图（$\tau_1 = 2\,\mathrm{ms}$，$\tau_2 = 6\,\mathrm{ms}$，$U_e = 370\mathrm{V}$）

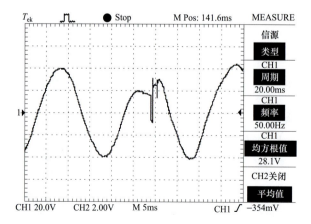

图 7　EF2000 切换波形图（$\tau_1 = 1.5\,\mathrm{ms}$，$\tau_2 = 6.5\,\mathrm{ms}$，$U_e = 370\mathrm{V}$）

8.4 电压与光输出的关系

线电压 U/V		照度 E_{h1}/lx	电流 I/A
$0.90U_e$	342	2700	
$0.921U_e$	350	2900	7.80
$0.947U_e$	360	3100	8.38
$0.974U_e$	370	3300	8.64
U_e	380	3500	8.79
$1.026U_e$	390	3700	9.25
$1.053U_e$	400	3900	9.52
$1.079U_e$	410	4200	9.85

电压与照度曲线如图 8 所示。

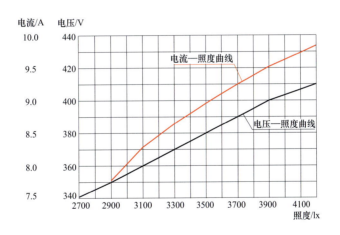

图 8   电压—照度曲线

从图 8 可以得出：

1）电源电压与照度为非线性关系，电压降低 10%，照度降低 22.86%；相反，电压升高 7.9%，照度升高 20.00%。

2）电压—照度曲线与电流—照度曲线不平行，表明非线性负荷造成电压变化引起照度的变化与电流变化引起照度的变化也不一致。

9   National 灯具测量记录单

时间：2003.7.23 20:40 ~ 7.23 22:30　　灯具型号：YA58081 + MQD2000B. E – D/PK

地点：创统公司研发部　　　　　　　　　　EPS 型号：YJS – 7.5kW

9.1 启动状态

主回路电源参数的最大值			
电压 U_{max}/V	电流 I_{max}/A	功率因数 $\cos\varphi$	谐波失真度 X（%）
380		0.14 ~ 0.52	2.5
支路电源参数的最大值			
	L1 回路	L2 回路	L3 回路
电压/V	U_{1max}	U_{2max}	U_{3max}
	371	—	—
电流/A，一盏 380V、一盏 220V 灯，220V 不亮	I_{1max}	I_{2max}	I_{3max}
	8.84	8.78	—
电流/A，只用一盏 380V 灯测试	I_{1max}	I_{2max}	I_{3max}
	8.75	8.69	8.64
出现最大值的时间/s		刚启动时	

小结：

1. 启动时，尽管三相负荷不平衡，但三相电流比较接近，不平衡率为 $3(8.75-8.64)/(8.75+8.69+8.64) = 1.17\%$。

2. 刚启动时 $\cos\varphi$ 较小，随着光输出逐渐稳定在额定输出时，$\cos\varphi$ 逐渐增大并稳定。

3. 最大电流出现在刚启动时，最大电流/稳定电流 $= 8.84/5.9 = 1.50$。

4. 线路压降约 10V。

5. 其中 220V 灯一直没亮。

9.2 市电供电状态

主回路电源参数			
电压 U/V	电流 I/A	功率因数 $\cos\varphi$	谐波失真度 X
380.8	5.98/5.81/5.89	0.56	2.7%
支路电源参数			
	L1 回路	L2 回路	L3 回路
电压/V	U_1	U_2	U_3
	370	—	—
电流/A	I_1	I_2	I_3
	—	—	—
水平照度/lx	E_{h1}	E_{h2}	E_{h3}
	3400	—	—
测试时灯具点亮的时间/min		15	
光稳定输出的时间/min		11	

小结：

1. 相电流比较平衡，最大相/最小相电流 $= 5.98/5.81 = 1.03$。

2. $\cos\varphi$ 较小，推测没有无功补偿措施。

3. 灯具有 380V、220V 两种，光性能一样，但很遗憾，220V 灯一直没亮。

9.3 由市电供电转为应急电源供电、恢复市电试验（由应急电源供电转为市电供电）

EPS 转换时间/s		见记录	转换时灯具状态	见记录
主回路电源参数				
线电压 U/V	电流 I/A		功率因数 $\cos\varphi$	谐波失真度 X（%）
380	—		—	2.7

记录：用 380V 灯测试。

1. 第一次由市电→EPS，灯闪，切换时间 $\tau_1=1.5\text{ms}$，$\tau_2=4\text{ms}$（见图9）。返回由 EPS→市电供电，灯延时闪动，不灭，照度 3300lx。该切换时间内共试验3次，情况相似。

2. 由市电→EPS，灯闪，切换时间 $\tau_1=1.5\text{ms}$，$\tau_2=7\text{ms}$（见图10）。返回由 EPS→市电供电，灯延时闪动，不灭。该切换时间内共试验3次，情况相似。

3. 由市电→EPS，灯闪，切换时间 $\tau_1=1.8\text{ms}$，$\tau_2=9\text{ms}$（见图11）。返回由 EPS→市电供电，灯延时闪动，不灭。该切换时间内共试验4次，情况相似。

4. 由市电→EPS，灯闪，切换时间 $\tau_1=1.5\text{ms}$，$\tau_2=10\text{ms}$（见图12）。返回由 EPS→市电供电，灯延时闪动，不灭。该切换时间内共试验4次，情况相似。

5. 由市电→EPS，灯闪，切换时间 $\tau_1=1.5\text{ms}$，$\tau_2=12\text{ms}$（见图13）。返回由 EPS→市电供电，灯延时闪动，不灭。再次由市电→EPS，灯灭。

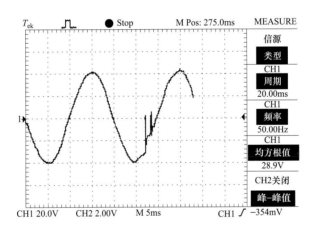

图9 YA58081 切换波形图（$\tau_1=1.5\text{ms}$，$\tau_2=4\text{ms}$）

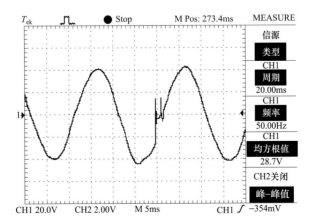

图10 YA58081 切换波形图（$\tau_1=1.5\text{ms}$，$\tau_2=7\text{ms}$）

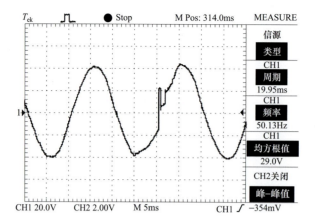

图 11　YA58081 切换波形图（$\tau_1 = 1.8\,\text{ms}$，$\tau_2 = 9\,\text{ms}$）

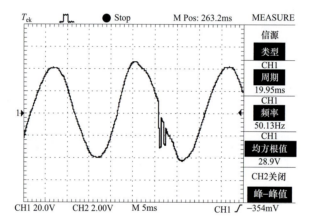

图 12　YA58081 切换波形图（$\tau_1 = 1.5\,\text{ms}$，$\tau_2 = 10\,\text{ms}$）

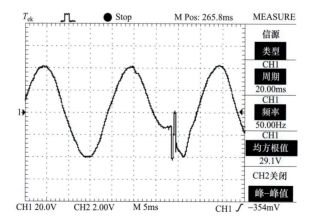

图 13　YA58081 切换波形图（$\tau_1 = 1.5\,\text{ms}$，$\tau_2 = 12\,\text{ms}$）

9.4 电压与光输出的关系

线电压 U/V	水平照度 E_{h1} /lx		电流 I /A	电流 I_1 /A	电压 U_1 /V
$0.90U_e$	342	2800	5.11	5.2	331
$0.921U_e$	350	2900	5.29	5.2	339
$0.947U_e$	360	3000	5.49	5.3	349
$0.974U_e$	370	3200	5.69	5.6	360
U_e	380	3300	5.90	5.7	370
$1.026U_e$	390	3500	6.06	5.8	380
$1.053U_e$	400	3700	6.29	6.2	389
$1.079U_e$	410	3900	6.63	6.5	400

注：$\cos\varphi = 0.56$。

电压与照度曲线如图 14 所示。

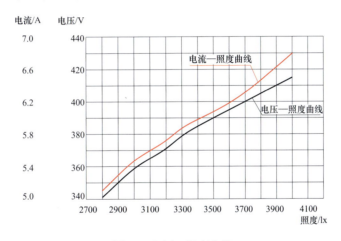

图 14 电压—照度曲线

从上面图表可以得出：

1）电源电压与照度为非线性关系，电压降低 10%，照度降低 15.15%；相反，电压升高 7.9%，照度升高 18.18%。

2）电压—照度曲线与电流—照度曲线近似平行，也就是，电压变化引起照度的变化与电流变化引起照度的变化相类似。

3）线路电压降为 10~11V。

10 Philips 灯具测量记录单

时间：2003.7.22 23:30 ~ 7.23 1:30　　　灯具型号：MVF403 + MHN – SA2000W

　　　　2003.7.23 22:40 ~ 7.23 24:00

地点：创统公司研发部　　　　　　　　EPS 型号：YJS – 7.5kW

10.1 启动状态

主回路电源参数的最大值			
电压 U_{max}/V	电流 I_{max}/A	功率因数 $\cos\varphi$	谐波失真度 X（%）
380	14.6	0.82~0.88	2.5
支路电源参数的最大值			
	L1 回路	L2 回路	L3 回路
电压/V	U_{1max}	U_{2max}	U_{3max}
	371	—	—
电流/A，三盏 380V 灯	I_{1max}	I_{2max}	I_{3max}
	11.02	11.04	11.06
出现最大值的时间/s		刚启动时	

小结：

1. 启动时，三盏灯同时启动，灯具一致性较好，三相电流比较接近，不平衡率接近 0。
2. 刚启动时 $\cos\varphi$ 略小，随着光输出逐渐稳定在额定输出时，$\cos\varphi$ 逐渐增大并稳定。
3. 最大电流出现在刚启动时，最大电流/稳定电流 = 14.6/11.05 = 1.32。
4. 线路压降约 8V。

10.2 市电供电状态

主回路电源参数			
电压 U/V	电流 I/A	功率因数 $\cos\varphi$	谐波失真度 X（%）
378/382/380.6	11.04/11.05/11.1	0.88	2.5
支路电源参数			
	L1 回路	L2 回路	L3 回路
电压/V	U_1	U_2	U_3
	372	—	—
电流/A	I_1	I_2	I_3
	11.25	—	—
水平照度/lx	E_{h1}	E_{h2}	E_{h2}
	3400	—	—
测试时灯具点亮的时间/min		15	
光稳定输出的时间/min		8	

10.3 由市电供电转为应急电源供电、恢复市电试验（由应急电源供电转为市电供电）

EPS 转换时间/s	见记录	转换时灯具状态	见记录
主回路电源参数			
线电压 U/V	电流 I/A	功率因数 $\cos\varphi$	谐波失真度 X（%）
380	—	—	2.7

记录：

1. 7.22 第一次由市电→EPS，三盏灯灭两盏；再次合闸后，重复上一操作，又灭一盏。

2. 7.22 冷却 10min 后重新试验，由市电→EPS，有一灯闪，三灯均没灭，切换时间 $\tau_1 = 1.5\text{ms}$，$\tau_2 = 15\text{ms}$（见图15）。返回由 EPS→市电供电，灯延时闪动，不灭。该切换时间内共试验 3 次，第二次灭两盏，第三次灭一盏，此时 $\tau_1 = 1.5\text{ms}$，$\tau_2 = 22\text{ms}$（见图16）。

   7.23，创统公司将 EPS 电压检测电路做了修改，原来检测市电有效值，现改为检测电压最大值，效果大为改观。

3. 由市电→EPS，灯闪，切换时间为 $\tau_1 = 2.5\text{ms}$，$\tau_2 = 6\text{ms}$（见图17）。返回由 EPS→市电供电，灯延时闪动，不灭。该切换时间内共试验 4 次，情况相似。

4. 由市电→EPS，灯闪，切换时间为 $\tau_1 = 1.2\text{ms}$，$\tau_2 = 5.5\text{ms}$（见图18）。返回由 EPS→市电供电，灯延时闪动，不灭。该切换时间内共试验 3 次，情况相似。

5. 由市电→EPS，灯闪，切换时间为 $\tau_1 = 1.5\text{ms}$，$\tau_2 = 14\text{ms}$（见图19）。返回由 EPS→市电供电，灯延时闪动，不灭。该切换时间内共试验 3 次，情况相似。

6. 由市电→EPS，灯闪，切换时间为 $\tau_1 = 0.5\text{ms}$，$\tau_2 = 13\text{ms}$（见图20）。返回由 EPS→市电供电，灯延时闪动，不灭。该切换时间内共试验 4 次，情况相似。

7. 由市电→EPS，灯闪，切换时间为 $\tau_2 = 20\text{ms}$（设定值）。返回由 EPS→市电供电，灯延时闪动，不灭。再次由市电→EPS，灯灭。

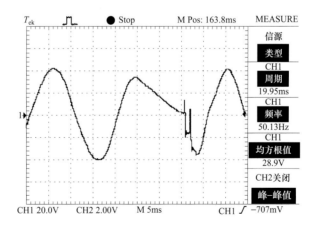

图 15　MVF403 切换波形图（$\tau_1 = 1.5\text{ms}$，$\tau_2 = 15\text{ms}$）

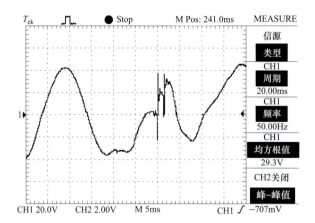

图 16　MVF403 切换波形图（$\tau_1 = 1.5\text{ms}$，$\tau_2 = 22\text{ms}$）

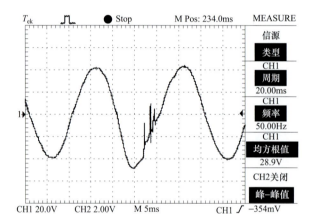

图 17　EPS 改进后，MVF403 切换波形图（$\tau_1 = 2.5\text{ms}$，$\tau_2 = 6\text{ms}$）

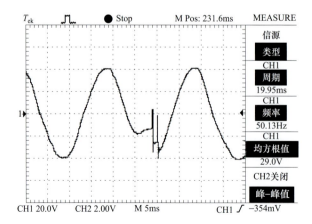

图 18　EPS 改进后，MVF403 切换波形图（$\tau_1 = 1.2\text{ms}$，$\tau_2 = 5.5\text{ms}$）

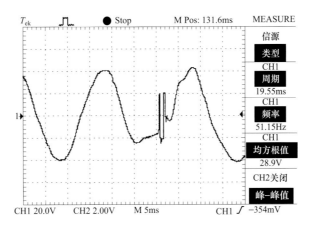

图 19 EPS 改进后，MVF403 切换波形图（$\tau_1 = 1.5\text{ms}$，$\tau_2 = 14\text{ms}$）

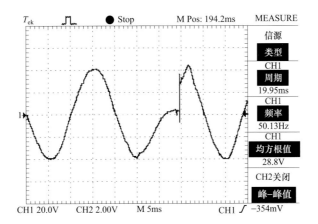

图 20 EPS 改进后，MVF403 切换波形图（$\tau_1 = 0.5\text{ms}$，$\tau_2 = 13\text{ms}$）

10.4 电压与光输出的关系

线电压 U/V		水平照度 E_{h1}/lx	电流 I/A	电流 I_1/A	电压 U_1/V
$0.90U_e$	342	2600	9.55	9.75	334
$0.921U_e$	350	2800	9.91	10.2	342
$0.947U_e$	360	3000	10.26	10.5	351
$0.974U_e$	370	3200	10.66	10.95	361
U_e	380	3400	11.02	11.4	371
$1.026U_e$	390	3600	11.45	11.85	381
$1.053U_e$	400	3800	11.84	12.21	391
$1.079U_e$	410	4000	12.20	12.66	400

电压与照度曲线如图 21 所示。

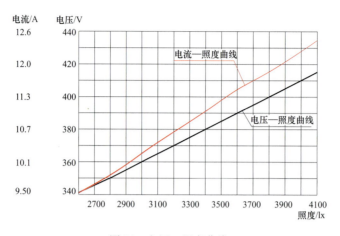

图21　电压—照度曲线

从图21可以得出：

1）电源电压与照度近似为线性关系，电压降低10%，照度降低23.53%；相反，电压升高7.9%，照度升高17.65%。

2）电压—照度曲线与电流—照度曲线不平行，表明非线性负荷造成电压变化引起照度的变化与电流变化引起照度的变化也不一致。

3）线路电压降为8~10V。

11　Thorn灯具测量记录单

时间：2003.7.23　19:00~7.23　20:30　　　灯具型号：Mundial 2000 + HQI - TS 2000/D/S

地点：创统公司研发部　　　　　　　　　　EPS型号：YJS - 7.5kW

11.1　启动状态

主回路电源参数的最大值			
电压 U_{max}/V	电流 I_{max}/A	功率因数 $\cos\varphi$	谐波失真度 X（%）
380	5.41	0.82	2.5
支路电源参数的最大值			
	L1 回路	L2 回路	L3 回路
电压/V	U_{1max}	U_{2max}	U_{3max}
	372	—	—
电流/A， 一盏380V灯	I_{1max}	I_{2max}	I_{3max}
	4.9	—	—
出现最大值的时间/s		刚启动时	

小结：

1. 只有一盏灯参加测试。

2. 刚启动时 $\cos\varphi$ 略小，随着光输出逐渐稳定在额定输出时，$\cos\varphi$ 逐渐增大并稳定。

3. 最大电流出现在刚启动时，最大电流/稳定电流 = 5.41/4.96 = 1.09。

4. 线路压降约8V。

11.2 市电供电状态

主回路电源参数			
电压 U/V	电流 I/A	功率因数 $\cos\varphi$	谐波失真度 X（%）
380.0	4.96	0.83	2.5
支路电源参数			
	L1 回路	L2 回路	L3 回路
电压/V	U_1	U_2	U_3
	372	—	—
电流/A	I_1	I_2	I_3
	4.9	—	—
水平照度/lx	E_{h1}	E_{h2}	E_{h3}
	3400	—	—
测试时灯具点亮的时间/min		15	
光稳定输出的时间/min		10	

11.3 由市电供电转为应急电源供电、恢复市电试验（由应急电源供电转为市电供电）

EPS 转换时间/s	见记录	转换时灯具状态	见记录
主回路电源参数			
线电压 U/V	电流 I/A	功率因数 $\cos\varphi$	谐波失真度 X（%）
380	—	—	2.7

记录：

1. 由市电→EPS，灯闪，切换时间 $\tau_1 = 2.8$ms，$\tau_2 = 9$ms（见图22）。返回由 EPS→市电供电，灯延时闪动，不灭。该切换时间内共试验4次，情况相似。

2. 由市电→EPS，灯闪，切换时间 $\tau_1 = 2$ms，$\tau_2 = 6$ms（见图23）。返回由 EPS→市电供电，灯延时闪动，不灭。该切换时间内共试验3次，情况相似。

3. 由市电→EPS，灯闪，切换时间 1.5ms，$\tau_2 = 7.5$ms（见图24）。返回由 EPS→市电供电，灯延时闪动，不灭。该切换时间内共试验3次，第3次市电→EPS，灯灭。

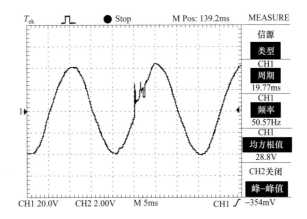

图 22 Mundial 2000 切换波形图（$\tau_1 = 2.8$ms，$\tau_2 = 9$ms）

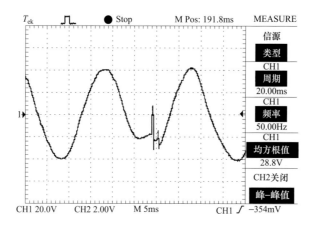

图 23　Mundial 2000 切换波形图（$\tau_1 = 2\mathrm{ms}$，$\tau_2 = 6\mathrm{ms}$）

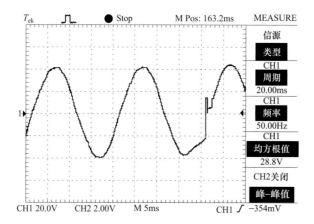

图 24　Mundial 2000 切换波形图（$\tau_1 = 1.5\mathrm{ms}$，$\tau_2 = 7.5\mathrm{ms}$）

11.4　电压与光输出的关系

线电压 U/V		水平照度 E_{h1}/lx	电流 I/A	电流 I_1/A	电压 U_1/V
$0.90U_e$	342	2700	4.44	4.30	333
$0.921U_e$	350	2900	4.55	4.40	341
$0.947U_e$	360	3000	4.66	4.60	349
$0.974U_e$	370	3200	4.81	4.70	360
U_e	380	3400	4.95	4.82	371
$1.026U_e$	390	3600	5.06	5.00	380
$1.053U_e$	400	3800	5.20	5.10	390
$1.079U_e$	410	4000	5.35	5.25	400

电压与照度曲线如图 25 所示。

从图表可以得出：

1）电源电压与照度近似为线性关系，电压降低10%，照度降低14.71%；相反，电压

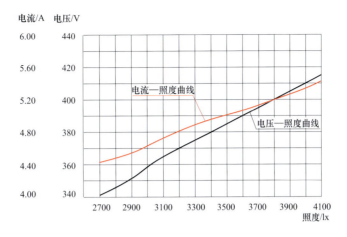

图 25　电压—照度曲线

升高 7.9% ，照度升高 17.65% 。

2）电压—照度曲线与电流—照度曲线不平行，表明非线性负荷造成电压变化引起照度的变化与电流变化引起照度的变化也不一致。

3）线路电压降为 9 ~ 11V 。

12　结论

综合 8 ~ 11 ，将灯熄灭的时间列表如下：

灯具型号	τ_1/ms	τ_2/ms	灯状态
Mundial 2000	1.5	7.5	灭，$U_e=380V$
MVF403	1.5	22	灭，$U_e=380V$
YA58081	1.5	12	灭，$U_e=380V$
EF2000	1.5	6.5	灭，$U_e=370V$
EF2000	1.5	8	灭，$U_e=380V$

1）切换时间 τ_2 小于 6ms 的 EPS，当市电转换到 EPS 供电时，2000W 金属卤化物灯不熄灭。$\tau_1=1 \sim 3ms$ 之间，这是由转换继电器固有闭合时间所决定。

2）不同品牌的灯，其电特性和光特性差异较大。

3）最大电流出现在刚启动时，最大启动电流为额定电流的 1.1 ~ 1.5 倍。

4）金属卤化物灯的启动时间为 8 ~ 12min 。

5）电压对金属卤化物灯光输出有较大的影响，电压降低 10% ，照度降低 14% ~ 24% ；相反，电压升高 7.9% ，照度升高 17% ~ 20% 。

6）金属卤化物灯为非线性负荷。

7）100m 长 $4mm^2$ 的电缆的电压降为 8 ~ 11V ，占额定电压的 2.11% ~ 2.89% 。

8）刚启动时 $\cos\varphi$ 要小，随着光输出逐渐稳定在额定输出时，$\cos\varphi$ 逐渐增大并稳定。

9）注意一种特例：启动时，灯亮的时间不一样，造成该时间段内三相负荷不平衡，最大相电流与最小相电流之比高达 3.62 。

13 亟待解决的问题

1）本次试验多为单灯试验，实际应用为多灯，能否在电源切换时保证灯不灭？计划在2003.10将EPS运到实际体育场进行多灯试验。

2）不同品牌的灯，其电特性和光特性差异较大，如何与EPS特性相匹配，请相关单位尽快研制。

3）7.23EPS电压检测回路改进后，效果十分显著，请相关单位进一步优化电路，解决市电转到EPS灯闪烁问题。

4）进一步解决EPS过载能力问题，金属卤化物灯专用的EPS过载能力按下列要求设计EPS：

过载容量	过载时间	过载容量	过载时间
100%	∞	150%	15min
120%	∞	180%	1min

5）由于电压对金属卤化物灯光输出有较大的影响，设计时应减少电压降，有条件的要考虑稳压措施。

6）灯具的补偿电容对切换时间的影响需进一步研究。同样，灯具或线路电感对切换时间的影响也要进一步研究。

7）EPS带金属卤化物灯可靠性评估待试验完成后给出。

附件 A

波形分析的基本概念

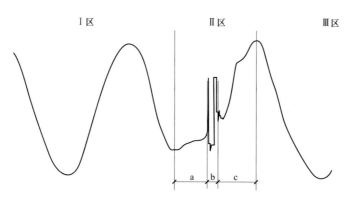

图 A.1　电源切换波形图

A.1　波形的组成

市电切换到EPS供电有共同的特点，即它们多是三相交流电源，反映到电源切换的前后，波形由三个部分组成（图A.1）。

Ⅰ区：该区为市电三相交流正弦波区域，为近似标准的正弦波。

Ⅱ区：为电源切换区域，反映电源由市电转换到 EPS 的全过程。

Ⅲ区：该区为 EPS 供电的三相交流正弦波区域，波形也为近似标准的正弦波。

A.2 电源切换区的构成

电源切换区——Ⅱ区是转换的重点，能否保证金属卤化物灯在电源转换过程中不灭，Ⅱ区是关键。Ⅱ区也由三部分组成：

a 段：为电源转换的初期。此时市电已经开始断电，从波形上看，电压还沿着原波形走势持续一段时间，但波形明显畸变。造成这一现象有以下原因：第一，开关断开固有开断时间，这一过程实际上是开关触点拉弧时间；第二，金属卤化物灯的镇流器为电感性元件，当市电断电瞬间，电感性元件产生一反向电动势，阻止电流减少；第三，为提高功率因数，金属卤化物灯要加装补偿电容器，一般为 $40 \sim 60\mu F$，电容器在电源断电时有个放电过程，放电过程与时间常数 T 有关，$T = RC$。因此，这一时期构成复杂的 R、L、C 电路，称 a 段为电压维持段。a 段持续时间与回路电阻 R、电感 L、电容 C、回路构成（串并联关系）、电流变化率等因素有关。

b 段：为电源转换期。此段市电彻底断开，EPS 投入。EPS 突然带负荷，导致波形剧烈振动。b 段经历的时间较短，在体育场馆金属卤化物灯的应用中，b 段一般小于 10ms。b 段也叫电源切换段。

c 段：电源转换的末期。与 a 段相反，c 段波形取决于开关固有合闸时间、金属卤化物灯镇流器反向电动势的大小、电容器在电源接通时的充电过程，三种波形叠加到 EPS 正弦波，造成 c 段波形畸变。

A.3 灯不熄灭最长切换时间

定义 1：切换时间 τ_1 为一路电源完全断开到另一路电源刚刚接入的时间，单位为 ms。

图 A.1 b 段所用的时间为切换时间 τ_1。市电开关拉弧已经完成，电感和电容的作用也已经结束，波形刚进入 b 段，这是 τ_1 的起点，b 段触点有一振荡，振荡结束点为 τ_1 的终点，也是 c 段的起点。

定义 2：切换时间 τ_2 为一路电源刚开始分断但没完全断开到另一路电源完全接入的时间，单位为 ms。

图 A.1 Ⅱ区所用的时间为切换时间 τ_2，τ_2 包括 a、b、c 段所用的时间之和。市电开关开始动作为 τ_2 的计时起点，经历 a 段畸形波形、b 段振荡波形、c 段畸形波形结束为止。

定义 3：灯不熄灭最长切换时间 τ_3。

在电源切换时保证金属卤化物灯不熄灭，应急电源最长 τ_2 时间，即为灯不熄灭最长切换时间。

显然，τ_3 是 τ_2 的一个特例，因此，$\tau_3 \leqslant \tau_2$。

根据试验结果，用于国家体育场的 2000W 金属卤化物灯的 EPS，其 τ_1 不得大于 5ms，τ_2 不得大于 20ms，这是对 EPS 的最低要求，由于金属卤化物灯差异性较大，满足上述要求也不一定保证灯不灭，因此要用 τ_3 来要求。

附件 B

补 充 试 验

B.1 概述

　　根据 2003 年 7 月 22~24 日的试验所出现的问题及本报告 13 部分所述遗留问题，2003 年 8 月 1 日晚在山东省青岛市创统公司研发部实验室进行补充试验，参加人员有中国建筑设计研究院的李炳华、王振声、李战赠；创统公司的孙丽华、张振声、刘同利、孔杰。除采用数码录像设备外，其他试验器材、标准、接线同上。灯具均为 380V，由于 Philips 灯具没有光源，此次补充试验只对 GE、Thron、National 灯具进行测试。

B.2 试验内容

　　1）在线/离线式 EPS 切换试验。

　　2）灯具在市电供电状态下断电时的波形。此项试验是模拟 a 段波形试验，证实 A.2 部分分析是否正确。

　　3）灯具用 EPS 供电合闸时的波形。此项试验是模拟 c 段波形试验，同样证实 A.2 部分分析是否正确。

　　4）多灯时（三灯）三相稳定工作电流。

B.3 National 灯具试验记录

B.3.1 启动试验

　　市电 Q1 合闸，根据数码录像装置记录的录像资料制作的启动曲线见图 B.1。

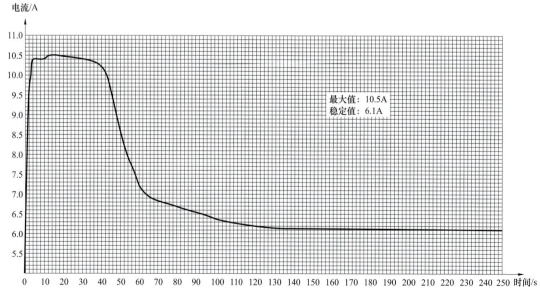

图 B.1 YA58081 电流—时间曲线

由于松下灯具没有无功补偿，电流较大，最大电流出现在启动后 12～16s 期间，最大电流值为 10.5A。约 2min 后（150s），工作电流趋于稳定，电流值为 6.1A。最大值/稳定值 = 10.5/6.1 = 1.72。

B.3.2 市电断电试验

EPS 不投入工作，拉开 Q1，市电断电，用存储示波器捕捉波形如图 B.2 所示。理论上，断电后电流应立即为 0，但由于开关固有分闸时间、金属卤化物灯镇流器反向电动势的维持、电容器在电源断开时的放电等因素的影响，电流为 0 被延后了约 8ms。从图中可以看出，本项试验证明了 A.2 分析的正确性。

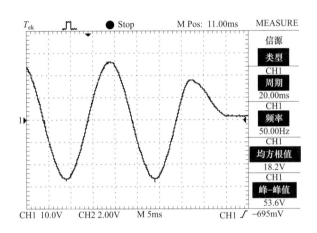

图 B.2 市电断电波形

B.3.3 EPS 合闸试验

突然将灯负荷加载到 EPS 上，捕捉到的波形如图 B.3 所示。

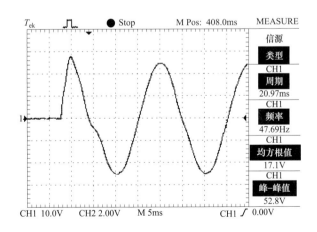

图 B.3 EPS 合闸波形

与市电断电相反，由于开关固有合闸时间、金属卤化物灯镇流器反向电动势的维持、电容器在电源合闸时的充电等因素的影响，电流为稳定的正弦波也被延后了约 8ms。同样，本项试验证明了 A.2 分析的正确性。

B.3.4 在线/离线式 EPS 切换试验

1）将 EPS 上的转换开关转到在线方式，合上 Q2，拉开 Q1，灯由市电供电转到 EPS 供电，灯没有丝毫闪动。

2）将 EPS 上的转换开关转到离线方式，重复 1 试验，灯由市电供电转到离线式 EPS 供电，灯出现闪动。

B.4　GE 灯具试验记录

B.4.1　启动试验

市电 Q1 合闸，根据数码录像装置记录的录像资料制作的启动曲线如图 B.4 所示。

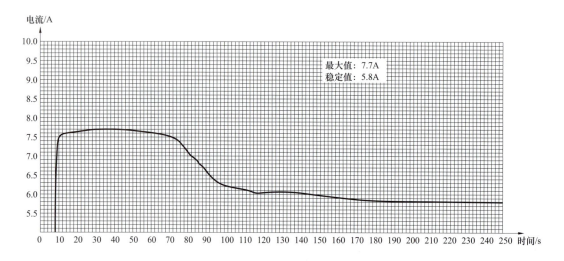

图 B.4　EF2000 电流—时间曲线

由于 GE 公司的 EF2000 灯具有无功补偿，电流比图 B.1 的小，最大电流出现在启动后 12~70s 期间，大电流持续时间长（约 1min），最大电流值为 7.7A。约 3min 后（210s），工作电流趋于稳定，电流值为 5.8A，最大值/稳定值 = 7.7/5.8 = 1.33。

B.4.2　市电断电试验

EPS 不投入工作，拉开 Q1，市电断电，用存储示波器捕捉波形如图 B.5 所示。与 B.3.2 类似，断电后电流应立即为 0，但由于开关固有分闸时间、金属卤化物灯镇流器反向电动势的维持、电容器在电源断开时的放电等因素的影响，电流为 0 被延后了约 7ms。从图中也可以证明 A.2 分析的正确性。

B.4.3　EPS 合闸试验

突然将灯负荷加载到 EPS 上，捕捉到的波形见 B.6 图。

与市电断电相反，由于开关固有合闸时间、金属卤化物灯镇流器反向电动势的维持、电容器在电源合闸时的充电等因素的影响，电流为稳定的正弦波也被延后了约 6ms。同样，本项试验证明了 A.2 分析的正确性。

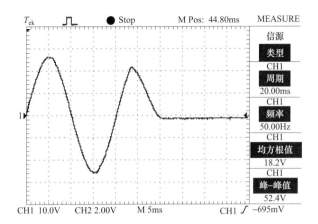

图 B.5　市电断电波形

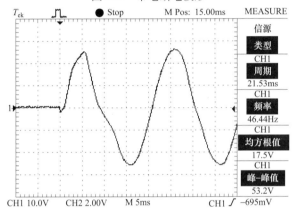

图 B.6　EPS 合闸波形

B.4.4　市电合闸试验

突然将灯负荷加载到市电上，捕捉到的波形如图 B.7 所示。

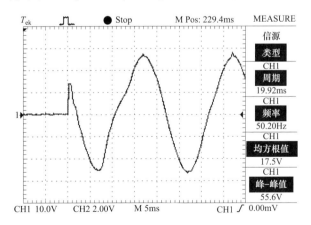

图 B.7　市电合闸波形

与 B.4.3 不同，市电合闸后，电流的稳定正弦波被延后了约 1.5ms。

说明：示波器接在负荷端，由于 HID 的非线性，使得波形带毛刺。图 B.7 为第一个捕捉到的波形，以后在示波器回路中串入电阻，波形得以改善。

比较图 B.6 和图 B.7，为什么 EPS 合闸时 c 段长？这是因为除灯具附件内有电感、电容外，EPS 内也有电感、电容，它们延长了 c 段的时间。

B.4.5　在线/离线式 EPS 切换试验

切换试验同 B.3.4。即 EPS 在线方式时，灯不闪动；EPS 在离线方式时，灯出现闪动。

B.5　Thron 灯具试验记录

B.5.1　启动试验

市电 Q1 合闸，根据数码录像装置记录的录像资料制作的启动曲线如图 B.8 所示。

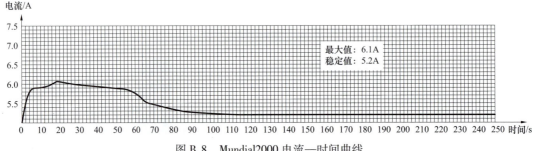

图 B.8　Mundial2000 电流—时间曲线

由于 Thron 公司的 Mundial 灯具有无功补偿，电流比图 B.1 的小很多，最大电流出现在启动后 19s，最大电流值为 6.1A。约 2min 后（120s），工作电流趋于稳定，电流值为 5.2A，最大值/稳定值 = 6.1/5.2 = 1.17。

B.5.2　市电断电试验

EPS 不投入工作，拉开 Q1，市电断电，用存储示波器捕捉波形如图 B.9 所示。与 B.3.2 类似，断电后电流应立即为 0，但由于开关固有分闸时间、金属卤化物灯镇流器反向电动势的维持、电容器在电源断开时的放电等因素的影响，电流为 0 被延后了约 11ms。同样可以证明 A.2 分析的正确性。

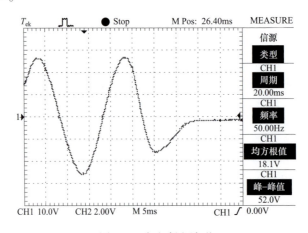

图 B.9　市电断电波形

B.5.3 EPS 断电试验

EPS 投入工作，带灯具至稳定输出。突然切除 EPS，灯具断电，用存储示波器捕捉波形如图 B.10 所示。与图 B.9 比较，电流为 0 被延后了约 20ms，比市电断电长近一倍。除了由于开关固有分闸时间、金属卤化物灯镇流器反向电动势的维持、电容器在电源断开时的放电等因素的影响外，EPS 内也有电容，电容的放电使电流为 0 得以延长。

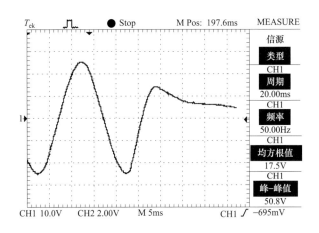

图 B.10　EPS 断电波形

B.5.4 EPS 合闸试验

突然将灯负荷加载到 EPS 上，捕捉到的波形如图 B.11 所示。与市电断电相反，由于开关固有合闸时间、金属卤化物灯镇流器反向电动势的维持、电容器在电源合闸时的充电等因素的影响，电流为稳定的正弦波也被延后了约 10ms。同样，本项试验证明了 A.2 分析的正确性。

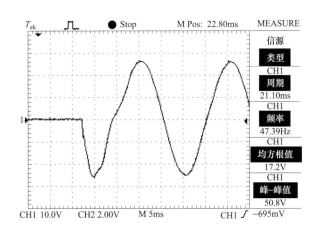

图 B.11　EPS 合闸波形

B.5.5　在线/离线式 EPS 切换试验

切换试验同 B.3.4。即 EPS 在线方式时，灯不闪动；EPS 在离线方式时，灯出现闪动。

B.6　电流—时间综合曲线

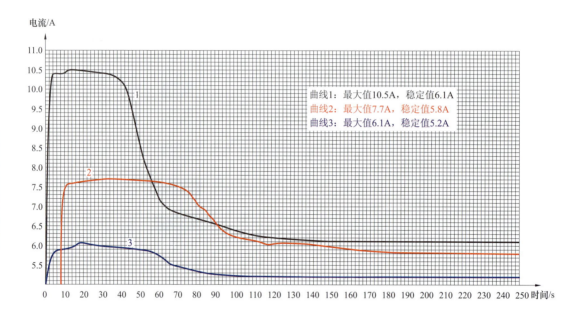

图 B.12　电流—时间综合曲线

黑线为松下灯具电流—时间曲线，红线为 GE 灯具电流—时间曲线，蓝线为索恩灯具电流—时间曲线。

B.7　三灯稳定电流测试

L1、L2、L3 每两相间分别接 Mundial2000、EF2000、YA58081，启动时，三灯顺利启动，约 12min，光输出稳定，测量三相电流分别为 9.9A、9.3A、8.3A。

B.8　补充结论

1）在线式 EPS 在电源切换时不发生任何闪动，此时 $\tau_1 = \tau_2 = \tau_3 = 0$。

2）离线式 EPS 在电源切换时无论 τ_1、τ_2、τ_3 有多小，也会发生闪动。

3）用于体育场的 2000W 金属卤化物灯的 EPS，其 τ_1 不得大于 5ms，τ_2 不得大于 20ms，这是对 EPS 的基本要求，由于金属卤化物灯差异性较大，满足上述要求也不一定保证灯不灭，因此要用 τ_3 来要求。

2003 年 8 月 6 日

12.2　电缆防水防潮试验报告

电缆防潮测试大纲

试验时间：＿＿＿＿年＿＿＿月＿＿＿日

试验地点：＿＿＿＿＿＿国家体育场工地＿＿＿＿＿＿

执行标准：＿＿＿＿＿＿＿—＿＿＿＿＿＿＿

参加人员：＿＿李炳华、朱景明、马名东、李战赠、张宏伟等＿＿

1. 试验目的

当电缆受潮后，电缆的绝缘是否能达到正常运行要求，这是关系到人身安全和设备能否安全、正常、可靠运行的大事。通过本试验，寻找出满足防潮要求的电力电缆，以保证国家体育场供电的可靠性和安全性。

2. 试验标准

自定试验标准，见试验方法。

参考 GJB367.2 中《411 湿热试验》。

3. 试验仪器和材料

（1）仪器仪表

序号	名　　称	型号	规格	数量	备注
1	绝缘电阻测试仪	ZC－7	1000MΩ	1	
2	温度计		50℃	1	
3	尺子		2m	1	

（2）电缆

序号	名　　称	型号	规格/mm×mm	长度/m
1	低烟无卤辐照交联聚乙烯耐火电缆	WDZN－YJY	5×35	5
2	低烟无卤干法交联聚乙烯耐火电缆	WDZN－YJY	5×35	5
3	低烟无卤温水交联聚乙烯耐火电缆	WDZN－YJY	5×35	5
4	交联聚氯乙烯绝缘耐火电缆	NH－YJV	5×35	5
5	氧化镁矿物绝缘电缆	BTTZ	4×35	5

（3）水池

水池在室内，水深不小于 0.5m，水温为常温。

4. 试验方法

1）将电缆试品按电缆序号进行编号。

2）将水池内冲入自来水，水深不低于0.5m，测量水温。

3）分别测出在正常环境下试验样品各相绝缘电阻。

4）将试品中间部位浸入水中，试品的两端断面不得进水，48h后取出，擦干后测量各试品各相绝缘电阻。

5）将试品完全浸入水中，48h后取出，擦干后再次测量各试品各相绝缘电阻。

5. 结论

按照第四部分进行试验，电缆中间浸泡后，其绝缘电阻应不低于2MΩ，否则判定为不满足防潮要求，不能在国家体育场工程中使用。

中国建筑设计研究院
中信国华工程公司
2005 年 12 月 13 日

附件

测 量 记 录 单

试验地点：_____国家体育场工地_____　　试验开始时间：_____2006.6.1 ~ 6.10_____

水温：_____—_____℃　　　　　　　　　水深：_____1_____m

规格：_____5 × 35_____mm²　　　　　　长度：_____5_____m

序号	名　称	型号	绝缘电阻/MΩ		
			正常情况下 a	中间浸水 b	完全浸水 c
1	交联聚乙烯耐火电缆（沈阳电缆厂）	NH - YJV	无穷大（大于1000MΩ）	无穷大（大于1000MΩ）	无穷大（大于1000MΩ）
2	低烟无卤交联聚乙烯耐火电缆（沈阳电缆厂）	WDZN - YJV	无穷大（大于1000MΩ）	无穷大（大于1000MΩ）	无穷大（大于1000MΩ）
3	低烟无卤辐照交联聚乙烯阻燃电缆（八方电缆厂）	WDZ - YJ（F）E	无穷大（大于1000MΩ）	无穷大（大于1000MΩ）	无穷大（大于1000MΩ）
4	低烟无卤干法交联聚乙烯阻燃电缆（宝胜电缆厂）	WDZN - YJV	无穷大（大于1000MΩ）	无穷大（大于1000MΩ）	无穷大（大于1000MΩ）
5	低烟无卤辐照交联聚乙烯阻燃电缆（宝胜电缆厂）	WDZN - YJV	无穷大（大于1000MΩ）	无穷大（大于1000MΩ）	无穷大（大于1000MΩ）
6	氧化镁矿物绝缘电缆（宝胜电缆厂）	BTTZ - 3X25	相间1000MΩ，相地500MΩ	相间、对地>1000MΩ	③相间5、5、7.5MΩ，相地3MΩ

序号	名　称	型号	绝缘电阻/MΩ		
			正常情况下 a	中间浸水 b	完全浸水 c
7	氧化镁矿物绝缘电缆（沈阳电缆厂）	BTTZ－1X35	无穷大（大于1000MΩ）	无穷大（大于1000MΩ）	②20MΩ
8	氧化镁矿物绝缘电缆（泰科）	BTTZ－3X25	无穷大（大于1000MΩ）	无穷大（大于1000MΩ）	①相间、相地为0

① 用500MΩ表测，相间电阻分别为0.1MΩ、0.2MΩ、1.5MΩ，相地0.2MΩ。

② 用500MΩ表测，相地150MΩ；出水后约20min，用1000MΩ表再测，相地电阻为1000MΩ。

③ 用500MΩ表测，相间6MΩ，相地3MΩ。

30min后，用1000MΩ表测：

泰科：相间电阻小于1MΩ。

宝胜：相间电阻5MΩ。

沈阳：无穷大（大于1000MΩ）。

两端锯500mm，再测：

泰科：相间电阻、相地电阻均1000MΩ。

宝胜：相间电阻、相地电阻均为无穷大。

注：（1）电缆需通过国家权威部门的检测和试验。

　　（2）感谢沈阳电缆厂、上海八方电缆厂、江苏宝胜电缆厂、泰科电缆厂对本次试验的大力支持。

12.3　区域联锁选择性保护（ZSI）试验报告

1. 概述

试验时间：＿＿2003＿＿年＿＿06＿＿月＿＿25＿＿日

试验地点：＿＿＿上海市浦东施耐德配电电器有限公司＿＿＿

执行标准：＿＿＿GB14048－2、IEC60947－2＿＿＿

参加人员：设　计　院＿＿＿＿＿李炳华＿＿＿＿＿

　　　　　施耐德公司＿＿＿许仲舒、何巍伟、杨海龙＿＿＿

2. 试验目的

验证 Masterpact MT 断路器的区域选择性联锁（ZSI）功能，以及在区域选择性联锁范围内的断路器在短延时故障情况下保证动作的选择性。

短延时保护时，保证上下级保护之间的选择性。

短延时保护时，快速切除故障回路，缩短系统承受短路故障电流的时间。

3. 试验方法

由施耐德公司提供两台 MT 断路器，按图 1 接线，在试验回路中注入大的故障电流，验证 ZSI 功能。

4. 试验器材

设备名称	型　号	数　量
MT 断路器（含附件）	MT 06 N1 3P F ＋MIC 5.0A	2 台
电流调整器	BANC DE TEST 6000A OPT 1480	1 台
多功能测试仪	Merlin Gerin 33 595 ～115/230V 50/60Hz	1 台
连接母排（附连接螺杆）		
连接导线	BV－2.5	

断路器：MT 06 N1 3P F ＋MIC 5.0A，额定电流 630A，交流 50Hz、440V 时极限分断能力为 42kA，三相三极，$I_{cu} = I_{cs} = I_{cw}$（0.5s），固定式，具有电流测量、故障报警触点、故障指示、ZSI 触点、测试、通信等功能。

电流调整器：BANC DE TEST 6000A OPT 1480，用于提供低电压、大电流的电器设备，最大电流可达 1500A，电流可调。电流调整器模拟较大的故障电流。

多功能测试仪：Merlin Gerin 33595，交流 115/230V，50/60Hz，用于测量 ZSI 控制线路是否接通。

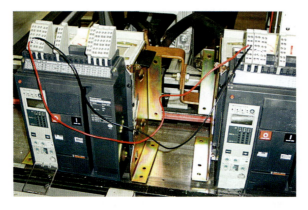

图 1　试验接线图

（红线、黑线为 ZSI 控制线）

5. 试验原理

（1）试验原理。两台相同型号，控制单元相同的断路器串联，控制单元所有设定值相同。在断路器未采用 ZSI 和采用 ZSI 的情况下，分别向主回路注入相同大小的短路短延时电流，模拟单相短路。在未采用 ZSI 的情况下，两台断路器将同时脱扣；而在采用 ZSI 的情况下，下级断路器 QF2 将瞬时脱扣，上级断路器不脱扣。

由此可以证明，区域选择性联锁可以取消离故障最近的断路器的短路短延时功能，并保证上级断路器的短路短延时继续有效。从而达到在确保动作选择性的前提下，减少了短路电流对配电系统和设备的影响。

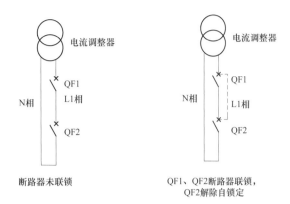

图 2　接线图

（2）接线图（图 2）。说明：① QF1 和 QF2 未联锁时，相当于普通的配电回路。② QF1 和 QF2 联锁，QF2 解除自锁定时，相当于 QF2 下方还有一个 ZSI 联锁的断路器 QF3，用于模拟短路故障发生在 QF2 下方，QF3 不向 QF2 发送联锁信号，QF2 由于未收到信号，将瞬时脱扣。

6. 模拟试验内容及参数记录表

（1）ZSI 与普通保护的比较。两台断路器所有保护设置相同，当注入相同模拟短路电流值时，检查在未联锁和 ZSI 联锁时两台断路器的动作情况。试验参数记录单见下表：

断路器	长延时		短延时		瞬时电流	模拟电流值		分断状况	
	电流 I_r/A	t_r/s	电流 I_{sd}/A	T_{sd}/s	I_i/A	普通	ZSI	普通	ZSI
QF1	250（0.4 I_n）	24	375（1.5 I_n）	0.4	3700（6 I_n）	1000	1000	973A　分	973A　合
QF2	250（0.4 I_n）	24	375（1.5 I_n）	0.4	3700（6 I_n）	1000	1000	971A　分	971A　分

结论1：当故障电流同时大于短延时整定电流时，普通保护的上下级保护 QF1、QF2 同时跳闸，保护没有选择性。

结论2：当故障电流同时大于短延时整定电流时，上下级保护采用 ZSI 联锁，由于 QF2 未收到下级的联锁信号，瞬时跳闸，而上级保护 QF1 不跳闸。

（2）上级保护整定时间短，下级保护整定时间长。上级保护 QF1 断路器短延时动作阈值低于下级断路器 QF2，检查在未联锁和 ZSI 联锁时两台断路器的动作情况。试验参数记录单见下表：

断路器	长延时		短延时		瞬时电流	模拟电流值/A		分断状况	
	电流 I_r/A	t_r/s	电流 I_{sd}/A	T_{sd}/s	I_i/A	普通	ZSI	普通	ZSI
QF1	250（0.4 I_n）	24	375（1.5 I_n）	0.1	3700（6 I_n）	1000	1000	973A　分	973A　合
QF2	250（0.4 I_n）	24	375（1.5 I_n）	0.2	3700（6 I_n）	1000	1000	971A　合	971A　分

结论1：故障电流相同，整定电流值也相同，普通保护时整定时间短的 QF1 分断，整定时间长的 QF2 仍然闭合，符合常规。

结论 2：ZSI 联锁后，下级的 QF2 瞬时跳闸，而上级的 QF1 不跳闸，符合选择性要求。试验进一步验证了 ZSI 联锁的意义，MT 之 N 型断路器最大分闸时间为 70ms，因此，试验将 QF1 短延时时间定为 t_{sd} = 0.1s。

7. 安全措施

1）保护断路器和周围设备的绝缘应良好。

2）带电设备断电后要接地放电。

3）保持现场秩序，无关人员不得进入试验现场。

12.4　重庆奥林匹克体育场测试数据

大气吸收系数测试数据（一）

试验时间：＿＿＿2004＿＿年＿＿6＿＿月＿＿16、19、20、22＿＿日

试验地点：＿＿＿＿＿＿重庆奥林匹克体育场＿＿＿＿＿＿

负　责　人：＿＿＿＿＿＿李炳华、林若慈＿＿＿＿＿＿

参加人员：＿＿＿＿＿＿＿＿—＿＿＿＿＿＿＿＿

1. 测试目的

通过实测，研究大气对体育场场地照明的影响：

1）雾气对照明的影响。

2）雨水对照明的影响。

3）大气污染程度对照明的影响。

4）温度、湿度对照明的影响。

5）风对照明的影响。

2. 试验方法

1）本测试仅测量测试点的水平照度。

2）测试点为图 1 中 8 个点。

3）测量前，照度仪应校正，场地照明灯打开 30min 后才可测量。

3. 试验器材

序号	名　称	型号	规格	数量	备　注
1	照度仪	Minolta TI		1	日本
2	温湿度计	POLYMER	$-20℃ \sim 50℃$	1	可温湿度计
3	三脚架			1	照度仪距地 1m
4	电压表		约 450V	1	位于开关柜上

4. 测试步骤

本测试为 2004 年亚洲杯赛前测试，按下列步骤进行测量：

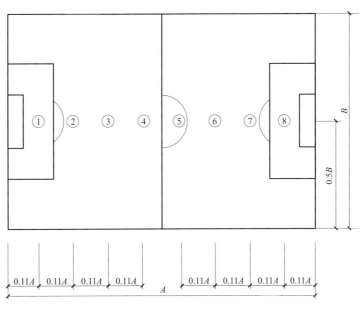

图 1 水平照度测量点示意图

A—足球场场地长度的一半；*B*—足球场场地的宽度

1）不同天气情况下。按图 1 中①~⑧的顺序测量距场地 1m 高的水平照度，并将测量结果填入附表中。

2）测量照度的同时测量电源电压，并将结果填入附表中。

2004 年 8 月 3 日

附件 1

测 量 记 录 单

地点：<u>重庆奥林匹克体育场</u>   日期：<u>2004.6.16~22</u>

空气质量：<u>　　　—　　　</u>   天气情况：<u>　　　—　　　</u>

测量仪器：<u>　照度仪　</u>   校正时间：<u>　　　—　　　</u>

测量点	2004.6.16		2004.6.19		2004.6.20		2004.6.22	
	照度/lx		照度/lx		照度/lx		照度/lx	
	E_h	以晴天为基准	E_h	以晴天为基准	E_h	以晴天为基准	E_h	以晴天为基准
1	2030	100%	1866	91.92%	1905	93.84%	1840	90.64%
2	1990	100%	1811	91.01%	1874	94.17%	1760	88.44%
3	1980	100%	1807	91.26%	1870	94.44%	1790	90.40%

续表

测量点	2004.6.16		2004.6.19		2004.6.20		2004.6.22	
	照度/lx		照度/lx		照度/lx		照度/lx	
	E_h	以晴天为基准	E_h	以晴天为基准	E_h	以晴天为基准	E_h	以晴天为基准
4	2070	100%	1890	91.30%	1940	93.72%	1790	86.47%
5	2060	100%	1913	92.86%	1950	94.66%	1780	86.41%
6	2070	100%	1932	93.33%	1960	94.69%	1720	83.09%
7	2050	100%	1897	92.54%	1932	94.24%	1710	83.41%
8	2100	100%	1930	91.90%	1983	94.43%	1750	83.33%
平均值	2044	100%	1881	92.03%	1927	94.28%	1768	86.50%
天气情况	晴		多云		少云		雾、阴	
风	—		—		—		—	
温度	—		—		—		—	
湿度	—		—		—		—	
人数/万人	—		—		—		—	
电源电压/V	396		395		396		394	

注：1. 水平照度为场地上方 1m 处的水平照度值，单位 lx。

2. 雨量按大暴雨、暴雨、大雨、中雨、小雨等五级。

3. 雾分为大雾、中雾、薄雾三个等级。

4. 风按天气预报填写。

5. 温度、湿度用仪表测量。

6. 人数为估算值。

重庆奥林匹克体育场不同天气情况下大气吸收系数如下：

测量点	1	2	3	4	5	6	7	8	平均值
少云	6.16%	5.83%	5.56%	6.28%	5.34%	5.31%	5.76%	5.57%	5.72%
多云	8.08%	8.99%	8.74%	8.70%	7.14%	6.67%	7.46%	8.10%	7.97%
阴天、雾	9.36%	11.56%	9.60%	13.53%	13.59%	16.91%	16.59%	16.67%	13.50%

大气吸收系数测试数据（二）

试验时间：___2004___年___7___月___23、26、28、31___日

试验地点：_____重庆奥林匹克体育场_____

负责人：_____李炳华、林若慈_____

参加人员：_____—_____

1. 测试目的

通过实测，研究大气对体育场场地照明的影响：

1）雾气对照明的影响。

2）雨水对照明的影响。

3）大气污染程度对照明的影响。

4）温度、湿度对照明的影响。

5）风对照明的影响。

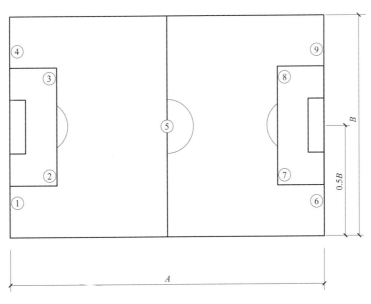

图2　水平照度测量点示意图

A—足球场场地长度的一半；*B*—足球场场地的宽度

2. 试验方法

1）本测试仅测量测试点的水平照度。

2）测试点为图2中9个点。

3）测量前，照度仪应校正，场地照明灯打开30min后才可测量。

3. 试验器材

序号	名 称	型号	规格	数量	备 注
1	照度仪	Minolta TI		1	日本
2	温湿度计	POLYMER	$-20℃ \sim 50℃$	1	可温湿度计
3	三脚架			1	照度仪距地1m
4	电压表		约450V	1	位于开关柜上

4. 测试步骤

本测试为2004年亚洲杯赛前测试，按下列步骤进行测量：

1）不同天气情况下。按图2中①～⑨的顺序测量距场地1m高的水平照度，并将测量结果填入附表中。

2）测量照度的同时测量电源电压，并将结果填入附表中。

2004 年 8 月 3 日

附件2

测量记录单

地点：<u>重庆奥林匹克体育场</u>　　日期：<u>2004.7.23~31</u>

空气质量：<u>　　—　　</u>　　天气情况：<u>　　—　　</u>

测量仪器：<u>照度仪</u>　　校正时间：<u>　　—　　</u>

测量点	2004.7.23		2004.7.26		2004.7.28		2004.7.31	
	照度/lx		照度/lx		照度/lx		照度/lx	
	E_h	以晴天为基准	E_h	以晴天为基准	E_h	以晴天为基准	E_h	以晴天为基准
1	1667	93.48%	1649	92.47%	1662	93.20%	1617	90.68%
2	1790	93.48%	1754	91.60%	1756	91.70%	1727	90.19%
3	1758	93.48%	1719	91.41%	1740	92.52%	1710	90.93%
4	1655	93.48%	1627	91.90%	1623	91.67%	1599	90.32%
5	1935	93.48%	1856	89.66%	1869	90.29%	1824	88.12%
6	1656	93.48%	1600	90.32%	1649	93.08%	1628	91.90%
7	1755	93.48%	1728	92.04%	1736	92.47%	1699	90.50%
8	1834	93.48%	1802	91.85%	1779	90.68%	1746	88.99%
9	1639	93.48%	1632	93.08%	1624	92.63%	1608	91.71%
平均值	1743	93.48%	1707	91.55%	1715	91.98%	1684	90.32%
备注	无比赛 20:30pm		土库曼—乌兹别克 C组 22:15pm		日本—伊朗 D组 19:00pm		日本—约旦 D组 18:00pm	
天气情况	少云		多云		少云－多云		阴	
风	—		—		—		—	
温度	—		—		—		—	
湿度	—		—		—		—	
人数/万人	—		—		—		—	
电源电压/电流/（V/A）	400/352，402/351		401/253，402/350		401/351，401/350		402/350，401/352	

注：1. 水平照度为场地上方1m处的水平照度值，单位 lx。

　　2. 雨量按大暴雨、暴雨、大雨、中雨、小雨等五级。

　　3. 雾分为大雾、中雾、薄雾三个等级。

　　4. 风按天气预报填写。

　　5. 温度、湿度用仪表测量。

　　6. 人数为估算值。

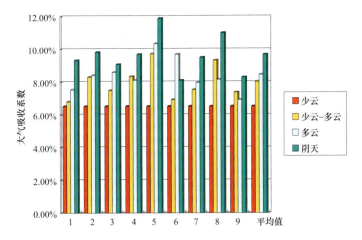

图 3 重庆奥林匹克体育场亚洲杯期间不同天气情况下大气吸收系数图表

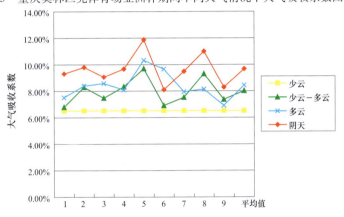

图 4 重庆奥林匹克体育场亚洲杯期间不同天气情况下大气吸收系数折线图

重庆奥林匹克体育场亚洲杯期间不同天气情况下大气吸收系数如下：

测量点	1	2	3	4	5	6	7	8	9	平均值
少云	6.52%	6.52%	6.52%	6.52%	6.52%	6.52%	6.52%	6.52%	6.52%	6.52%
少云－多云	6.80%	8.30%	7.48%	8.33%	9.71%	6.92%	7.53%	9.32%	7.37%	8.02%
多云	7.53%	8.40%	8.59%	8.10%	10.34%	9.68%	7.96%	8.15%	6.92%	8.45%
阴天	9.32%	9.81%	9.07%	9.68%	11.88%	8.1%	9.5%	11.01%	8.29%	9.68%

12.5 北京工人体育场测试数据

大气吸收系数测试数据（一）

试验时间： ___2004___ 年 ___9___ 月 ___15___ 日

试验地点： _____北京工人体育场_____

负 责 人： _____李炳华、林若慈_____

参加人员： _____马名东、李战赠、陈力_____

1. 测试目的

通过实测，研究大气对体育场场地照明的影响：

1）雾气对照明的影响。

2）雨水对照明的影响。

3）大气污染程度对照明的影响。

4）温度、湿度对照明的影响。

5）风对照明的影响。

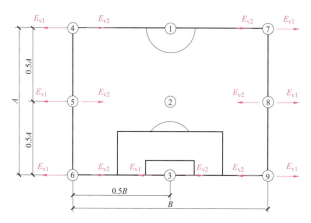

图1　水平照度测量点示意图

A—足球场场地长度的一半；*B*—足球场场地的宽度

2. 试验方法

1）本测试仅测量测试点的水平照度。

2）测试点为图1中9个点。

3）每场比赛于比赛前10min、中场休息、比赛结束后10min等四个时间段进行测量。

4）对2004年中超北京现代队部分主场比赛进行测量。

5）测量前，照度仪应校正，场地照明灯打开30min后才可测量。

3. 试验器材

序号	名　称	型号	规格	数量	备　注
1	照度仪	XYI－Ⅲ		1	浙大
2	温湿度计	POLYMER	−20℃~50℃	1	可温湿度计
3	三脚架			1	照度仪距地1m
4	电压表		约450V	1	位于开关柜上

4. 测试步骤

每场比赛，按下列步骤进行测量：

1）比赛前1h，观众较少时进行测量。按图1中①~⑨的顺序测量距场地1m高的水平照度，并将测量结果填入附表中。

2）比赛前 10min，观众较多时进行测量。按图 1 中①～⑨的顺序测量距场地 1m 高的水平照度，并将测量结果填入附表中。

3）比赛中场休息时，观众较多时进行测量。按图 1 中①～⑨的顺序测量距场地 1m 高的水平照度，并将测量结果填入附表中。

4）比赛后 10min，观众刚退场时进行测量。按图 1 中①～⑨的顺序测量距场地 1m 高的水平照度，并将测量结果填入附表中。

中国建筑设计研究院
2004 年 8 月 3 日

附件 1

测 量 记 录 单

地点：　北京工人体育场　　　　　日期：　2004.9.15
空气质量：　——　　　　　　　　天气情况：　小雨（5.5mm）
测量仪器：　照度仪　　　　　　　校正时间：　2004.9.15

测量点	比赛前 10min			比赛中场休息			比赛后 10min		
	照度/lx			照度/lx			照度/lx		
	E_h	E_{v1}	E_{v2}	E_h	E_{v1}	E_{v2}	E_h	E_{v1}	E_{v2}
1	—	—	—	—	—	—	—	—	—
2	—	—	—	—	—	—	—	—	—
3	1542	1145	1104	1680	1034	1282	1675	1170	1200
4	1570	1910	1180	1553	1960	1234	—	—	—
5	1600	1998	1218	1641	2020	1242	—	—	—
6	1540	1924	912	1620	1916	980	—	—	—
7	1630	1956	1215	1633	1901	1226	—	—	—
8	1647	2150	1257	1675	2220	1300	—	—	—
9	1600	1876	1180	1595	1973	1230	1510	1917	1205
平均值	1590	1969	1160	1628	1998	1202	1593	1917	1205
备注	—	不含 3 点值		—	不含 3 点值		—	不含 3 点值	
雨	小雨			雨停、阴			雨停、阴		
云量（成）	9			9			9		
风/（m/s）	1			1			1		

续表

| 测量点 | 比赛前 10min | | | 比赛中场休息 | | | 比赛后 10min | | |
| | 照度/lx | | | 照度/lx | | | 照度/lx | | |
	E_h	E_{v1}	E_{v2}	E_h	E_{v1}	E_{v2}	E_h	E_{v1}	E_{v2}
温度	223℃			24.8℃			21.3℃		
湿度	57%			52%			53%		
人数/万人	约1.0			约1.0			约1.0		
电源电压/V	385			385			385		

注：1. 水平照度为场地上方1m处的水平照度值，单位 lx。

2. 雨量按大暴雨、暴雨、大雨、中雨、小雨五级。

3. 雾分为大雾、中雾、薄雾三个等级。

4. 风按天气预报填写。

5. 温度、湿度用仪表测量。

6. 人数为估算值。

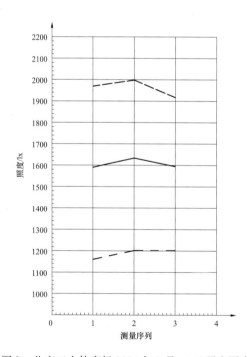

图2 北京工人体育场2004年9月15日照度图表

平均值见下表：

照度/lx	E_h	E_{v1}	E_{v2}
赛前	1590	1969	1160
中场休息	1628	1998	1202
赛后	1593	1917	1205

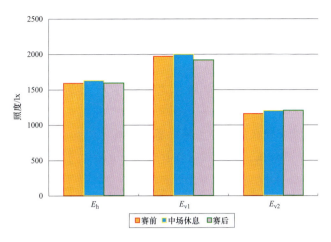

图3 实测数据条形图

大气吸收系数测试数据（二）

试验时间：_____2004_____年_____9_____月_____29_____日

试验地点：_____北京工人体育场_____

负 责 人：_____李炳华、林若慈_____

参加人员：____李炳华、马名东、李战赠、王坚敏、陈力、张建平____

1. 测试目的

通过实测，研究大气吸收系数对体育场场地照明的影响：

1）雾气对照明的影响。

2）雨水对照明的影响。

3）大气污染程度对照明的影响。

4）温度、湿度对照明的影响。

5）风对照明的影响。

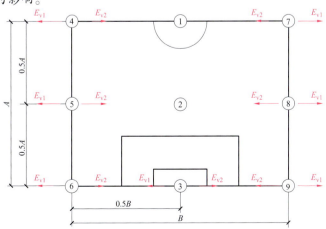

图4 水平照度测量点示意图

A—足球场场地长度的一半；*B*—足球场场地的宽度

2. 试验方法

1）本测试仅测量测试点的水平照度。

2）测试点为图1中9个点。

3）每场比赛于比赛前10min、中场休息、比赛结束后10min等四个时间段进行测量。

4）对2004年中超北京现代队部分主场比赛进行测量。

5）测量前，照度仪应校正，场地照明灯打开30min后才可测量。

3. 试验器材

序号	名　称	型号	规格	数量	备　注
1	照度仪	XYI－Ⅲ		1	浙大
2	温湿度计	POLYMER	－20℃～50℃	1	可温湿度计
3	三脚架			1	照度仪距地1m
4	电压表		约450V	1	位于开关柜上

4. 测试步骤

每场比赛，按下列步骤进行测量：

1）比赛前1h，观众较少时进行测量。按图中①～⑨的顺序测量距场地1m高的水平照度，并将测量结果填入附表中。

2）比赛前10min，观众较多时进行测量。按图中①～⑨的顺序测量距场地1m高的水平照度，并将测量结果填入附表中。

3）比赛中场休息时，观众较多时进行测量。按图中①～⑨的顺序测量距场地1m高的水平照度，并将测量结果填入附表中。

4）比赛后10min，观众刚退场时进行测量。按图中①～⑨的顺序测量距场地1m高的水平照度，并将测量结果填入附表中。

中国建筑设计研究院

2004 年 8 月 3 日

附件 2

测量记录单

地点：　北京工人体育场　　　　日期：　　　2004.9.29

空气质量：　Ⅱ级（良）　　　　天气情况：　小雨转中雨

紫外线指数：　Ⅰ级

测量仪器：　照度仪　　　　　　校正时间：　2004.9.29

测量点	比赛前30min			比赛中场休息			比赛后10min内		
	照度/lx			照度/lx			照度/lx		
	E_h	E_{v1}	E_{v2}	E_h	E_{v1}	E_{v2}	E_h	E_{v1}	E_{v2}
1	—	—	—	—	—	—	—	—	—
2	—	—	—	—	—	—	—	—	—
3	1079	1424	1341	1084	1464	1297	1110	1357	1289
4	1490	1782	1153	1451	1765	1111	—	—	—
5	1565	1847	1155	1515	1816	1122	—	—	—
6	1543	1777	920	1516	1527	892	1586	1600	899
7	1550	1847	1153	1516	1838	1123	1578	1855	
8	1628	1930	1186	1655	1900	1147	1661	1961	1111
9	1484	1675	1107	1548	1697	1071	1640	1722	1029
平均值	1477	1810	1112	1469	1757	1078	—	—	—
备注	—	不含3点值		—	不含3点值		—	不含3点值	
雨	阴			阴			阴		
云量（成）	薄雾			薄雾			薄雾		
风/（m/s）	<3级			<3级			<3级		
温度/℃	25.3			25.3			23.3		
湿度（%）	53			58			67		
人数/万人	1			2			—		
电源电压/V	380			385					

注：1. 水平照度为场地上方1m处的水平照度值，单位lx。

2. 雨量按大暴雨、暴雨、大雨、中雨、小雨五级。

3. 雾分为大雾、中雾、薄雾三个等级。

4. 风按天气预报填写。

5. 温度、湿度用仪表测量。

6. 人数为估算值。

12.6 电缆桥架防火试验

试验时间：_____2006_____年_____8_____月_____21_____日

试验地点：_____中国建筑科学研究院防火所燃烧实验室_____

参加人员：_____李炳华、朱景明等_____

1. 目的

通过试验，验证江苏某电缆桥架厂商的桥架能否满足1h的燃烧考验。

2. 试验器材

由中国建筑科学研究院防火所提供控制箱、燃烧箱、丙烷燃烧灯、电磁阀、高压点火器、煤气管、调压阀、气体流量计（丙烷和空气各1个）、电缆、灯泡和信号控制线等试验器材和用具。

由电缆桥架厂家提供被测桥架，试验器材和现场如图1所示。

图1　试验器材和现场

3. 试验方法

由中国建筑科学研究院防火所制定。

4. 试验过程（图2）

开关及熔断器

灯泡。当线路绝缘损坏造成短路，熔断器熔断；或线路烧断，灯灭

温度传感器线路

火焰持续烧桥架，灯亮，表明线路完好

火焰持续烧桥架，有烟，灯亮，表明线路完好

持续烧桥架，烟很大，为什么？灯亮，表明线路完好

图2　试验过程

附件

防火电缆桥架类型及特点

在"鸟巢"设计时，笔者对电缆桥架防火进行了分析研究，桥架防火综述如下：

类型	特点	优点	缺点
普通桥架刷防火涂料	普通桥架及吊杆、支架等均刷防火涂料、防火漆，鸟巢工程的桥架参考钢结构防火标准实施	（1）经济实惠，安装较方便 （2）安装后刷防火涂料，包括支架、吊杆等均可刷防火涂料，最终成形	（1）防火涂料易脱落 （2）耐火极限长的桥架较困难
加内衬防火材料的桥架	普通桥架内衬防火材料，包括盖板内衬防火材料	防火性能好	（1）桥架内有效截面减小 （2）散热性能差，电缆载流量打折扣 （3）支架、吊杆等无法保护
无机材料桥架	采用不燃烧材料制成桥架	（1）无卤 （2）安装方便	（1）造价高 （2）只有少数厂家生产，不利招标

12.7　10kV 供配电系统保护试验报告

试验人员：南瑞继保电气有限公司　陆征军

　　　　　北京时创意科公司　葛治、宋伟

试验时间：　　　　　2006.12.11　　　　　

1. 实验目的

奥运工程对供电的可靠性提出了极高的要求。图1是奥运场馆的四电源典型接线，为实现对该系统的保护和备用电源自投，配置了南瑞继保公司的 RCS 系列保护装置。进行本次动态模拟试验，尽可能仿真系统实际运行情况，检验该保护方案的功能实现。

图1为保护装置配置方案，在站联开关柜上各配置一台 RCS－9652 自投装置，对应实现各段母线失电压后的电源进线无压跳闸功能和自投功能。自投方案为第一轮由分段开关自投；分段开关如果拒合，（正常运行处于断开位置的）站联开关第二轮自投。并且一个电源最多只带两段母线。例如：主站1的4号母线三相失电压，自投装置1（装设在211开关柜上）经无压跳闸延时跳开201开关，确认201开关跳开后合上245开关，如245开关合闸不成功，则再合211开关。如果主站1的5号母线三相失电压，自投装置2（装设在221开关柜上）经无压跳闸延时跳开202开关，确认202开关跳开后合上245开关，如果245开关合闸不成功，则再合211′开关。主站2的自投过程与上述动作过程相对应。主站2的4号母线三相失电压，自投装置3（装设在211′开关柜上）经无压跳闸延时跳开201′开关，确认201′开关跳开后合上245′开关，如245′开关合闸不成功，则再合211开关；如果主站2的5号母

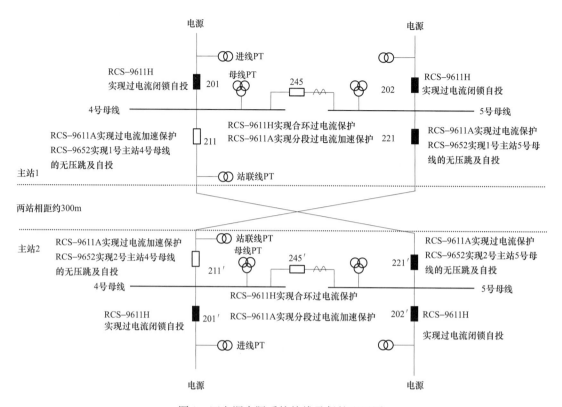

图1 四电源实际系统接线及保护配置图

线三相失电压，自投装置4（装设在221′开关柜上）经无压跳闸延时跳开202′开关，确认202′开关跳开后合上245′开关，如果245′开关合闸不成功，则再合211开关。

RCS‑9652自投装置的说明书见附件2。

2. 实验模型接线简介

四电源动模系统接线及保护配置如图2所示，实际系统的开关编号与试验系统的开关对应关系为：

主站1：201—1006　202—1005　245—1061　211—1041　221—1051

主站2：201′—1002　202′—1003　245′—1062　211′—1052　221′—1042

各进线开关的电流和操作回路接至相应的9611H进线装置，9611H将过电流闭锁自投接点接至对应9652自投装置的自投总闭锁开入，并形成进线开关位置接至9652自投装置的TWJ1开入。

各站联线开关的电流和操作回路接至相应的9611A线路装置，9611A将站联线开关位置接至对应9652自投装置的TWJ2开入，和闭锁自投方式2（分段自投）开入。

各分段开关的电流接至相应的9611H分段装置，9611H将合环出口接点接至选跳开关的跳闸入口。

各分段开关的电流和操作回路接至相应的9611A分段装置，9611A将分段开关位置接至对应9652自投装置的TWJ3开入，和闭锁自投方式1（站联自投）开入。

1号主站的两段母线电压接至9652自投装置1和自投装置2，进线1006的线路电压接至

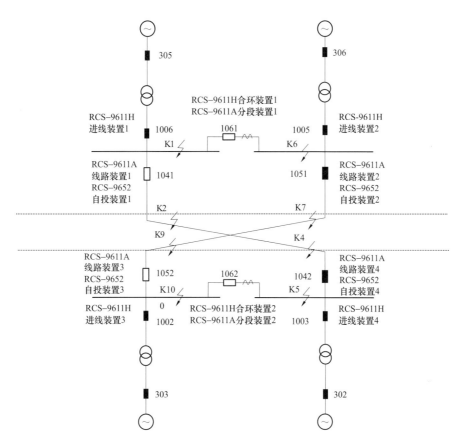

图 2 四电源动模系统接线及保护配置

自投装置 1 的进线电压输入 U_{x1}，进线 1005 的线路电压接至自投装置 2 的进线电压输入 U_{x1}；2 号主站的两段母线电压接至 9652 自投装置 3 和自投装置 4，进线 1002 的线路电压接至自投装置 3 的进线电压输入 U_{x1}，进线 1003 的线路电压接至自投装置 4 的进线电压输入 U_{x1}；9652 自投装置 1 的跳闸动作出口接点接至 9611H 装置 1 的跳闸入口；9652 自投装置 1 的分段合闸动作出口接点接至 9611A 分段装置 1 的合闸入口，站联合闸动作出口接点接至 9611A 站联装置 1 的合闸入口。9652 自投装置 2 的跳闸动作出口接点接至 9611H 装置 2 的跳闸入口；9652 自投装置 2 的分段合闸动作出口接点接至 9611A 分段装置 1 的合闸入口，站联合闸动作出口接点接至 9611A 站联装置 3 的合闸入口。9652 自投装置 3 的跳闸动作出口接点接至 9611H 装置 3 的跳闸入口；9652 自投装置 3 的分段合闸动作出口接点接至 9611A 分段装置 2 的合闸入口，站联合闸动作出口接点接至 9611A 站联装置 3 的合闸入口。9652 自投装置 4 的跳闸动作出口接点接至 9611H 装置 4 的跳闸入口；9652 自投装置 4 的分段合闸动作出口接点接至 9611A 分段装置 2 的合闸入口，站联合闸动作出口接点接至 9611A 站联装置 1 的合闸入口。

3. 实验记录

（1）各种运行方式下自投装置的状态。当工作电源断开，自投动作合上备用电源且只允许动作一次。为了满足这个要求，设计了类似于线路自动重合闸的充电过程，只有在充电完成后才允许自投。另外，将无压跳闸功能（无压掉）与备用电源自投功能相对独立，分别设置各自的充放电标志。在装置的面板下端分别显示这各个充电标记所处的状态。

无压掉充电条件：

a. 1DL（进线开关）在合位。

b. Ⅰ母有压（母线PT）或者U_{x1}（进线PT）有压。

经15s后充电完成。

无压掉放电条件：

a. 1DL在分位。

b. 未投控制字"无压跳闸"。

站联自投（方式1）充电条件：

a. Ⅰ母三相有压（U_{cd}投入时），当"方式1检备用有压"控制字投入时，站联线路有压（U_{x2}＞有压定值）。

b. 1DL（进线开关）在合位，2DL（站联开关）、3DL（分段开关）在分位。

经15s后充电完成。

自投放电条件：

a. 当"方式1检备用有压"控制字投入时，2号线路无压（U_{x2}＜有压定值），延时15s。

b. 2DL或3DL在合位。

c. 手跳1DL。

d. 其他外部闭锁信号（闭锁方式1自投或自投总闭锁）。

分段自投（方式2）充电条件：

a. Ⅰ母、Ⅱ母均三相有压（U_{cd}投入时）。

b. 1DL（进线开关）在合位，2DL（站联开关）、3DL（分段开关）在分位。

经15s后充电完成。

自投放电条件：

a. Ⅰ母、Ⅱ母三相无压，延时15s（U_{cd}投入时）。

b. 2DL或3DL在合位。

c. 手跳1DL。

d. 其他外部闭锁信号（闭锁方式2自投或自投总闭锁）。

正常运行方式下各自投方式都准备就绪：

装　置	自投方式1（站联自投）	自投方式2（分段自投）	无压跳闸
RCS－9652 装置1	充电	充电	充电
RCS－9652 装置2	充电	充电	充电
RCS－9652 装置3	充电	充电	充电
RCS－9652 装置4	充电	充电	充电

图3为正常运行方式下合上母联断路器1061（245）。

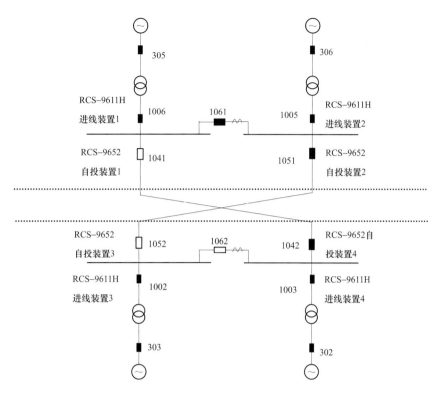

图 3   正常运行方式下合上母联断路器 1061

由于主站 1 分段开关已合上，需要合该开关的主站 1 分段自投放电闭锁。由于一个电源只带两段母线，所以主站 1 的站联自投放电闭锁，同理主站 2 的站联自投也放电。

装 置	自投方式 1（站联自投）	自投方式 2（分段自投）	无压跳闸
RCS - 9652 装置 1	放电	放电	充电
RCS - 9652 装置 2	放电	放电	充电
RCS - 9652 装置 3	放电	充电	充电
RCS - 9652 装置 4	放电	充电	充电

图 4 为正常运行方式下合上母联断路器 1062（245′）。

由于主站 2 分段开关已合上，需要合该开关的主站 2 分段自投放电闭锁。由于一个电源只带两段母线，所以主站 2 的站联自投放电闭锁，同理主站 1 的站联自投也放电。

装 置	自投方式 1（站联自投）	自投方式 2（分段自投）	无压跳闸
RCS - 9652 装置 1	放电	充电	充电
RCS - 9652 装置 2	放电	充电	充电
RCS - 9652 装置 3	放电	放电	充电
RCS - 9652 装置 4	放电	放电	充电

图 5 为正常运行方式下合上站联断路器 1041。

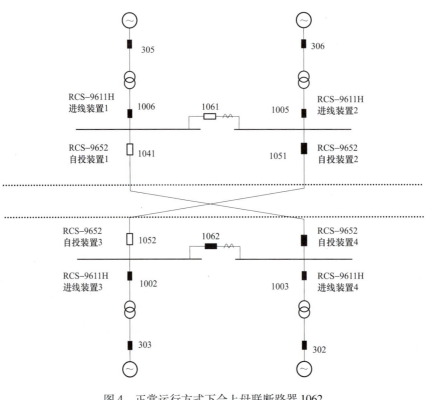

图 4　正常运行方式下合上母联断路器 1062

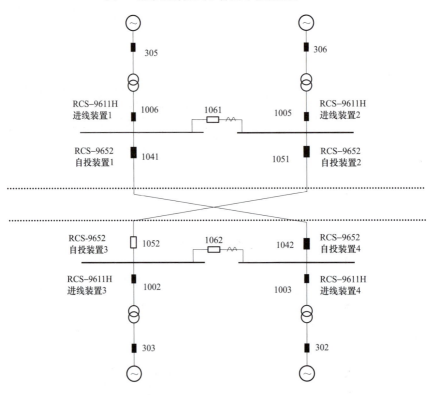

图 5　正常运行方式下合上站联断路器 1041

由于主站1的4号母线与主站2的5号母线间的站联开关已合上，需要合该开关的自投装置1、4的站联自投放电。由于一个电源只带两段母线，所以主站1、2的分段自投全部放电闭锁。

装　　置	自投方式1（站联自投）	自投方式2（分段自投）	无压跳闸
RCS－9652 装置1	放电	放电	充电
RCS－9652 装置2	充电	放电	充电
RCS－9652 装置3	充电	放电	充电
RCS－9652 装置4	放电	放电	充电

图6为正常运行方式下合上站联母联断路器1052：

由于主站1的5号母线与主站2的4号母线间的站联开关已合上，需要合该开关的自投装置2、3的站联自投放电。由于一个电源只带两段母线，所以主站1、2的分段自投全部放电闭锁。

装　　置	自投方式1（站联自投）	自投方式2（分段自投）	无压跳闸
RCS－9652 装置1	充电	放电	充电
RCS－9652 装置2	放电	放电	充电
RCS－9652 装置3	放电	放电	充电
RCS－9652 装置4	充电	放电	充电

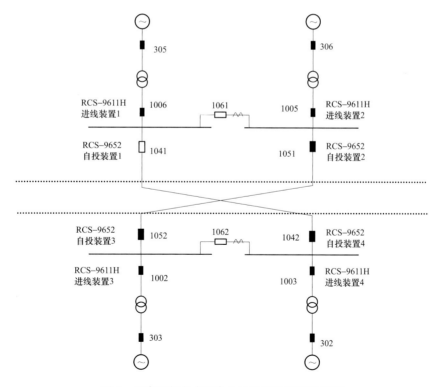

图6　正常运行方式下合上站联母联断路器1052

（2）电源因故障或手动断开，考验自投装置的动作情况。

1）分段自投。无压跳闸时间整定为5s，分段合闸时间整定为4s。

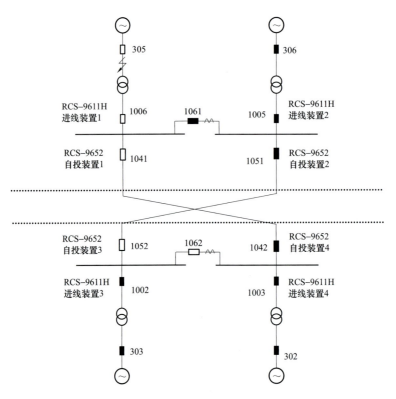

图 7　305 故障运行方式下合上母联断路器 1061

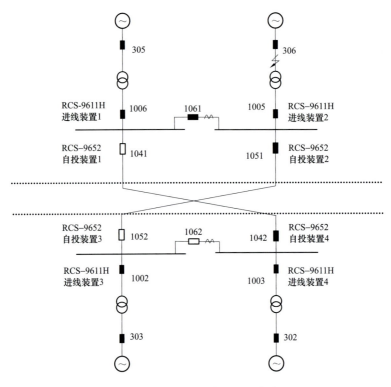

图 8　306 故障运行方式下合上母联断路器 1061

	RCS - 9652 装置 1	RCS - 9652 装置 2	RCS - 9652 装置 3	RCS - 9652 装置 4
305 断开	5001ms 动作跳进线开关 1006 （201），5088ms 无压跳放电			
	9131ms 动作合分段开关 1061 （245），自投放电	自投放电	站联自投放电	站联自投放电

	RCS - 9652 装置 1	RCS - 9652 装置 2	RCS - 9652 装置 3	RCS - 9652 装置 4
306 断开		5001ms 动作跳进线开关 1005 （202），5083ms 无压跳放电		
	自投放电	9086ms 动作合分段开关 1061 （245），自投放电	站联自投放电	站联自投放电

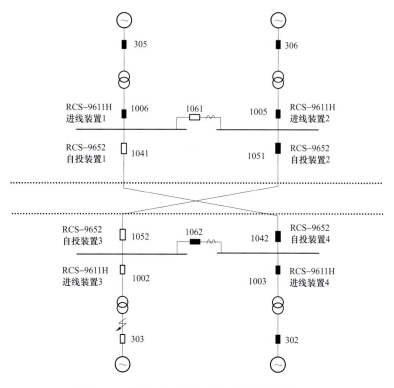

图 9　303 故障运行方式下合上母联断路器 1062

	RCS – 9652 装置 1	RCS – 9652 装置 2	RCS – 9652 装置 3	RCS – 9652 装置 4
303 断开			5001ms 动作跳进线开关 1002 （201′），5078ms 无压跳放电	
	站联自投放电	站联自投放电	9076ms 动作合分段开关 1062（245′），自投放电	自投放电

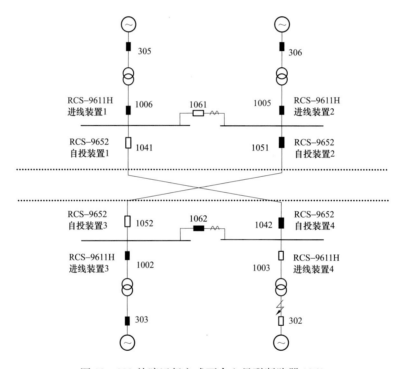

图 10 302 故障运行方式下合上母联断路器 1062

	RCS – 9652 装置 1	RCS – 9652 装置 2	RCS – 9652 装置 3	RCS – 9652 装置 4
302 断开				5001ms 动作跳进线开关 1003（202′），5085ms 无压跳放电
	站联自投放电	站联自投放电	自投放电	9088ms 动作合分段开关 1062（245′），自投放电

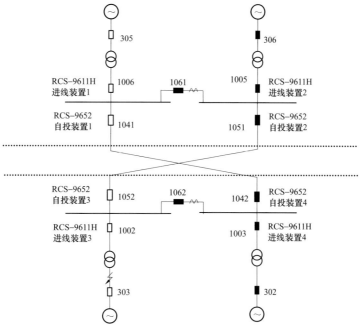

图 11　303、305 故障运行方式下合上母联断路器 1061、1062

	RCS-9652 装置 1	RCS-9652 装置 2	RCS-9652 装置 3	RCS-9652 装置 4
305、303 同时断开	5001ms 动作跳进线开关 1006（201），5097ms 无压跳放电		5001ms 动作跳进线开关 1002（201'），5071ms 无压跳放电	
	9098ms 动作合分段开关 1061（245），自投放电	自投放电	9088ms 动作合分段开关 1062（245'），自投放电	自投放电

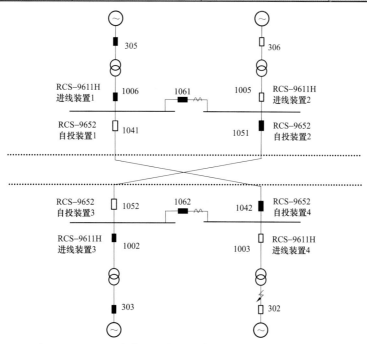

图 12　306、302 故障运行方式下合上母联断路器 1061、1062

	RCS‐9652 装置 1	RCS‐9652 装置 2	RCS‐9652 装置 3	RCS‐9652 装置 4
306、302 同时 断开		5001ms 动作跳进线开关 1005（202），5093ms 无压 跳放电		5001ms 动作跳进线开关 1003（202'），5070ms 无 压跳放电
	自投放电	9097ms 动作合分段开关 1061（245），自投放电	自投放电	9086ms 动作合分段开关 1062（245'），自投放电

2）站联线第二轮自投。解开 1061 开关的合闸线，使其无法合上。无压跳闸时间整定为 5s，分段合闸时间整定为 4s，站联合闸时间整定为 3.5s。

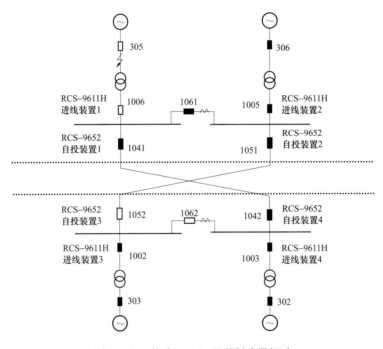

图 13 305 故障，1061 母联断路器拒动

	RCS‐9652 装置 1	RCS‐9652 装置 2	RCS‐9652 装置 3	RCS‐9652 装置 4
305 断开	5001ms 动作跳进线开关 1006（201）			
	9098ms 动作合分段开关 1061（245），开关没有合上			
	12 803ms 动作合站联开关 1041（211）	分段自投放电	分段自投放电	自投放电

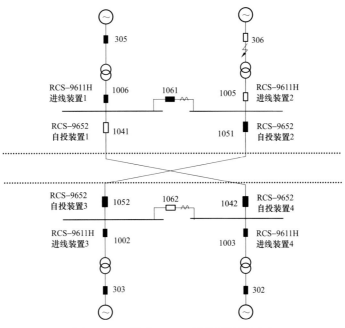

图 14　306 故障，1061 母联断路器拒动

	RCS–9652 装置 1	RCS–9652 装置 2	RCS–9652 装置 3	RCS–9652 装置 4
306 断开		5001ms 动作跳进线开关 1005（202）		
		9083ms 动作合分段开关 1061（245），开关没有合上		
	分段自投放电	12 788ms 动作合站联开关 1052（211'）	自投放电	分段自投放电

解开 1062 开关的合闸线，使其无法合上。

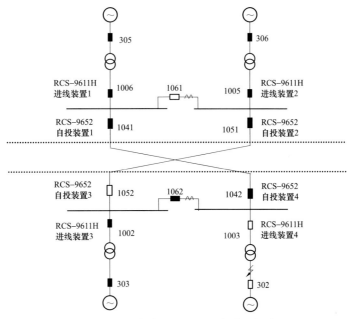

图 15　302 故障，1062 母联断路器拒动

	RCS - 9652 装置 1	RCS - 9652 装置 2	RCS - 9652 装置 3	RCS - 9652 装置 4
302 断开				5001ms 动作跳进线开关 1003（202'）
				9086ms 动作合分段开关 1062（245'），开关没有合上
	自投放电	分段自投放电	分段自投放电	12 791ms 动作合站联开关 1041（211）

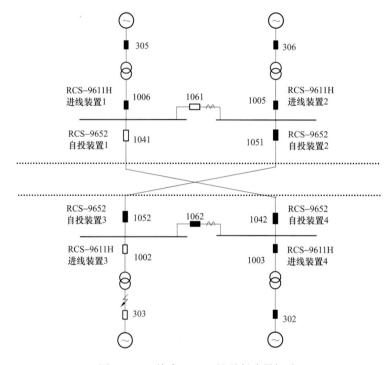

图 16　303 故障，1062 母联断路器拒动

	RCS - 9652 装置 1	RCS - 9652 装置 2	RCS - 9652 装置 3	RCS - 9652 装置 4
303 断开			5001ms 动作跳进线开关 1002（201'）	
			9086ms 动作合分段开关 1062（245'），开关没有合上	
	分段自投放电	自投放电	12 791ms 动作合站联开关 1052（211'）	分段自投放电

（3）3 母线故障或出线故障出线开关拒动，考验进线保护装置对自投装置的闭锁情况。

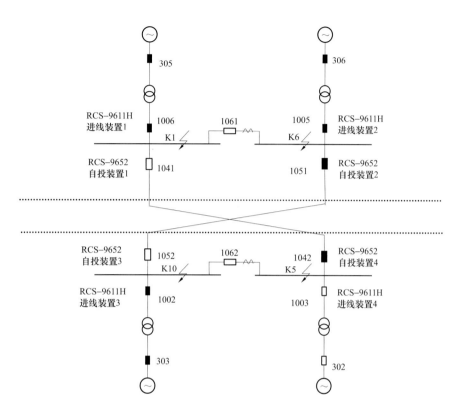

图 17 母线故障，进线过电流闭锁自投

	RCS – 9611H 进线保护装置	RCS – 9652 自投装置
K5 点故障持续 500ms 后 302 断开	进线装置 4：401ms Ⅰ段过电流动作或零序过电流Ⅰ段动作	自投装置 4：416ms 自投放电 5503ms 无压跳 1003（202′）
K10 点故障持续 500ms 后 303 断开	进线装置 3：401ms Ⅰ段过电流动作或零序过电流Ⅰ段动作	自投装置 3：4018ms 自投放电 5505ms 无压跳 1002（201′）

（4）站联线故障，考验 9611A 线路装置过电流的动作情况。

	RCS – 9611A 站联线保护装置
K4 点故障	线路装置 4：201ms Ⅰ段过电流动作或零序过电流Ⅰ段动作跳开 1042（221′）开关
K7 点故障	线路装置 2：201ms Ⅰ段过电流动作或零序过电流Ⅰ段动作跳开 1051（221）开关

（5）站联线故障，考验 9611A 线路装置过电流加速的动作情况。

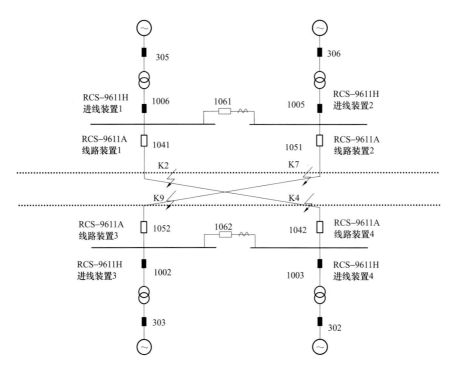

图18　站联线故障，站联过电流保护动作

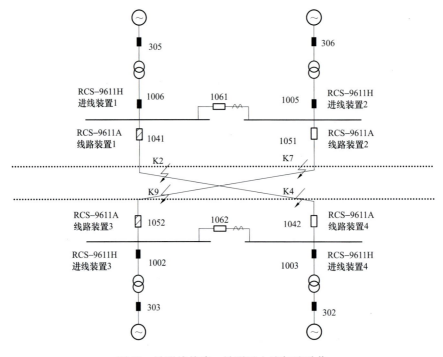

图19　站联线故障，站联过电流加速动作

	RCS－9611A 站联线保护装置
1041、1042 断开位置，手合 1041，K2 点故障	线路装置1：101ms 过电流加速动作或零序加速动作跳开 1041（211）开关
1051、1052 断开位置，手合 1052，K9 点故障	线路装置3：101ms 过电流加速动作或零序加速动作跳开 1052（211′）开关

（6）母线故障，考验9611A分段装置过流加速的动作情况。

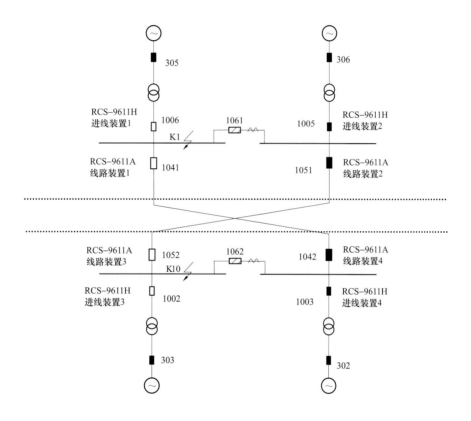

图20　母线故障，过电流加速动作

	RCS－9611A 分段保护装置
1006、1061 断开位置，手合 1061，K1 点故障	分段装置1：101ms 过电流加速动作或零序加速动作跳开 1061（245）开关
1002、1062 断开位置，手合 1062，K10 点故障	分段装置2：101ms 过电流加速动作或零序加速动作跳开 1062（245′）开关

（7）手合分段开关，检查合环过电流保护。

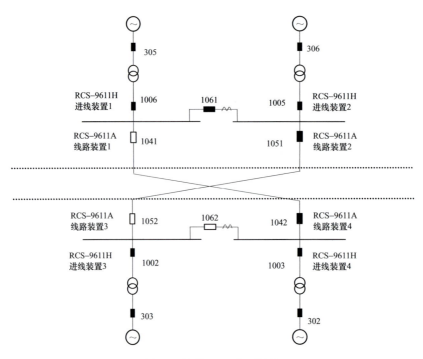

图 21　母联 1061 合环保护

| 1006、1005 开关合位，9611H 合环装置 1 合环选跳 1006 开关，合上 1061 开关，调整负荷大小使 1061 电流大于合环过电流整定值 | RCS–9611H 合环保护装置 1 合环过电流保护动作跳 1006 开关 |
| 1002、1003 开关合位，9611H 合环装置 2 合环选跳 1002 开关，合上 1062 开关，调整负荷大小使 1062 电流大于合环过电流整定值 | RCS–9611H 合环保护装置 2 合环过电流保护动作跳 1002 开关 |

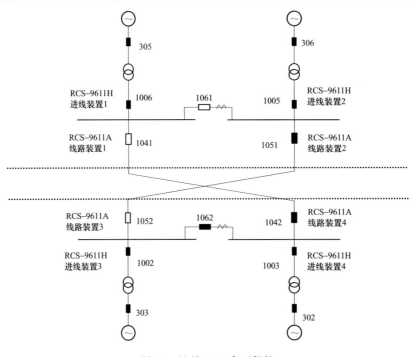

图 22　母联 1062 合环保护

12 试 验 研 究

4. 小结

1）若电源故障，RCS-9652备自投装置动作隔离故障并合分段开关恢复供电，若分段开关拒动则合站联开关；一个电源最多带两段母线。

2）若母线故障或出线故障而开关拒动，RCS-9611H过电流保护接点闭锁RCS-9652备自投装置，避免自投合于故障。

3）若分段开关合于故障，设于分段开关的RCS-9611A装置的过电流加速保护动作加速跳开分段。

4）若站联线路故障，设于站联开关的RCS-9611A装置的过电流保护或过电流加速保护动作隔离故障。

5）当两电源合环运行时，若分段电流过大超过了合环过电流整定值，RCS-9611H合环过电流保护任意选跳进线或分段开关。

附件1

各 装 置 定 值

RCS-9652 装置定值

序号	名 称	定值符号	范围	步长	整定值
1	有压定值	U_{yy}	70~100V	0.01V	70
2	无压定值	U_{wyqd}	2~50V	0.01V	30
3	无压合闸定值	U_{wy}	2~50V	0.01s	25
4	无压跳闸时间	T_{wyt}	0~30s	0.01s	5
5	方式1合闸时间	T_{h1}	0~30s	0.01s	3.5
6	方式2合闸时间	T_{h2}	0~30s	0.01s	4
以下为整定控制字SWn，控制字置"1"相应功能投入，置"0"相应功能退出					
1	自投方式1	MB1	0/1		1
2	自投方式2	MB2	0/1		1
3	无压跳闸	WYT	0/1		1
4	充电检母线有压	Ucd	0/1		1
5	方式1检备用有压	Jyy1	0/1		0
6	方式2检备用有压	Jyy2	0/1		0
7	检无压合闸	Jwy	0/1		1

RCS – 9611H 进线

序号	定值名称	定值	整定范围	整定步长	整定值
1	Ⅰ段过电流	I1zd	$0.1I_n \sim 20I_n$	0.01A	4
2	Ⅱ段过电流	I2zd	$0.1I_n \sim 20I_n$	0.01A	
3	零序过电流Ⅰ段	I01	0.02A ~ 12A	0.01A	4
4	零序过电流Ⅱ段	I02	0.02A ~ 12A	0.01A	
5	合环过电流定值	Ihhdz	$0.1I_n \sim 20I_n$	0.01A	
6	合环零序定值	Ihh0zd	0.02A ~ 12A	0.01A	
7	过电流Ⅰ段时间	T1	0 ~ 100s	0.01s	0.4
8	过电流Ⅱ段时间	T2	0 ~ 100s	0.01s	
9	零序过电流Ⅰ段时间	T01	0 ~ 100s	0.01s	0.4
10	零序过电流Ⅱ段时间	T02	0 ~ 100s	0.01s	
11	合环过电流时间	Thh	0 ~ 100s	0.01s	
12	合环零序时间	Thh0	0 ~ 100s	0.01s	
以下整定控制字, 控制字位置"1"相应功能投入, 置"0"相应功能退出					
1	过电流Ⅰ段投入	GL1	0/1		1
2	过电流Ⅱ段投入	GL2	0/1		
3	零序Ⅰ段投入	GL01	0/1		1
4	零序Ⅱ段投入	GL02	0/1		
5	合环保护投入	HH	0/1		0
6	保护动作跳本开关	CK	0/1		0
7	PT断线检测	PT	0/1		
8	电阻接地		0/1		

RCS – 9611A 站联线路

序号	定值名称	定值	整定范围	整定步长	备注
1	Ⅰ段过电流	I1zd	$0.1I_n \sim 20I_n$	0.01A	4
2	Ⅱ段过电流	I2zd	$0.1I_n \sim 20I_n$	0.01A	
3	Ⅲ段过电流	I3zd	$0.1I_n \sim 20I_n$	0.01A	
4	过电流加速段	Ijszd	$0.1I_n \sim 20I_n$	0.01A	3
5	过负荷保护	Igfhzd	$0.1I_n \sim 3I_n$	0.01A	
6	零序Ⅰ段过电流	I01zd	$0.1I_n \sim 20I_n$	0.01A	4
7	零序Ⅱ段过电流	I02zd	$0.1I_n \sim 20I_n$	0.01A	
8	零序Ⅲ段过电流	I03zd	$0.1I_n \sim 20I_n$	0.01A	
9	零序过电流加速段	I0jszd	$0.1I_n \sim 20I_n$	0.01A	3

续表

序号	定值名称	定值	整定范围	整定步长	备注
10	低周保护低频整定	Flzd	45～50Hz	0.01Hz	
11	低周保护低压闭锁	Ulfzd	10～90V	0.01V	
12	d*f*/d*t* 闭锁整定	DFzd	0.3～10Hz/s	0.01Hz/s	
13	过电流Ⅰ段时间	T1	0～100s	0.01s	0.2
14	过电流Ⅱ段时间	T2	0～100s	0.01s	
15	过电流Ⅲ段时间	T3	0～100s	0.01s	
16	过电流加速时间	Tjs	0～1s	0.01s	0.1
17	过负荷时间	Tgfh	0～100s	0.01s	
18	零序过电流Ⅰ段时间	T01	0～100s	0.01s	0.2
19	零序过电流Ⅱ段时间	T02	0～100s	0.01s	
20	零序过电流Ⅲ段时间	T03	0～100s	0.01s	
21	零序过电流加速时间	T0js	0～1s	0.01s	0.1
22	低频保护时间	Tf	0～100s	0.01s	
23	重合闸时间	Tch	0～9.9s	0.01s	
24	反时限特性	FSXTX	1～3	1	
以下整定控制字，控制字位置"1"相应功能投入，置"0"相应功能退出					
1	过电流Ⅰ段投入	GL1	0/1	0	
2	过电流Ⅱ段投入	GL2	0/1		
3	过电流Ⅲ段投入	GL3	0/1		
4	反时限投入	FSX	0/1		
5	过电流加速段投入	GLjs	0/1	1	
6	零序加速段投入	L0js	0/1	1	
7	投前加速	QJS	0/1		
8	过负荷投入	GFH	0/1		
9	零序过电流Ⅰ段投入	L01	0/1		
10	零序过电流Ⅱ段投入	L02	0/1		
11	零序过电流Ⅲ段投入	L03	0/1		
12	低周保护投入	LF	0/1		
13	d*f*/d*t* 闭锁投入	DF	0/1		
14	重合闸投入	CH	0/1		
15	重合闸检无压	JWY	0/1		
16	PT 断线检测	PTDX	0/1		

RCS – 9611H 分段

序号	定值名称	定值	整定范围	整定步长	整定值
1	Ⅰ段过电流	I1zd	$0.1I_n \sim 20I_n$	0.01A	
2	Ⅱ段过电流	I2zd	$0.1I_n \sim 20I_n$	0.01A	
3	零序过电流Ⅰ段	I01	$0.02 \sim 12$A	0.01A	
4	零序过电流Ⅱ段	I02	$0.02 \sim 12$A	0.01A	
5	合环过电流定值	Ihhdz	$0.1I_n \sim 20I_n$	0.01A	2
6	合环零序定值	Ihh0zd	0.02A ~ 12A	0.01A	
7	过电流Ⅰ段时间	T1	$0 \sim 100$s	0.01s	
8	过电流Ⅱ段时间	T2	$0 \sim 100$s	0.01s	
9	零序过电流Ⅰ段时间	T01	$0 \sim 100$s	0.01s	
10	零序过电流Ⅱ段时间	T02	$0 \sim 100$s	0.01s	
11	合环过电流时间	Thh	$0 \sim 100$s	0.01s	1.5
12	合环零序时间	Thh0	$0 \sim 100$s	0.01s	
以下整定控制字，控制字位置"1"相应功能投入，置"0"相应功能退出					
1	过电流Ⅰ段投入	GL1	0/1		
2	过电流Ⅱ段投入	GL2	0/1		
3	零序Ⅰ段投入	GL01	0/1		
4	零序Ⅱ段投入	GL02	0/1		
5	合环保护投入	HH	0/1		1
6	保护动作跳本开关	CK	0/1		0
7	PT断线检测	PT	0/1		
8	电阻接地		0/1		

RCS – 9611A 分段

序号	定值名称	定值	整定范围	整定步长	备注
1	Ⅰ段过电流	I1zd	$0.1I_n \sim 20I_n$	0.01A	4
2	Ⅱ段过电流	I2zd	$0.1I_n \sim 20I_n$	0.01A	
3	Ⅲ段过电流	I3zd	$0.1I_n \sim 20I_n$	0.01A	
4	过电流加速段	Ijszd	$0.1I_n \sim 20I_n$	0.01A	3
5	过负荷保护	Igfhzd	$0.1I_n \sim 3I_n$	0.01A	
6	零序Ⅰ段过电流	I01zd	$0.1I_n \sim 20I_n$	0.01A	
7	零序Ⅱ段过电流	I02zd	$0.1I_n \sim 20I_n$	0.01A	
8	零序Ⅲ段过电流	I03zd	$0.1I_n \sim 20I_n$	0.01A	
9	零序过电流加速段	I0jszd	$0.1I_n \sim 20I_n$	0.01A	3
10	低周保护低频整定	Flzd	$45 \sim 50$Hz	0.01Hz	
11	低周保护低压闭锁	Ulfzd	$10 \sim 90$V	0.01V	

序号	定值名称	定值	整定范围	整定步长	备注
12	df/dt 闭锁整定	DFzd	0.3~10Hz/s	0.01Hz/s	
13	过电流 I 段时间	T1	0~100s	0.01s	0.2
14	过电流 II 段时间	T2	0~100s	0.01s	
15	过电流 III 段时间	T3	0~100s	0.01s	
16	过电流加速时间	Tjs	0~1s	0.01s	0.1
17	过负荷时间	Tgfh	0~100s	0.01s	
18	零序过电流 I 段时间	T01	0~100s	0.01s	
19	零序过电流 II 段时间	T02	0~100s	0.01s	
20	零序过电流 III 段时间	T03	0~100s	0.01s	
21	零序过电流加速时间	T0js	0~1s	0.01s	0.1
22	低频保护时间	Tf	0~100s	0.01s	
23	重合闸时间	Tch	0~9.9s	0.01s	
24	反时限特性	FSXTX	1~3	1	
以下整定控制字,控制字位置"1"相应功能投入,置"0"相应功能退出					
1	过电流 I 段投入	GL1	0/1	0	
2	过电流 II 段投入	GL2	0/1		
3	过电流 III 段投入	GI3	0/1		
4	反时限投入	FSX	0/1		
5	过电流加速段投入	GLjs	0/1	1	
6	零序加速段投入	L0js	0/1	1	
7	投前加速	QJS	0/1		
8	过负荷投入	GFH	0/1		
9	零序过电流 I 段投入	L01	0/1		
10	零序过电流 II 段投入	L02	0/1		
11	零序过电流 III 段投入	L03	0/1		
12	低周保护投入	LF	0/1		
13	df/dt 闭锁投入	DF	0/1		
14	重合闸投入	CH	0/1		
15	重合闸检无压	JWY	0/1		
16	PT 断线检测	PTDX	0/1		

附件2

9652-06×××备用电源自投装置说明书

RCS-9652_×××××备用电源自投保护测控装置

（国家体育场特殊备自投）

国家体育场10kV供电接线方式如图1所示，分设两个主站，相距约300m。站内为单母分段接线，站间设有站联线路。

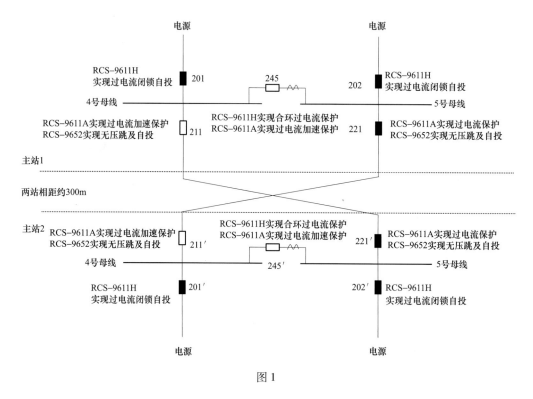

图1

图2为保护装置配置方案，在站联开关柜上各配置一台RCS-9652自投装置，实现各段母线失压后的电源进线无压跳闸（无压掉）功能和自投功能。自投方案为第一轮对应的分段开关自投；分段开关如果拒合，（正常运行处于断开位置的）站联开关第二轮自投。一个电源最多只带两段母线。

国家体育场工程有四个进线电源，分为两个相距300~400m的站，为每一段母线配置一台RCS-9652_×××××备用电源自投保护测控装置，图3为其中一段母线：

4号母线上连有如下线路或设备，5号母线的运行方式与4号母线相对称：

①1号进线（1DL）：该母线主进电源，正常时合闸运行，母线无压跳闸。

②2号进线（2DL）：该母线备用电源，正常时分闸运行，当1DL无压掉后且3DL自投

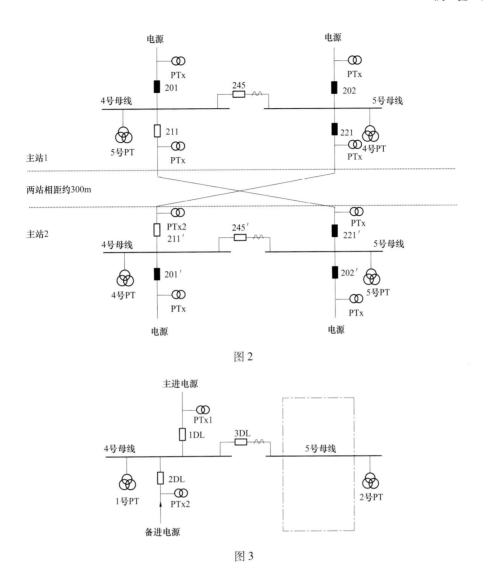

图 2

图 3

不成功时第二轮自投。

③ 分段开关（3DL）：正常时分闸运行，当 1DL 无压掉时自投。

④ 1 号 PT：4 号母线 PT。

⑤ 2 号 PT：5 号母线 PT。

⑥ PTx1：主进电源线路 PT。

⑦ PTx2：备用电源线路 PT。

1 基本配置及技术数据

1.1 基本配置

保护方面的主要功能有：① 母线无压跳闸功能；② 分段开关与站联开关两轮自投功能。

测控方面的主要功能有：① 6 路遥信开入采集、装置遥信变位、事故遥信；② 3 组遥控输出，可作为所在开关及其隔离刀闸的遥控分合；③ 事件 SOE 等。

1.2 技术数据

1.2.1 额定数据

直流电源：	220V、110V 允许偏差为 +15%、−20%
交流电压：	100V
交流电流：	5A、1A
频率：	50Hz

1.2.2 功耗

交流电压：	<0.5VA/相
交流电流：	<1VA/相（$I_n = 5A$）
	<0.5VA/相（$I_n = 1A$）
直流：	正常 < 15W
	跳闸 < 25W

1.2.3 主要技术指标

自投时间：	0 ~ 30s
电压定值误差：	< 5%
时间定值误差：	< 0.5% 整定值
遥测量计量等级：	
电流：	0.2 级
其他：	0.5 级
遥信分辨率：	< 2ms
信号输入方式：	无源接点

2 装置原理

2.1 逻辑框图（见附图《RCS − 9652_ 06 × × × 逻辑框图》）

2.2 模拟量输入

外部电流及电压输入经隔离互感器隔离变换后，由低通滤波器输入模数变换器，CPU 经采样数字处理后形成各种保护继电器，并计算各种遥测量。

定义本段母线为Ⅰ母，相邻母线为Ⅱ母。U_{a1}、U_{b1}、U_{c1} 为Ⅰ母电压，角结输入，U_{a2}、U_{b2}、U_{c2} 为Ⅱ母电压，角结输入。

U_{x1} 为母线上进线 1（1 号线路）侧 PT 的电压，U_{x2} 为站联线路（2 号线路）侧 PT 的电压输入。两者可以同是相电压或者同是线电压，在装置参数中设置"线路 PT 额定二次值"即可。

I_A、I_B、I_C 为专用测量 CT 输入。

2.3 软件说明

装置引入两段母线电压（U_{ab1}、U_{bc1}、U_{ca1}、U_{ab2}、U_{bc2}、U_{ca2}）和进线 1 侧电压（U_{x1}），用于有压、无压判别。引入站联线电压（U_{x2}）作为自投准备及动作的辅助判据，可经"检站联线路电压"压板选择是否使用。

装置引入 1DL（进线 1）、2DL（站联、2 号线路）、3DL（分段）开关位置接点（TWJ），用于系统运行方式判别，自投准备及自投动作。引入了 1DL 开关的合后位置信号（从开关操作回路引来 KKJ），作为各种运行情况下自投的手跳闭锁。另外，还分别引入了闭锁方式 1 自投，闭锁方式 2 自投，两个外部闭锁开入。

装置输出接点有跳 1DL、合 2DL、3DL 各两副接点，三组遥控跳合输出。信号输出分别为：装置闭锁（可监视直流失电，常闭接点），装置报警，保护跳闸，保护合闸各一副接点。

2.3.1 线路备自投（方式 1）

1 号进线运行，2 号进线备用，两段母线分列运行时，即 1DL 在合位，2DL、3DL 在分位。当 1 号进线电源因故障或其他原因被断开后，若方式 2 备自投没有投入，或自投不成功，则由方式 1 实现自投，2 号进线备用电源应能自动投入，且只允许动作一次。为了满足这个要求，设计了类似于线路自动重合闸的充电过程，只有在充电完成后才允许自投。另外，将无压跳闸功能（无压掉）与备用电源自投功能相对独立，分别设置各自的充放电标志。在装置的面板下端分别显示这三个充电标记所处的状态，右边的为无压跳闸允许，左边的两个为方式 1、方式 2 备用电源自投允许。

2.3.2 母线无压跳闸

无压掉充电条件：1DL 在合位。

Ⅰ母有压或者 U_{x1} 有压。

经 15s 后充电完成。

无压掉放电条件：1DL 在分位。

未投控制字"无压跳闸"。

动作过程：当无压跳闸充电完成，若Ⅰ母母线和 1 号进线均无压（均小于无压定值），则经 T_{wyt} 延时跳开 1DL。

2.3.3 站联开关备自投（方式 1）

1 号进线运行，2 号进线（站联线）备用，两段母线分列运行时，即 1DL 在合位，2DL、3DL 在分位。当 1 号进线电源因故障或其他原因被断开后，站联开关在分段开关自投失败后自投。

自投充电条件：Ⅰ母三相有压（U_{cd} 投入时），当"方式 1 检备用有压"控制字投入时，2 号线路有压（$U_{x2} >$ 有压定值）。

1DL 在合位，2DL、3DL 在分位。

经 15s 后充电完成。

自投放电条件：当"方式 1 检备用有压"控制字投入时，2 号线路无压（$U_{x2} <$ 有压定值），延时 15s。

2DL 或 3DL 在合位。

手跳 1DL。

其他外部闭锁信号（闭锁方式 1 自投或自投总闭锁）。

动作过程：自投充电完成后，若 1DL 跳开，Ⅰ母无压（当检无压合闸投入时），U_{x2} 有压

（当"方式 1 检备用有压"投入时）启动，以下分为两种情况：

若方式 2（分段）自投没有充电启动，确认 1DL 处于跳开位置，则经 T_{h1} 延时合 2DL。

若方式 2 自投处于充电状态，且方式 2 已启动。

等方式 2 自投动作过程结束后，若启动条件仍满足，确认 1DL 处于跳开位置，经合闸延时 T_{h1} 合 2DL。

2.3.4　分段开关备自投（方式 2）

1 号进线运行，2 号进线备用（站联线），两段母线分列运行时，即 1DL 在合位，2DL、3DL 在分位。当 1 号进线电源因故障或其他原因被断开后，分段开关自投。

自投充电条件：Ⅰ母、Ⅱ母均三相有压（U_{cd} 投入时）。

1DL 在合位，2DL、3DL 在分位。

经 15s 后充电完成。

自投放电条件：Ⅰ母、Ⅱ母三相无压，延时 15s（U_{cd} 投入时）。

2DL 或 3DL 在合位。

手跳 1DL。

其他外部闭锁信号（闭锁方式 2 自投或自投总闭锁）。

动作过程：当备自投充电完成后，若 1DL 跳开，Ⅰ母无压（当检无压合闸投入时），备用电源Ⅱ母有压（当"方式 2 检备用有压"投入时），则经 T_{h2} 延时合 3DL。

2.3.5　PT 断线

只有当备自投功能投入时，才进行 PT 断线的检查。

Ⅰ母 PT 断线判别：

正序电压小于 30V 时，且 1DL 在合位进线侧（U_{x1}）有压。

负序电压大于 8V。

满足以上任一条件延时 10s 报Ⅰ母 PT 断线，断线条件消失后延时 2.5s 返回。

Ⅱ母 PT 断线判据：

负序电压大于 8V。

正序电压小于 30V 时，且"方式 2 检备用有压"投入。

满足以上条件延时 10s 报Ⅱ母 PT 断线，断线条件消失后延时 2.5s 返回。

进线失电压判据：U_{x1} 无压，进线 1DL 合位，且Ⅰ母正序电压大于 30V，经 10s 报进线失压，条件消失后延时 2.5s 返回。

2 号进线 PT 断线判别："方式 1 检备用有压"控制字要求检查线路电压，若线路电压 U_{x2} 小于有压定值，经 10s 报 2 号线路 PT 失电压，断线消失后延时 2.5s 返回。

2.3.6　装置告警

当 CPU 检测到本身硬件出现故障时，发出装置报警信号同时闭锁整套保护。硬件故障包括 RAM 出错、EPROM 出错、定值出错、电源故障。

当装置检测出如下问题，发出运行异常报警：

Ⅰ母、Ⅱ母 PT 断线，2 号线路 PT 失电压，进线侧失电压。

当系统频率低于 49.5Hz，经 10s 延时报频率异常。

2.3.7 遥测、遥信、遥控功能

遥信量主要有6路遥信开入、变位遥信及事故遥信，并做事件顺序记录，遥信分辨率小于2ms。

遥控：本装置共有三组遥控输出，其中第一组遥控输出可用于桥开关或分段开关的遥控分合，第二组及第三组遥控输出可用于隔离刀闸的遥控分合。

2.3.8 装置具备硬件脉冲对时功能

3 装置跳线说明

CPU板：J4跳上时，串口1为就地打印口，此时JP4一定要去除。J4不跳时，串口1以RS-485方式输出，此时JP4为该串口的匹配电阻跳线。JP1为时钟同步口的匹配电阻跳线，JP2为串口2的匹配电阻跳线，JP3为串口3的匹配电阻跳线。

4 装置背板端子及说明

端子401~402、404~405为跳进线1开关的继电器输出。

端子407~409、410~412为合进线2开关的继电器输出。

端子413~414、415~416为合分段开关的继电器输出。

端子417~419、420~422、423~425分别为3组遥控跳合继电器输出。

端子426~430为中央信号输出，分别为：装置闭锁（可监视直流失电，常闭节点），装置报警，保护跳闸，保护合闸。当开关柜保护单元与监控单元必须独立配置时该信号输出与监控单元的遥信单元相接口，用来反映保护测控装置的基本运行情况。

端子301为1号进线TWJ。

端子302为2号进线TWJ。

端子303为分段开关TWJ。

端子304为1号进线合后位置（KKJ）。

端子306为检站联线路电压压板开入。

端子307为闭锁备投方式1。

端子308为闭锁备投方式2。

端子309为闭锁备自投。

端子310为装置检修状态开入，当该位投入时表明开关正在检修，此时将屏蔽所有的远动功能。（仅适用于DL/T667—1999规约）

端子311~316为遥信量开入节点。

端子301~316均为220V光耦开入，其公共端为317，该端子应外接220V（110V）信号电源的负端。端子319为保护用直流电源正，端子318为保护用直流电源负，320为装置地。端子206~208为RS232串口1。端子209~210为系统对时总线接口，差分输入，装置内部也可软件对时。端子211~212为RS485串口2对应于软件设定A口。

端子213~214为RS485串口3对应于软件设定B口。

端子 215 为装置的地。

端子 101～103 为 I 母电压角结输入。端子 104～106 为 II 母电压角接输入。端子 107～108 为进线 1 线路 PT 电压输入，端子 109～110 为进线 2（站联）线路 PT 电压输入。端子 115～120 为电流输入，其中端子 115～116 为测量 CT 的 A 相输入，117～118 为测量 CT 的 B 相输入，119～120 为测量 CT 的 C 相输入。

端子 208、320、AC 地应连接在一起，并与变电站地网连接。

CPU 端子下部为光纤接口，用于和光纤网接口。

5　装置定值整定

5.1　装置参数整定

序号	名称	范围（括号内为默认值）	备注
1	保护定值区号	0～13	
2	装置地址	0～240	
3	规约	1：LFP 规约，0：DL/T667－1999（IEC60870－5－103）规约	
4	串口 A 波特率	0：4800，1：9600 2：19200，3：38400	
5	串口 B 波特率		
6	打印波特率		
7	打印方式	0 为就地打印；1 为网络打印	
8	口令	00～999	
9	遥信确认时间 1	10～9999ms（20）	遥信开入 1、2
10	遥信确认时间 2	10～9999ms（20）	其余遥信开入和保护开入
11	CT 额定一次值	实际值	A
12	CT 额定二次值	5 或 1	A
13	PT 额定一次值	实际值	kV
14	PT 额定二次值	100	V
15	线路电压额定一次值	实际值	kV
16	线路电压额定二次值	100 或 57.7	V
17	遥跳一保持时间	100～10 000ms（200）	
18	遥合一保持时间	100～10 000ms（200）	
19	遥跳二保持时间	100～10 000ms（200）	
20	遥合二保持时间	100～10 000ms（200）	
21	遥跳三保持时间	100～10 000ms（200）	
22	遥合三保持时间	100～10 000ms（200）	
23	遥控一投入	0 为退出；1 为投入	
24	遥控二投入	0 为退出；1 为投入	
25	遥控三投入	0 为退出；1 为投入	

注：装置参数菜单中各项必须整定，整定完毕后必须复位装置或退到装置主画面让装置自动复位。装置参数同定值一样重要，请务必按实际情况整定。

5.2 装置定值整定

序号	名称	定值符号	范围	步长	备注
1	有压定值	U_{yy}	70～100V	0.01V	
2	无压定值	U_{wyqd}	2～50V	0.01V	
3	无压合闸定值	U_{wy}	2～50V	0.01s	$U_{wy} \leqslant U_{wyqd}$
4	无压跳闸时间	T_{wyt}	0～30s	0.01s	
5	方式1合闸时间	T_{h1}	0～30s	0.01s	
6	方式2合闸时间	T_{h2}	0～30s	0.01s	
以下为整定控制字 SWn，控制字置"1"相应功能投入，置"0"相应功能退出					
1	自投方式1	MB1	0/1		
2	自投方式2	MB2	0/1		
3	无压跳闸	WYT	0/1		
4	充电检母线有压	Ucd	0/1		投入时充电才检查母线电压
5	方式1检备用有压	Jyy1	0/1		
6	方式2检备用有压	Jyy2	0/1		
7	检无压合闸	Jwy	0/1		

注：备自投的有压定值、无压启动定值是按线电压整定的（额定二次值固定是100V）；对于线路电压来说，就要根据
"装置参数"中的第16项（线路PT额定二次值）来选择其额定是57.7V还是100V，从而进行相应的折算。

.调 研 报 告 *13*

13.1　国内体育场调研

13.1.1　北京工人体育场调研报告

工程名称：**北京工人体育场**　　　　　　调研时间：**2003.5.7**

功能：**足球、田径、文艺演出、集会等**　　座位数：**80 000 人**

曾举办过的大型运动会：**第 21 届世界大学生运动会（主体育场）、第十届亚洲运动会（主体育场）等**

1. 供电电源

北京工人体育场采用三路独立的 10kV 电源供电，分别来自大北窑 110kV 变电站、神路街 110kV 变电站、朝阳门 220kV，三路电源两用一备，其主接线图如图 13-1 所示。

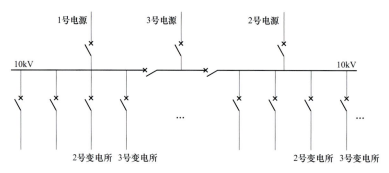

图 13-1　高压主接线示意图

图中 2 号变电所为体育馆变电所；3 号变电所为游泳馆变电所。

2. 负荷等级

北京工人体育场内部分负荷为一级负荷，主计时时钟系统、体育竞赛综合信息管理系统、计时计分及现场成绩处理系统、安全防范系统、比赛场地照明、主席台、贵宾室、接待室、仲裁录像系统、转播摄像、新闻摄影、通信系统（固定、移动、集群通信）、显示屏及显示系统、扩声（电声）系统电源、会议系统（含同声传译）、彩色计时记分牌、消防负荷等为一级负荷，采用双路供电。

3. 用电负荷

据北京工人体育场物业管理人员介绍（仅为口头介绍），其用电负荷情况见表 13-1。

表 13-1　　　　　　　　　　　　　　用 电 负 荷

负荷名称	负荷容量/kW	负荷名称	负荷容量/kW
空调系统用电	—	场地照明	704
水泵动力用电	—	观众席照明	—

负荷名称	负荷容量/kW	负荷名称	负荷容量/kW
风机	—	应急照明	100
电梯、扶梯	—	广场照明及立面照明	—
换热站	—	附场照明	—
工艺用电	—	其他负荷	—
计时记分显示屏	50		
扩声	350	临时演出用电	2000
转播车预留用电	200		
TV 转播用电			

临时演出用电分为两类：A 类是演唱会用电，这部分负荷由体育场内变压器供电。这类演出的特点是商业性演出居多，少数为公益性演出，政治影响不大。

B 类是综合性运动会的开、闭幕式、政治性的集会或演出等用电，其特点为政治影响较大，它关系到我国在世界上的形象问题。第二类临时用电使用频率低，但供电要求高。

应该注意！体育场演出用电与场地照明负荷有可能同时使用，因此，设计时要考虑这个因素。

北京工人体育场文艺演出用电负荷见表 13 - 2。

表 13 - 2　　　　　　　　　北京工人体育场文艺演出用电负荷一览表

演出名称	时间	用电量 A /kW	10kV 进线 电流/A	临时新增用电			电源 路数	临时演出 类别
				设备	容量 B	B/A		
香港回归	97.7.1	4575	130/135	箱式 变电站	2×800kVA 2×500kVA	57%	13 路	B
全国民运会 开幕式	99.9.24	4100	150/100	发电车	1×320kW	7.8%	8 路	B
21 届世界大运会 开幕式	2001.8.22	5700	125/85	发电车	2×620kW 2×400kW 2×200kW	43%	14 路	B
张信哲演唱会	2001.10.27	1247	30/45					A

2002 年，北京工人体育场举行的演唱会多达十余场，是体育场经营创收的主要收入来源，也是实现"以场养场"的重要举措之一。

4. 变配电系统

（1）变电所位置及数量。北京工人体育场只设一个变电所，在体育场外西南方向单建的独立变电所。在体育馆、游泳馆设分变电所，体育场设 7 台 1000kVA 油浸式变压器。高压开关柜为 GG1A，均为 20 世纪五六十年代的产品。低压开关柜为 GCS，低压柜共 48 面，于 1989 年亚运会前改造时更换的。变电所采用直流操作。没有设备用发电机组，只是电话机房设 UPS。每遇重大比赛、集会、演出时，供电部门派人到现场保驾，确保供电万无一失。变压器的负荷率在 45% 左右。

（2）变电所系统方案。如图 13 - 1 所示。

（3）变压器。变压器采用有载调压变压器，调压开关是关键部件，如果调压开关出现故障，后果将不堪设想。

（4）演出用电。演出用电负荷为临时性的，其供电有以下方案：

1）一般性的演出由体育场内变电所承担，负荷一般小于 2000kW。

2）特别重要的演出、开幕式由临时电源承担，如发电车、箱式变电站等。临时用电由供电局负责提供。

5. 动力照明系统

北京工人体育场设 2 个配电间，变电所至每个配电间均采用 380V 双电源供电，配电间里的配电柜再向用电负荷配电。

6. 场地照明及照明控制系统（图 13 - 2）

（1）场地照明方式。场地照明方式为侧向式布灯——光带式。侧向布灯的特点是照度均匀，用电量少，造价较低，维护方便。适合足球、田径、网球等比赛。由于北京工人体育场雨篷较低，所以将灯具安装在雨棚上以增加灯具安装高度，尽管如此，灯具高度还是偏低，因此眩光较大，为了降低眩光，将灯具的瞄准角进行调整，灯具效率只发挥出约 80%。

图 13 - 2 侧向布灯

东西看台顶棚上各设一条马道，位于灯后面，灯具及其镇流器箱、电缆、配电柜等均安装在马道上，防护等级大于 IP56，但维护工作量较大。

（2）灯具。场地照明灯具采用 Philips MVF307，光源为金卤灯，2000W。自 1989 年安装完后，已安全运行 14 年，累计约 9000h，只更换过十几只光源，用户十分满意。应急灯具为碘钨灯，图 13 - 2 中场地照明灯下面的小灯，功率为 1000W。

北京工人体育场已通过国际、亚洲有关体育组织的认可，并已备案，符合国际比赛的要求。该体育场是当时国内唯一的无影体育场。

（3）数量。场地照明共计 352 盏，应急灯具共 100 盏。

（4）场地照明模式及场地照明控制（图 13 - 3）。主体育场有彩色电视转播、比赛、训练、应急 4 种模式，不同的照明模式投入运行的灯具数量也不一样，实现不同模式的照明将由照明控制系统完成。

照明控制采用接触器控制，据工作人员介绍，北京工人体育场曾用过计算机照明控制系统，但由于易受干扰，误动作概率较传统控制要高许多。因此，场方放弃了该控制方式。

7. 防雷接地系统（图 13 - 4）

看台屋顶上采用避雷带作为接闪器，没有对场地进行防雷设计。北面火炬高度比较高，为此单设避雷针对其保护。

图 13 - 3 照明控制台

图 13 - 4 防雷系统

8. 其他

（1）照明控制室、显示屏及控制室（图 13 - 5）。照明控制室位于西侧一、二层看台中间，照明控制室面积约 $10m^2$。供电、控制均在现场，照明控制室仅为远方控制及信号。

从照明控制室里面看比赛场地

从外面看照明控制室

图 13 - 5 照明控制室

要求照明控制室能观看到赛场情况。

（2）显示屏（图 13-6）。北京工人体育场采用 LED 三基色显示屏，容量仅 50kW 左右，清新度可达 800 线以上，采用双电源供电。与其他体育场不同，北京工人体育场只有一个显示屏，现在要求显示屏与计时记分屏分开设置。

图 13-6　显示屏

（3）工艺电源。室外电源要求防水防尘，位置和数量按工艺要求设置，一般分布在场地四周下层看台前部墙上。田赛项目、径赛项目的终点都要设电源和信号。室外电源和场地扩声如图 13-7 所示。

室外电源

场地扩声

图 13-7　室外电源和场地扩声

田径比赛计时要求用电子计时，重要比赛不许用手工计时。

（4）场地扩声。北京工人体育场采用国产场地扩声系统，考察时为空场，试听效果不错，用户也非常满意，看台四周环绕布置音箱。

体育场工作人员建议，最好将赛场广播与文艺演出音响结合起来，赛场的环绕音响效果会更好。（注：按现在要求看，场方要求不尽合理。）

场地扩声用电负荷达 350kW，不得小视。

（5）临时演出用电。北京工人体育场在西南角预留 5 路、东南角预留 10 路电源为临时演出提供用电保障。

电视转播车电源在西侧墙上预留，靠近电视导播间。

广播电台转播用电负荷应给予充分重视。

9. 场方建议

1）体育场馆应多留临时用电，一般性演出 2000kW 足够，开幕式、闭幕式及重大集会用电容量较大，可采用临时箱式变电站，尽量不用发电车。

2）有可能将演出用的灯架一并设计上。目前北京工人体育场每次演出，都对赛场有较大的损坏，如果设计好灯架，就可减少此类事情的发生。（注：以现在眼光看，文艺演出具有个性化要求，舞台、灯光等需要专业设计。）

3）场地照明灯不能太低，北京工人体育场现在灯偏低，为了限制眩光，造成能源浪费。

4）计算机照明控制系统的抗干扰问题值得注意。（注：现在抗干扰仍需重视！）

5）配电柜（箱）、马道等尽可能不放在室外，否则维护工作量很大，维护费用较高。

6）变电所设在地下，一定要注意防洪、排水。工人体育场在这方面是有教训的。

13.1.2　上海八万人体育场调研报告

工程名称：上海八万人体育场　　　　　　调研时间：2003.8.26

功能：足球、田径、文艺演出、集会等　　座位数：80 000 人

曾举办过的大型运动会：第 8 届全运会（主体育场）

建筑面积：190 000m²

1. 工程概况

上海八万人体育场位于上海市天钥桥路 666 号，华亭宾馆南面，西、南临内环高架桥，是上海体育场有限公司最重要的建筑（其他还有游泳中心、体育馆、运动员大厦等）。

图 13 - 8 为上海八万人体育场外貌。

图 13 - 8　上海八万人体育场外貌

图 13 - 9 一组照片表明上海八万人体育场总体情况。

2. 供电电源（图 13 - 10）

上海八万人体育场的电源比较独特，由三路独立电源供电，两路 35kV 电源，一路 10kV 电源。两路 35kV 电源同时工作，互为备用；一路 10kV 备用电源。35kV 为用户变电站，原设计为体育中心（体育场、体育馆、游泳馆、运动员大厦等）用变电站，后因业主单位为两

图 13-9　体育场总体情况

（a）东侧看台有四星级富豪东亚酒店，地上 12 层，地下 1 层，标准间约 500 间；（b）贵宾入口为东侧地下 1 层，属富豪酒店用房，室外为停车场，贵宾乘车可直达体育场门口，由此入口进入，乘专用电梯直达主席台、包房。门外下沉式广场及绿化效果很好；（c）贵宾区会议室平时供酒店使用，比赛时为新闻发布会会场；（d）看台为两层，混凝土结构，屋顶为网架，覆盖美国张拉膜，张拉膜每隔一段隆起，以便排水；（e）超过 100 个商务包厢；（f）商务包厢已订购一空，平时为办公，比赛时观看比赛。内有会客室、卫生间等设施；（g）三窗相连处：平时为客房，田径比赛时为100m 终点计时、终点录像；（h）观众集散厅平时用做全民健身，也可增加公司收入；（i）LED 效果一般，其控制室在其后面，灯光控制室在 LED 下面，北面对称位置还有一个控制室家，将供电规划进行调整。体育场、运动员大厦、宾馆及开发预留地块等由东亚集团管理单位计量。体育馆、游泳馆、奥林匹克俱乐部等由上海体育局管理，供电部门单独计量。因此，图13-10中1的系统为东亚集团所属的体育场35kV变电站系统图。

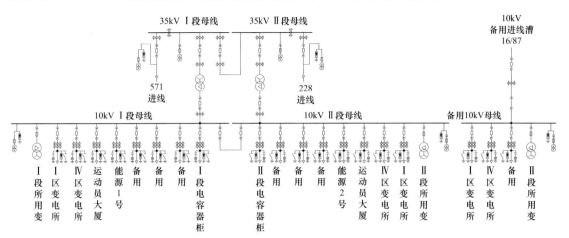

图 13-10　35kV 供电系统模拟图

35kV 变压器为 2×10 000kVA，现只供给体育场用电（含富豪酒店）。

3. 供配电系统

上海八万人体育场内设一座 35kV 变电站，将 35kV 变压至 10kV 并为两座 10kV 配变电所供电，其系统图如图 13-11 所示。

35kV 变电站采用单母线分段的主接线方式，没有采用传统的内桥式或外桥式主接线，主要原因考虑到该站为用户站，对操作、维护人员要求相对较低。同时 35kV/10kV 变压器采用干式变压器也基于这个原因，干式变压器维护比油浸式变压器更简单。

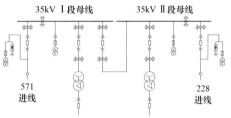

图 13-11　35kV 变电站系统图

10kV 供配电系统如图 13-12 所示。10kV 供配电系统也是单母线分段主接线形式，这是比较常见的系统，在此不再赘述。

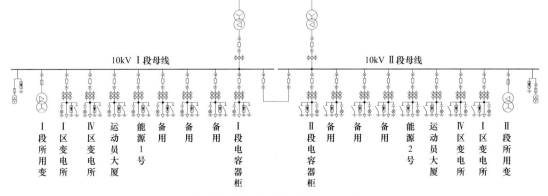

图 13-12　10kV 供配电系统图

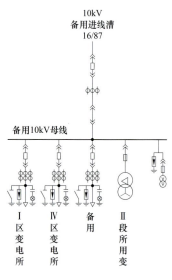

图 13 – 13　应急/备用系统

应急/备用系统有其特殊性，没有采用柴油发电机组，而是单独引来一路独立的 10kV 市电作为应急/备用电源，该电源与图 13 – 11 中的 35kV 没有直接关系，并在 10kV 侧分配给东北、西南侧的两个 10kV 配变电所，与图 13 – 12 中的两个电源构成三个独立电源，满足规范对一级负荷中的特别重要负荷的供电要求。

应急/备用系统详如图 13 – 13 所示。

4. 变压器设置情况

变压器的容量及数量详见表 13 – 3。

根据电工值班记录，平时变压器负荷率不高。调研时查阅 2003 年的记录，2003 年 8 月 26 日是非比赛日负荷较大的一天，当天负荷达到 4701kW，变压器平均负荷率为 23.51%。

表 13 – 3　　　　　　　　　　　　变压器的容量及数量

配变电所	变压器台数×容量/kVA	备　　注
35kV 变电站	2×10 000	
东北侧 10kV 配变电所	2×1250	为冷冻机组供电
	2×1600	比赛用电，有载调压
	2×1600	为Ⅰ和Ⅱ区供电
西南侧 10kV 配变电所	2×800	比赛用电，有载调压
	2×1250	为Ⅲ、Ⅳ区供电

而演出是体育场的主要经济收入来源之一。2000 年 11 月 3 日，在此演出西洋歌剧阿依达，用电负荷由体育场内 10 路电源供电，总负荷为 4011kW，变压器平均负荷率为 20.06%。

因此，变压器设置不仅能满足比赛的需要，也能满足平时和商业演出的需要。

5. 配变电所位置及数量

上海八万人体育场共有三个配变电所，其中一个 35kV 变电站，两个 10kV 配变电所，其位置示意如图 13 – 14 所示。

6. 继电保护

上海八万人体育场率先采用了智能型的继电保护装置，即现在标准里所说的数字式继电保护装置，应用于 35kV 变电站和 10kV 配变电所，继电保护设置见表 13 – 4。

7. 动力照明系统

上海八万人体育场共分为四个区，除专用配电室外，还设有 9 个配电间。专用配电室有场地照明配电室、体育工艺配电室、空调机房配电室等。另外 9 个配电间均采用 380V 双电源供电，配电间里的配电柜再向用电负荷配电，两路电源在配电间内不联络。配电间的供电范围见表 13 – 5。

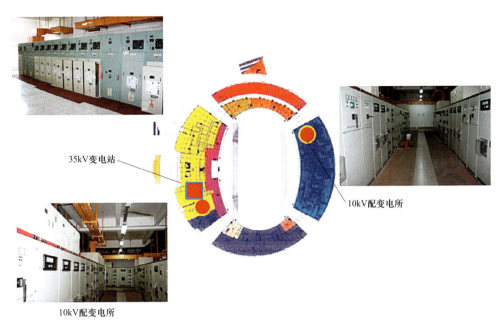

35kV变电站

10kV配变电所

10kV配变电所

图 13 – 14　配变电所的位置示意图

表 13 – 4 　　　　　　　　　　　　　　　　继 电 保 护 设 置

配变电所	位　置	保护类型	备　注
35kV 站	进线断路器	过电流、速断	
	母联断路器	过电流、速断	
	变压器回路断路器	过电流、速断、温度、差动	35kV 出线断路器与 10kV 主进断路器共同组成差动保护
10kV 站	主进断路器	过电流、速断	
	出线断路器	过电流、速断、接地	

表 13 – 5 　　　　　　　　　　　　　　　　各个配电间的供电范围

配电间位置	供电范围	两路容量 A + B/kW
Ⅰ区地下室	Ⅰ区地下室及一层	996 + 972
Ⅰ区一层	富豪大酒店，从一层到十二层	694 + 615
Ⅰ区二层	Ⅰ区休息厅，二层到六层	712 + 778
Ⅱ区地下室	Ⅱ区地下室及一层	628 + 575
Ⅱ区三层	Ⅱ区休息厅，二层、三层	58 + 64
Ⅲ区地下室	Ⅲ区地下室，一层海洋世界	1292 + 1290
Ⅲ区二层	Ⅲ区休息厅，二层、三层	229 + 235
Ⅳ区地下室	Ⅳ区地下室及一层	615 + 611
Ⅳ区三层	Ⅳ区休息厅，二层、三层	58 + 64

8. 场地照明及照明控制系统

上海八万人体育场的场地照明方式为侧向光带式布灯，目前是主流的布灯方式之一。但所用的灯具比较陈旧，为 20 世纪 80 年代的技术，在此没有必要多费笔墨。

东西看台顶棚下方设一条马道，总体来看马道较陡，人在上面行走比较费力，如图 13 – 15 所示。

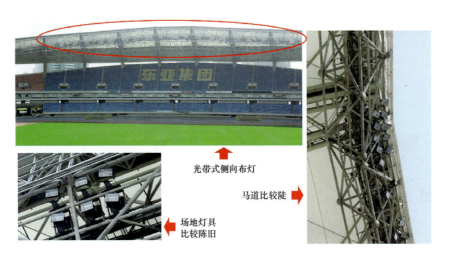

光带式侧向布灯

马道比较陡

场地灯具
比较陈旧

图 13 – 15　侧向布灯

9. 其他

（1）关于有载调压变压器。表 13 – 3 介绍了上海八万人体育场采用了 4 台 10kV 有载调压变压器（图 13 – 16），其目的是在电网电压不稳定时自动调节变压器的分接头，使负荷侧供电电压相对稳定。

变压器温控箱

变压器

干式真空有载分接开关

图 13 – 16　有载调压变压器

由此看来，有载调压分接开关是关键器件，它是变压器中唯一经常动作的器件，如果它的质量出现问题，不仅达不到调压的作用，而且对重要负荷来说是灾难性的，对系统的供电可靠性将是毁灭性的。有载调压开关故障的例子不胜枚举，某曾举行过许多重要赛事的体育场就出现过有载调压开关故障的实例。因此，有载调压开关的可靠性必须要充分考虑！

（2）配变电所防水问题。防水是老问题！众所周知，电器设备怕水，一旦受潮，绝缘将降低或受到损坏，甚至造成短路等故障。图 13 – 17 是我们不愿意见到的现象，因为漏水比较严重，严重威胁和影响了供配电系统的正常运行和系统安全。

图 13 – 17　配变电所防水问题

13. 2　葡萄牙欧洲杯场地调研

2004 年 4 月，笔者有幸对葡萄牙 LUZ 体育场和阿维罗体育场进行参观和考察，这两座体育场为举行 2004 年欧洲杯足球赛而新建的体育场。

13. 2. 1　LUZ 体育场调研

工程名称：葡萄牙 LUZ 体育场　　　　调研时间：2004. 4

功能：足球　　　　　　　　　　　　座位数：65 000 座

曾举办过的大型运动会：2004 年欧洲杯足球赛（主体育场）、葡萄牙甲级联赛、欧洲三大杯赛等

葡萄牙 LUZ 体育场是久负盛名的本菲卡俱乐部（Sport Lisboa e Benfica）的主场，全称为 Estádio da Luz，其含义是"光明体育场"，因此，LUZ 体育场也称为光明体育场。该体育场是葡萄牙最大的足球专用体育场，拥有 65 000 个座位，是 2004 年欧洲足球锦标赛的主场，该体育场设施先进，外观大气、华美，被欧足联认定为五星级体育场。场内以红色为主，红白结合的色彩与本菲卡的队服相吻合。体育场总投资额约 8000 万欧元，2003 年 10 月 25 日投入使用。

1. 电源

葡萄牙 LUZ 体育场采用两个电源进线，电源电压均为 10kV，图 13 – 18 所示为葡萄牙 LUZ 体育场。

2. 供配电系统（图 13 – 19）

葡萄牙 LUZ 体育场供配电系统图如图 13 – 19 所示，体育场共设三个配变电所，1 号配变电所为主站，两路电源引入至此，2 号和 3 号配变电所为分站，三个站之间互联形成环形结构。

图 13 – 18 葡萄牙 LUZ 体育场

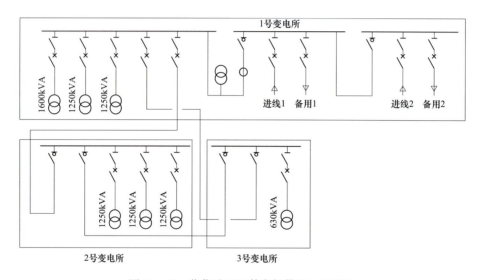

图 13 – 19 葡萄牙 LUZ 体育场供配电系统图

　　1 号配变电所：葡萄牙 LUZ 体育场的主站（图 13 – 20），两个电源引入到高压进线柜，两电源并联运行，每个电源各有一个引出回路，类似我国的高压分界室的环网柜，便于为其他业主单位提供电源。电源进线柜后是计量柜，接下来是高压配电系统，一来为本配变电所

图 13 – 20 葡萄牙 LLUZ 体育场配电装置

的三台变压器供电，二来为 2 号和 3 号配变电所供电。

2 号配变电所：为本所内三台变压器供电，同时与 1 号和 3 号配变电所互联形成环形结构。

3 号配变电所：为本所内一台变压器供电，同时与 1 号和 2 号配变电所互联形成环形结构。

变压器总装机容量为 8480kVA，属于比较经济、实惠的设计。

3. 配电装置

变压器：施耐德公司的 Trihal，三相 50Hz，10/0.4kV，强迫风冷，绝缘等级 F 级，符合 IEC 60726 标准。以 1250kVA 为例，参数如下：阻抗电压为 6%，绕组形式为 DYn 5，高压侧额定电流 72.2A，低压侧额定电流为 1804.2A，IP31，总重 2660kg。变压器分接头见表 13 – 6。

表 13 – 6 变压器分接头

连接端子号	1 – 2	2 – 3	2 – 5	3 – 4	4 – 5
高压侧电压/V	10 500	10 250	10 000	9750	9500

高压开关柜：施耐德电气公司的 SM6 系列环网开关柜，该产品在中国也有销售。该柜结构紧凑、简单，模块化设计便于扩展，免维护性能优异，其中 $U_n = 12kV$，$U_s = 10kV$，$I_n = 630A$，$I_{cc} = 20kA/1s$，进线断路器为 1250A。

4. 场地照明

LUZ 体育场的场地照明为两侧光带布置，灯具为飞利浦的 MVF403，光源为 MHD2000W 金卤灯，共计 260 套，色温：5600K，显色指数：$R_a > 90$。

场地照明灯具安装在马道侧面，施工时专门制作了安装灯具的附件，由马道向外伸出约 40cm，灯具安装在该附件上。如图 13 – 21 所示，灯具控制箱安装在马道上，因此，马道宽度要适当。为防守灯具跌落伤人，采用了钢索将灯具固定在马道栏杆上。美中不足之处灯具位置较低，不便于安装、调试、维护。

图 13 – 21　LUZ 体育场场地照明灯具及安装

5. 场内电源（图 13 – 22）

LUZ 体育场除在场内预留电源井外，在下层看台前端矮墙上留有电源箱，供场内临时负荷使用，如图 13 – 22 所示。出于防水考虑，电源箱具有较高的防护等级，IP54，且广泛使用工业接插件，可靠性得以提高，接插件的防护等级为 IP67。同时，设计时室内与场地之间的矮墙上多处预留穿墙孔，很实用。体育场管理人员讲了一句很重要的话，穿墙管预留再多也不过分。的确如此，比赛也好，演出也罢，都需要从配变电所接电缆引到体育场内，此时穿墙管的作用显而易见。

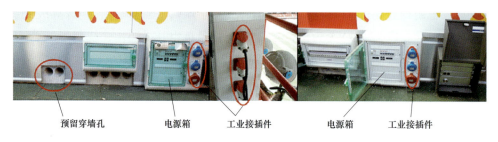

预留穿墙孔　　　　电源箱　　　工业接插件　　　　电源箱　　　工业接插件

图 13 – 22　LUZ 体育场场内电源

6. 电缆及其敷设

LUZ 体育场采用了许多耐火、阻燃电缆，没有采用我国使用较为普遍的矿物绝缘电缆，欧洲将矿物绝缘电缆划归到特种电缆，一般民用建筑不使用此类电缆。笔者考察期间，业主方多次用打火机现场烧电缆，依此验证电缆阻燃或耐火性能。

欧洲使用的桥架也很特别，如图 13 – 23 所示，桥架有很多网孔，与其说是桥架，不如说是网架，其优点显而易见，这种桥架有利于散热，可以充分发挥电缆的载流能力，而且重量轻，节省材料。

图 13 – 23　电缆及其敷设

笔者询问体育场管理人员，这种桥架如何防老鼠咬电缆？管理方对此表示惊讶，还用考虑鼠咬吗?! 看来中欧在此问题上观点有所不同。

从图 13-23 可以看出，LUZ 体育场施工水平很高、工作做得很细，管线排列非常整齐。看来"慢工出细活"是很有道理的！

7. 关于控制室

LUZ 体育场的弱电控制室是综合性的控制室，位于中层看台区域，可以纵观全场。控制室包括场地扩声、场地照明控制、视频监控系统、安全防范控制、大屏幕监控、建筑物的广播系统等，一个大房间包罗万象，有利于各系统间的协调、统一。不利之处也比较明显，比赛期间控制室内人员较多，相互间存在干扰。

控制室的布置如图 13-24 所示，靠近观察窗处布置一排控制台及办公桌，便于观察比赛场内情况，有利于监控。观察窗对面沿墙布置各种机柜、电源等。

各系统主机使用电源情况比较简单，桌子下面有一排插座（图 13-24），主机电源从此接入。如果遇到重要比赛，可以配备 UPS。

图 13-24 控制室实景

值得说明，在 LUZ 体育场里，除场地照明采用飞利浦的产品外，场地照明控制系统、视频监控系统、广播系统、大屏幕等均为飞利浦的产品，飞利浦在欧洲的地位可见一斑，有些产品尚没有引进到中国。

13.2.2 葡萄牙阿维罗体育场

工程名称：葡萄牙阿维罗体育场　　　　调研时间：2004.4

功能：足球　　　　　　　　　　　　　座位数：30 000 座

曾举办过的大型运动会：2004 年欧洲杯足球赛等

阿维罗体育场坐落在阿维罗市郊——葡萄牙中北部海港城市，利亚河在此入海。阿维罗体育场（图 13-25）是 2004 年欧洲足球锦标赛赛场之一，该项目属改建项目，原体育场只能够容纳 14 000 名观众，改扩建后可以容纳超过 30 000 个座位，体育场规模相当于我国地市级的体育场。该体育场耗资约 4780 万欧元。由于体育场规模较小，四个看台是相对独立的，但设计师设计的很巧妙，整体感较好。同时建筑师对色彩把握比较大胆、前卫，为体育场增添了不少亮色和时尚感，仿佛进入了童话般的感觉。

图 13 – 25　阿维罗体育场内景

1. 电源和供配电系统

与 LUZ 体育场类似，阿维罗体育场也采用两个 10kV 电源进线引到 1 号配变电所，并联运行，每个电源各有一个引出回路，便于为其他业主单位提供电源。电源进线柜后是计量柜，接下来是高压配电系统，一来为本配变电所的变压器供电，二来为 2 号配变电所供电。

2. 供配电设备

考察数座体育场后，方知施耐德公司的强大，在欧洲市场占有率较高。

高压开关柜：与 LUZ 体育场一样，采用施耐德电气公司的 SM6 系列环网开关柜，如图 13 – 26（a）所示。

变压器：施耐德公司的 Trihal 干式变压器，但变压器安装在变压器室内，并用围栏进行防护，这样安装有利于散热。

低压开关柜安装在约 40cm 的支架上，没有采用电缆沟［图 13 – 26（c）、(d)］，这一点与国内有所区别。从图中可以看出，如此安装接线比较困难，笔者认为万不得已不宜采用此安装方式。

发电机组采用柴油机作为动力源，机房面积和层高比国内要求的小。

3. 配电系统（图 13 – 27）

与 LUZ 体育场类似，阿维罗体育场看台最前端矮墙上留有电源箱，供场内临时负荷使用，电源箱的防护等级为 IP54 以上，工业接插件的防护等级为 IP67［图 13 – 27（b）］，可靠性得以提高。工业接插件优点很多：容量大，连接紧而可靠，防护等级高，使用方便、灵活等。

同时，室内与场地内之间的矮墙上多处预留穿墙孔，供临时线路使用，线路直接进入场地内外围的电缆沟内［图 13 – 27（c）］。

体育场同样采用了许多耐火、阻燃电缆。桥架有很多网孔且没有盖板［图 13 – 27

图 13 – 26　阿维罗体育场供配电设备

（d）］，有利于散热，可以充分发挥电缆的载流能力，而且重量轻，节省材料。

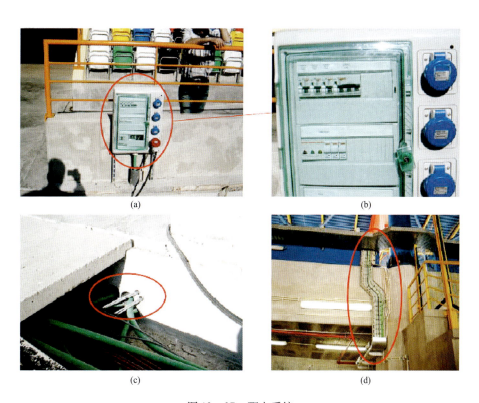

图 13 – 27　配电系统

4. 控制室

与 LUZ 体育场相似，弱电控制室位于看台上部区域，是综合性的控制室，在此可以纵观全场。控制室包括场地扩声、场地照明控制、视频监控系统、安全防范控制、大屏幕监控、建筑物的广播系统等，有利于各系统间的协调、统一。

控制室靠近观察窗处布置一排控制台及办公桌，便于观察比赛场内情况，有利于监控。如图 13 − 28 所示。观察窗对面沿墙布置各种机柜、电源等。

图 13 − 28　控制室

5. 媒体区

阿维罗体育场为了欧洲杯足球赛在普通看台的基础上临时搭建媒体工作台，前后两个相邻看台搭建一排媒体工作台，电源、信息插座等均为临时搭建。

6. 场地照明

阿维罗体育场的场地照明采用两侧马道布灯，如图 13 − 30 所示，灯具采用飞利浦的 MVF403，灯具及镇流器均装在马道上，均匀布置，结构荷载也比较均匀。2000W 双端金卤灯可以保证欧足联对足球转播的要求。场地照明控制柜也安装在马道上，这一点与 LUZ 体育场一致。值得一提的是，灯具支架为非标产品，现场加工，但制作比较精细，质量不错。

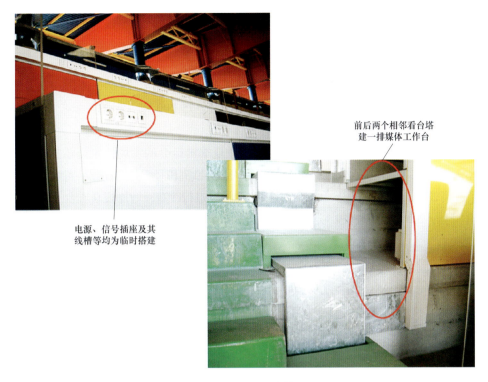

前后两个相邻看台塔
建一排媒体工作台

电源、信号插座及其
线槽等均为临时搭建

图 13 – 29　临时媒体区

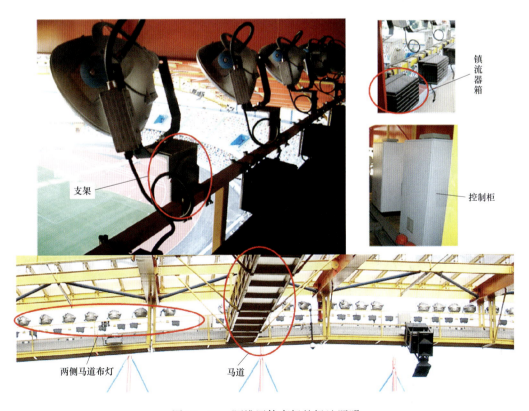

镇流器箱

控制柜

支架

两侧马道布灯

马道

图 13 – 30　阿维罗体育场的场地照明

13.3　雅典奥运会场馆调研

13.3.1　雅典奥林匹克体育场

工程名称：雅典奥林匹克体育场　　　　调研时间：2004.4

功能：田径、足球、演出、集会等　　　　座位数：75 000 座

曾举办过的大型运动会：2004 年奥运会主体育场

雅典奥林匹克体育场（图 13 - 31）是第 28 届夏季奥运会的主场，主要承担奥运会的开、闭幕式和田径比赛。体育场始建于 1982 年，当时为举办欧洲田径锦标赛而建，可容纳 7.5 万名观众。为了迎接 2004 年夏季奥运会，希腊政府决定对该场进行改造，增加观众看台上的顶棚。工程于 2003 年开始，2004 年 5 月底竣工，改造总造价为 1.4 亿欧元，被欧足联评为五星级足球场。

图 13 - 31　雅典奥林匹克体育场

笔者参观、考察雅典奥林匹克体育场时正值抢工期的关键时期，整个工程进度不太理想，备受各方的批评和指责，笔者实在不忍心再给建设单位添乱。如图 13 - 32 所示，图 13 - 32（a）正在安排顶棚钢架，这是体育场标志性的符号；图 13 - 32（b）正在吊装大屏幕钢结构；图 13 - 32（c）为防爆沟，里面可以敷设线缆；图 13 - 32（d）正在施工中央大坑，大坑用于开幕式演出。

场地照明的灯具、光源均采用飞利浦的金卤灯，型号分别为 MVF403 和 MHD2000W，共计 579 套，色温 5600K，显色指数 $R_a > 90$。

13.3.2　雅典奥林匹克自行车馆

工程名称：雅典奥林匹克自行车馆　　　　调研时间：2004.4

功能：场地自行车　　　　座位数：3500 座

曾举办过的大型运动会：2004 年奥运会。

雅典奥林匹克自行车馆靠近奥林匹克主体育场和游泳馆，建筑风格比较现代，尤其巨型钢结构屋顶造型和色彩与奥林匹克体育场风格相一致，整体感较强。该自行车馆可容纳 3500

(a) (b)

(c) (d)

图 13 – 32　体育场施工场景

名观众，建筑面积约 53 400m^2。

　　如图 13 – 33 所示，工程正在进行之中，距离雅典奥运会开幕式只有短短 4 个月时间，

(a)

(b) (c)

图 13 – 33　雅典自行车馆施工场景

而工程进度不容乐观。但有些做法值得我们学习和借鉴。图 13 – 33 （b）、（c） 为临时性坐席，这种做法值得肯定，前后两个相邻看台搭建成一个宽大的临时坐席，适用于临时媒体、贵宾席等场所，下层看台钢架下面可以敷设线槽，走线隐蔽，美观大方。临时看台前面可以摆放桌子，其做法与阿维罗体育场临时媒体区如出一辙（图 13 – 29）。

由于抢工期的原因，自行车馆的供配电系统我们不便得知，从图 13 – 34 可以推断出，高压系统采用环网柜，类似 LUZ 体育场的环形结构（图 13 – 19）。所不同的，该自行车馆采用 20kV 电源，而 LUZ 体育场采用 10kV 电源。

干式变压器安装在单独的变压器室内，有利于通风、散热，噪声也好控制，变压器没有外壳，而是采用围栏，简单、安全、经济，这点与国内设计的不一样。变压器室内依稀可见沿墙壁四周敷设接地金属扁钢 ［图 13 – 34 （d）］，而没有采用铜材的接地干线，接地扁钢距地约 40cm，与国内的类似。

(a)　　　　　　　　　　　　　(b)

(c)　　　　　　　　(d)　　　　　　　(e)

图 13 – 34　雅典自行车馆供配电装置

应急电源之一是柴油发电机组，Caterpillar 是国际知名品牌，在国内应用较多。其机房设在主体建筑之外且紧邻主体建筑，机房比较紧凑，更准确的说机房局促，不如国内的宽敞。这可能与利用主体建筑之外"天桥"下空间有关。

末端配电系统多采用 ABB 的低压电器，配电箱宽大而较薄，挂墙安装，比较节省空间。配电箱制作比较精细，制造水平较高。场地照明采用飞利浦的镇流器，稳态工作电流 9.3A，但功率因数只有 0.5，显然没有无功补偿。雅典自行车馆末端配电系统如图 13 – 35 所示。

自行车馆的场地照明采用飞利浦的 MVF403，图 13 – 36 所示该场地照明采用四条光带布置，光带没有采用马道，这也是比较特别之处，不知道以后如何维护。场地照明共采用金卤

图 13 - 35　雅典自行车馆末端配电系统

灯 320 套。光源能满足奥运转播的要求，R_a 不低于 90，色温 5600K。

图 13 - 36　雅典奥林匹克自行车馆场地照明

13.3.3 雅典马可波罗（Markopoulo）奥林匹克射击中心

工程名称：<u>雅典马可波罗奥林匹克射击中心</u>　　　　调研时间：<u>2004.4</u>

功能：<u>射击</u>　　　　　　　　　　　　　　　　　座位数：<u>2000 座</u>

曾举办过的大型运动会：<u>2004 年奥林匹克运动会等</u>

如图 13 - 37 所示，马可波罗奥林匹克射击中心位于东亚体卡区，场馆总建筑面积约 312 000m³，能容纳 2000 名观众，是为本次奥运会新建的体育场馆。射击中心共分为两层，如图 13 - 38 所示，一楼为 10m 射击竞赛场〔图 13 - 38（a）〕、25m 射击竞赛场〔图 13 - 38（b）〕以及 50m 射击竞赛场〔图 13 - 38（d）〕与室内决赛场馆。二层为移动靶射击竞赛区。

图 13 - 37　雅典马可波罗奥林匹克射击中心

马可波罗奥林匹克射击中心的供配电系统有几点需要着重介绍：第一，低压开关柜装在钢架上，钢架高度约 30cm，类似活动地板，如图 13 - 39（a）、（d）所示，这样安装的好处非常明显，方便走线，施工灵活。图 13 - 39（c）所示电缆由地面敷设而后转为沿墙敷设的细节。第二，接地母排为铜材，在门边附近采用编织铜带转接，如图 13 - 39（b）、（c）所示。

从图 13 - 40 可知，设备层公共走廊管线较多，图 13 - 40（a）为变电所附近的走廊，这里敷设有许多条带孔的电缆桥架，正如前面所说的，这种桥架重量轻、节省材料、有助于电缆散热。变电所采用气体灭火系统，如图中红色部分所示，气体灭火系统的设置要求与我国相仿。

媒体区在看台预留强弱电插座，方便记者使用。控制室位于二层后部，可以观察到全场。控制室也是综合性的，汇集多个智能化子系统。

雅典奥运会的电子靶是国际射联指定的产品，电子靶输出的数据提供给计时记分系统，并由后者进行数据处理。当然，计时记分系统还要采集其他数据，并一同进行处理，信息显示系统可以将计时记分系统处理后的结果进行显示。图 13 - 42 为建设过程之中的照片。

(a) (b)

(c) (d)

图 13 - 38　马可波罗奥林匹克射击中心射击场地

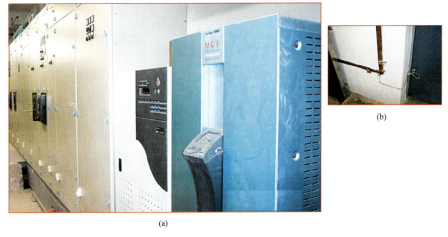

(a)

(c)

(d)

图 13 - 39　供配电系统

(a)

(b)

(c)

图 13 – 40　设备层公共走廊

图 13 – 41　媒体区和控制室

　　图 13 – 37 ~ 图 13 – 41 有多张照片显示照明的特点。图 13 – 37 为体育照明，利用吊顶的坡度设置照明灯具，这样设计比较巧妙，靠近靶区吊顶较低，而射击区吊顶较高，吊顶在有灯具处形成锯齿状，灯具可以隐藏在其中，类似剧场面光灯的做法。射击中心共采用 38 套 AV 灯具。该图的底图是射击中心某层照明平面图，欧洲设计师设计照明平面图时只布点，如确定灯具、开关、插座的位置，不连线，这一点与我国有很大的不同。图 13 – 38 所示，靶区有单独照明，而且对垂直照度、照度均匀度等要求很高。射击区对照度要求不算高，可

图 13 – 42　电子靶计时记分和信息显示系统

以采用荧光灯、小功率金卤灯。图 13 – 39 和图 13 – 40 变电所及其附近走廊采用防尘的直管荧光灯，即使在开关柜背后维护通道处也采用了壁装的防尘直管荧光灯。图 13 – 41 所示，控制室采用传统的格栅灯，高效、美观、经济。

13.3.4　雅典奥林匹克垒球中心

工程名称：雅典奥林匹克垒球中心　　　　调研时间：2004.4

功能：垒球　　　　　　　　　　　　　　座位数：8500 座

曾举办过的大型运动会：2004 年奥林匹克运动会等

雅典奥运会垒球中心位于雅典南郊的海林尼科（Helliniko）奥林匹克中心，是在原废旧的机场上新建的一座奥运场馆，垒球中心包括两块场地，分别可容纳 8500 名和 4000 名观众，建筑面积 57 492m^2。

场地照明无疑是垒球中心的重点之一。如图 13 – 43 所示，该中心的场地照明系统采用 4 杆布置，并将顶棚很好的利用，在顶棚上四处安装灯具，每处安装 11 套灯具，因地制宜，节约投资。如图 13 – 44 所示，每个灯杆均配有一个电控箱，安装在灯杆底部，起到保护、控制等作用。这个项目飞利浦和施耐德是大赢家，场地照明灯具采用飞利浦的 MVF403，配

图 13 – 43　雅典奥林匹克垒球中心

该公司的 2000W/380V 双端短弧金卤灯，每个灯杆装有 45 套灯具。而保护、控制电器采用施耐德产品，值得注意的是，每个灯杆的电源均为双电源，并在电控箱处进行双电源转换，双电源转换开关电器为两个负荷开关搭接而成！这与欧洲通常使用的 CB 级 ATSE 有所不同。

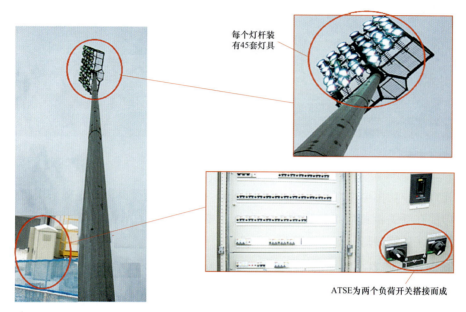

每个灯杆装
有45套灯具

ATSE为两个负荷开关搭接而成

图 13 - 44　雅典奥林匹克垒球中心场地照明

和中国有所不同，欧洲在民用建筑中经常将变压器单独安装在变压器室内，这样可以减少噪声、发热对配电室的影响，变压器也不带外壳。变压器室的接地母线仍然采用铜材，还设有等电位连接铜板。过门处，接地母线绕道在门上方敷设（图 13 - 45），是否有点意思？

图 13 - 45　垒球中心的变压器室

　　配变电所具有典型欧洲特点，与上面各部分介绍的相类似。配电装置基本与我国处于同一水平和档次，无论环网柜的使用，还是 M 系列框架断路器、NS 系列塑壳断路器，在我国也非常普遍。图 13－46 中左上角所示的数字式仪表比我国使用稍早些，在 21 世纪初设计并实施的项目中采用了数字式仪表也算是采用新技术。

图 13－46　垒球中心的配电装置

13.3.5　雅典 Panathinaiko 体育场

　　工程名称：雅典 Panathinaiko 体育场　　　　**调研时间**：2004.4

　　功能：田径　　　　　　　　　　　　　　　　**座位数**：40 000 座

　　曾举办过的大型运动会：2004 年奥林匹克运动会、第一届现代夏季奥运会等

　　雅典帕纳辛奈科（Panathinaiko）体育场是现代奥运会的发源地，1896 年在这里举行了第一届现代奥运会。该体育场是奥林匹克的重要遗产，体育场不能改建加装固定的供配电系统和体育照明设施。2004 年雅典奥运会在帕纳辛奈科体育场举行马拉松比赛（马拉松比赛的终点）和射箭比赛。体育场三面设有看台，可以容纳 40 000 名观众，但射箭比赛只设有7500 个观众席。

　　图 13－47 为 2004 年雅典奥运时帕纳辛奈科体育场所采用的临时性体育照明，车载照明系统非常方便，灯杆高度可达 36m，每辆车有 15 盏灯，每盏灯 6000W 金卤灯，灯具 360°三维可调，配光也可调，车上自带柴油发电机组。图 13－48 为作者在体育场前与奥运圣火合影。

图 13 – 47   雅典 Panathinaiko 体育场（照片由 MASCO 提供）

奥运圣火及帕纳辛奈科体育场   作者与奥运圣火合影

图 13 – 48   作者在体育场前与奥运圣火合影

13.4   德国体育场调研

13.4.1   慕尼黑安联体育场

工程名称：慕尼黑安联体育场   调研时间：2006.6

功能：足球   座位数：64 500 座

曾举办过的大型运动会：<u>2006 世界杯足球赛等</u>

安联体育场与"鸟巢"一样，建筑方案由瑞士 H & de M 建筑事务所创作，安联体育场位于德国南部慕尼黑市，为 2006 年世界杯足球赛全新建造的足球专用场地，总投资金额 3 亿 4 千万欧元，约合 35 亿人民币，与"鸟巢"造价相当。世界杯期间，座位总数为 64 500 座。2005 年 5 月 30 日，安联球场完工并投入使用，是拜仁慕尼黑和慕尼黑1860 队的主场。

图 13 - 49 所示为安联体育场的外景图，图 13 - 49（a）为作者在观看 2006 年世界杯足球赛时在安联体育场前留影，这是白天的情景，外围护结构采用与水立方相同的 ETFE 材料，只是透光率、颜色等不同而已。图 13 - 49（b）为夜景照片，采用直管荧光灯将 ETFE 膜结构照亮，白色为国家队比赛，红色表示拜仁慕尼黑为主场，蓝色表示慕尼黑1860 为主场。

(a)

(b)

图 13 - 49　安联体育场外景

安联体育场的集散厅很朴实，没有进行豪华装修，但管线布置比较整齐、规整。如图 13 - 50 所示，集散厅照明主要采用筒灯［图 13 - 50（a）］，光源为节能灯，照度标准并不高。管线、桥架直接外露，没做任何修饰。与其他体育场类似，集散厅不仅是观众聚集的场所，也是观众购买饮料、快餐、纪念品等的场所，图 13 - 50（b）的照片相信许多球迷应该很熟悉！图 13 - 50（c）是临时电视直播区域，由观众席临时搭建而成，许多强弱电线缆和设备均为临时设施，世界杯比赛后将拆除并恢复原状。

安联体育场的场地照明采用断续光带布灯，这一点与"鸟巢"相似，请读者参考本书第

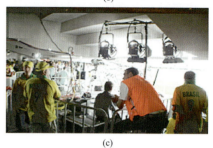

(a)   (b)   (c)

图 13 – 50　安联体育场的集散厅

5 章相关内容。图 13 –51 给出各组光带安装灯具的数量，体育场共计装有 MVF403 灯具 232
盏，配 2000W/380V 双端短弧金卤灯，根据国际国际足联提供的数据，安联体育场的照明指
标达到 FIFA 的要求，面向摄像机方向的垂直照度达 1400lx 以上。

图 13 –51　安联体育场照明

　　如图 13 –52 所示，安联体育场南北两侧各安装一组大屏幕，用于显示比赛信息和视频
图像，LED 大屏幕吊装在顶棚下面，对观众视线没有任何遮挡，这得益于 LED 大屏幕的轻
量化。图 13 –52（a）不仅可以看到大屏幕的超薄特点，还可以清晰地看到场地扩声系统采
用分布式布置扬声器方式，笔者现场直接感受：效果不好，声音浑浊，混响较严重，听不清
语音（笔者坐在西侧下层看台中部区域）。

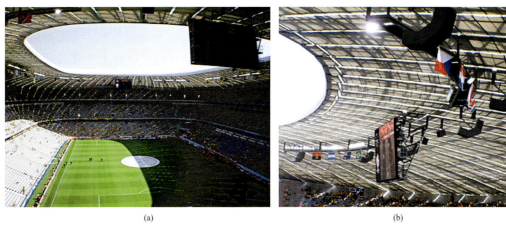

(a)   (b)

图 13 – 52　安联体育场的大屏幕和扩声系统

13.4.2　Gelsenkirchen 体育场

　　工程名称：德国 Gelsenkirchen 体育场　　　　　调研时间：2004.4

　　功能：足球　　　　　　　　　　　　　　　　　座位数：52 600 座

　　曾举办过的大型运动会：2006 年世界杯足球赛、德甲联赛、欧洲三大赛事等

　　Gelsenkirchen 体育场是德甲劲旅 FC SCHALKE 04 队的主场，体育场始建于 2001 年 8 月 13 日，2006 年世界杯期间共有座席 52 600 个。该体育场属于足球专用场地，有两大特色：一是足球草坪可以移动；二是屋顶可开启。如图 13 – 53 所示，每 2 周要将草坪移到室外进

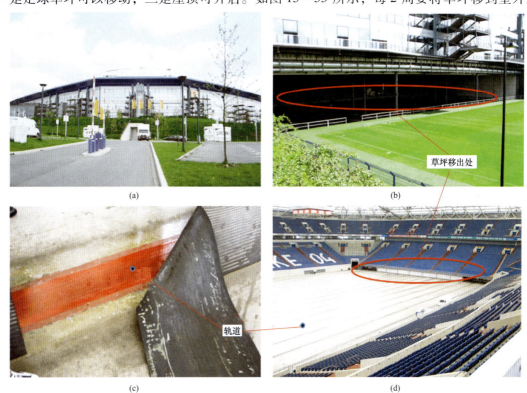

图 13 – 53　Gelsenkirchen 体育场及其移动草坪

行养护、修剪，图（d）所示已将草坪移出体育场，图（b）所示草坪正在体育场外晒太阳、浇水、修剪等养护，图（c）为轨道，即移动草坪之用，共16条轨道。

如图13-54所示，该体育场屋顶是轻型结构，可移动开启。笔者考察此场地的主要目的之一是借鉴可开启屋顶的经验，为设计"鸟巢"提供帮助。后来，"鸟巢"取消了可开启屋顶的设计，多少有点遗憾！

(a)

(b)

(c)

内外两圈马道，用于灯具布置和音箱布置
比赛时开启屋顶变成室外体育场

(d)

图13-54 Gelsenkirchen 体育场照明

如图13-54所示，场地照明采用内外两圈马道布置，灯具布置比较灵活，同时为场地扩声系统的音箱安装提供了方便。该体育场的场地照明同样采用飞利浦的灯具、光源，型号为多次提到的 MVF403/MHD2000W，共212套，照明指标相当不错，据 FIFA 官方资料显示，平均垂直照度大于2400lx，色温5600K，显色指数 $R_a > 90$。

由图中可以看出，大屏幕为斗屏，位于场地中央上方，便于观众观看比赛信息和视频，又不影响观众视线。斗屏通常应用在 NBA 篮球赛场，足球场很少使用。

由于屋顶可以开启，当打开屋顶时，体育场变成室外场馆，与普通的体育场没什么两样。当屋顶闭合时，该体育场变成室内场馆，不知道消防、空调、通风等问题如何解决！

图13-55为新闻发布厅，比赛结束后双方教练员和运动员在此接受记者采访。新闻发布厅不算豪华，节能灯是主要的光源，且均匀布置，主席台没有特殊的照明，满足德甲比赛应该没有问题。扩声系统和有线电视系统也是不可缺少的，图中清晰可见。

图 13 – 55　Gelsenkirchen 新闻发布厅

　　与欧洲其他体育场类似，控制室（图 13 – 56）是综合性的，包括场地照明控制、大屏幕控制、场地扩声控制、视频监控系统等。控制室位于包厢层，下层看台上面，可观看到全场。

(a)

(b)

(c)

(d)

图 13 – 56　Gelsenkirchen 控制室

13.4.3　汉诺威体育场

　　工程名称：德国汉诺威体育场　　　　　　　调研时间：2004.4

功能：足球 座位数：50 000 座

曾举办过的大型运动会：2006 年世界杯足球赛、德甲联赛、欧洲三大赛事等。

汉诺威体育场始建于 1954 年 9 月 26 日，是汉诺威 96 的主场。为举行 2006 年世界杯足球赛，该体育场进行改造，改造后体育场共有座位 50 000 座，改建费用高达 6700 万欧元，2005 年 1 月 23 日重新启用。

图 13 -57 所示为 2004 年 4 月正在改造的情形，改造期间，继续进行比赛，图示为德甲汉诺威—斯图加特的德国甲级联赛。原体育场没有雨棚，改造后增加了雨棚，其他设施和要求均按照 FIFA 世界杯的要求进行改造。原场地照明布灯方式比较特别，采用轻型灯杆，属于四角布灯方式；改造后为光带布置，属于两侧布灯。改造后场地照明标准大大提高，共计采用 160 盏 2000W 投光灯，对于足球专用场地，用灯数量算是比较经济的。平均垂直照度可达 1500lx，满足世界杯比赛的要求。

(a)

(b)

(c)

(d)

图 13 -57　汉诺威体育场

作者在观看本场比赛时，深感德国的球迷的疯狂和德国体育产业的发达，也领略到德国人的认真、务实和严谨。

13.5　奥运会临时照明系统调研报告

举办大型运动会场馆建设的投资及回报问题越来越受到人们的关注，如何用最少的投资达到举办运动会的场馆照明要求，避免不必要的浪费？临时照明系统解决方案已经成为一种解决此问题的很好的选择。为了设计好国家体育场，笔者特对 2000 年悉尼奥运会和 2004 年雅典奥运会临时照明系统使用情况进行了调研。

13.5.1 临时照明系统的定义

临时照明系统解决方案包含临时照明和补充照明两部分：

临时照明：一个完整的临时照明系统只会在运动会期间提供给没有永久运动照明系统的临时场地使用，运动会结束以后将撤除。例如雅典奥运会的棒球、曲棍球、击剑、羽毛球、射击等项目。

补充照明：原有永久照明系统不满足运动会要求，补充照明用于增加场地照度使照明水平达到比赛要求，运动会结束后将照明系统还原。例如雅典奥运会的沙滩排球、跳水、骑术中心、体操馆、马拉松、现代五项全能、道路自行车、足球、游泳、花样游泳、网球、田径、水球等。

13.5.2 临时照明系统的优点

概括起来，临时照明系统具有如下优点：

经济性：临时照明系统可以节省巨大的财务投资。据了解，对于奥运会等级的比赛，临时照明系统节省照明设备投资约30%～50%，如果计入相关配电装置、控制设备、电缆等设备和材料，节省投资更多。

灵活性：高等级比赛的照明标准总是不断的变化和提升，不可能有一套一劳永逸的永久照明系统可以满足未来高等级比赛。临时照明系统可以很灵活的满足未来高等级比赛的需求。而且临时照明系统还缩短了设计、安装周期。

实用性：减少了维护费用，并可根据现场实际情况和需要，设计可行且经济的解决方案，并且从长期的角度来说无需维护。

科学性：可以很好地将场馆的日常运营需求与大型赛事需求相结合，满足两种要求完全不同的照明要求，不产生设备的过度投资和浪费，部分照明设备可以重复利用从而节约新的投资，科学合理。

13.5.3 雅典奥运会临时照明系统使用情况

1. 临时照明系统解决方案在雅典奥运会中的应用

雅典奥运的28个比赛项目分别在40多个场馆举行，其中33个场地安装有永久性照明设备，5个场地安装有完整的临时照明系统，33个项目中有13个项目在原有永久照明设备基础上增加了临时照明系统进行了补充照明。

调研表明，雅典奥运场馆主要采用美国玛斯柯体育照明设备有限公司的临时照明系统，该公司为23个体育项目、18个场馆提供了临时照明服务，其中临时照明包括棒球、场地曲棍球、击剑、羽毛球、射击等项目；补充照明包括沙滩排球、跳水、骑术中心、体操馆、马拉松、现代五项全能、道路自行车、足球、游泳、花样游泳、网球、田径、水球等。

雅典奥运会在采用玛斯柯的临时照明项目中共使用大功率金卤灯具达1813套，总功率为3790.5kW，大功率金卤灯具包括575W、750W、1200W、1500W、2000W、6000W等不同功率等级的灯具。使用了包括20辆移动照明卡车在内的移动照明系统、特殊悬挂系统、简易户外系统、室内系统等各种安装方式在内的临时照明系统。

2. 移动照明系统

移动照明系统为Musco Light^{TM} Truck。自从1982年首次在印第安纳州南本德市Notre

Dame 足球场举办的 Notre Dame 和 Michigan 大学之间的大学足球比赛开始，Musco Light™ Truck 开始广泛应用于体育照明的电视转播，为夜间大学足球转播奠定了基础。迄今为止，Musco 移动照明系统已经为数百场大学足球电视转播、专题影片和特殊盛况提供了照明设备服务。其主要应用场合为电影、商业广告、电视、MTV、特殊事件、体育运动、建筑、应急等，如图 13 - 47 所示。

移动照明系统 Musco Light™ Truck 具有以下独特优点：

1）包含 15 套 6kW 的 HMI 高光效灯具。

2）具有远程控制操作面板、灯具倾斜和自动调焦遥控系统，单个灯具配光曲线可调。

3）灯塔升降安装高度最高可达 40m。

4）包含低噪声发电机，无需外接电源时可连续工作 24h。

5）单个灯具投射距离达 1500m 时，照度可达到 75lx。

移动照明系统在雅典奥运会主要应用于 Aquatic 奥林匹克体育中心游泳中心、雅典城市中心公路自行车比赛赛道、马拉松比赛等项目或场馆，使其照明系统达到奥运会比赛要求。

3. 特殊悬挂系统 SportsCluster - 2 （图 13 - 58）

调研中发现，体育场馆原有照明系统无法满足照明要求时，经常需要增加灯具来达到照明标准的要求，这是非常经济而又有效的解决问题的措施。特殊悬挂系统 SportsCluster - 2 是解决这类问题的有效方法之一，它可以通过在已有灯杆结构、屋顶支架、马道、钢结构上进行特殊连接处理，在原有系统中补充增加部分灯具，达到提高照明效果的方法。具有以下特点：

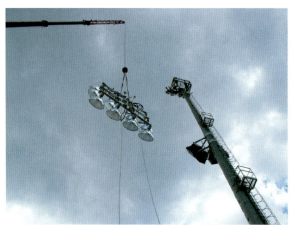

图 13 - 58 SportsCluster - 2 系统

1）SportsCluster - 2 是通过对大面积体育场地提供相对来说较高水平的照明以满足具体的体育场地照明要求而研发的，针对性很强。

2）灯具组件可根据您的结构选择而调整设计。

3）安装简便、迅速，安装时不破坏原有建筑结构。

4）整流器箱可以与灯具分体，增加其安装灵活性。

雅典奥运会中特殊悬挂系统 SportsCluster - 2 主要应用在奥林匹克体育场热身场、奥林匹克沙滩排球中心、Panathinaiko 体育场（图 13 - 47 右上图）、Karaiskaki 体育场（图 13 - 59）等场馆，使其达到奥运比赛要求。

图 13 - 59　雅典 Karaiskaki 体育场

4. 简易户外照明系统 Light - Structure

该系统适用于户外运动照明需求，灯杆高度可根据具体应用要求来确定。系统灵活性高，安装迅速、简便，可在比赛结束后迅速拆除。系统包含以下几个部分（图 13 - 60）：

1）杆顶照明组件。

2）灯杆。

3）混凝土锚定。

图 13 - 60　简易户外照明 Light - Structure

4）电气组件。

5）运输组件。

雅典奥运会中 Light – Structure 主要应用于奥林匹克网球中心、奥林匹克棒球中心、奥林匹克场地曲棍球中心、开幕式训练中心场地等场馆，使其达到奥运比赛要求。

5. 室内临时系统

该系统主要应用于室内体育馆对临时照明的需求（图 13 – 61），安装方式可采用灯架、特殊安装支架等。系统具有以下特点：

1）重量轻、安装简便、迅速。

2）灯具和整流器可分体，便于灵活应用。

3）对原有建筑结构不产生破坏。

4）可满足各种室内照明需求，特别适合场地位置有变化时或有各种临时分控照明要求的情况，而这种要求固定照明系统很难满足。

图 13 – 61　室内临时照明系统

雅典奥运会室内 Light – Bar 临时系统主要应用于以下场馆，使其达到奥运要求。

1）奥林匹克体育场室内热身场。

2）奥林匹克室内体育馆。

3）Aquatic 奥林匹克体育中心游泳中心跳水池（图 13 – 62）。

4）奥林匹克击剑中心。

5）Goudi 奥林匹克体育馆（图 13 – 63）。

6. 灯具调光及测试服务

调研表明：在奥运临时照明工程服务中，相当重要的一项工作是对灯具进行调光和测试服务，确保现场灯光效果达到设计以及 AOB 照明要求，特别是在补充照明服务中，要求对原来所有灯具的角度进行重新调试并进行检测。也有部分场地具有足够数量的灯具但现场安装调试发生了偏差，此时只需对灯具进行调光和测试即可，而无需进行补充照明。这项工程主要有法里罗海岸区体育中心 Pavilion 运动馆、Pampeloponisiako 体育场等。

图 13 - 62　奥林匹克综合体育中心跳水池

图 13 - 63　Goudi 奥林匹克体育馆

13.5.4　悉尼奥运会临时照明系统使用情况

悉尼奥运会的比赛项目分别在 36 个场馆举行，其中 10 个场地安装有完整的临时照明系统，3 个项目在原有永久照明设备基础上增加了临时照明系统进行补充照明。

玛斯柯体育照明设备有限公司为其中的 19 个体育项目、14 个场馆提供了临时照明服务，详见表 13 - 7。

表 13 - 7　　　　　　　　　　　　　　　　悉尼奥运会临时照明使用情况

临时照明系统类型	运动项目名称
临时照明	10m 手枪决赛、篮球、羽毛球、现代五项、体操、乒乓球、手球、铁人三项、排球、水球等项目
补充照明	棒球、垒球、自行车等
原有照明系统重新调试	体操、篮球、游泳、跳水、足球、马拉松隧道入口等
特殊灯光需求	帆船颁奖仪式、跳水池池底的奥运五环、媒体采访的混合区等

在 2000 年悉尼奥运会中，临时照明系统项目使用的大功率金卤灯具总数达 1400 套，与雅典奥运会相似，金卤灯具的功率包括 575W、750W、1200W、1500W、2000W、6000W 等不同功率等级，使用了包括移动照明卡车在内的移动照明系统、特殊悬挂系统、简易户外系统、室内系统等各种安装方式在内的临时照明系统。项目从 1999 年 3 月开始准备，到 2000 年 11 月全部完成，安装和调式系统共有 17 名专业工程师耗时 4 个月之久完成，满足了电视转播机构 SOBO、新闻摄像和运动员的需求。

由于同一设施在不同时段举行不同比赛，技术人员需在一项比赛结束另一项比赛尚未开始的短暂间隙内完成灯具的位置调整和重新瞄准以满足比赛要求。在乒乓球与跆拳道比赛之间仅有两小时进行设备的重新瞄准和调试。图 13 - 64 ~ 图 13 - 70 为采用临时照明系统的实际效果。

图 13 - 64　采用临时照明的篮球比赛

图 13 - 65　采用临时照明的羽毛球比赛

图 13 – 66　采用补充照明的游泳比赛

图 13 – 67　采用补充照明的跳水比赛

13.5.5　永久照明系统与临时照明系统之间的配合

临时照明系统仅为满足大型赛事比赛期间电视转播和比赛需求，使用时间一般不超过 2 周，永久照明系统为满足体育设施日常营运和使用需求。目的不同，决定了其在设计原则、具体规划以及两者之间的配合有很大的不同。

1. 临时照明系统解决方案的设计原则

由于临时照明系统解决方案与普通场馆永久性固定照明系统的目的不同，其设计原则也有所不同：

图 13 - 68　重新调光的足球比赛

图 13 - 69　重新调光的足球比赛　　　　　图 13 - 70　采用补充照明的自行车比赛

1）最小化财务投资和最大化营运使用。

2）满足运动会电视转播及比赛照明要求。

3）由于运动会只有短短 16 天左右的时间，应该在永久性场馆和照明设施基础上最大化临时照明设备的使用。

4）安装调试周期短。

5）考虑到赛后营运的使用要求。

2. 临时照明系统解决方案项目具体规划

临时照明系统解决方案包括初步设计、详细设计、项目交付、赛事运行、拆除照明设备等不同阶段。

步骤 1：初步设计。

1）结合运动会照明系统要求，详细研究项目要求、职责和范围，熟悉原设计图纸。

2）进行场地实地考察，了解项目的现状，寻找更多的已知条件。

3）提出初步的临时照明系统方案，分析其可行性、合理性，尽可能进行多方案比较，选出最佳方案。

4）准备项目预算。

步骤2：详细设计。

1）以获得批准的初步设计成果为基础，进行深化设计，设计必须符合运动会组委会和相关体育联盟的要求，同时还要考虑到当地的规范、标准。

2）除体育照明外，还有设计观众席照明、应急照明等。

3）提交设计文件给运动会组委会，以被批准。

4）具体项目的典型解决方案——移动照明卡车，临时照明装置和灯杆，临时灯架，马道或其他结构件。

步骤3：项目实施并交付。

1）项目实地安装，管理和协调。

2）调试：把灯具调整到合适的瞄准角，进行供电电源检测（主电源和应急电源）。

3）照度检测——照明设备提供商和运动会组委会分别独立进行照度检测。

4）对灯光进行摄像机拍摄效果的实际检测。

步骤4：比赛其间的运行和维护。

在比赛期间，派驻现场维修的技术人员，确保照明系统正常运行。

步骤5：拆除照明设备。

在运动会完全结束后从场地拆除所有临时和补充照明设备，并把场地还原到之前的状态。

13.5.6 结论

经过调研，笔者开拓了思路，对"鸟巢"的场地照明设计提供有益的帮助，调研结论如下：

结论1："鸟巢"宜预留临时照明系统的条件。

1）预留灯具安装位置。

2）供配电系统预留足够临时容量。

3）照明控制系统预留足够控制接口和界面。

4）预留足够线缆和线槽空间，便于日后安装施工。

5）结构荷载应提前考虑临时照明的负荷需求。

结论2：高校的奥运场馆及其他非特级场馆应大力推广临时照明技术，以节约投资和减少营运成本。

注：本节照片均由 MUSCO 公司提供。

附　录

附录 A　奥运场馆环境评估调查表

奥运场馆环境评估调查表

（试行）

工程名称：＿＿＿＿＿＿＿＿＿＿＿＿＿＿＿＿＿＿＿

设计单位：＿＿＿＿＿＿＿＿＿＿＿＿＿＿＿＿＿＿＿

施工单位：＿＿＿＿＿＿＿＿＿＿＿＿＿＿＿＿＿＿＿

监理单位：＿＿＿＿＿＿＿＿＿＿＿＿＿＿＿＿＿＿＿

2006 年 2 月

《奥运场馆环境评估调查表》填表总说明

（1）奥运场馆各参建单位应认真如实填写《奥运场馆环境评估调查表》（以下简称《调查表》表 A – 1 ～ 表 A – 10），填表之前应认真阅读本《奥运场馆环境评估指南》（试行），以及包括《评估指南》各章节编制依据在内的有关文件。

（2）《调查表》可以用钢笔、签字笔填写，也可以提交电子版。需要加盖的公章可以是各单位项目部门的公章。

（3）随同《调查表》提交的证明材料，应真实、有效、完整和齐全，并满足本《评估指南》第二章中"绿色奥运工程资料要求"的有关规定。

（4）《调查表》针对的是整个奥运场馆的建设过程，被评估工程不涉及或暂时未涉及的评估内容不需要填写，但应在备注或该栏目中注明原因。

联系人：（略）

办公电话：（略）

移动电话：（略）

传真：（略）

E-mail：（略）

表 A – 1　　　　　　　　　奥运场馆环境评估调查表——资料清单

工程名称		建设单位	
代建单位		设计单位	
施工单位		监理单位	
填表人/电话		填表时间	年　　月　　日

序号	资料名称	提供情况	备　　注
1	《奥运工程设计大纲》①	□有　□无	
2	设计图纸审查记录②	□有　□无	
3	建筑节能审查意见③	□有　□无	
4	有关"园林绿化指标"的审批文件	□有　□无	
5	《施工组织设计》及批准文件④	□有　□无	
6	已经完成的绿色奥运工程资料，及证明资料⑤，＿＿＿卷＿＿＿份	□有　□无	
7	《奥运工程环境评估调查表》＿＿＿份	□有　□无	
8	《绿色亮点项目报告》	□有　□无	
9	《绿色奥运工作总结报告》⑥	□有　□无	
10	其他提供的文件：		

建设单位（代建单位）审查意见⑦：

项目负责人：　　　　　　　　　　　　　　　　　　　　　　　年　　月　　日（公章）

① 可仅提供目录及有关环境保护的章节。
② 可仅提供有关绿色奥运设计审查的部分。
③ 如没有，请说明原因。
④ 施工组织设计可仅提供有关环境保护的章节。
⑤ 尽量提供。
⑥ 竣工验收后的环境评估时提供。
⑦ 表内容情况属实与否。

表 A-2　　　　　　　　　　　**奥运场馆环境评估调查表——项目管理**

工程名称		项目总进度			
填表人/电话		填表时间	年　　月　　日		
序号	项目管理措施	落实情况		实施情况	
1	将绿色奥运"特殊需求"纳入《奥运工程设计大纲》	□是　□否		①	
2	将"特殊需求"落实在设计文件中	□是　□否		①	
3	将奥运节能、绿色建材标准落实在设计文件中	□是　□否		①	
4	将绿色奥运"特殊需求"作为设计图纸评审的重要内容	□是　□否		①	
5	投标文件中考虑到绿色奥运对设备、材料，施工大气污染控制、噪声控制的要求	□是　□否		①	
6	在项目管理大纲和项目管理规划中制定了落实绿色奥运的具体措施	□是　□否		①	
7	监理规划和监理实施细则制定了落实绿色奥运的具体措施	□是　□否		①	
8	施工单位在主要工程物资的加工订货过程中，向潜在供应商明确提出了绿色奥运的要求	□是　□否		①	
9	监理单位在审查工程物资供应商的资格时，将是否通过 ISO 9000 和 ISO 14000 作为审查内容	□是　□否		①	
10	监理单位对进场工程物质的检查验收中，充分考虑了绿色奥运的"特殊需求"	□是　□否		②	
11	电梯、冷却塔、动力站房安装完毕后，对噪声防治效果进行了测试	□是　□否		③	
12	施工单位建立了绿色奥运工程资料专项技术档案	□是　□否		④	
建设单位（代建单位）意见： 项目负责人（签字）：　　　　　　　　　　　　　　　　　　年　　月　　日（公章）					
设计单位意见： 项目负责人（签字）：　　　　　　　　　　　　　　　　　　年　　月　　日（公章）					
施工单位意见： 项目负责人（签字）：　　　　　　　　　　　　　　　　　　年　　月　　日（公章）					
监理单位意见： 项目负责人（签字）：　　　　　　　　　　　　　　　　　　年　　月　　日（公章）					

① 提供相应的证明材料，可仅提供和环境保护有关的部分。

② 提供的证明材料中，应包括"工程物资进场报验表"（复印件）等相关资料。

③ 提供"系统试运转调试记录"等有关资料。

④ 提供档案目录及相关证明材料。

表 A－3　　　　　　　　　　**奥运场馆环境评估调查表—建筑节能**

工程名称			分项进度		
填表人/电话			填表时间		年　　月　　日
一、基础数据					
序号	项　　目		设计值	设计依据	评估结论
1	体型系数				
2	窗墙面积比				
3	屋顶透明部分与屋面之比				
4	维护结构传热系数/［W/（m²·K）］				
4.1	屋面			①	
4.2	外墙			①	
4.3	非透明幕墙			①	
4.4	单一朝向外窗			①	
4.5	透明幕墙			①	
4.6	屋顶透明部分			①	
5	遮阳系数				
5.1	外窗玻璃的遮阳系数			②	
5.2	外窗外遮阳的遮阳系数			②	
5.3	透明屋顶遮阳系数			②	
6	电驱动冷水（热泵）机组：□水冷　　　　□风冷　　　　□蒸发冷却　□活塞式/涡旋式　　□螺杆式　　　□离心式				
6.1	额定制冷量/kW				
6.2	性能系数				
7	集中空调系统：				
7.1	风机盘管加新风系统风量/（m³/h）	最小新风量		③	
		热回收新风量		③	
7.2	全空气直流式空调系统风量/（m³/h）	总送风量		③	
		热回收风量		③	
7.3	空调系统新风比				
二、其他信息					
序号	项　　目		有	无	实施情况
1	外墙保温				④
2	外遮阳				⑤
3	室内空气净化处理技术				⑥
4	地源热泵空调/供暖				⑦
5	水源热泵空调/供暖				⑦
6	热冷电三联供				⑦
7	自然通风				⑦
8	自然光照明技术（光导管）				⑧

续表

序号	项 目	有	无	实施情况
9	高效节能光源照明	×		见 E - 003d
10	蓄热供暖			⑨
11	蓄冷空调			⑨
12	太阳能供热水			⑦
13	太阳能发电	×		已设计，约 100kW
14	太阳能照明			⑦
15	地热能供暖与梯级利用			⑦
16	风能发电			⑦
17	变流量空气调节系统			⑦
18	分层空调			⑩
19	建筑能耗模拟分析			⑩
20	变频技术			⑩

采用的其他建筑节能措施：

建设单位（代建单位）意见：

项目负责人（签字）：　　　　　　　　　　　　　　　　年　　月　　日（公章）

设计单位意见：

项目负责人（签字）：　　　　　　　　　　　　　　　　年　　月　　日（公章）

施工单位意见：

项目负责人（签字）：　　　　　　　　　　　　　　　　年　　月　　日（公章）

监理单位意见：

项目负责人（签字）：　　　　　　　　　　　　　　　　年　　月　　日（公章）

① 填写实施方案，如外墙：240mm 红砖 + 40mm 聚苯板外墙保温；再如外窗：Low－E 中空玻璃 6（Low－E）+ A6 + 6。

② 说明外遮阳方案。

③ 在此处填写该项目的设计值。

④ 说明实施面积及保温材料。

⑤ 说明外遮阳方案。

⑥ 说明技术方案及处理量。

⑦ 说明规模及主要技术数据。

⑧ 说明实施面积并给出图纸号。

⑨ 说明蓄能份额。

⑩ 说明实施情况。

表A-4 **奥运场馆环境评估调查表——园林绿化**

工程名称			分项进度			
填表人/电话			填表时间	年 月 日		
序号	项目	内 容				备注
1	乡土植物情况	是否以乡土植物为主：□是　　　□否 主要乡土植物名称： 其他主要植物名称：				
2	植物多样性	乔木（种类）		灌木（种类）	草本（种类）	
3	园林绿化指标	场馆建设总面积/m²	场馆绿地面积/m²	绿地率 ＿＿＿＿＿＿％		①
4	苗木规格	常绿乔木/棵			落叶乔木/棵		②
		树高小于4m	树高4~6m	树高小于4m	胸径小于8cm	胸径8~12cm	胸径大于12cm	
5	病虫害防治	生物防治		物理防治		化学防治		③
		天敌	生物制剂	光诱捕	热诱捕	色诱捕	低毒药剂	中毒药剂	高毒药剂	
6	地下设施	□有 □无	如有，简述绿地内地下设施设置情况（包括数量、功能、占地面积、覆土厚度等）：				
7	屋顶绿化	简单式/m²		花园式/m²		④
8	应急疏散集中绿地	□有 □无	如有，简述基本情况（包括面积、位置、方便人流疏散的措施等）：				
9	裸露地面	面积/m²	采取的覆盖措施：				
10	广场、停车场地面铺设	总面积/m²	简述广场、停车场地面铺装情况（包括面积、铺装材料、铺装工艺等）：				
11	古树名木保护	□有 □无	如有，简述采取的措施：				

续表

12	灌溉用水	自来水		中水		雨水		⑥
		□有 □无		□有 □无		□有 □无		
13	雨水收集	如有，简述采取的措施：						⑦
14	浇灌方式	漫灌		喷灌		渗灌		
		□是 □否		□是 □否		□是 □否		
15	绿地照明	电能		太阳能		其他		太阳能并网发电
		□是 □否		□是 □否				
16	植物生长总体状况	优（内打√）		良（内打√）		差（内打√）		⑧
		自评估□	专家评估□	自评估□	专家评估□	自评估□	专家评估□	
17	景观总体状况	优（内打√）		良（内打√）		差（内打√）		⑨
		自评估□	专家评估□	自评估□	专家评估□	自评估□	专家评估□	
18	绿化工程竣工时间							

建设单位（代建单位）意见：

项目负责人（签字）：　　　　　　　　　　　　　　　　年　　月　　日（公章）

设计单位意见：

项目负责人（签字）：　　　　　　　　　　　　　　　　年　　月　　日（公章）

施工单位意见：

项目负责人（签字）：　　　　　　　　　　　　　　　　年　　月　　日（公章）

监理单位意见：

项目负责人（签字）：　　　　　　　　　　　　　　　　年　　月　　日（公章）

① 绿地率以绿化用地面积占场馆占地总面积的百分率计。

② 小乔木、灌木不计在本项目；落叶乔木的胸径是指地表以上 1.3m 处树干的直径。

③ 生物防治、物理防治、化学防治以下的各分项，需要填入天敌、仪器和农药的名称。

④ 简单式：利用低矮灌木或地被植物进行屋顶绿化，不设置园路及小品设施，不允许除维修人员活动的简单绿化；花园式：利用小型乔木、低矮灌木和地被植物进行屋顶绿化植物配置，设置园路、座椅等功能设施以及园林小品等，提供一定的游览和游憩空间的复杂屋顶绿化。

⑤ 裸露地面是指未被绿化或硬化的裸露地；植物覆盖是指采取临时绿化等措施，有机覆盖是指采取防尘网、防尘布等措施，无机覆盖是指采取粗级配。

⑥ 雨水是指通过回收设施收集到的、又重新应用于绿地的雨水。

⑦ 绿地雨水收集是指通过有意识的设计，而使绿地中的雨水不外流的技术方式。

⑧ 优：生长健壮，枝繁叶茂，树形饱满，无枯枝，无病虫害。良：生长健壮，无枯枝，无病虫害。差：生长弱，有枯枝，有病虫害。

⑨ 优：乔木、灌木、草本植物搭配合理，色彩适宜，绿化景观与场馆以及周边环境协调。良：乔木、灌木、草本植物搭配合理，色彩适宜。差：乔木、灌木、草本植物搭配不合理，色彩不适宜，绿化景观与场馆以及周边环境不协调。

表 A−5　　　　　　　　　　　　奥运场馆环境评估调查表——绿色建材

工程名称			分项进度			
填表人/电话			填表时间		年　　月　　日	
序号	阶段	主要内容	是	否	说明文件	
1	设计	是否要求选用通过 ISO 9000 和 ISO 14000 体系认证的建材企业的产品				
		是否要求将"绿色建材（装饰装修材料）奥运标准"作为场馆建材选用的标准				
2	施工	是否严格按设计选用了绿色建材，对未按设计要求选用的建材，应出示理由：				
		列出采用废弃物为原料生产的建材主要品种及数量：				
		是否考虑了产品的可回收再用性，请给出具体说明：				
		临时设施是否使用了再生或可再生的建材，请给出具体说明：				
		其他有关绿色建材使用情况的说明：				

建设单位（代建单位）意见：

项目负责人（签字）：　　　　　　　　　　　　　　　　　　　　年　　月　　日（公章）

设计单位意见：

项目负责人（签字）：　　　　　　　　　　　　　　　　　　　　年　　月　　日（公章）

施工单位意见：

项目负责人（签字）：　　　　　　　　　　　　　　　　　　　　年　　月　　日（公章）

监理单位意见：

项目负责人（签字）：　　　　　　　　　　　　　　　　　　　　年　　月　　日（公章）

附录

表 A-6　　　　　　　　奥运场馆环境评估调查表——水资源保护和再利用

工程名称			分项进度		
填表人/电话			填表时间	年　　月　　日	
一、卫生器具					
项目	器具类别	器具形式	是否选用		数量
公共用水器具①	水龙头	水龙头总数	/		（套）
		陶瓷芯片节水龙头	□有	□没有	（套）
		手压/脚踏式水龙头	□有	□没有	（套）
		水力式延时自闭水龙头	□有	□没有	（套）
		光电式延时自闭水龙头	□有	□没有	（套）
		充气型水龙头	□有	□没有	（套）
		其他节水型龙头②	类型1： 类型2：		（套） （套）
卫生间冲厕 （同上）	坐便器冲洗	坐便器总数	/		（套）
		6L 一挡坐便器④	□有	□没有	（套）
		3/6L 两挡坐便器⑤	□有	□没有	（套）
		其他节水型坐便器③	类型1： 类型2：		（套） （套）
	蹲便器冲洗	蹲便器总数			
		手动延时自闭冲洗	□有	□没有	（套）
		脚踏冲洗	□有	□没有	（套）
		自动定时冲洗	□有	□没有	（套）
		其他蹲便器	类型：		
	小便器冲洗	小便器总数			
		手动延时自闭冲洗	□有	□没有	（套）
		光电感应定时冲洗	□有	□没有	（套）
		自动定时冲洗	□有	□没有	（套）
		其他	类型：		
浴室（同上）	淋浴喷头和开关	喷头总数			
		手动淋浴开关	□有	□没有	（套）
		脚踏淋浴开关	□有	□没有	（套）
		光电感应淋浴开关	□有	□没有	（套）
		充气式节水喷头	□有	□没有	（套）
		其他节水喷头⑥	类型：		

项目	器具类别	器具型式	是否选用	数量
室内给排水	主要管路材料	给水管路采取的防泄漏措施： 排水管路采取的防泄漏措施：		
计量系统与设备	普通计量水表		□有　　□没有	（套）
	限量水表（IC卡、远动等）		□有　　□没有	（套）
	控制最低配水点水压≤0.3MPa的措施：			

保证公众饮用水质达到 WHO（世界卫生组织）饮用水质标准的措施：

自来水用量设计值：	t/d	总用水量定额值：	t/d	节水效率：	%

二、污废水资源化

再生水用途	冲厕	日用水量：	t/d
	绿化	日用水量：	t/d
	路面	日用水量：	t/d
	景观	日用水量：	t/d
	其他	日用水量：	t/d
主要再生水来源	□市政中水		□自建再生水处理设施
其他废水资源化	□集中空调冷却塔排放水		□空调冷凝水　　□其他：

采用自建再生水处理设施的请继续填写

设计总排水量：	t/d	中水设施处理水量：	t/d
回用水量：	t/d	污水回用率[⑦]：	%

简述再生水处理工艺流程：

再生水 COD 设计值	绿化：	mg/L	冲厕：	mg/L	冲洗路面：	mg/L

三、雨水资源化

屋面雨水收集	收集屋顶面积：	m²	集水池容积：	m³
	预处理措施：			
	用途：（1）□并入中水系统 　　　　（2）直接利用：□喷洒道路　□绿化　□冲厕　□景观　□其他			
其他雨水收集	□场地		□道路	□其他

续表

建设单位（代建单位）意见：		
项目负责人（签字）：	年　　月　　日（公章）	
设计单位意见：		
项目负责人（签字）：	年　　月　　日（公章）	
施工单位意见：		
项目负责人（签字）：	年　　月　　日（公章）	
监理单位意见：		
项目负责人（签字）：	年　　月　　日（公章）	

① 节水器具指符合 CJ 164—2002《节水型生活用水器具标准》相应规定的用水器具。

② 节水型水嘴（水龙头）指具有手动或自动启闭和控制出水口水流量功能，使用中能实现节水效果的阀类产品。主要性能指标为：水压 0.1MPa 和管径 15mm 下，最大流量不大于 0.15L/s。延时自闭式水嘴每次给水量不大于 1L，给水时间 4~6s。

③ 节水型便器指在保证卫生要求、使用功能和排水管道输送能力的条件下不泄漏，一次冲洗水量不大于 6L 水的坐便器。

④ 6L 坐便器指设计采用国家认定的当水压为 0.3MPa 时，每次冲洗周期用水量不大于 6L，并设计相应管配件以确保冲洗效果的坐便器。

⑤ 两档冲洗水箱指设计采用国家认定的可按两种不同冲洗水量——小便 2~4L/次和大便 6L/次，冲洗时间为 3~10s 进行冲洗的坐便器。

⑥ 淋浴节水器具指采用接触或非接触控制方式启闭，并有水温调节和流量限制功能的淋浴器产品。淋浴器喷头应在水压 0.1MPa 和管径 15mm 下，最大流量不大于 0.15L/s。

⑦ 污水回用率是指中水水量占自来水用水量的百分比。

表 A-7 　　　　　　　奥运场馆环境评估调查表——固体废弃物处置和利用

工程名称			分项进度			
填表人/电话			填表时间		年　月　日	
序号	规范条款	主要内容	是	否	备注	
1	厕所的布设与管理情况	厕所建设类别：_____类	/	/	依据：	
		男厕所：　蹲便器____个　　坐便器____个　　残疾人大便器____个　残疾人小便器____个　　小便器____个　　洗手盆____个	/	/	依据：	
		女厕所：　蹲便器____个　　坐便器____个　　残疾人大便器____个　洗手盆____个	/	/	依据：	
		厕所防臭装置或措施：				
2	施工废弃物处置	施工废弃物是否分类存放				
		各施工区域是否设有垃圾区				
		施工人员是否采用一次性餐具				
		施工现场是否设有垃圾集中站			_____个	
		可回收废弃物的去处和利用：				
		不可回收废弃物消纳方式和地点：				
		施工人员生活垃圾收集方式：				
		有害有毒废弃物收集和处置方式：				
3	固体废弃物处置	场馆观众区是否设置直饮水系统			/	
		垃圾分类收集是否达100%			/	
		是否有垃圾集中站			___个	
		垃圾集中站是否为密闭式			/	
		垃圾是否分类类运输			/	
		有害有毒废物是否单独收集			/	
		垃圾分几类：□2类　□3类　___类				

续表

3	固体废弃物处置	垃圾分类收集装置的布设情况：
		垃圾分类收集方式：□垃圾桶（箱）　　□垃圾袋
		垃圾集中站的位置和面积：
		临时设施使用再生或可再生材料的情况：

其他固体废弃物处置和利用措施：

建设单位（代建单位）意见：

项目负责人（签字）：　　　　　　　　　　　　　　　　　　　年　　月　　日（公章）

设计单位意见：

项目负责人（签字）：　　　　　　　　　　　　　　　　　　　年　　月　　日（公章）

施工单位意见：

项目负责人（签字）：　　　　　　　　　　　　　　　　　　　年　　月　　日（公章）

监理单位意见：

项目负责人（签字）：　　　　　　　　　　　　　　　　　　　年　　月　　日（公章）

表 A‑8　　　　　　奥运场馆环境评估调查表——噪声污染防治

工程名称				分项进度		
填表人/电话				填表时间		年　月　日
序号	环境噪声功能区类别：_____区_____类					采取的措施（图号）及说明

1	边界噪声级①/Leq dBA					
	条件	东场界	西场界	南场界	北场界	
	预测值					
	本底值					

2	外界噪声②	对场馆是否有影响	是 □	否 □	
3	场馆声质量③	是否计算赛场混响时间、语音清晰度	是 □	否 □	

4	主要噪声源设备④		数量（台）	低噪声设备数量	采取降噪措施的数量	
		冷却塔				
		空调室外机组				
		风机				
		水泵				
		其他设备：_____				

5	室内噪声		设计噪声级/dBA	
		比赛场馆		
		贵宾休息室		
		机房		

6	通风管道⑤	数量/台	采用消声措施的数量	

7	施工期⑥	土石方及结构施工工期：_____月	简述控制对施工噪声所采取的措施：
		是否夜间连续施工：　是 □　否 □	
		夜间连续施工工期：　_____月	
		施工场地是否采用低噪声设备：　是 □　否 □	
		是否采用降噪措施：　是 □　否 □	

续表

其他采用的噪声防治措施：	
建设单位（代建单位）意见： 项目负责人（签字）：	年　月　日（公章）
设计单位意见： 项目负责人（签字）：	年　月　日（公章）
施工单位意见： 项目负责人（签字）：	年　月　日（公章）
监理单位意见： 项目负责人（签字）：	年　月　日（公章）

① 边界噪声级是指场馆各边界对场外环境的预测影响值（等效连续 A 声级，dBA），此处仅填写昼间影响值（参考该项目的环境影响报告）。如果场馆所在地边界处环境背景值高于场馆影响值的，应做出说明并同时给出场馆预测影响值及环境本底值。在采取措施一栏中应填写为达到场界噪声值所采取的措施，给出文字说明和设计图纸图号。

② 若外界噪声对场馆正常运行有影响，在措施一栏中应填写外界噪声值（参考环境影响报告）及采取的措施，给出设计说明和图号。

③ 在措施一栏中应填写比赛场馆声质量状况，包括混响时间、语音清晰度等，给出采取的措施、设计说明或设计说明图号。

④ 低噪声设备应有相关质检部门的认证，应标明噪声数值。若采用噪声降低措施，则应在采取措施一栏中给出相应的说明和设计图号。

⑤ 在措施一栏中应给出消声效果（包括消声器设计消声量和出风口噪声值），应给出具体设计图号。

⑥ 应按照施工组织计划如实填写，右侧栏中应填写采取的具体施工噪声控制措施及和周围敏感目标的降噪效果。

表 A–9 奥运场馆环境评估调查表——消耗臭氧层物质（ODS）替代产品

工程名称		分项进度	
填表人/电话		填表时间	年 月 日

一、制冷设备

设备种类	形式	制冷剂		备注
冷水机组	风冷式或蒸发冷却式	□R134a	□R410A □其他	风冷式或蒸发冷却式
	水冷式	□R134a	□R410A □其他	
单元式空调机	风冷式	□R134a	□R410A □其他	
	水冷式	□R134a	□R410A □其他	
房间空调器	整体式	□R134a	□R410A □其他	
	分体式	□R134a	□R410A □其他	

二、消防器材

消防器材是否做到禁止使用哈龙1211、1301（必要场所除外）：□是　□否

建设单位（代建单位）意见：

项目负责人（签字）：　　　　　　　　　　　　　　　　　　年　　月　　日（公章）

设计单位意见：

项目负责人（签字）：　　　　　　　　　　　　　　　　　　年　　月　　日（公章）

施工单位意见：

项目负责人（签字）：　　　　　　　　　　　　　　　　　　年　　月　　日（公章）

监理单位意见：

项目负责人（签字）：　　　　　　　　　　　　　　　　　　年　　月　　日（公章）

表 A - 10 　　　　　　　　　　奥运场馆环境评估调查表——施工期污染防治

工程名称			分项进度			
填表人/电话			填表时间		年　　月　　日	
序号	规范条款	基本要求	是	否	备注	
1	标志牌	设置了内容详尽的施工标志牌				
		设置了现场平面布置图和制度板				
2	环保责任和投资	施工招标文件和合同中明确了施工单位的环境保护责任				
		环境保护投资占建设项目总投资的_____%	/	/		
3	环保人员配置	建立了施工现场环境保护管理体系，责任落实到人，形成从项目经理到施工操作人员的环保网络（项目经理姓名：_____，电话：_____）				
		工地设立了"绿色工地"监督员，（监督员姓名：_____，电话：_____）				
4	拆除工程管理	编制了拆除工程环境保护方案				
		采取了密闭施工方式				
		设置了加压喷洒水设施				
		设立了垃圾渣土存放场地，拆除后渣土及时清运				
		拆除工程完成后裸露地面采取的措施：□覆盖　□简易绿化　□其他：_____	/	/		
5	施工现场垃圾管理	清理施工垃圾采取的措施：□密闭式专用垃圾道　□容器吊运　□其他：_____	/	/		
		施工现场设置了密闭式垃圾站				
		施工垃圾是否按照规定及时清运消纳				
6	禁止车辆泄漏遗撒	运输车辆是否超量装载				
		车辆密封、包扎、覆盖严密，沿途是否有泄漏遗撒现象				
		装载的垃圾渣土高度是否超过车辆槽帮上沿				
7	边界围挡	工地边界围挡材料：□砌筑物　□金属　□塑料　□其他：_____	/	/		
		围挡设置高度为：_____ m				
		金属、塑料围挡下方是否砌筑了墙基底脚并抹光（墙基高度：_____ cm）				
8	车辆清洗	运输车辆采取的清洗技术：□水槽　□自来水　□加压水　□其他：_____	/	/		
		洗车水是否实现了再生回用				
		泥水分离方式：□沉淀　□其他：_____排泥方式：□人工清挖　□泵　□刮泥机　□其他：_____	/	/		
		保证车辆出口外路面清洁的措施：_____	/	/		

序号	规范条款	基本要求	是	否	备注
9	道路硬化与管理	施工现场车行道路采取的硬化措施：□混凝土 □沥青 □钢板 □其他：＿＿＿＿＿＿＿＿	/	/	
		施工场所是否存在未硬化的车行道路（理由：＿＿＿＿＿＿＿＿＿＿＿＿＿）			
		防止施工现场内道路扬尘的措施：＿＿＿＿＿＿＿＿	/	/	
10	裸露地面扬尘控制	控制扬尘采取的措施：□防尘网（布） □粗级配 □绿化 □化学抑尘剂 □洒水 □钢板			
		保证以上措施长期有效所采取的办法：＿＿＿＿＿＿＿	/	/	
11	易扬尘物料管理	控制扬尘采取的措施：□库房 □苫盖 其他：＿＿＿＿＿	/	/	
12	其他条款	施工中使用风钻、电锯、电磨、混凝土搅拌等可能产生扬尘污染的工序，是否采取喷水、隔离等抑尘措施			
		施工现场使用的热水锅炉、炊事炉灶和冬季取暖锅炉等是否使用清洁燃料			

其他效果显著或创新的大气污染防治措施：

建设单位（代建单位）意见：

项目负责人（签字）：　　　　　　　　　　　　　　　　　年　　月　　日（公章）

设计单位意见：

项目负责人（签字）：　　　　　　　　　　　　　　　　　年　　月　　日（公章）

施工单位意见：

项目负责人（签字）：　　　　　　　　　　　　　　　　　年　　月　　日（公章）

监理单位意见：

项目负责人（签字）：　　　　　　　　　　　　　　　　　年　　月　　日（公章）

附录 B 奥运"三大理念"实施情况（电气部分）简介

国家体育场在设计中奥运"三大理念"的落实情况——电气专业

1 方案阶段

2003 年，电气专业方案设计时，我们按照"设计大纲"、北京奥组委关于绿色奥运评估纲要、北京市标准《绿色照明工程技术规程》DBJ01 - 607—2001 及相关的国家、行业标准和规范等的要求，在方案设计中落实奥运"三大理念"。具体如下：

1.1 绿色奥运

1.1.1 采用高效设备

1. 光源

室外照明的光源应为高效节能型光源。体育场外广场与奥运公园融为一体，综合节能、显色性、寿命等因素，宜采用金卤灯或中显色性高压钠灯，不宜使用荧光高压汞灯、白炽灯。

在满足使用的前提下，采用高效节能光源。体育场场地照明采用金卤灯，室内照明采用管径为 16mm 的 T5 型直管三基色荧光灯，或采用 T8（26mm）三基色荧光灯，而不能采用 T12（38mm）的荧光灯（表 B – 1）。

表 B – 1   三基色荧光灯与普通荧光灯的比较

类型	功率/W	显色指数 R_a	发光效率 / （lm/W）	效率比较 （%）	平均寿命 /h	寿命比较 （%）
T8 三基色荧光灯	36	85	93.06	117.5	12 000	150
T8 普通荧光灯	36	51 ~ 72	79.17	100	8000	100

2. 灯具

灯具应采用高效、节能灯具，由于广场面积大，宜采用金属卤化物或中显色性高压钠等高强度气体放电灯灯具，其效率不宜小于表 B – 2 的要求。

表 B – 2   室外灯具的效率

灯具出光口形式	敞开	格栅或透光罩
灯具效率	75%	55%

室内用的荧光灯灯具的效率应满足表 B – 3 的要求。

表 B – 3 室内荧光灯灯具的效率

灯具出光口形式	敞开	保护罩(玻璃或塑料)		铝片格栅
		透镜、棱镜	磨砂	
灯具效率	75%	65%	55%	60%

3. 灯具附件

金卤灯或中显色性高压钠灯宜选用节能型电感镇流器。荧光灯镇流器采用低损耗的电感镇流器或电子镇流器。

1.1.2 太阳能光伏发电

部分室外照明可以采用太阳能光伏发电技术,这样可以较少排放,保护环境。利用太阳能的场所有:园林绿地、雕塑小品等景观照明;非主要道路的道路照明。

但是,利用太阳能光伏技术将增大一次投资,其造价约为 50~100 元/W。

1.1.3 光污染控制

为了保护光环境,减少光污染,应采取控制光污染的措施。

(1)除特殊情况外,体育场内、道路照明不能有直射光射入天空,降低空中亮度。场地照明装置的瞄准角约为 30°,灯具的遮光角应大于 20°。

(2)限制立面照明的溢出光。立面照明的溢出光会对室内人的生活产生不利的影响,根据国家体育场的周围环境,限制光干扰的最大光度值应满足环境区域Ⅲ级标准,即环境亮度中等的地区(详见表 B – 4)。

表 B – 4 光污染的控制指标

照明光度指标	适用条件	环境区域Ⅲ
窗户垂直面照度/lx	夜景照明熄灯前,进入窗户的光线	10
	夜景照明熄灯后,进入窗户的光线	5
灯具输出的光强/kcd	夜景照明熄灯前:适用于全部照明装置	100
	夜景照明熄灯后:适用于全部照明装置	1.0
上射光通量比最大值	灯的上射光通量与全部光通量之比	15
建筑物表面亮度/(cd/m²)	由照明设计的平均照度和反射比确定	10

(3)眩光指数。体育场内场地照明的眩光指数 GR <50。

1.1.4 EIB 智能照明控制系统

结合场地照明、观众席照明、部分房间照明等统一控制。场地照明、观众席照明不需要调光,只需要开关控制,设置多种控制模式,例如清扫和娱乐模式照度较低。贵宾及贵宾接待、新闻发布大厅等场所设调光。室外广场和景观照明设定时控制、组合开灯、按日照的变化逻辑开灯等自动定时与照度控制。

1.1.5 照明配电

(1)照明用变压器采用 Dyn11 形式,以减少谐波。

(2)1000W 以上的高强气体放电灯宜采用 380V 的灯泡。

（3）气体放电灯宜装设补偿电容，其功率因数大于0.9。

（4）宜一灯一控制。

1.2 科技奥运

1.2.1 供配电系统

国家体育场采用成熟、可靠、简洁的供配电系统，四路10kV市电进线，另配两台柴油发电机组。

供配电系统将体育场永久性负荷供配电与临时性负荷的供配电系统相对分开，永久性负荷由体育场供电，临时性负荷大部分由临时性电源供电。这样，在保证赛时使用功能的前提下，节约资源，节省投资，减少材料的消耗；同时考虑赛后的利用，发挥国家体育场的社会效益和经济效益。

供配电系统采用可靠性高、系统简洁、通用性较强的智能监控系统，对体育场内诸多变电所进行监控。

1.2.2 照明设备及控制系统

1. 光源

采用高效节能型光源。室外照明宜采用金卤灯或中显色性高压钠灯，不宜使用荧光高压汞灯、白炽灯。体育场场地照明采用金卤灯。

室内照明尽量采用管径为16mm的T5型直管荧光灯，其发光效率可达102lm/W，而不能采用T12（38mm）的荧光灯。

2. 灯具

灯具应采用高反射率的反射器，并采用合适配光的灯具，高效、节能。

3. 灯具附件

金卤灯或中显色性高压钠灯宜选用节能型电感镇流器。荧光灯镇流器采用低损耗的电感镇流器或电子镇流器，电子镇流器应为L级。

4. EIB智能照明控制系统

结合场地照明、观众席照明、部分房间照明等统一控制。场地照明、观众席照明不需要调光，只需要开关控制，设置多种控制模式，例如清扫和娱乐模式照度较低。贵宾及贵宾接待、新闻发布大厅等场所设调光。室外广场和景观照明设定时控制、组合开灯、按日照的变化逻辑开灯等自动定时与照度控制。

1.2.3 太阳能光伏发电

部分室外照明可以采用太阳能光伏发电技术。利用太阳能的场所有：

（1）园林绿地、雕塑小品等景观照明。

（2）非主要道路的道路照明。

1.3 人文奥运

1.3.1 供配电系统

供配电系统采用诸多安全保护装置和保护设计，保护人身安全。

1.3.2 设备间

柴油发电机房采用消音、减震等措施，排放满足欧洲Ⅱ标准，尽量降低对环境的影响。

1.3.3　从人的感受进行设计

设计时兼顾正常人和伤残人的需求，建立适宜的人文环境。例如，公共场所灯开关的安装高度设计为底距地 1.3m，比常规设计低 100～200mm。

2　初步设计阶段

2004 年，先后对国家体育场进行初步设计和初步设计修改设计，两次设计进一步落实、细化奥运"三大理念"，并对方案设计中的有关内容作些调整。具体如下：

2.1　绿色奥运

2.1.1　采用高效设备

1. 光源

室外照明的光源大部分延续方案设计时的要求，但立面照明设计没有达到方案设计的要求。

【原因】建筑师对立面照明有特殊要求，一些地方采用红光，降低了光源的发光效率。

2. 灯具

大部分灯具延续方案设计时的要求，但集散大厅吊灯等非标准灯具有可能满足不了方案设计的要求。

【原因】满足建筑师对特殊照明的要求，有可能降低了灯具的效率。

3. 灯具附件

同方案设计。

2.1.2　太阳能光伏发电

取消太阳能光伏发电技术在体育场工程中的应用。

【原因】投资受到严格控制，不能在该工程中应用。

【建议】在奥林匹克公园的景观照明、雕塑小品等场所采用太阳能发电技术。

2.1.3　光污染控制

延续方案设计的要求。

2.1.4　EIB 智能照明控制系统

延续、深化方案设计。

2.1.5　照明配电

延续、深化方案设计。

2.2　科技奥运

2.2.1　供配电系统

延续、深化方案设计。供配电系统初步设计已通过专家论证，并付诸实施。

2.2.2　照明设备及控制系统

1. 光源

参见 2.1.1。

2. 灯具

参见 2.1.1。

3. 灯具附件

同方案设计。

4. EIB 智能照明控制系统

同方案设计，在此基础上进行深化。

2.2.3 太阳能光伏发电

没有采用，参见 2.1.2。

2.3 人文奥运

2.3.1 供配电系统

符合方案设计的要求，并按初步设计的深度进行深化。

2.3.2 设备间

同方案设计。

2.3.3 从人的感受进行设计

同方案设计。

2.4 增加的部分

随着设计工作不断深入，有些与奥运"三大理念"相关的内容也体现在设计中。

2.4.1 供配电系统优化研究

实现系统安全可靠运行，减少投资，节约能源，方便用户使用。

【现状】理论研究已接近尾声，试验工作尚未开始。

【困难】课题立项尚未批复，经费不足导致试验不能按期进行。

2.4.2 场地照明专用备用电源装置的研究及应用

该研究的目的是保证当一路电源停电后转到另一路电源的过程中场地照明灯——金卤灯不熄灭。满足奥运会及其他重大国际比赛和集会场地照明的可靠性和连续性。该研究在国际上是首次的。

【现状】理论研究已接近尾声，已完成部分试验工作。

【困难】课题立项尚未批复，没有经费导致试验不能继续进行。

2.4.3 谐波的危害及治理

谐波有很多危害：浪费能源，用电设备、变压器、电缆电线额外发热及绝缘降低，对计算机网络、通信系统干扰。该研究找出了国家体育场谐波产生的原因、危害，并研究谐波抑止的解决方案。

【现状】理论研究已经展开，但没有完整的一手试验数据。

【困难】课题立项尚未批复，经费不足导致试验不能按期进行。

2.4.4 防火电缆的研究

国家体育场为人员密集场所，一旦发生火灾，场内人员安全疏散至关重要。本课题在不降低电缆的电气性能和机械性能的前提下，通过试验，对电缆耐火时间、燃烧时产生的毒气和烟进行研究，最终确定国家体育场电缆防火标准。该研究对其他民用建筑和工业建筑防火电缆的应用也起到指导作用。

【现状】没有完整的一手试验数据。

【困难】课题立项尚未批复，经费不足导致试验不能按期进行。

2.4.5 大气吸收系数的研究及应用

体育场场地照明采用金卤灯，灯光在空气中传播会有部分光被大气吸收，使到达场地上的光减少。国际上没有此参数，而国内规范将该参数定为 30%。本技术将系统的对该系数进行研究，从而得出较为实际的数值。该研究的意义在于：在选用灯具时避免盲目多用灯具、造成浪费，同时有能满足比赛和转播的要求。该课题为世界上首次系统地研究大气吸收系数的科研课题，得到了 CIE 有关专家和领导的赞扬。

【现状】理论研究已经展开，做了部分测试工作，但数据不完整。

【困难】课题立项尚未批复，经费不足导致试验不能按期进行。

3 施工图设计阶段

施工图设计阶段进一步落实、细化奥运"三大理念"，并对初步设计中的有关内容做些调整。具体如下：

3.1 绿色奥运

3.1.1 采用高效设备

1. 光源

室外照明的光源大部分延续初步设计时的要求，但立面照明设计、景观照明设计等没有达到最初的要求。

【原因】建筑专业对立面照明、特殊照明有特殊要求，例如，一些地方采用红光，降低了光源的发光效率。

2. 灯具

大部分灯具延续方案设计和初步设计时的要求，但集散大厅吊灯等非标准灯具有可能满足不了方案设计的要求。

【原因】满足建筑专业对特殊照明的要求，有可能降低了灯具的效率。例如，非标准灯具的反射器、灯罩材料等均未确定。

3. 灯具附件

同方案设计，明确直管荧光灯采用 L 级电子镇流器。

3.1.2 太阳能光伏发电

深化太阳能光伏发电技术在体育场工程中的应用。

3.1.3 光污染控制

延续方案设计的要求。

3.1.4 EIB 智能照明控制系统

延续、深化方案设计。

3.1.5 照明配电

延续、深化方案设计。

3.2 科技奥运

3.2.1 供配电系统

延续、深化方案设计。供配电系统初步设计已通过专家论证，并付诸实施。

3.2.2 照明设备及控制系统

① 光源

参见 2.1.1。

② 灯具

参见 2.1.1。

③ 灯具附件

同方案设计。

④ EIB 智能照明控制系统

同方案设计，在此基础上进行深化。

3.2.3 太阳能光伏发电

参见 3.1.2。

3.3 人文奥运

3.3.1 供配电系统

符合方案设计的要求，并按施工图设计的深度进行深化。

3.3.2 设备间

深化方案设计，将噪声较大的发电机房移出体育场主体。

3.3.3 从人的感受进行设计

同方案设计。

3.4 增加的部分

随着设计工作不断深入，有些与奥运"三大理念"相关的内容也体现在设计中。

参见 2.4。

2005.2

附录 C　奥运场馆电力供应情况介绍

奥运场馆电力供应情况介绍

2006 年 4 月 20 日

一、北京电网现状及规划

截至 2005 年，北京电网主干网架是由昌平、顺义、安定、房山四座 500kV 变电站及站间联络线构成的：昌平—顺义—安定—房山双回 500kV 线路为中心的东部双环网和以昌平—房山单回 500kV 线路为中心的西部 500kV 单环网，主变 42 台，运行容量 1085 万 kVA。北京电网共有 220kV 变电站 41 座，主变 96 台，运行容量 1736 万 kVA。北京电网共有 110kV 变电站 216 座，主变 483 台，运行容量 2028 万 kVA。

预测北京地区负荷大致增长率情况为 2006～2008 年平均增长率 10.4%～12.4%，2008 年北京最大负荷达到约 1500 万 kW，其中奥运场馆及配套设施用电负荷预计 24 万 kW。为满足 2008 年奥运会的用电需求，需新建 3 座 220kV 变电站及 4 座 110kV 变电站，预计 2007 年底全部投产。

二、北京配电网建设的"首都标准"

为满足北京市经济社会发展对电力供应的高标准要求，适应"国家首都、世界城市、文化名城、宜居城市"的定位，为奥运会提供坚强可靠的电力保障，在北京市政府、国家电网公司的正确指导下，北京电力公司结合北京电网的实际和发展制定了北京电网建设"首都标准"，电网"首都标准"包括 500kV、220kV、110kV、35kV、10kV 五个电压等级标准。

1. 北京电网 10kV 配电网网架构建原则

北京地区 10kV 电缆网采用双射线供电方式或单环网、双环网开环运行方式。10kV 架空配电网为三分段三联络环网布置开环运行，架空线路在入地改造为电缆线路的过程中，可与架空线路联络，应保持多分段、多联络结构。

为充分利用变电站的 10kV 出线间隔资源和市政路径资源，可根据规划建设开闭站、开关箱、分支室。为扩大开闭站供电能力，配电室、箱式变压器、柱上变压器的布点应遵循小容量、靠近负荷的原则。10kV 配电设备短路水平按 16kA 设计。

市中心区和奥运周边重要地区逐步实现电缆化，市中心区重要 10kV 配电线路实现配网自动化，新增客户实行电缆供电，结合市政工程实施重点地区、重点道路架空线路入地。

2. 北京电网 10kV 配电网配电设计原则

规划建设的配电设施与其他市政基础设施应同时规划设计，同步实施建设。

低压配电网的供电半径市中心区一般不大于 100m，其他地区不大于 250m。

在繁华区和城市建设用地紧张地段，为减少占地，可结合建筑物建设开闭站，双路进线开闭站最大允许接入负荷按照每路 10kV 电源线路额定载流量的 50% 考虑。为充分利用中压电缆线路容量，便于向客户供电，可在电缆配电网中建设分支室（分支箱）。

为缩小供电半径，提高供电能力，或与周边环境相协调，普通居住区、多层建筑等可采用配电室进楼，或者地埋变压器到楼的供电方式。柱上配电变压器应小容量、多布点、靠近负荷安装。10kV 电缆一般采用排管敷设，并预留敷设光缆的管孔。

在繁华区或城市建设用地紧张地段，为减少占地，可结合建筑物建设开闭站，最大转供负荷不宜超过 10 000kVA；若建设开闭站确有困难的地方，可采用户外多回路开关箱。

3. 10kV 及以下配电设备选型原则

10kV 电缆选用阻燃铜芯交联聚乙烯绝缘聚氯乙烯护套电力电缆。低压电缆选用阻燃铜芯交联聚乙烯绝缘电缆。10kV 及以下架空线路采用铝芯交联聚乙烯绝缘线，山区或大档距线路可采用钢芯铝绞线。

开闭站选用中置式开关柜或气体绝缘全密封开关柜，配电室、分界室、箱变 10kV 负荷开关一般选用 SF6 环网柜，低压选用电子脱扣式低压断路器。10kV 柱上开关选用真空自动开关或手动开关。具备免维护或少维护的功能。柱上配电变压器、箱变及配电室变压器一般选用油浸全密封 S11 或其他节能型变压器，入楼配电室选用干式节能型变压器。

三、奥运场馆配电室设计原则及管理标准

1. 奥运客户中低压配电室设计原则

（1）奥运比赛场馆、训练场馆及配套设施按其重要性分为 A 级用户、B 级用户、C 级用户。

A 级用户：室内赛场、夜间赛场、新闻中心、广播电视中心等，原则上由两个或两个以上变电所提供不同方向的直配电源，电源系统各组件应满足 $N-1$ 或更高要求。

B 级用户：室外赛场、组委会驻地、运动员村、记者驻地等，应由两段 10kV 母线提供直配电源，电源系统各组件应满足 $N-1$ 要求。

C 级用户：训练场馆、其他配套设施等，原则上提供双路电源，满足 $N-1$ 要求。

对重要负荷，应由用户自备 UPS 和发电机等设备或用户自建独立供电系统，且 0.4 kV 母线处设应急母线段，使市电与发电机互相投切。

（2）10kV 系统采用单母线分段接线，正常时分列运行。

分段开关投切功能按用户等级确定：

A 级用户：分段开关可实现有选择的自投，允许并路倒闸操作。

B 级用户、C 级用户：分段开关仅限手投，低压带自投，用户设保安电源。

2. 设备选型

用户配电室应选用在国内、乃至世界技术先进、质量可靠、并且在国内有一定运行经验的电气设备。

（1）奥运场馆配电室的电力设备运行可靠、健康水平高，无淘汰产品。奥运客户的配电设备水平应达到《首都电网设备选型选用标准》的要求。主要电力设备应满足以下要求：

1）变压器：应使用干式变压器带金属防护罩、温度显示及控制装置；变压器负载应控制在 60% 以内，能够做到变压器容量 $N-1$ 要求。

2）10kV 配电装置：选用中置式开关柜，配真空断路器。高压负荷开关选用 SF$_6$ 环网柜。

3）0.4kV 配电装置：选用全封闭、全绝缘的低压开关柜；低压空气开关选用电子脱扣型。

4）高低压电缆：选用交联阻燃电缆。

5）继电保护装置：10kV 继电保护装置应选用数字式保护装置（微机保护装置）。

（2）自备电源建设情况。奥运场馆应对内部重要负荷加装自备发电机和 UPS 不间断电源带自备应急电源。

自备发电机和 UPS 不间断电源应满足技术先进、运行可靠、接线合理、容量适当的要求。同时，自备发电机组应符合 GB 2820—1997（等同于 ISO 8528）规定的技术条件；机组各配套件应符合各自的技术条件规定。

自备发电机组不允许和市电并网供电，用户必须配备自动或手动转换开关，实现机组和市电的闭锁和互投功能，自动转换开关应有机械和电气互锁装置，同时可手动操作。

自备发电机组应设置独立的发电机房和储油间；应充分考虑机组运行时的通风条件和排烟问题；如果机房设置在建筑物内，还应考虑隔振和降噪的要求。无机房条件可选择室外集装箱式机组。

自备发电机应定期试车启动、做好检修和保养工作。自备发电机及其储油设备要做好防火措施。

运行值班电工结合每日的巡视检查应对发电机的设备状况进行检查。

附录 D   国际足联关于足球场人工照明标准（2003 年版）

国际足联（FIFA）2003 年颁布的足球场人工照明标准（Guide to the artificial lighting of football pitches）是鸟巢设计时的现行标准，现在已经淘汰，但相关内容请读者有所了解。标准包括比赛分级、照明要求、照明参数推荐值、场地照明测量等内容，是目前足球场人工照明方面内容最全、最新的标准。该标准在 2002 年韩—日世界杯赛场上得到应用。

1   比赛分级

1.1   目的

与 GAISF 一样，足球场人工照明的目的是为参与足球比赛的人们提供良好的视觉环境。参与比赛有以下几类人群：

（1）运动员、裁判员、官员。

（2）广告商。

（3）电视记者、电影摄影人员。

（4）文字记者、摄影师。

（5）观众、球迷。

1.2   比赛分级

比赛分级见表 D – 1。

表 D – 1   比 赛 分 级

没有电视转播的比赛		有电视转播的比赛	
等级	比赛类型	等级	比赛类型
Ⅰ级	训练赛、娱乐	Ⅳ级	国内比赛
Ⅱ级	联赛、俱乐部比赛	Ⅴ级	国际比赛
Ⅲ级	国内比赛		

1.3   足球场场地尺寸

国际足联规定的足球场场地（图 D – 1）长为 105 ~ 110m，宽为 68 ~ 75m。

1.4   无障碍物区域

球场底线和边线外侧至少 5m 内不能有障碍物，以保证运动员的安全。

1.5   球场无视线遮挡

为了保证观众观看效果，照明设备及其他设备应安装在观众视线之外。

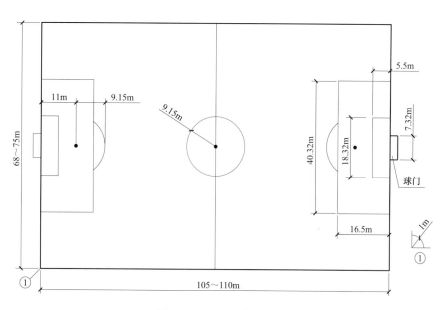

图 D-1 足球场场地尺寸

2 照明要求

2.1 照度

与其他比赛一样，足球比赛也需要有足够的水平照度和垂直照度。水平照度是人们能否看清楚比赛的关键指标，而合适的垂直照度有利于展现运动员立体感和运动感，有利于彩色电视转播。

2.2 照度均匀度

照度均匀度用两个参数衡量 U_1 和 U_2。U_1 为球场内最小照度与最大照度之比，即 $U_1 = E_{min}/E_{max}$；U_2 为球场内最小照度与平均照度之比，即 $U_2 = E_{min}/E_{ave}$。照度均匀度可分为水平照度均匀度和垂直照度均匀度。

2.3 照度计算、测量网格

在照明系统安装之前，要对球场内相关点进行照度计算；安装完照明装置后，要对球场内相关点的照度进行测量。图 D-2 所示为照度计算、测量网格，网格大小为 5m × 5m，网格边缘距底线或边线均不大于 2.5m。

FIFA 照度计算和测量网格与欧洲标准 EN 12193 一致。

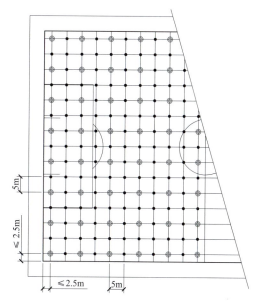

注：◎为测量、计算点；○仅为计算点

图 D-2 照度计算、测量网格

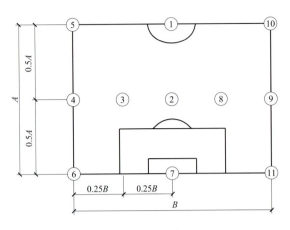

图 D-3　眩光测量点

A—球场长度的一半；*B*—球场的宽度

2.4　照度梯度

有电视转播的赛场，水平照度梯度和垂直照度梯度均应不大于 20%/5m；没有电视转播的赛场，照度梯度应不大于 55%。

2.5　眩光

眩光指数 GR（Glare Rating）= 10 ~ 90，GR = 10 表示眩光对人几乎没有影响，GR = 90 表示眩光让人难以忍受。

球场上任意位置，其 GR ≤ 50。

测量足球场上的眩光按图 D-3 所示，至少要测 11 个位置，根据具体情况，设计师可以适当增加测量位置。

2.6　颜色

2.6.1　色温 T_k

室外球场：T_k = 2000 ~ 6500K。

室内球场：T_k = 3000 ~ 6500K。

电视转播：T_k ≈ 5500K。

2.6.2　显色性 R_a

R_a = 20 ~ 100，数值越高，色彩越真实。显色指数的分级见表 D-2。

电视转播要求 R_a ≥ 80。

表 D-2　　　　　　　　　　　　　　显色指数的分级

等　级	显色指数 R_a
色匹配（色彩逼真）	91 ~ 100
良好显色性（色彩较好）	81 ~ 90
中等显色性（色彩一般）	51 ~ 80
差显色性（色彩失真）	21 ~ 50

3　无电视转播场地照明参数推荐值

无电视转播的赛场，通常为站席，设在居民区内，观众容量很少。因为不需要电视转播，球场照明对垂直照度不做要求，但球场水平面的照度、照度均匀度等都做了规定。

3.1　照明布置方案

3.1.1　四角布置

四个灯塔或灯柱（简称灯塔）布置在四个角球区外，同时，也是运动员正常视线之外。四角布置也叫四塔布置、角塔布置。

图 D-4 中边线外 5°和底线外 10°是最小值，灯塔只能布置在图中红色区域内。

为了球场上照度比较均匀，四个灯塔各负责照亮约 1/4 球场。

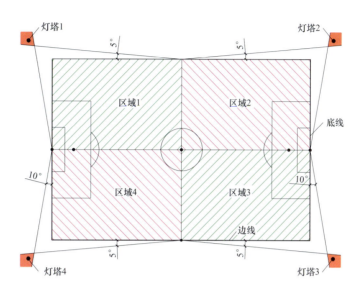

图 D-4　无电视转播赛场四角布置示意图

灯塔 1 负责照亮区域 1，灯塔 2 负责照亮区域 2，灯塔 3 负责照亮区域 3，灯塔 4 负责照亮区域 4。

如图 D-5 所示，灯塔的高度按下式计算

$$h = d\tan\varphi \qquad\qquad (D-1)$$

式中，h 为灯塔的高度；d 为球场开球点（即球场中心点）到灯塔的距离；φ 为球场开球点到灯塔底和顶之间的夹角，$\varphi \geqslant 25°$。

因此，先在球场平面上测量出 d，再测量出角度 φ，就可用式（D-1）计算出灯塔高度 h。

3.1.2　多塔布置

在没有电视转播的足球场，侧向布置照明装置多采用多塔布置方式，不采用光带布置方式。通常将灯塔布置在赛场的东

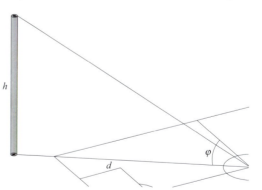

图 D-5　无电视转播赛场四角布灯灯塔高度

西两侧，一般来说，多塔布灯的灯塔高度可以比四角布置的低。多塔布置有四塔、六塔、八塔等布置方式。

为了避免对守门员的视线干扰，以球门线中点为基准点，底线两侧至少 10°之内不能布置灯塔，即图 D-6 中粉红色区域。

多塔布灯的灯塔高度仍用式（D-1）计算，计算用三角形与球场垂直、同时与底线平行（图 D-7），$\varphi \geqslant 25°$，同时灯塔高度 $h \geqslant 15m$。

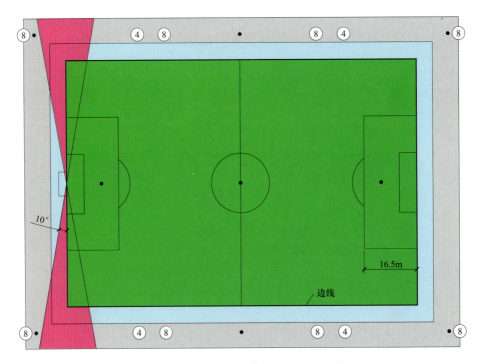

图 D－6　无电视转播赛场侧向布置灯具

④—侧向四塔式；●—侧向六塔式；⑧—侧向八塔式

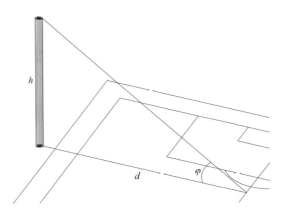

图 D－7　无电视转播赛场多塔布灯灯塔高度

3.2　参数最低推荐值

推荐灯具维护系数为 0.80，因此，初始数值应为表 D－3 中数值的 1.25 倍。

每 5m 的照度梯度应不超过 55%。

表 D－3　　　　　　　　　没有电视转播的赛场人工照明参数推荐值

比赛分级	水平照度	照度均匀度	眩光指数	光源色温	光源显色指数
	$E_h \text{ave}/\text{lx}$	U_2	GR	T_k	R_a
Ⅲ级	500①	0.7	≤50	>4000K	≥80

续表

比赛分级	水平照度	照度均匀度	眩光指数	光源色温	光源显色指数
	$E_h$ave/lx	U_2	GR	T_k	R_a
Ⅱ级	200[①]	0.6	≤50[①]	>4000K	≥65
Ⅰ级	75[①]	0.5	≤50[①]	>4000K	≥20

① 数值为考虑了灯具维护系数后的照度值，即表中数值乘以 1.25 等于初始的照度值。

4　有电视转播场地照明参数推荐值

有电视转播的赛场被分为两个等级，举行国际级比赛的为 Ⅴ级，举行国家级比赛的为 Ⅳ级。

4.1　照明布置方案

4.1.1　四角布置

与没有电视转播的赛场相比，有电视转播的赛场，其四个照明装置要求更严格。灯塔位置如图 D-8 所示。

图中边线外 5°和底线外 15°是最小值，灯塔只能布置在图中红色区域内。

为了控制眩光，灯具的光倾角应不大于 70°，即灯具的遮光角应大于 20°，如图 D-9 所示。

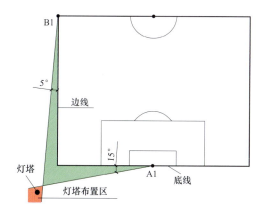

图 D-8　有电视转播赛场四角布置示意图

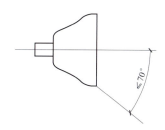

图 D-9　灯具的光倾角

灯具安装支架要前倾 15°，避免上排灯光被下排灯遮挡，造成光的损失及球场上照度不均匀。

灯塔的高度要保证球场上任何地方照度达到标准的要求，以满足摄像的要求。

开球点到灯塔底和顶部灯具中心之间的夹角 $\varphi \geq 25°$。

4.1.2　侧向布置

有电视转播的赛场，一般都有看台，看台顶部雨棚可以支撑照明装置，与没有电视转播赛场相比，侧向布置多采用连续或断续的光带，很少使用多塔布灯方式，侧向布置的灯具离球场更近，照明效果更好。

为了保持守门员及在角球区附近进攻的球员有良好的视线条件，以球门线中点为基准，底线两侧至少15°之内不能布置照明装置。

大多数情况下，装在屋顶上的照明装置（图 D－10）有两排，一排在雨棚的边缘，另一排在雨棚的中部或后部。

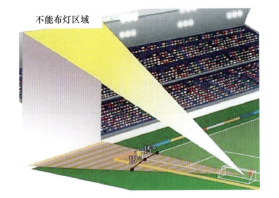

图 D－10　屋顶上的照明装置

4.1.3　摄像机的位置

有许多位置可以安放摄像机。照明系统要考虑到摄像机的实际位置，保证每台摄像机都能接受足够的光线，创造出高质量的画面。

图 D－11　标准摄像机位置示意图

根据需要，还可另外增加电视摄像的机位。

图 D－11 中摄像机位是国际足联认可的摄像机基本机位（简称POV's）。

Cam. 1，机位1，主摄像机位置；

Cam. 2，机位2，通过角球区上方；

Cam. 3，机位3，球门后，位置较高；

Cam. 4、5，机位4、5，球门后，位置较低；

Cam. 6、7、8，机位6、7、8，边线外；

Cam. 9，机位9，相反视角。

摄像机最少设三个，即 Cam. 1、2、4。

4.2　参数最低推荐值（表 D－4）

表 D－4　　　　　　　有电视转播的赛场人工照明参数推荐值

比赛分级	摄像类型	垂直照度			水平照度			光源色温	光源显色指数
		E_{vave}	照度均匀度		E_{have}	照度均匀度		T_k	R_a
		lx	U_1	U_2	lx	U_1	U_2		
IV 级	固定摄像	1000	0.4	0.6	1000 ~ 2000	0.6	0.8	>4000K	≥80
V 级	慢动作	1800	0.5	0.7	1500 ~ 3000	0.6	0.8	>5500K	≥80 最好 ≥90
	固定摄像	1400	0.5	0.7					
	移动摄像	1000	0.3	0.5					

注　1. 垂直照度值与每台摄像机有关。

　　2. 照度值应考虑灯具维护系数，推荐灯具维护系数为0.80，因此，照度的初始数值应为表中数值的1.25倍。

　　3. 每5m的照度梯度应不超过20%。

　　4. 眩光指数 GR≤50。

5　测量与记录

5.1　测量

5.1.1　简介

实地测量相关参数能验证照明系统是否满足比赛的要求，表 D－5 为主要参数。

表 D－5　　　　　　　　　　　　　所要测量的主要参数

参　　　数	符　　　号
平均水平照度	E_{have}
每台摄像机的平均垂直照度	E_{vave}
照度均匀度 U_1	U_1
照度均匀度 U_2	U_2
照度梯度	
测量点间照度的差别	

5.1.2　测量仪器

测量仪器如图 D－12 所示。

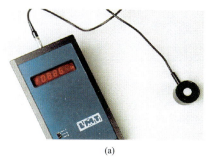
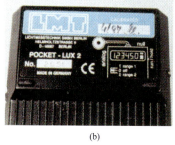

(a)　　　　　　　　　　　　　　　(b)　　　　　　　　　　　　(c)

图 D－12　测量仪器

（a）照度计；（b）照度计；（c）测试仪

5.2　测量记录单

不同等级比赛，其测量记录单的内容是不一样的。测量数量取决于是否摄像、摄像机的数量等因素。

测量记录单包含以下内容：

工程名称：××××××

测量设备：名称、型号、仪器校准日期。

开关模式：××××××

测量方式：水平照度、垂直照度、某摄像机的垂直照度、摄像机机位号。

照度：最小照度、最大照度、平均照度、照度均匀度 U_1 和 U_2、U_2 的照度梯度。

签字：承包方和咨询方代表签字。

5.3 球场测量点点位图

图 D-13 为 110m×75m 场地测量点位图，图 D-14 为 105m×68m 场地测量点位图。

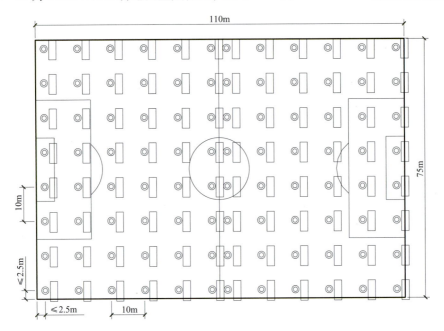

图 D-13 场地为 110m×75m 测量点位图

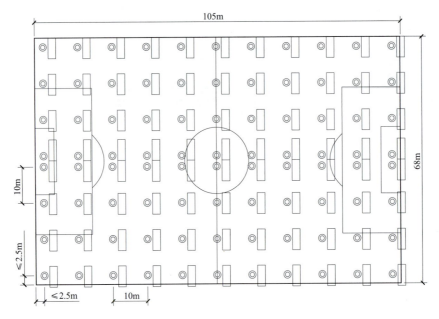

图 D-14 场地为 105m×68m 测量点位图

Measurement Record Sheet
测量记录单

Project Name

　　工程名称：_____

Measuring Equipment 测量设备：

Type 型号：_____　　Calibration Date 校准日期：_____

Switching Mode 开关模式：_____

Measurement Type：（Tick in Box）

测量类型：（在相应名称后方框中画√）

Horizontal Illuminance

水　平　照　度　　□

Vertical illuminance

Toward Camera

面向摄像机的垂直照度　　□　　　　　　　　摄像机编号_____

Vertical Illuminance

　垂　直　照　度□　　　　　　　　　Indicate Direction

　　　　　　　　　　　　　　　　　方向_____

Illuminance　　　　　　　　　　　　　　Uniformity

　照　度　　　　　　　　　　　　　　均　匀　度

$E_{\min}$ _____　　　　U_1 _____ $E_{\min}/E_{\max}$

$E_{\max}$ _____　　　　U_2 _____ $E_{\min}/E_{\text{ave}}$

E_{ave} _____　　　　梯度 _____ %

Signed on Behalf of Contractor　　　　Signed on Behalf of Consultant

　承包方代表签字　　　　　　　　　　　咨询方代表签字

_____　　　　　　　　_____

附录 E　国际业余田径联合会对体育场人工照明的要求（2002 年版）

国际业余田径联合会（International Amateur Athletic Federation，IAAF）制定的"径赛和田赛设施手册"（Track and Field Facilities Manual）系统而又全面地介绍了田径场的规划、设计、施工、设备安装以及维护工作，该手册是田径场的指导性技术文件。其中第 5 章为技术服务，包括照明系统，时间、距离、风速等的测量，计分牌，公共广播系统，电视监控系统，媒体技术服务系统等。照明系统是主要内容之一，本附件主要介绍 2003 年 12 月出版的 2003 版该手册照明系统的要点，当年"鸟巢"设计时该标准是设计依据之一。

1　分级

根据比赛的规模、性质、电视转播情况，IAAF 将田径比赛分为五个等级，其中没有电视转播的有三个等级，有电视转播的有两个等级，它们分别是：

（1）没有电视转播的比赛：① Ⅰ级，个人娱乐及训练赛；② Ⅱ级，联赛俱乐部比赛；③ Ⅲ级，国内比赛及国际比赛。

（2）有电视转播的比赛：① Ⅳ级，带有电视/电影转播的国内比赛；② Ⅴ级，带有电视/电影转播的国际比赛。

2　照明参数最小推荐值

2.1　照明参数最小推荐值总汇

没有电视转播的比赛，其照明参数按表 E-1 选择照明参数最小推荐值；有电视转播的比赛，则按表 E-2 和表 E-3 的规定选取照明参数最小推荐值。

表 E-1　　　　　　　　　　照明参数最小推荐值

等　级	平均使用照度/lx		照度均匀度				颜色		眩光指数
			水平		垂直		色温	显色指数	
	E_h[①]	E_v	U_1	U_2	U_1	U_2	T_k	R_a	GR
娱乐、训练	75	—	0.3	0.5[②]	—	—	>2000	>20	≤50
俱乐部比赛	200	—	0.4	0.6	—	—	>4000	≥65	≤50
国内、国际比赛	500	—	0.5	0.7	—	—	>4000	≥80	≤50

注：对国内、国际比赛，每 5m 的照度梯度不得超过 20%。

① E_h 为最小使用水平照度值，其初始照度值应为表中值的 1.25 倍。

② 当只使用跑道，内场没有开灯时，照度均匀度 U_2 应不低于 0.25。

表 E-2　　　　　　　　　　照明参数最小推荐值

等　级	摄像机	摄像机方向上的平均垂直使用照度 E_v[①]/lx	照度均匀度		颜色		眩光指数
			垂直		色温	显色指数	
			U_1	U_2	T_k	R_a	GR
有电视转播的国内、国际比赛 + 应急电视	固定摄像机	1000	0.4	0.6	>4000	≥80	≤50

续表

等　　级	摄像机	摄像机方向上的平均垂直使用照度 E_v[①]/lx	照度均匀度 垂直		颜色 色温	显色指数	眩光指数
			U_1	U_2	T_k	R_a	GR
有电视转播的重要国际比赛，如世界锦标赛、奥运会等	慢动作	1800	0.5	0.7	>5500	≥90	≤50
	固定摄像机	1400	0.5[②]	0.7[②]	>5500	≥90	≤50
	移动摄像机	1000	0.3	0.5	>5500	≥90	≤50

① E_h 为最小使用垂直照度值，其初始照度值应为表中值的 1.25 倍。

② 终点线区域的摄像机，U_1 和 U_2 都应不低于 0.9。

表 E-3　　　　　　　　　　　　照明参数推荐值

场内网格点四个方向上 E_{vmin}/E_{vmax}	≥0.3
E_h/E_v	0.5～2
第一排观众席的平均垂直照度/场内平均垂直照度	≥0.25
每 5m 的照度梯度	≤20%

2.2　眩光

眩光指数 GR 是用来评估眩光程度的重要指标，GR 值在 0～100 之间，GR 值越大，眩光越大，人眼睛感觉不舒服的程度也越厉害；相反，GR 值越小，眩光越小，人眼睛就越感觉不出不舒服。不舒适眩光的极限值为 GR＝50，因此，包括 IAAF 在内的所有体育场馆人工照明的眩光指数 GR 应小于 50。

图 E-1 所示，图中"●"处为田径场眩光评估的最基本点，共 16 个。而 9 条跑道上都应进行眩光计算。

2.3　终点计时系统的照明要求

径赛项目终点都设在西南侧，计时系统在田径比赛中得到普遍使用。但有时通过计时系统不能比较出最后的名次（图 E-2），这就需要照片和摄像来裁决。

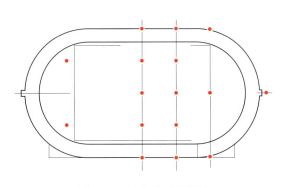

图 E-1　眩光计算的位置

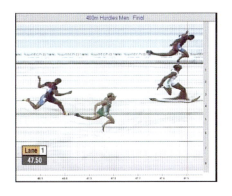

图 E-2　照片和录像仲裁系统

终点仲裁用的照相机英文叫"Photo Finish Camera"，因此，我们将之简称为 PFC。通常 PFC 安装在与跑道外侧成 30°～40°的位置，因此，PFC 也是与跑道成相同的角度，面向 PFC

的垂直照度应为 1400lx 以上，在终点附近一定范围内垂直照度都应满足这个值。因为，在黄昏前后，进行电视转播，可以保证转播效果平稳、正常、不失真。

电源要考虑三相供电，泛光灯分接在三相上，三相上的照明装置要考虑照明重叠，以减少频闪效应的影响。

3 灯具安装建议

田径场灯具安装一般有三种方式：杆上安装、塔上安装和利用体育场本身结构体安装灯具。对于杆上安装和塔上安装方式，灯杆或灯塔至少距跑道外沿 1m 远，以防运动员受到撞击而受伤。

合适的灯具安装高度对于控制赛场内的眩光、减少场外的溢出光是至关重要的，灯具安装高度最佳结果是保证眩光指数 GR <50。在没有进行正式设计之前，可以采用图 E-3 的方法进行估算，灯具的安装高度与灯塔到场地中心的距离有关，距离越长，灯具安装高度就越高。

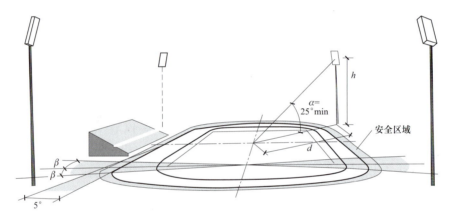

图 E-3　泛光灯的安装高度与场地中心到灯塔之间的距离的关系图

注：比赛无电视转播时 $\beta = 10''$；比赛有电视转播时 $\beta = 15''$。

田径场需要彩色电视转播时，泛光灯的安装高度和位置应满足最远点的需要，灯具的瞄准点不仅仅局限于场地中心。一般来讲，泛光灯要瞄准比赛场地的最远边，这样，灯塔的高度要高一些。图 E-4 为周圈布灯和侧向布灯灯具安装高度确定方法。

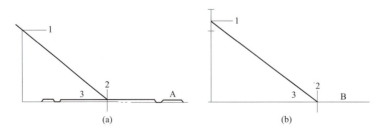

图 E-4　灯具安装高度的确定

（a）周圈式布灯：1—灯具最低处的高度；2—场地纵向中心线；3—中心线到灯塔两端所包含的角度。

（b）侧向布灯：1—灯架中心线；2—场地中心线；3—中心线到灯塔两端所包含的角度。

当设计长视距体育场的照明系统时，泛光灯的安装位置往往受到建筑结构的限制，同时，照明系统还要考虑与显示屏的关系。

4　应急照明

按照当地的规范、标准，所有带观众席的体育场都要设置应急照明，保证人员在规定时间内安全撤离体育场。

带有电视转播的体育场，为了满足电视转播的要求，垂直照度要高达 1400lx 以上，当电源突然断电后，应急照明继续工作，保证观众安全撤离出体育场。这时的应急照明实质上是疏散照明，应急照明照度水平很低，电源断电的过程也是照度由高到低的转换过程，这样对人眼睛会造成短时间的失去视觉的"盲期"。"盲期"的长短取决于应急照明的照度水平以及正常照明的照度值，应急照明的照度值越高，"盲期"就越短。

当彩色电视转播国际比赛时，如果电源断电和电源波动较大，不希望停止电视转播。因此，场地照明系统应设置应急电视照明模式。应急电视照明模式要求照度不得低于 700lx，这个要求既要对固定位置的摄像机有效，又对移动摄像机有效。

现代供电系统中，电源故障已很少见，而电压波动和电源瞬间突变相对要多些。田径场目前多采用高强度气体放电灯，如果电压瞬间突变的时间大于 0.01s 时，气体放电灯就会熄灭。这时，气体放电灯需等 5～10min 后才可以再启动。

雷电、公共电网中负荷的开断及较大负荷的变化都会产生电压瞬间的突变。雷电等自然现象产生的电压突变是很难预测和阻滞的，但是可以在气体放电灯上加装热触发装置来消除电压突变的影响。一路电源故障时，另一路电源要投入使用。

为了满足应急电视转播的需要，照明系统和电源系统应采取以下措施，或下面措施的组合：采用卤钨灯或带有热触发装置的气体放电灯；两路独立的市电供电；采用带有电池的不间断电源装置。当电源发生故障时，这些措施可以保证主摄像机方向上照度不低于 700lx。

5　运行与维护

5.1　运行

选择照明设计，经济是主要考虑的原因之一。照明方案的经济评估要从整体考虑，既要考虑到照明装置的价钱、安装的费用，又要考虑运行的费用。

一次性投资包括灯具、光源、灯塔、安装灯具的费用。

运行费用包括每年的固定消耗、运行费用、维护费用等。

5.2　测量

建议每年在赛季开始前要对照明装置进行测量，以保证照明指标符合设计要求。测量内容包括照度、照度均匀度等指标。测量的另一个目的是可以确定照明装置是否需要维护和更换。

照明按图 E-5 所示的网格点测量。

照明装置输入电压是另一个测量内容。因为，电源电压的高低对光输出的影响很大，电压比正常值低，照明装置的光输出也低于标准光输出。

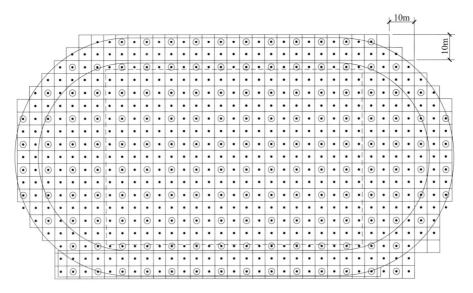

图 E-5　400m 标准田径场计算和测量网格点

·—计算点；⊙—测量点

5.3　计算

照明计算网格点参见图 E-5 中"·"点，图 E-6 为 HPI-T1000/2000W 衰减曲线。

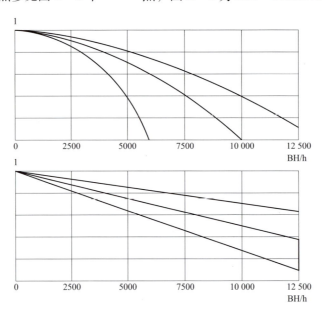

图 E-6　HPI-T 1000/2000W 衰减曲线

BH—光源的点燃时间

采用计算机进行照明设计、计算，提高了设计精度，减轻了设计强度，提高了设计速度。计算网格的最大间距为 5m，这样可以准确地评估照度均匀度和照度梯度。

5.4 维护

照明系统的维护不仅仅是更换光源，也要检查照明系统电气和机械元件。因此，定期的维护有助于维持较稳定的照明水平，延长照明装置的使用寿命，降低维护成本。

在照明系统的寿命期间，影响光输出的因素很多，主要有光源光输出的衰减；聚集在泛光灯发光体表面上灰尘的多少。

光源的衰减参数通常由厂家提供，该参数用百分数表示。

附录 F　体育照明新技术及其分析

1　概述

近年来，笔者在编制《体育建筑电气设计规范》过程中认真地研读和学习了国际上相关体育照明标准，尤其国际照明委员会 CIE 的标准、国际足联 FIFA 和国际田联 IAAF 的标准应引起同仁们高度重视，这些国际上知名组织影响力很大，影响面很广，对其他运动项目会产生示范效应。认真研究和分析这些新技术的变化有助于吸取他人所长为我所用，继而服务于我国的体育场馆建设和运动会的举行。

在介绍体育照明新技术之前，先介绍体育照明的术语，目前尚无官方定义，但约定俗成，体育照明系指为比赛场地提供的人工照明，体育照明也叫场地照明。

2　国际体育照明的新技术

2.1　标准的变化

2.1.1　足球场场地照明新标准

2011 年国际足球联合会 FIFA 颁布新的《足球场》标准，其中第 9 章是体育照明。其足球场地的照明标准值见表 F–1。

表 F–1　　　　　　　　　　　足球场地的照明标准值

比赛等级			计算朝向	水平照度/lx			垂直照度/lx			光源	
				E_h	照度均匀度		E_v	照度均匀度		相关色温/K	一般显色指数
					U_1	U_2		U_1	U_2	T_{cp}	R_a
没有电视转播	I	训练和娱乐		200	—	0.5	—	—	—	>4000	≥65
	II	联赛和俱乐部比赛		500	—	0.6	—	—	—	>4000	≥65
	III	国内比赛		750	—	0.7	—	—	—	>4000	≥65
有电视转播	IV	国内比赛	固定摄像机	2500	0.6	0.8	2000	0.5	0.65	>4000	≥65
			场地摄像机				1400	0.35	0.6		
	V	国际比赛	固定摄像机	3500	0.6	0.8	>2000	0.6	0.7	>4000	≥65
			场地摄像机				1800	0.4	0.65		

注：1. 表中照度值为维持照度值。

2. E_v 为固定摄像机或场地摄像机方向上的垂直照度，手持摄像机和摇臂摄像机统称为场地摄像机。

3. 各等级场地内的眩光值应为 GR≤50。

4. 维护系数不宜小于0.7。

5. 推荐采用恒流明技术。

需要说明，该标准一直由足球发达国家参与编制，这些国家足球比赛等级及体系非常完善。表中第Ⅲ等级"国内比赛"与我国的"专业比赛"接近；第Ⅱ等级的"联赛和俱乐部比赛"属于低级别的比赛，与我国"业余比赛、专业训练"相似。

2.1.2　田径场场地照明新标准

国际田径联合会 IAAF 的最新标准于 2008 年颁布，即《国际田联田径设施手册》2008年版，其中 5.1 节是关于体育照明，其田径场地的照明标准值见表 F-2。

表 F-2　　　　　　　　　　　　　田径场地的照明标准值

比赛等级			计算朝向	水平照度/lx			垂直照度/lx			光源	
				E_h	照度均匀度		E_v	照度均匀度		相关色温/K	一般显色指数
					U_1	U_2		U_1	U_2	T_{cp}	R_a
没有电视转播	Ⅰ	娱乐和训练		75	0.3	0.5	—	—	—	>2000	>20
	Ⅱ	俱乐部比赛		200	0.4	0.6	—	—	—	>4000	≥65
	Ⅲ	国内、国际比赛		500	0.5	0.7	—	—	—	>4000	≥80
有电视转播	Ⅳ	国内、国际比赛+TV应急	固定摄像机	—	—	—	1000	0.4	0.6	>4000	≥80
	Ⅴ	重要国际比赛，如世锦赛和奥运会	慢动作摄像机	—	—	—	1800	0.5	0.7	>5500	≥90
			固定摄像机	—	—	—	1400	0.5	0.7	>5500	≥90
			移动摄像机	—	—	—	1000	0.3	0.5	>5500	≥90
			终点摄像机	—	—	—	2000	—	—	—	—

注：1. 各等级场地内的眩光值应为 GR≤50。

2. 对终点摄像机来说，终点线前后 5m 范围内的 U_1 和 U_2 应不小于 0.9。

3. 表中的照度值是最小维持平均照度值，初设照度值应不低于表中照度值的 1.25 倍。

与足球相类似，田径国际标准也是由欧美发达国家进行编制，田径各等级比赛比较完善。表 F-2 中第Ⅲ等级"国内、国际比赛"尽管没有电视转播，但它是专业比赛，与我国的"专业比赛"等级接近；第Ⅱ等级的"俱乐部比赛"也是低级别的比赛，属于业余比赛，与我国"业余比赛、专业训练"等级相似。

2.1.3　国际照明委员会的照明新标准

国际照明委员会 CIE 第 169 号技术文件——《体育赛事用于彩电和摄影照明的实用设计准则》颁布于 2005 年，文件要求 169 号文件应与 1989 年颁布的 CIE83 文件结合起来阅读，83 号文件许多技术内容仍然有效。169 号文件指出，CIE83—1989 文件所示照明水平适用于现代 CCD-HDTV 的摄像系统。表 F-3 和表 F-4 列出了照明指标。

北美照明工程协会 IES 在 2009 年 IESNA RP-6-01 文件中，关于体育比赛电视转播照明的有关参数与国 CIE 169 号文件一致，这说明由于高清电视转播后，CIE 83 文件的有关参数仍然适用。

表 F - 3　　　　　　　　各体体育项目类别的垂直照度（维持值）

拍摄距离	25m	75m	150m
A 类	400lx	560lx	800lx
B 类	560lx	800lx	1120lx
C 类	800lx	1120lx	

表 F - 4　　　　　　　　照度比和均匀度

$E_{have} : E_{vave} = 0.5 \sim 2$（对于参考面）
$E_{vmin} : E_{vmax} \geqslant 0.4$（对于参考面）
$E_{hmin} : E_{hmax} \geqslant 0.5$（对于参考面）
$E_{vmin} : E_{vmax} \geqslant 0.3$（每个格点的四个方向）

眩光指数 GR < 50，仅用于户外相关方向，参见 CIE112—1994。CIE 83 号文件给出光源的要求，见表 F - 5。

表 F - 5　　　　　　　　对 光 源 的 要 求

名　称	指　标	备　注
相关色温	4000 ～ 6500K	适用于室内外场地人工照明
色温偏差	≤ ±500K	
一般显色指数	≥65	

2.1.4　棒球及垒球场场地照明新标准

美国棒球、垒球比较发达，职业化水平高，其棒垒球场地照明标准可谓国际领先。2009年新修订的《体育和娱乐场地照明》标准 IESNA RP - 6 - 01 R2009 规定，无论标清电视还是高清电视转播，一般显色指数 $R_a \geqslant 65$，相关色温 $T_c = 3000 \sim 6000K$。

2.2　灯具布置的新要求

2.2.1　足球场场地照明的布灯方式

国际足球联合会 FIFA 2011 年版的《足球场》标准对足球场照明布置有所调整，主要变化是增加了许多不能布置灯具区域，以保障运动员、裁判员避免眩光的影响，具体是下列部位不能布置灯具：

（1）以底线中点为中心，当有电视转播时底线两侧各 15°角范围内的空间；当没有电视转播时底线两侧各 10°角范围内的空间。

（2）场地中心 25°仰角球门后面空间内。

（3）以底线为基准，禁区外侧 75°仰角与禁区短边向外延长线 20°角围合的空间，但图 F - 1 中所示区域除外。

当然，对于具有足球运动项目的综合性体育场，第 1、2、3 所述范围内可布置灯具，但足球模式时不应开灯。

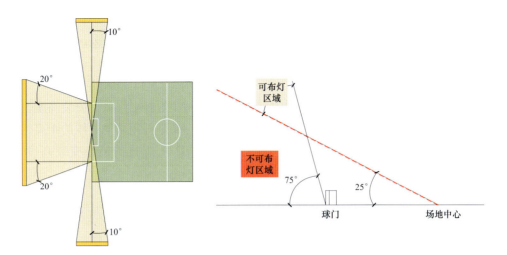

图 F-1　足球场不应布置灯具区域示意图

2.2.2　棒球及垒球场场地照明的布灯方式

棒垒球场灯具布置有如下要求：

（1）棒球场灯具宜采用6杆或8杆布置方式，垒球场灯具宜采用不少于4杆布置方式。当挑蓬能满足要求时，宜利用挑蓬安装灯具。

（2）灯杆应布置在图 F-2 阴影区以外区域。

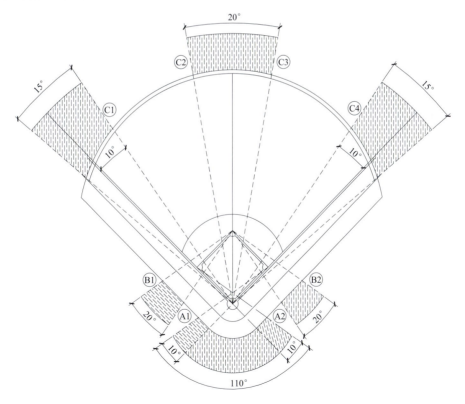

图 F-2　棒垒球场灯杆位置

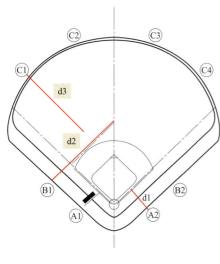

图 F-3 棒垒球场灯杆高度

（3）灯具的高度应符合下列规定（图 F-3）：

1）灯杆 A1 和 A2 上灯具的最小安装高度应按式（F-1）计算。

$$h_a \geqslant 27.43 + 0.5d_1 \qquad (F-1)$$

式中 h_a——A1、A2 灯杆上灯具的安装高度，m；

d_1——A1、A2 灯杆距场地边线的距离，m。

2）灯杆 B1、B2 上灯具的最小安装高度应按式（F-2）计算。

$$h_b \geqslant d_2/3 \qquad (F-2)$$

式中 h_b——B1、B2 灯杆上灯具的安装高度，m；

d_2——通过 B1（B2）灯杆作一条平行于边线的直线，该直线与场地中线相交，此交点与 B1（B2）灯杆的水平距离为 d_2，m。

3）灯杆 C1～C4 上灯具的最小安装高度应按式（F-3）计算。

$$h_c \geqslant d_3/2 \qquad (F-3)$$

式中 h_c——C1～C4 灯杆上灯具的安装高度，m；

d_3——C1～C4 灯杆上的灯具最远投射距离，m。

4）灯杆上的灯具最低安装高度应不小于 21.3m。

2.3 其他变化

2.3.1 恒流明技术

"恒流明"一词早在 2007 版的国际足联标准中就已经推荐使用，英文为"Constant illumination lamp technology"，也可称为"恒照度"。国际足联 2011 版本标准中继续推荐使用该技术。恒流明的含义是在光源寿命周期内，光源的光通量保持不变或在很小范围内变化。因此，恒流明实际上是光源光通量保持不变的现象。毋庸置疑，使用恒流明技术的灯具，可以保持场地内照度不变。

2.3.2 光污染的控制要求

足球场场地照明经常会出现灯光外溢现象，大功率的场地照明照射到体育场外，不仅造成能源浪费，而且产生令人反感的光污染，为此国际足联对场地照明外溢光提出限制性指标，见表 F-6，外溢光在体育场外 50m 和再向外 200m 作为计算点和测量点，既要考核水平照度，也要考核垂直照度，示意图如图 F-4 所示。

表 F-6 足球场场地照明外溢光限值

形式	照度值/lx	体育场外距离/m
水平外溢光	25	体育场外 50
水平外溢光	10	再向外 200
垂直外溢光	40	体育场外 50
垂直外溢光	20	再向外 200

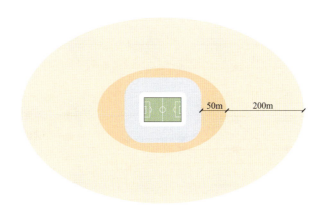

图 F-4　足球场外溢光限值示意图

3　体育照明新技术分析

3.1　标准分析

3.1.1　照度的变化

标准变化最大的当属国际足联，从 2002 版到 2011 版，国际足联颁布三个版本的足球标准，以最高等级的比赛为例，将 2002 版、2007 版、2011 版三部标准进行比较，同时与我国标准进行对比，见表 F-7。

表 F-7　　　　　　　　　　　　　　足球场场地照明照度标准的变化

标准	下限值		上限值
	固定摄像机，E_v	场内摄像机，E_v	E_h
FIFA 2002	1400	—	3000
FIFA 2007	2400	1800	3500
FIFA 2011	2000	1800	3500
JGJ153	2000	1400	4000

需要说明 FIFA 2002 版有慢动作摄像机 Slow Motion Cam.（对应照度 1800lx）和移动摄像机 Mobile cam.（对应照度 1000lx），而 2007 版、2011 版只有场内摄像机 Field cam，两类摄像机性质不同，本文取 FIFA 2002 版中慢动作摄像机方向上的垂直照度 1800lx 参与比较，如图 F-5 所示。

由图 F-5 可知，固定摄像机方向上的垂直照度 2002 年版只需 1400lx 即可，2007 版达到不可思议的 2400lx，到了 2011 年版回落到 2000lx，与我国标准相一致。场内摄像机方向上的垂直照度基本持平，没有变化，略高于我国标准。水平照明维持在 3000~3500lx 水平，低于我国 4000lx 的要求。

3.1.2　光源色度参数的变化

光源的色度参数对电视转播至关重要，主要有显色性和色温。国际足联在这方面有明显的变化，见表 F-8。

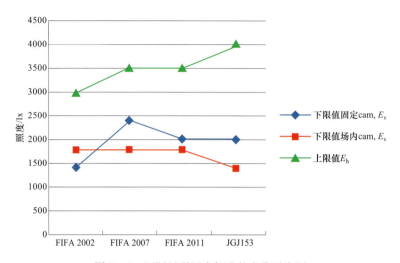

图 F-5　国际足联照度标准的变化示意图

表 F-8　　　　　　　　　　足球场场地照明光源色度参数的变化

标　　准	R_a	T_k/K
FIFA 2002	80	5500
FIFA 2007	65	4000
FIFA 2011	65	4000
JGJ153	90	5500

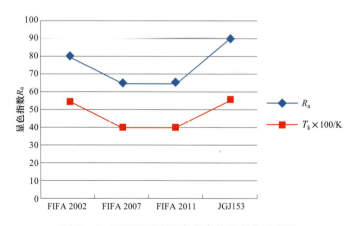

图 F-6　国际足联光源色度参数的变化示意图

　　由图 F-6 可知，国际足联从 2002 版到 2007 版将一般显色指数 R_a 的下限值由 80 调低到 65，而 2011 版本继续维持下限值为 65。相关色温的下限值由 5500K 下调到 4000K。很显然，我国标准与 2002 版本的较接近。3.2.1 部分将详细分析这种技术动态的合理性。

　　结合 3.1.1 和 3.1.2 可知，一般显色指数 R_a、相关色温 T_k 降低了，照度水平没有明显提高，反而 FIFA 2011 版比 FIFA 2007 版有所降低。

3.2　技术分析

3.2.1　光源的色度参数

近年来，随着摄像机、电视技术水平的提高，摄像机对人工光的适应能力也在提高，对场地照明的显色指数和相关色温的要求有所降低。表 F-9 列出了部分国际标准的最新要求和技术动态。

表 F-9　　　　　　　　　　　　　国际场地照明新标准

标准和机构	名　称	版本年份	相关色温/K	一般显色指数	对应的垂直照度值/lx	备　注
FIFA 国际足联	足球场	2011、2007	≥4000	≥65	>2000	各等级有要求的相同
ITF 国际网联	网球场人工照明指南	2003	4000/5500	≥65，最好 90	1750/2500	适用室内外场地，PA/TA
中国标准	人工材料体育场地使用要求及检验方法 第 2 部分：网球场地	GB/T 20033.2—2005	4000（5500）	≥65（90）	1750/2500	室内、室外 HDTV 电视转播，PA/TA
FIH 国际曲棍球联盟	曲棍球场地人工照明指南	2000	3000～7000	CTV，≥65；Wide Screen TV≥90	1400/2000	视距≥150m/各种情况
CIE 国际照明委员会	彩色电视转播体育赛事照明设计准则	CIE 169，2005	3000～6000	65～90		室外≥4000K 室内≤4500K
北美照明工程学会	体育和娱乐场地照明推荐	IESNA RP-6-01，2009	3000～6000	≥65		电视摄像机：3000～6000K 电影：3200K，钨光源，或 5600K 白天
ESPN 体育电视网	专业网球基本照明要求	2006	≥3600	≥65		
ICN Channel 5		2006	4000	≥65		

笔者对国际上新技术的变化和动态进行了研究和分析，供读者参考。

第一，科研成果验证了国际上技术的新变化。

在编制《体育建筑电气设计规范》过程中，规范编写组针对国际上新出现的技术动态和变化进行了专项研究，即"关于光源色度参数对体育比赛电视转播图像质量影响的研究"，该课题给出了研究过程和结果，由于篇幅所限，在此不再赘述。研究表明，对电视观众来说，光源显色指数为 65、相关色温为 4000K 与光源显色指数为 90、相关色温为 5500 这两类人工照明情况下拍摄出的体育比赛节目画面没有明显差别，可以被电视观众和行业专家所接受。

第二，选择适宜色温和显色性的光源符合节能方针，有利于降低工程造价。

表 F-10 列出了主流的大功率金卤灯的技术参数，从表中可知，同系列高色温、高显色性与标准色温和标准显色性相比，光源光效降低 10% ~30% ，而且价格相对也较高，一次投资有所增加。

表 F – 10 　　　　　　　　　　大功率金卤灯光效比较（工作电压 400V）

型号规格	功率 /W	光效 /（lm/W）	光通量 /lm	工作电流 /A	色温 /K	显色指数 R_a	备注
MHN SA/956 2000W400V	2000	90	180 000	11.3	5600	92	飞利浦
MHN SA/856 2000W400V	2000	100	200 000	11.3	5600	80	飞利浦
HQI – T 2000/N/E/SUPER	2000	120	220 000	8.8	4000	60 ~69	欧司朗
HQI – T 2000/D	2000	90	180 000	10.3	6000	≥90	欧司朗

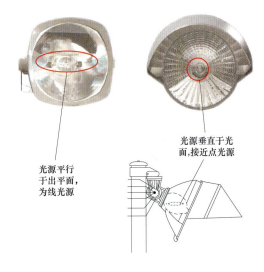

光源平行于出平面，为线光源

光源垂直于光面,接近点光源

图 F – 7　双端金卤灯和单端金卤灯灯具比较

因此，体育照明应根据体育场馆的等级选择合适色温和显色性的光源。

另一方面，光源必须与灯具有良好的配合。一般来说，$R_a = 65$ 的光源多为单端金卤灯，而 $R_a \geq 80$ 多为双端金卤灯。如图 F – 7 所示，前者体积相对较大，但它装在灯具内垂直于灯具前端的玻璃罩，接近点光源，灯具反射器有利于对光的控制，配光有几十种，甚至数千种之多。而后者的光源体积相对较小，但它平行于灯具前端玻璃罩安装，它是线光源，灯具反射器对光的控制无优势，一般只有 3 ~ 5 种配光。编制组调查表明，光源的体积与灯具的效率没有直接关系，两类灯具效率相当，没有明显差距。

第三，实测全球直播的国际赛事验证了技术动态。

笔者对 2011 年部分全球直播的国际赛事场地实测（表 F – 11），赛事包括 2011 国际泳联短池游泳世界杯赛、2011 年意大利足球超级杯赛、第 14 届国际泳联世界游泳锦标赛、2011 年 ATP 网球大师赛等，赛事均已经圆满结束，其场地照明的实际色温为 4553 ~5717K，显色指数为 61 ~90. 28（图 F – 8 和图 F – 9）。

表 F – 11 　　　　　　　　　　赛事名称和比赛时间、地点

场馆名称	比赛名称	比赛时间
国家游泳中心——"水立方"	FINA/ARENA 短池游泳世界杯 – 北京 2011	2011 年 11 月 8 日 ~9 日
国家体育场——"鸟巢"	意大利超级杯足球赛	2011 年 8 月 6 日
上海东方体育中心	世界游泳锦标赛	2011 年 7 月 16 日 ~31 日
上海旗忠网球中心 1 号场地	ATP 上海劳力士网球大师赛	2011 年 10 月 8 日 ~16 日
上海旗忠网球中心 2 号场地	ATP 上海劳力士网球大师赛	2011 年 10 月 8 日 ~16 日

附录

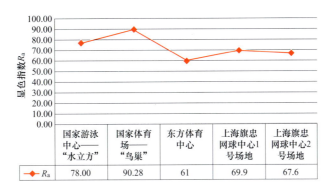

图 F－8　部分体育场馆场地照明实际显色指数

图 F－9　部分体育场馆场地照明实际色温

综上所述，笔者的研究证实了近年来国际新动向的合理性和科学性，即以较低的能耗获得观众认可的电视画面。

3.2.2　恒流明技术

如上所述，恒流明技术是国际足联推荐采用的技术，在光源寿命周期内，其光通量基本保持不变，为场地提供稳定的照明。我国研究机构证明了这一点，复旦大学信息学院光源和照明工程系 2009 年完成的"恒定照度测试报告"指出，在长达 5000h 的照明测试中，实际照度维持值与设计值的偏差在 −5% ～ +4.5%。

另一方面，恒流明技术为节能减排、节省投资也能做出不小的贡献。复旦大学的"恒定照度测试报告"表明，以恒流明技术的 MVSCO 公司 LSG－1500W 灯具为例，测试地点位于复旦大学某网球场，总共测试系统运行 5000h，每隔 100h 或 250h 测试一次，实测数据汇总于表 F－12。

表 F－12　　　　　　　　　　　　　　恒流明灯具实测功率

时间/h	整流器前端功率/W	整流器后端功率/W
0 ~ 500	1350	1280
500 ~ 2000	1500	1400
2000 ~ 3500	1600	1520
3500 ~ 5000	1800	1600

将表 F – 12 可转换成图 F – 10 更加直观，实测表明，单灯能耗基本不变。光源在整个寿命周期内，前 2000h 灯具实际电功率（包括镇流器功率）低于灯具的额定功率，2000 ~ 5000h 灯具电功率略有增加。光源整个寿命周期内灯具实际电功率为其额定功率的 86.5% ~ 115.4%，图中蓝线为实测数据，其围合的面积为实际使用的有功电度，电费支出将以此为依据。红线围合的矩形为恒定功率 1500W 运行 5000h，这是理想状态。实际运行围合的面积与红线围合的面积非常接近，仅增加 2.91%。

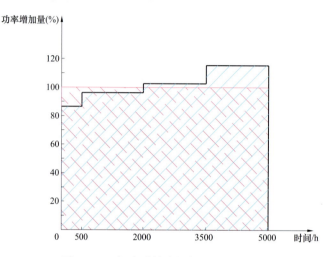

图 F – 10　恒流明技术的灯具测试分析

从分析可以得出如下结论：

第一，恒流明技术可以获得稳定的照明效果。从实测数据看，当采用恒流明技术的灯具时，维护系数可取 0.95，为了确保可靠性维护系数可取 0.9。

第二，所用灯具数量较少。采用恒流明灯具数量上要少用 22%，相应电能也少用 22%，且一次投资减少，维护量也相应减小。

第三，单灯能耗基本不变。实测表明，光源在整个寿命周期内，前 2000h 灯具实际电功率（包括镇流器功率）低于灯具的额定功率，2000 ~ 5000h 灯具电功率略有增加，光源整个寿命周期内灯具实际电功率为其额定功率的 86.5% ~ 115.4%。

因此，场地照明采用恒流明技术的灯具在全寿命周期内总能耗有所降低，单灯能耗基本不变，而照度保持相对稳定。

4　结束语

现在，以国际足联为代表的有些国际标准在技术层面上发生不小的变化，如果说 FIFA 2007 版本值得我们关注，那么 FIFA 2011 版不仅仅是关注的问题，应引起专家、学者高度重视。笔者经过多年潜心研究，有些心得体会，以飨读者。因此，本附录的作用仅为抛砖引玉，以唤起同行的重视，用科学、严谨的态度对待国际上新技术、新标准。

附录 G　国际组织中英文对照

ISO	国际标准化组织	International Standards Organization
CIE	国际照明委员会	International Commission on Illumination
EIA	世界电气工业协会	Electronic Industries Alliance
IEC	国际电工委员会	International Electrotechnical Commission
IEEE	国际电子电气工程师协会	Institute Electrical and electronics Engineers
TIA	电信工业协会	Telecommunications Industries Association
AIBI	美国智能建筑学会	American Intelligent Building Institute
GAISF	国际体育联合会	General Association of International Sports Federations
FIFA	国际足球联合会	Fèdèration Internationale de Football Association
FIVB	国际排球联合会	FIVB Fédération Internationale de Volleyball Homepage
IAAF	国际业余田径联合会	International Amateur Athletic Federation
IBF	国际羽毛球联合会	International Badminton Federation
IFBB	国际健美联合会	International Federation of Body Builders
IHF	国际手球联合会	International Handball Federation
IIHF	国际冰球联合会	International Ice Hockey Federation
IPF	国际力量举重联合会	International Powerlifting Federation
ISU	国际滑冰联盟	International Skating Union
ITF	国际网球联合会	International Tennis Federation
ITTF	国际乒乓球联合会	International Table Tennis Federation
IWF	国际举重联合会	International Weightlifting Federation

参 考 文 献

[1] 李炳华，马名东，李战赠，等．智能建筑电气技术精选［M］．北京：中国电力出版社，2005．

[2] 李兴钢．中国国家体育场［J］．主办城市，经济导报特刊，2006（1）．

[3] 李炳华．天然光利用的技术要求［J］．建筑电气，2007（4）．

[4] 李炳华，李英姿，朱立阳．光源能效综合评价法的探讨［J］．照明工程学报，2009，20（2）．

[5] 李兴林，李炳华．董青，等．关于光源色度参数对体育比赛电视转播图像质量影响的研究［J］．照明工程学报，2011（5）．

[6] 李炳华，王振声，李战增，等．体育场馆场地照明专用电源装置切换时间的研究［J］．建筑电气，2005（6）．

[7] 李炳华．体育照明节能措施初探［J］．建筑电气，2009（9）．

[8] 李炳华，李兴林，宋镇江，等．体育照明新技术及其分析［J］．照明工程学报，2012（6）．

[9] 李炳华，邹政达．国际足联关于室外足球场人工照明的最新要求［J］．智能建筑电气技术，2008（1）．

[10] 张野．国家大剧院电气系统设计概述［J］．智能建筑电气技术，2010（5）．

[11] 邵凯．国家大剧院的变配电设计［J］．演艺科技，2010（5）．

[12] 李炳华，王玉卿，王振声，等．国家体育场10kV供配电系统的研究及探讨［J］．智能建筑电气技术，2004（5）．

[13] 李炳华．国家体育场场地照明设计初探［J］．全国建筑电气设计技术协作及情报交流网．建筑电气技术文集［C］．北京：兵器工业出版社，2003．

[14] 李炳华，王玉卿，王振声，等．建筑电气设计技术新进展［M］．四川：四川科学技术出版社，2007．

[15] 李炳华，董青，汪嘉懿，等．第29届奥运会体育场馆照明综述［J］．照明工程学报，2008（1）．

[16] 中国航空工业规划设计研究院，等．工业与民用配电设计手册［M］．2版．北京：中国电力出版社，1994．

[17] ［日］太阳光发电协会，太阳能光伏发电系统的设计与施工［M］．刘树民，宏伟，译．北京：科学出版社．

[18] 陈世训，陈创买．气象学［M］．北京：中国农业出版社，1981．

[19] 中国建筑学会建筑电气分会．民用建筑电气设计规范实施指南［M］．北京：中国电力出版社，2008．

[20] 俞丽华，朱桐城．电气照明［M］．上海：同济大学出版社，1991．

[21] 北京电光源研究所，北京照明学会．电光源实用手册［M］．北京：中国物资出版社，2005．

[22] 建设部工程质量安全监督与行业发展司，中国建筑标准设计研究院．全国民用建筑工程设计技术措施 节能专篇 电气［M］．北京：中国计划出版社，2007．

[23] Klaus Kosack．胡明忠，胡沫非，译．低压开关电器和开关设备手册［M］．北京：机械工业出版社，1999．

[24] 谭华．体育史［M］．北京：高等教育出版社，2005．

[25] 李炳华，董青．体育照明设计手册［M］．北京：中国电力出版社，2009．

[26] 世界卫生组织．2006年世界卫生报告［N］．新快报，2006-4-10．

[27] 李炳华，宋镇江．建筑电气节能技术及设计指南［M］．北京：中国建筑工业出版社，2011．

[28] 建筑照明设计标准编写组．建筑照明设计标准培训讲座［M］．北京：中国建筑工业出版社，2004．

［29］李炳华、王玉卿．现代体育场馆照明指南［M］．北京：中国电力出版社，2004．

［30］中国建筑设计研究院机电院，亚太建设科技信息研究院，全国智能建筑技术情报网．智能建筑电气技术精选［M］．北京：中国电力出版社，2005．

［31］夏正达．摄像基础教程［M］．上海：上海人民美术出版社，2006．

［32］王长贵，郑瑞澄．新能源在建筑中的应用［M］．北京：中国电力出版社，2003．

［33］北京照明学会照明设计专业委员会．照明设计手册［M］．2 版．北京：中国电力出版社，2006．

［34］漪水盈方——国家游泳中心．中建国际设计顾问有限公司，译．北京：中国建筑工业出版社，2008．

［35］2009 中国（国际）建筑电气节能技术论坛．建筑电气，2009（10）．

［36］Beijing Olympic Broadcasting, Sports Lighting for Television Performance Specification, 2005.

［37］Football Stadiums. Technical Recommendations and Requirements, FIFA, 2011（5）.

［38］Football Stadiums FIFA 2007.

［39］Guide for the Lighting of Sports Events for Color Television and Film Systems. CIE Publication No. 83：1989.

［40］Guide to the Artificial Lighting of Football Pitches, FIFA 2002.

［41］Guide to the Artificial Lighting of Multipurpose Indoor Sports Venues, GAISF & EBU.

［42］Track and Field Facilities Manual, IAAF, 2008.

［43］Practical Design Guidelines for the Lighting of Sport Events for Color Television and Filming, CIE 169：2005.

［44］Sports and Recreational Area Lighting, IESNA RP－6－01：2009.

［45］Chris Lee, Ma Mingdong, Li Zhanzeng, et al. The research and application of atmosphere absorbance. China Illuminating Engineering Journal, 2005, 2（1）.

［46］International Amateur Athlatic Federation. Track and Field Facilities Manual, IAAF, 2003.

［47］Chris Lee, Ma Mingdong, Li Zhanzeng, et al. Atmosphere Absorbance and Its Application in the Design of the Field Lighting System in a Stadium, 26th Session of the CIE Proceedings, 2007.

［48］Practical Design Guidelines for the Lighting of Sport Events for Color Television and Filming, CIE 169：2005.

［49］Glare Evalution System for Use Within Outdoor Sports and Area Lighting, CIE Publication No. 112.

［50］The Lighting of Sport Events for Color TV Broadcasting, CIE Publication No. 28.

［51］Lighting for Football, CIE Publication No. 57.

［52］Guide for the lighting of sports events for color television and film systems, CIE Publication No. 83.

［53］Sports and Recreational Area Lighting, IESNA RP－6－01：2001.

［54］Lighting Minor League Baseball Playing Fields.

［55］National Association of Professional Baseball Leagues：Dec 1990.

［56］Chris Lee, Ma Mingdong, Li Zhanzeng, et al. The Research on the Characteristics of Emergency Power Facility of the Field Lighting of Stadiums, 26th session of the CIE proceedings, 2007.